# 局域网技术与组网工程

主　编　宫纪明

副主编　孟云玲　胡兰兰　杨玉梅

徐　辉　张龙书



西北工业大学出版社

西　安

【内容简介】 本书共 7 章,内容包括计算机网络概述、Windows Server 网络操作系统、Linux 服务器、网络互联技术、网络安全技术、综合布线工程和网络应用运维项目实践。

本书可供高职高专院校计算机类专业的学生学习使用,也可供计算机网络技术培训,以及从事网络工程的技术人员和网络用户参考、阅读。

**图书在版编目(CIP)数据**

局域网技术与组网工程 / 宫纪明主编. — 西安 :
西北工业大学出版社, 2023.8
ISBN 978-7-5612-8972-3

Ⅰ. ①局… Ⅱ. ①宫… Ⅲ. ①局域网 Ⅳ.
①TP393.1

中国国家版本馆 CIP 数据核字(2023)第 162903 号

JUYUWANG JISHU YU ZUWANG GONGCHENG
**局 域 网 技 术 与 组 网 工 程**
宫纪明 主编

**责任编辑**: 朱晓娟 **策划编辑**: 孙显章
**责任校对**: 张 友 **装帧设计**: 李 飞
**出版发行**: 西北工业大学出版社
**通信地址**: 西安市友谊西路 127 号 邮编:710072
**电 话**: (029)88491757, 88493844
**网 址**: www.nwpup.com
**印 刷 者**: 兴平市博闻印务有限公司
**开 本**: 787 mm×1 092 mm 1/16
**印 张**: 21
**字 数**: 551 千字
**版 次**: 2023 年 8 月第 1 版 2023 年 8 月第 1 次印刷
**书 号**: ISBN 978-7-5612-8972-3
**定 价**: 66.00 元

# 前　言

本书是安徽省承接教育部《职业教育提质培优行动计划(2020—2023 年)》任务(项目)子任务——校企双元制规划教材,是在高职高专院校"十二五"规划教材的基础上进行修订的。

高职高专院校教学内容的改革应围绕"学生为主体,教师为主导;以技为能,以真为学"的设计思想,以"学生能学到什么? 会做什么? 能够做到吗?"替代传统的"我们教什么?",坚持"必须、够用"的原则,突出实际动手能力、项目实践和工作经验,从而真正实现课程内容与企业需求的"零距离"。笔者在充分了解当前企业对网络人才的具体要求的基础上,以各类企业所亟需的网络工程师岗位需求为目标,确定了从事局域网的技术和组网工程职业所必需具备的知识和技能。笔者编写本书的指导思想是坚持理论知识"必须,够用"的原则,结合实际岗位能力需求,突出网络技术应用、网络管理、职业能力的培养。

本书从计算机网络的定义及网络基础知识开始,有针对性地介绍了计算机网络的体系结构、传输介质及拓扑结构;介绍了当前使用最流行的网络平台 Windows Server 2019 网络操作系统、Linux 服务器;结合企业网组建过程介绍了交换机的基本原理与配置、路由器配置、综合布线工程、网络安全技术;最后通过一个网络应用运维项目,训练学生的需求分析、系统设计、项目实施、项目测试和验收等网络工程能力及其相应的综合职业能力。

全书共 7 章,内容包括计算机网络概述、Windows Server 网络操作系统、Linux 服务器、网络互联技术、网络安全技术、网络综合布线工程和网络应用运维项目实践。

本书对过时的内容坚决不讲,对实用的知识坚决讲透。每章后都设计了丰富的、能够体现职业性、岗位性、实践性和开放性的实训项目,学生通过这些实训项目的实际操作可以达到"即学即见"的效果,这也有利于教师采用"教、学、做"合一教学方法的实施,可以先学后做,也可以先做后学,还可以边做边学,但要保证实训的学时和质量。每章后还附有习题。

本书由宫纪明任主编,孟云玲、胡兰兰、杨玉梅、徐辉、张龙书任副主编。在编写本书的过程中,笔者还认真分析了近几年全国技能大赛比赛(高职学生组)项目——计算机网络系统管理涉及的内容,参考了大量的书刊、杂志和网络资料,吸取了多方宝贵经验和建议,在此一并表示感谢。

由于水平有限，书中难免存在不当之处，恳请各位读者批评指正。

**编　者**
2023 年 3 月

# 目　　录

# 第1章　计算机网络概述

**本章导读**

局域网是一种覆盖范围较小的计算机网络。在局域网发展初期，一个学校或企业往往只拥有一个局域网，但随着局域网的发展和广泛使用，一个学校或企业大都拥有许多个互联的局域网(这样的网络称为校园网或企业网，即 Intranet)。事实上，局域网是一个相对广域网而言的概念，这些概念一般是根据网络的地理范围的大小来界定的，通常没有严格意义上的区分。本章从计算机网络的概念出发，探讨计算机网络的关键技术，为组建计算机网络奠定基础。

**本章要点**

- 计算机网络的基本概念
- 计算机网络体系结构和网络协议
- 制作双绞线、跳线与打接信息模块
- IP 地址及子网掩码的应用

## 1.1　计算机网络的基本概念

### 1.1.1　计算机网络的定义和内涵

1. 计算机网络的定义

所谓计算机网络，就是利用通信线路和通信设备将处在不同地理位置上具有独立功能的计算机系统连接起来，借助功能完善的网络软件以实现资源共享和数据通信为目的的系统。一个小型企业的计算机网络如图 1-1 所示。

2. 计算机网络的内涵

1)通信线路包括有线传输介质(如同轴电缆、双绞线、光纤等)和无线传输介质(如微波、卫星、红外线等)。

2)通信设备主要包括集线器、网桥、交换机、路由器、网关等网络设备。

3)不同地理位置是指至少有两台计算机连接起来才能构成计算机网络。

4)独立功能的计算机系统是指计算机具有完整的硬件和软件系统，不管是否连接网络，它都能正常地工作。

5)网络软件主要是指各计算机之间要能相互通信，必须遵循共同确认的规则、约定和标准，即网络协议(简称协议)。协议是计算机网络的本质，没有协议无论怎样连接计算机之间也不能通信。

6)资源共享是计算机网络的功能和目的。计算机网络提供的可共享的资源包括硬件资源(如大型计算机、打印机等)、软件资源(如大型数据库等)和信息(数据)资源(如浏览 Web 页等)。

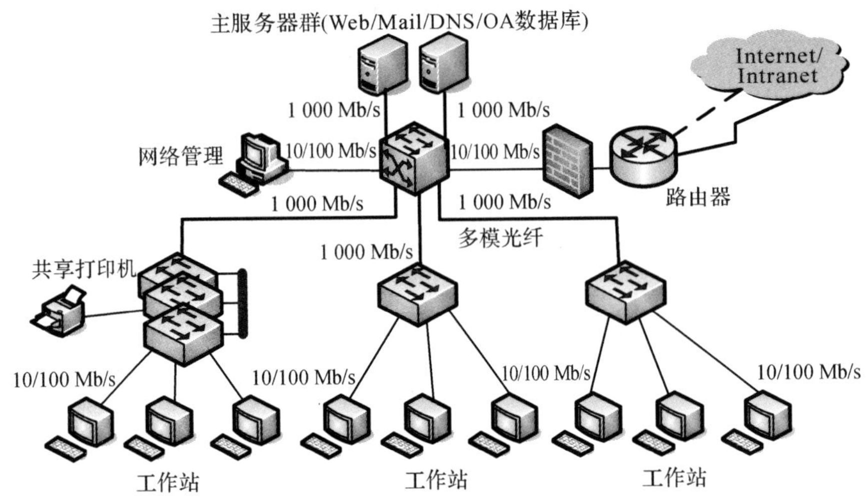


图 1-1　一个小型企业的计算机网络

### 1.1.2　计算机网络的功能

(1)数据通信

计算机网络中的计算机之间或计算机与终端之间,可以快速、可靠地相互传递数据、程序或文件。

(2)资源共享

充分利用计算机网络中提供的资源(包括硬件、软件和数据)是计算机网络组网的主要目标之一。

(3)提高系统的可靠性

在一些用于计算机实时控制和要求高可靠性的场合,通过计算机网络实现备份技术可以提高计算机系统的可靠性。

(4)分布式网络处理和负载均衡

分布式计算是利用互联网上的计算机的中央处理器的闲置处理能力来解决大型计算问题的一种计算科学。在两个或多个软件之间互相共享信息,这些软件既可以在同一台计算机上运行,也可以在通过网络连接起来的多台计算机上运行。

对于大型的任务或当网络中某台计算机的任务负荷太重时,可将任务分散到网络中的各台计算机上进行,或由网络中比较空闲的计算机分担负荷。

网格计算和云计算都是分布式计算。网格计算强调资源共享,任何人都可以作为请求者使用其他节点的资源,但任何人都需要贡献一定资源给其他节点。云计算强调专有,使计算分布在大量的分布式计算机上,而非本地计算机或远程服务器中,任何人都可以获取自己的专有资源,并且这些资源是由少数团体提供的,但用户不需要贡献自己的资源。

### 1.1.3 计算机网络的产生和发展

计算机网络是计算机技术与通信技术结合的产物，其产生和发展经历了以下四个阶段。

1. 第一阶段：以单计算机为中心的多终端联机系统

1946 年诞生了世界上第一台电子数字计算机——ENIAC，1949 年诞生了冯·诺伊曼原理的现代计算机，为人类向信息化社会迈进奠定了基石，也使计算机网络的产生成为可能。但是，由于当时计算机主机非常昂贵，而通信线路和终端设备相对便宜，为了满足多人使用计算机进行数据处理的需求，采用了以单计算机为中心的联机系统结构形式，如图 1－2 所示。

以单计算机为中心的多终端联机系统的特点是由于整个系统只有一台主机（中心主机），所以它不是现代意义上的计算机网络，但是，它建立了计算机网络的雏形。

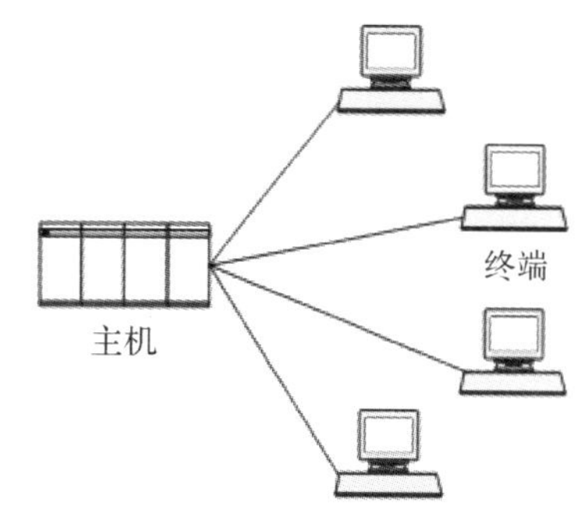

图 1－2　以单计算机为中心的联机系统结构

在 20 世纪 50 年代，美国麻省理工学院林肯实验室为美国空军设计的半自动化地面防空系统（SAGE）就采用了这种系统结构形式。SAGE 将远距离的雷达和其他测控设备的信息通过通信线路汇集到一台中心计算机进行集中处理和控制。

以单计算机为中心的多终端联机系统有三个缺点：一是主机负荷较重，效率低，因为主机要承担与各终端的通信工作，占用了数据处理的时间。二是通信线路的利用率低，因为每个终端都要单独占用一条通信线路与中心计算机通信。三是系统可靠性低，因为这种结构属于集中控制，一旦中心计算机发生故障，整个系统将瘫痪。

新技术的发展总是沿着不断发现先前技术的问题并不断改进和创新的规律进行的，计算机网络的发展也不例外。首先为了提高主机效率，采用了通信控制器来承担主机与各终端的通信功能，主机只承担数据处理，提高了效率。其次为了提高线路利用率，采用了多点接入通信线路的方式。所谓多点接入通信线路就是多个终端连接在一条通信线路上，多个终端共享同一条通信线路与中心主机进行通信，从而提高了线路的利用率。这样改进后系统结构形式如图 1－3 所示。最后要提高系统的可靠性，就必须连接多台主机来提供可替代的资源，这样就进入了计算机网络发展的第二个阶段：计算机-计算机网络阶段。

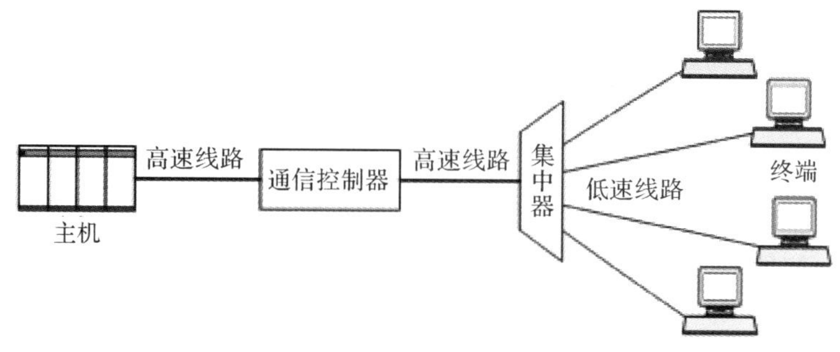

图 1－3　多点接入通信线路共享通信的方式

2. 第二阶段:计算机-计算机网络

随着计算机技术和通信技术的发展,利用通信线路将多个计算机连接起来,相互交换数据,实现了互联的计算机之间的资源共享,从而使计算机网络的通信方式由终端与计算机之间的通信,发展为计算机与计算机之间的直接通信。整个系统是由多个不同计算机系统互联而成,各计算机都有独立的处理能力,它们之间的关系不是终端与中心计算机之间的从属关系,而是一种平等的关系,这种系统就是现代意义上的网络。计算机-计算机网络如图 1-4 所示。

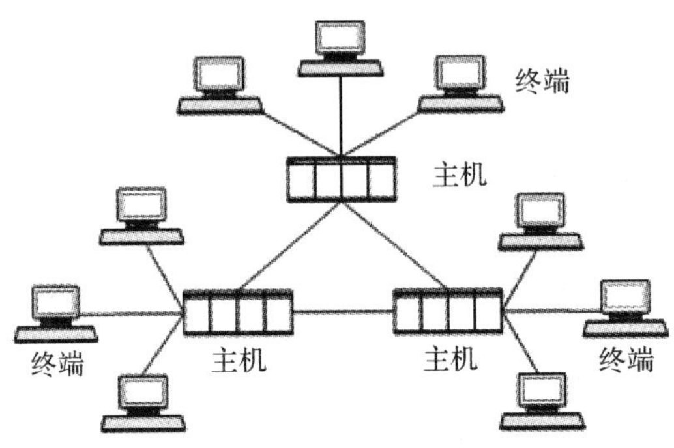


图 1-4 计算机-计算机网络

1969 年,美国国防部高级研究计划署(DARPA)建成的 ARPANET 实验网是现代计算机网络诞生的标志。1980 年,TCP/IP 协议研制成功。1982 年,ARPANET 开始采用 IP 协议。1985 年,美国国家科学基金会(NSF)利用 TCP(传输控制协议)/IP(网际协议)协议组建 NSFNet,美国的许多大学、研究机构等纷纷把自己的局域网并入 NSFNet 中。1986—1990 年,NSFNet 网络逐渐演变为今天因特网(Internet)的骨干网。这个阶段的标志性技术就是 TCP/IP 协议。

3. 第三阶段:标准化的计算机网络

20 世纪 70 年代以后,尤其是微型计算机的应用,计算机网络的技术日趋成熟。为了促进网络产品的研发,各大计算机制造公司纷纷制定自己的网络技术标准和规范。例如,1974 年 IBM 公司研制了系统网络体系结构(System Network Architecture,SNA),它是按照分层的方法制定的。DEC 公司也在 20 世纪 70 年代末开发了自己的网络体系结构——数字网络体系结构(Digital Network Architecture,DNA)。但是,各个公司的体系结构标准存在差异,造成了同一体系结构标准的网络产品容易互联,而不同体系结构标准的产品却很难实现互联。从某种意义上讲,这种各自为政的局面已经限制了计算机网络的全球性发展。

为了使不同体系结构的网络都能实现互联,国际标准化组织(ISO)于 1984 年正式颁布了一个能使各种计算机在世界范围内互联成网的国际标准 ISO 7489,简称 OSI/RM(开放系统互联参考模型)。所谓开放系统指的是遵循 OSI/RM 标准的网络系统。OSI/RM 由七层组成,也称 OSI 七层模型,OSI/RM 标准不仅确保了不同计算机厂商生产的计算机间的互联,同时也促进了各厂商在统一的、标准化的产品市场互相竞争。厂商只有执行这些标准才能有利于产品的销售,用户也可以从不同厂商获得兼容的开放产品,从而大大促进了计算机网络的发展。

4. 第四阶段:国际化的计算机网络

从 20 世纪 90 年代中期开始,进入了互联网的高速发展阶段。全球形成了以因特网为核心的高速计算机互联网。因特网是由大量的路由器和大量的网络互相连接的核心部分与无数的局域网构成的边缘部分组成的国际互联网，如图1-5所示。特别是Web技术的出现，它将传统的语音、数据和电视网络进行融合，使得互联网的发展和应用出现了新的飞跃，实现了全球范围的电子邮件、信息传输、信息查询语音和图像等多种业务综合服务的功能。

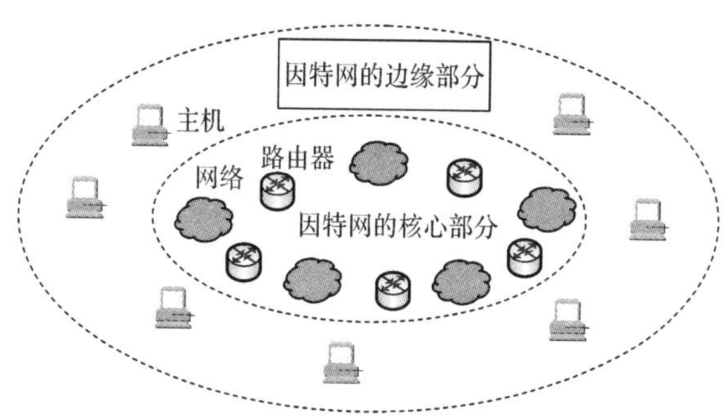


图1-5　因特网的组成

从工作方式上看，因特网可以划分为以下两大块：

1)边缘部分：由所有连接在因特网上的主机组成。这部分是用户直接使用的，用来进行通信（传送数据、音频或视频）和资源共享。

2)核心部分：由大量网络和连接这些网络的路由器组成。网络中的核心部分要向网络边缘中的大量主机提供连通性，使边缘部分中的任何一个主机都能够向其他主机通信。在网络核心部分起特殊作用的是路由器。

网络未来的发展趋势是实现在任何时间、地点用任何通信工具通过任意的方式，任何人都可以实现上网的目的。要使电信网络、有线电视网络和计算机网络三网融合形成统一的网络环境。总体上来说网络的发展方向是高速化、通信网络的综合服务和宽带化、管理的智能化、技术的标准化、可移动性以及信息的安全性。

### 1.1.4　计算机网络的分类

计算机网络有多种分类方法，下面进行简单的介绍。

1.按网络的覆盖范围分类

(1)广域网(Wide Area Network，WAN)

广域网的覆盖范围通常为几十到几千千米，因而有时也称远程网。广域网是因特网的核心，其任务是通过长距离（例如，跨越不同的国家）传送计算机所发送的数据。

(2)城域网(Metropolitan Area Network，MAN)

城域网的覆盖范围一般是一个城市，可跨越几个街区甚至整个城市，其作用距离为5～50 km。城域网也可以为一个或几个单位所拥有，也可以是一种公共设施，用来将多个局域网进行互联。目前城域网大都采用以太网技术，因此也并入局域网的范围进行讨论。

(3)局域网(Local Area Network，LAN)

局域网一般用微型计算机或工作站通过高速通信线路相连，但覆盖的地理范围较小（一般为1 km左右）。在局域网发展初期，一个学校或工厂往往只拥有一个局域网，但现在局域网已非常广泛地使用,一个学校或企业大都拥有许多个互联的局域网(这样的网络称为校园网或企业网,即 Intranet)。

(4)个人区域网(Personal Area Network,PAN)

个人区域网就是在个人工作或居住的地方把属于个人或家庭的电子设备(如便携式电脑等)用无线技术连接起来的网络,因此也称为无线个人区域网(Wireless PAN,WPAN),其作用范围在 10 m 左右。

事实上,LAN 是一个相对 WAN 而言的概念,这些概念是根据网络在地理上的范围大小而定的,都没有严格意义上的界定。LAN 与 WAN 这两个概念在现如今的网络中区分得已经不是很明显了。以前人们约定俗成,一般将采用以太网技术的网络定义为局域网,而且一般来说当时的以太网跨越的地域确实不大。通过各种各样的 WAN 技术,将多个 LAN 连接起来形成更大的局域网。后来随着虚拟专用网(Virtual Private Network,VPN)、专线等技术的发展出现了类似城域网、以太网等大型、超大型"局域网",使得很难区分这两个概念。现在这两个概念都已是相对的,而不是绝对的了。

2. 按网络的使用者不同分类

(1)公用网

公用网是指由电信公司出资建立的大型网络,所有愿意按照电信公司的规定缴纳费用的用户都可以使用这种网络,因此公用网也称为公众网。

(2)专用网

专用网是指由某个部门为本单位(或本系统)的特殊业务工作的需要建立的网络。这种网络不向本单位(或本系统)以外的用户提供服务。例如,军队、铁路、银行、电力等系统均有本系统的专用网。

### 1.1.5 网络协议与标准

1. 网络协议的定义

人与人之间的交流是通过语言来实现的,语言就是人与人之间交流的规则;网络中相邻节点之间(相邻是指两个节点之间只存在一条传输介质,而中间没有任何其他的节点,比如计算机与交换机/路由器之间、交换机/路由器与交换机/路由器之间)的通信与人与人之间的交流十分相似,不是简单地将信号发送给对方,同时也需要对方理解这个信号,并做出回应。因此,要想使网络中的两个相邻节点进行通信,必须使它们遵循相同的信息交换规则。这好比我们生活中的书信往来,你要想给朋友写信,作为通信的双方,必须使用相同的语言、相同的书信格式,否则对方可能读不懂你的信。

在计算机网络中用于规定信息的格式以及如何发送和接收信息的一套规则就称为网络协议,简称协议。网络最主要的功能就是实现数据通信,而既然要进行数据通信,通信的双方就必须采用相同的协议。也就是说,数据通信的双方要使用相同的"语言"进行交流。

2. 网络协议的三要素

(1)语法

语法即信息的结构和形式。就像写信,信封写明收/发信人的地址,信封里面才是信件本身的内容。

(2)语义

语义即信息各部分的含义和行为，它定义信息的每一部分该如何解释，基于这种解释又如何行动。就像运输货物，如果是易碎的物品，在包装箱上注明轻拿轻放的标识，这样负责运输的人员和收货人就会特别注意。

(3)同步

同步即信息何时发送以及信息的发送频率。例如，如果发送端发送速率为 100 Mb/s，而接收端以 10 Mb/s 的速率接收信息，自然接收端将会丢弃大量信息。

3. 标准

如果把网络通信的协议理解为"方言"，那么标准就是"普通话"。在网络发展的过程中，很多设备生产厂商研发自己的私有协议，而其他厂商的设备并不支持该协议，如果网络设备间使用私有协议通信，除非设备都是同一厂家研发生产的，否则无法实现通信，于是国际上的标准化组织就推行了一系列的网络通信标准，来实现不同厂商设备间的通信。这些标准化组织如下：

(1)ISO(国际标准化组织)

ISO 所涉及的领域很多，而在网络通信中建立了 OSI/RM(开发系统互联参考模型)。

(2)ANSI(美国国家标准化局)

ANSI 是美国在 ISO 中的代表，它的目标是作为美国标准化志愿机构的协调组织，属非营利的民间组织。

(3)ITU - T(国际电信联盟-电信标准部)

CCITT(国际电报电话咨询委员会)致力于研究和建立电信的通信标准，特别是对电话和数据通信系统。它隶属于 ITU，1993 年之后改名为 ITU - T。

(4)IEEE(电气与电子工程师学会)

IEEE 是世界上最大的专业工程师学会，它主要涉及电气工程、电子学、无线电工程以及相关的分支领域，在通信领域主要负责监督标准的开发与接纳。

网络协议和标准对于从事该行业的人员很有指导意义，也是必须遵守的。

### 1.1.6　IEEE 802 局域网标准

IEEE 802 标准诞生于 1980 年 2 月。它定义了网卡如何访问传输介质(例如目前较为常见的双绞线、光纤、无线等)，以及如何在这些介质上传输数据的方法等。目前被广泛使用的网络设备(网卡、交换机、路由器等)都遵循 IEEE 802 标准。IEEE 802 委员会针对不同传输介质的局域网制定了不同的标准，适用于不同的网络环境，这里重点介绍一下IEEE 802.3标准和 IEEE 802.11 标准。

1. IEEE 802.3 标准

最初，IEEE 802.3 标准定义了四种介质的 10 Mb/s 的以太网规范，其中包括使用双绞线介质的以太网标准——10Base - T。以太网是采用最为通用的通信协议标准的一种局域网，传统的以太网速率为 10 Mb/s，现在已被百兆位、千兆位、万兆位的以太网所取代。随着以太网迅速的发展，IEEE 802.3 工作小组相继推出了一系列标准，包括如下几种：

1)IEEE 802.3u 标准，百兆位快速以太网标准，现已合并到 IEEE 802.3 标准中。

2)IEEE 802.3z 标准，光纤介质实现千兆位以太网标准规范。

3)IEEE 802.3ab 标准,双绞线实现千兆位以太网标准规范。

4)IEEE 802.3ae 标准,光纤介质实现万兆位以太网标准规范。

5)IEEE 802.3an 标准,双绞线实现万兆位以太网标准规范。

万兆位以太网是未来一段时间内网络应用的热点之一,但是目前万兆位以太网仍然存在诸多问题。如果基于光纤网络构建万兆位以太网(IEEE 802.3ae),其成本将是千兆位以太网的 100 倍左右,尤其在带宽得不到充分利用的情况下,会造成投资的极大浪费。如果基于双绞线构建万兆位以太网(IEEE 802.3an),其标准、线缆连接接口、测试仪器等诸多技术问题还有待发展和统一。因此,网络建设应该侧重于业务需求以及性价比,切勿盲目追求高带宽,等到万兆位网络的各方面技术标准成熟后再向万兆位以太网过度,才是理性的选择。

2. IEEE 802.11 标准

1997 年,IEEE 802.11 标准成为第一个无线局域网标准,它主要用于解决办公楼和校园网等局域网中用户终端间的无线接入。数据传输的射频频率为 2.4 GHz,速率最高只能达到 2 Mb/s。后来,随着无线网络的发展,IEEE 又相继推出了一系列的标准,包括如下几种:

(1)IEEE 802.11a 标准

它是 IEEE 802.11 的一个修订标准,其载波频率为 5 GHz,通信速率最高可达 54 Mb/s,目前无线网络已经基本不再使用该标准。

(2)IEEE 802.11b 标准

它是比较普及的一个无线局域网标准,而且现在大部分的无线设备依然支持该标准,其载波频率 2.4 GHz,通信速率最高可达 11 Mb/s。

(3)IEEE 802.11g 标准

它是目前正被广泛应用的无线局域网标准,其载波频率 2.4 GHz,通信速率最高可达 54 Mb/s,并且兼容 IEEE 802.11b 标准。

(4)IEEE 802.11n 标准

它是一个还在草案阶段就广为应用的标准,很多支持 IEEE 802.11n 标准的产品都是早产出来的,这主要是因为其具有三大优势:其一,在传输速率方面得益于 MIMO(多输入多输出)技术的发展,IEEE 802.11n 最高速率可达 600 Mb/s,是 IEEE 802.11b 的 50 多倍,是 IEEE 802.11g 的 10 多倍。其二,在覆盖范围方面,IEEE 802.11n 采用智能天线技术,提高了信号的稳定性,减少了信号的干扰,使其覆盖范围扩大到几千米。其三,在兼容性方面,IEEE 802.11n 采用一种软件无线技术,可以实现与不同软件互通、兼容。目前 IEEE 802.11n 不但可以兼容所有无线局域网的标准,而且实现了无线广域网的结合。

## 1.2 计算机网络中的常见设备

组建计算机网络需要两种类型的设备。一类是中间设备,主要包括网络接口卡(简称网卡)、交换路由设备、网络安全设备、无线网络设备等。它们根据自身的特性分工协作实现网络通信。在网络中,信息从一台计算机发送到另一台计算机正确接收需要经过各种通信设备,这些设备会根据地址将数据转发到正确的目的地。另一类是端设备,主要包括服务器和客户机等。它们主要进行信息的发送、接收、存储等工作。

### 1.2.1　网卡

网卡是构成计算机网络系统中最基本的、最重要的和必不可少的连接设备，计算机主要通过网卡接入网络。网卡除了起到物理接口作用外，还有控制数据传送的功能，网卡一方面负责接收网络上传过来的数据包，解包后，将数据通过主板上的总线传输给本地计算机；另一方面它将本地计算机上的数据打包后送入网络。网卡一般插在计算机的主板扩展槽中。另外，由于计算机内部的数据是并行数据，而一般在网上传输的是串行比特流信息，故网卡还有串/并转换功能。为防止数据在传输中出现丢失的情况，在网卡上还需要有数据缓冲器，以实现不同设备间的缓冲。计算机的硬件地址(MAC 地址，是由 IEEE 分配给各生产厂商的一种 48 位全球地址)是由生产网卡的厂商固化在网卡的 ROM(只读存储器)中。

网卡的类型如下：

(1) 按连接速度划分

1)10 Mb/s 网卡。它是最早期的一种网卡，多用于早期的计算机和对网络传输速率要求不高的网络。

2)100 Mb/s 网卡。它也称为快速以太网卡，是传输速率固定为 100 Mb/s 的网卡。

3)10/100 Mb/s 自适应网卡。该类型的网卡具有一定的职能型，它综合了 10 Mb/s 和 100 Mb/s两种速率，可以根据实际情况自主选择速率的类型，是目前使用比较广泛的一种网卡。

4)1 000 Mb/s 网卡以及万兆网卡。该类型网卡价格比较贵，所以一般用于网络的中心部位，如用于服务器与中心交换机的连接，以提高系统的响应速度。

(2)按总线类型划分

1)ISA 网卡。ISA(Industry Standard Architecture，工业标准体系结构)网卡一般适用于第一代较原始的计算机上。它可以直接驱动多个传输速率低的控制卡，用于低档的计算机中。该类型的网卡因为传输速率较低、安装复杂等自身难以克服的原因，所以已经被其他总线类型的网卡所取代。

2)PCI 网卡。PCI(Peripheral Component Interconnect，即插即用总线结构)网卡适用于普通的台式机，它需要占用主机的 PCI 插槽，传输速率较高、稳定性较好，适用于各种高速部件的需求，而且安装和配置比较方便，是目前应用最广泛、最流行的一种网卡。PCI 网卡如图 1-6所示。

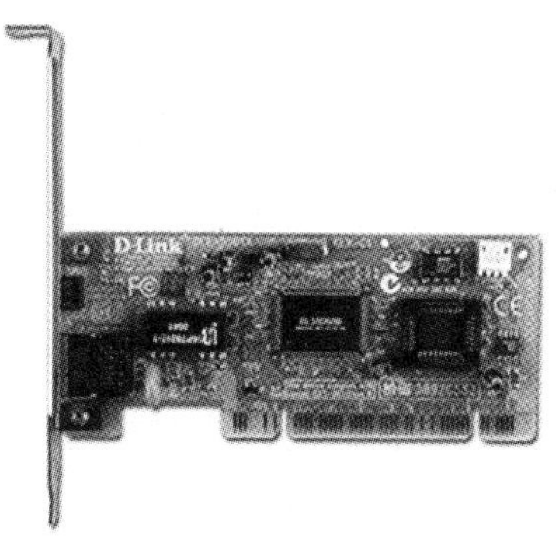


图 1-6　PCI 网卡

3)PCMCIA 网卡。PCMCIA(Personal Computer Memory Card International Association,个人计算机存储器插卡接口卡)网卡适用于便携式笔记本电脑,而不能用于台式计算机。它的大小与扑克牌差不多,只是稍微厚一些,为 3~4 mm。它支持热插拔技术,便于实现移动式的无线接入。PCMCIA 网卡如图 1-7 所示。

图 1-7　PCMCIA 网卡

4)USB 网卡。USB(Universal Serial Bus,通用串行总线)网卡是一种新型的总线技术,传输速率大于传统的串行口或并行口。USB 接口支持热插拔,既可以用于笔记本电脑,又可以用于台式计算机,因此安装和使用非常方便。另外,该类网卡的数据传输速率较高、不占用系统中断,所以颇受市场好评。USB 网卡如图 1-8 所示。

图 1-8　USB 网卡

### 1.2.2　交换路由设备

路由器和交换机是最为常用的两种主要的网络设备,如图 1-9 所示。它们是信息高速公路的中转站,负责转发网络中的各种通信数据。

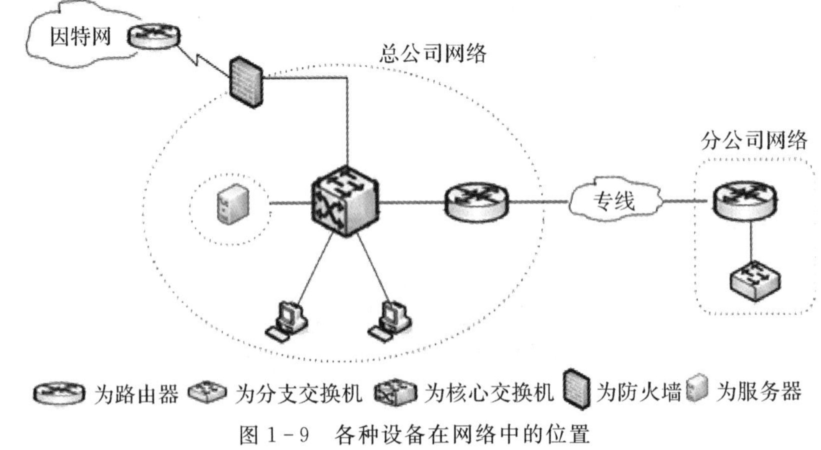


图 1-9　各种设备在网络中的位置

所谓路由就是指从一个地方到另一个地方的合理的路径的选择过程。路由器就是在计算机网络中用于为数据包寻找合理路径的关键设备。Cisco 2800 系列路由器如图 1-10 所示。从本质上看,路由器就是一台能连接多个网络的,并通过专用软件系统将数据包正确地在不同的网络之间转发的专用计算机。互联网就是一个由路由器连接而成的网络,是网络的网络。

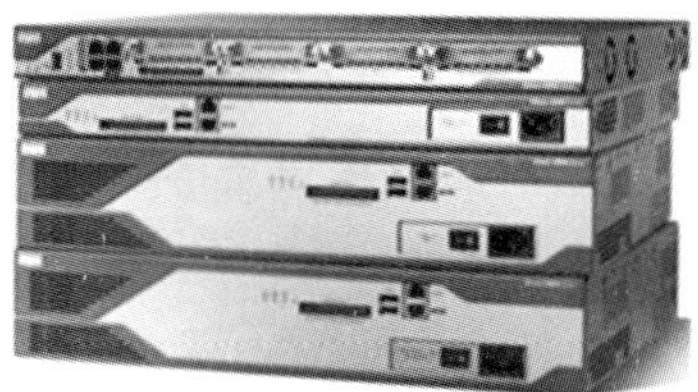

图 1-10　Cisco 2800 系列路由器

所谓交换就是按照通信两端的传输信息的需求,通过人工或设备自动完成的方式,把信息传送到符合需求的目的端的技术。20 世纪三四十年代的电话交换系统就是人工方式,现在大家还能在电影中看到,但是通过人工方式的交换技术早已经被程控交换机所取代,交换的过程都是自动完成了。

在计算机网络中,交换机是这样一种设备:二层的交换机(底层交换机)主要用于连接局域网中的计算机,交换机的每一个端口只能连接一台计算机,任意一台计算机发送信息,连接这台计算机的端口就会查找内存中的地址对照表以确定目的 MAC 地址(网卡的硬件地址)的 NIC(网卡)挂接在哪个端口上,通过内部交换矩阵迅速将数据包传送到目的端口。目的 MAC 若不存在,交换机就把该信息广播到所有的端口,与目的 MAC 地址相连的端口收到信息并回应后,交换机会“学习”到这个新地址,并把它添加入内部地址表中(这就是交换机的学习 MAC 地址的功能)。中高层的交换机(三层以上交换机)用于连接底层的交换机,将各个小网络整合成具有逻辑性、层次性的大网络,这些交换机除了具有底层交换机的功能外,一般还具有路由功能,甚至还具有安全特性。Cisco 3560 系列交换机如图 1-11 所示。

图 1-11　Cisco 3560 系列交换机

### 1.2.3 网络安全设备

网络安全方面的威胁主要来自病毒、黑客以及员工有意或无意的攻击等，所以要防患于未然。等到公司的核心业务数据或财务信息被盗或破坏，或者公司的核心网络设备、服务器被攻击导致网络瘫痪，再进行补救，就已经晚了。要做到防患于未然，就要借助各种各样的安全设备，比如防火墙、VPN 设备及一些流量监测监控设备等，通过专业人员的设计与部署，建立合适的安全网络体系。

1. 防火墙

防火墙就像网络的安全屏障，能够对流经不同网络区域间的流量强制执行访问控制策略。就像单位门口的保安，只允许有工作证件的人员进入大门，就是一条强制执行的安全策略。防火墙(见图 1－12)可以是一台硬件设备，它将公司内网与因特网之间进行隔离，从而避免公司内部资源受到来自外网的攻击；防火墙也可以是一个软件，公司内网的服务器一般存储着各种重要的信息，而安装在服务器操作系统上的软件防火墙可以防御来自公司内部的攻击。Cisco 5500 系列防火墙如图 1－12 所示。

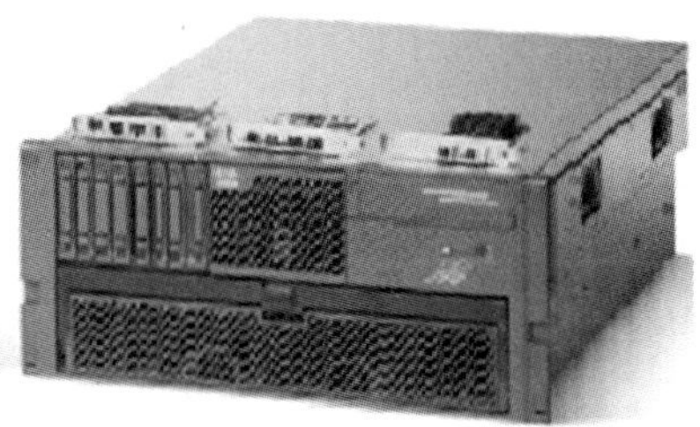

图 1－12　Cisco 5500 系列防火墙

2. VPN 设备

专用网是采用本地专用 IP 地址的互联网，这些地址只能用于一个公司的内部通信，而不能用于和因特网上的主机通信。专用地址只能用作本地地址而不能用作全球地址。在因特网中的所有路由器对目的地址是专用地址的数据包一律不进行转发。

一个很大的公司有许多部门分布在相距很远的一些地方，而在每一个地方都有自己的专用网。这些分布在不同地方的专用网之间需要经常进行通信。这时，可以有两种方法。第一种方法是租用电信公司的通信线路为本公司专用，这种方法的好处是简单、方便，但线路的租金太高。第二种方法是利用公用的因特网作为本公司各专用网之间的通信载体，这样的专用网就称为虚拟专用网(VPN)，因此，VPN 可以被理解为是一条穿越因特网的虚拟专用通道。防火墙虽然可以预防来自公司内外网的攻击，但如果有黑客在因特网上截获公司传递的关键业务数据，它就无能为力了。解决这个问题的方法就是将所有通过因特网传送的数据进行加密。通过 VPN 技术实现虚拟专用网如图 1－13 所示。

VPN 设备可以对数据进行加密的传输，数据传送到接收方会被解密，这样即使有人在数据传输途中截获数据，也无法了解到任何有用的信息。虽然专门的 VPN 设备性能很好，加密算法效率很高，但价格太高，所以，大多数公司都在网关设备(如路由器、防火墙设备)上实现(如图 1－13 中的路由器 R1 和 R2)。部门 A 的计算机要在因特网上传输业务数据到部门 B 的计算机，数据在此过程将始终被加密，这就好比在两个路由器之间建立一条安全的虚拟专用隧道，以便公司在因特网上安全第传输数据，而不被非法用户窃取。

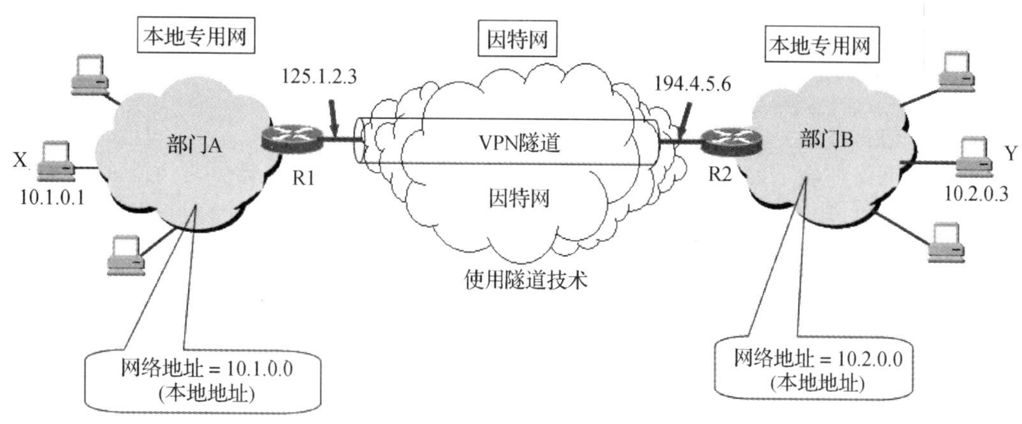


图 1－13　通过 VPN 技术实现虚拟专用网

### 1.2.4　无线网络设备

无线网络就是利用无线电波作为信息传输的介质构成的网络，与有线网络最大的区别在于传输介质，即利用无线电波取代网线。无线网络设备就是基于无线通信协议而设计的网络设备。常见的无线网络设备包括无线网卡和无线路由器等，如图 1－14 所示。

图 1－14　无线网卡和无线路由器

(a)无线网卡；(b)无线路由器

无线路由器实际上是无线 AP(Access Point，访问接入点)和宽带路由器的一体设备。因为有宽带路由器的功能，它可以实现家庭无线网络中的 Internet 连接，实现 ADSL 和办公区宽带的无线接入功能。无线 AP 是指无线访问接入点，它不仅包含单纯意义上的无线 AP，也同样是无线路由器、无线网桥等设备的统称。

无线网桥可用于连接两个或多个独立的网络，这些网络一般位于不同的建筑物内，相距较远(几百至几千米)，两个网络频繁地传输大量数据，而在两个网络之间很难通过有线的方式实现通信，因此，选择通过无线网桥连接两个网络。无线网桥一般不像无线 AP 那样单独出现，而且相对无线 AP 而言，无线网桥的功率大，传输距离远，抗干扰能力强。无线网桥需要配备抛物面天线实现远距离的点对点连接。

无线网卡目前主要分为 MINI－PCI、PC 卡和 USB 三种规格，前两种在笔记本电脑上应用较为广泛。其中，MINI－PCI 为内置无线网卡，其优点是无须 PC 卡插槽，且性能上优于自身集成天线的无线网卡（PC 卡）。

### 1.2.5　服务器

1. 服务器的概念

服务器是网络环境下能为网络用户提供集中计算、信息发布及数据管理等服务的专用计算机。从广义上讲，服务器是指网络中能对其他机器提供某些服务的计算机系统（如果一个 PC 对外提供 FTP 服务，也可以叫服务器）。从狭义上来讲，服务器是专指某些高性能计算机，能够通过网络，对外提供服务。相对于普通 PC 来说，服务器在稳定性、安全性、性能等方面都要求更高，因此 CPU（中央处理器）、芯片组、内存、磁盘系统、网络等硬件和普通 PC 有所不同。几种服务器类型如图 1－15 所示。

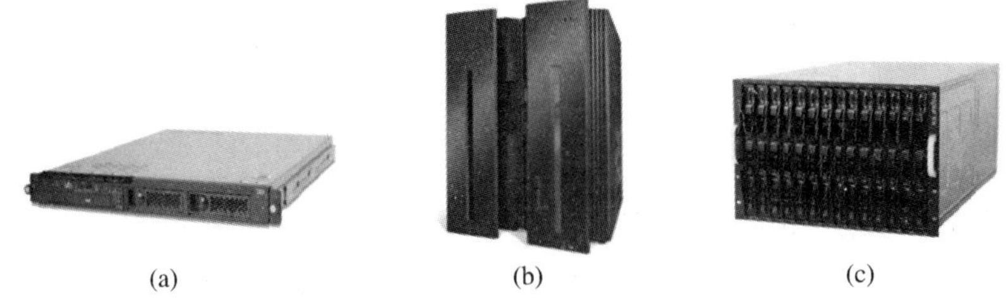

(a)　　(b)　　(c)

图 1－15　几种服务器类型

(a)入门级服务器 IBM x3250；(b)企业级服务器 IBM system z10；(c)浪潮刀片 nx7140d 服务器

服务器操作系统是指运行在服务器硬件上的操作系统。服务器操作系统需要管理和充分利用服务器硬件的计算能力并提供给服务器硬件上的软件使用。

2. 服务器分类

服务器大都采用部件冗余技术、RAID 技术、内存纠错技术和管理软件。高端的服务器采用多处理器、支持双 CPU 以上的对称处理器结构。在选择服务器硬件时，除了考虑档次和具体功能定位外，还需要重点了解服务器的主要参数和特性，包括处理器构架、可扩展性 、服务器结构、I/O 能力和故障恢复能力等。下面按各种不同的标准来划分服务器类型。

（1）根据应用规模档次划分

1）入门级服务器/工作组级服务器：最低档服务器，一般只配置 1～2 个 CPU，主要用于办公室的文件和打印服务，适于规模较小的网络，适用于为中小企业提供 Web、邮件等服务。

2）部门级服务器：中档服务器，配置 2～4 个 CPU，适合中型企业的数据中心、Web 网站等应用。

3）企业级服务器：高档服务器，配置 4～32 个 CPU，具有超强的数据处理能力，适合作为大型网络数据库服务器。

（2）根据服务器结构划分

1）台式服务器：也称为塔式服务器，是最为传统的结构，具有较好的扩展性。

2）机架式服务器：安装在标准的 19 in（1 in≈2.54 cm）机柜里面，根据高度有 1 U（1 U＝1.75 in），2 U，4 U 和 6 U 等规格。

3）刀片式服务器：是一种高可用、高密度的低成本服务器平台，专门为特殊应用行业和高密度计算机环境设计，每一块“刀片”实际上就是一块系统主板。

4）机柜式服务器：机箱是机柜式的，在服务器中需要安装许多模块组件。

（3）根据 CPU 指令系统划分

1）非 x86 服务器：包括大型机、小型机和 UNIX 服务器。它们是使用 RISC（精简指令集）或 EPIC 处理器，并且主要采用 UNIX 和其他专用操作系统的服务器，精简指令集处理器主要有 IBM 公司的 POWER 和 PowerPC 处理器，SUN 与富士通公司合作研发的 SPARC 处理器、EPIC 处理器主要是 HP 与 Intel 合作研发的安腾处理器等。这种服务器价格昂贵，体系封闭，但是稳定性好，性能好，主要用在金融、电信等大型企业的核心系统中。

2）x86 服务器：又称 CISC（复杂指令集）架构服务器，即通常所讲的 PC 服务器。它是基于 PC 体系结构，使用 Intel 或其他兼容 x86 指令集的处理器芯片和 Windows 操作系统的服务器，如 IBM 的 System x 系列服务器、HP 的 Proliant 系列服务器等。

（4）根据功能划分

1）文件服务器，如微软的 Windows Server 2008 等。

2）数据库服务器，如 Oracle 数据库服务器、Microsoft SQL Server 等。

3）邮件服务器，如 Microsoft Exchange，Lotus Domino 等。

4）网页服务器，如 Apache，微软的 IIS 等。

5）FTP 服务器，如 Proftpd，Serv－U，VSFTP 等。

### 1.2.6　客户机

客户机又称为用户工作站，是用户与网络打交道的设备，一般由微型计算机担任，每一个客户机都运行在它自己的并为服务器所认可的操作系统环境中。客户机主要享受网络上提供的各种资源，如使用服务器共享的文件、打印机、大容量存储器和其他资源。

客户机和服务器都是独立的计算机。当一台连入网络的计算机向其他计算机提供各种网络服务（如数据、文件的共享等）时，它就被叫作服务器。而那些用于访问服务器资料的计算机则被叫作客户机。

### 1.2.7　网络设备生产厂家简介

1. Cisco 公司

Cisco 公司是互联网解决方案的领先提供者，其设备和软件产品主要用于连接计算机网络系统。1984 年 12 月，Cisco 公司在美国成立，创始人是斯坦福大学的一对教师夫妇，计算机系的计算机中心主任莱昂纳德·波萨克和商学院的计算机中心主任桑蒂·勒纳，夫妇二人设计了叫作“多协议路由器”的联网设备，用于斯坦福校园网络（SUNet），将校园内不兼容的计算机局域网整合在一起，形成一个统一的网络。这个联网设备被认为是联网时代真正到来的标志。约翰·钱伯斯于 1991 年加入思科，1996 年，钱伯斯执掌 Cisco 帅印，是钱伯斯把思科变成了一代王朝。

Cisco 公司的产品主要有路由器、交换机、网络安全产品、语音产品、存储设备以及这些设备的 IOS 软件等，在网络设备市场的各个领域处于领先地位。

2. 华为公司

华为技术有限公司是一家总部位于中国广东深圳市的生产销售电信设备的员工持股的民

营科技公司，于 1988 年成立于中国深圳，是电信网络解决方案供应商。华为的主要营业范围是交换、传输、无线和数据通信类电信产品，在电信领域为世界各地的客户提供网络设备、服务和解决方案。

华为是全球领先的电信解决方案供应商。华为技术有限公司的业务涵盖了移动、宽带、IP、光网络、电信增值业务和终端等领域，致力于提供全 IP 融合解决方案，使最终用户在任何时间、任何地点都可以通过任何终端享受一致的通信体验，丰富人们的沟通与生活。目前，华为的产品和解决方案已经应用于全球 100 多个国家，服务全球运营商 50 强中的 45 家及全球 1/3 的人口。

3. 中兴通讯

中兴通讯是全球领先的综合性通信制造业上市公司，是近年全球增长最快的通信解决方案提供商。2005 年，中兴通讯作为中国内地唯一的 IT（信息技术）和通信制造企业率先入选全球“IT 百强”，凭借在无线产品（CDMA，GSM，3G，WiMAX 等）、网络产品（xDSL，NGN，光通信等）、手机终端（CDMA，GSM，3G 等）和数据产品（路由器、以太网交换机等）四大产品领域的卓越实力，中兴通讯已成为中国电信市场最主要的设备提供商之一。早在 1995 年，中兴通讯就启动了国际化战略，是中国高科技领域最早并最为成功实践“走出去”战略的标杆企业。中兴通讯已经相继与包括葡萄牙电信、法国电信在内的等众多全球电信巨头建立了战略合作关系，并不断突破发达国家的高端市场。

### 1.2.8 网络拓扑结构

网络拓扑结构是指用传输介质将各种设备互联的物理布局，也就是用什么方式连接网络中的计算机、网络设备。网络拓扑结构有星型结构、总线型结构、环型结构、网型结构等。目前，最为常见结构是星型拓扑结构和网型拓扑结构。

1. 星型拓扑结构

星型结构是目前应用最广、实用性最好的一种拓扑结构。无论在局域网中，还是在广域网中都可以见到它的身影，但主要应用于双绞线局域网中。图 1－16 所示的是最简单的单台集线器或交换机（目前集线器已基本不用了，所以后面不再提及了）星型结构单元。它采用的传输介质是常见的双绞线和光纤，中心连接设备是具有 RJ－45 端口，或者各种光纤端口的交换机。

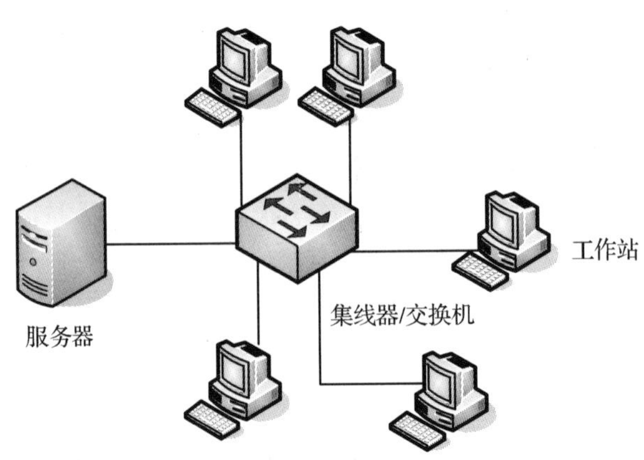


图 1－16 基本星型拓扑结构

在图 1-16 所示的星型网络结构单元中，所有服务器和工作站等网络设备都直接连接在同一台交换机上。因为现在的交换机固定端口最多可以有 48 个，所以这样一个简单的星型网络完全可以适用于用户节点数在 40 个以内的小型企业或公司内部网。

复杂的星型网络就是在图 1-16 所示的基础上通过多台交换机级联形成的，从而形成多级星型结构，满足更多、不同地理位置分布的用户连接和不同端口带宽需求。图 1-17 所示的是一个包含两级交换机结构的星型网络，其中的两层交换机通常为不同档次的，可以满足不同需求，核心(或骨干层)交换机要选择档次较高的，用于连接下级交换机、服务器和高性能需求的工作站用户等，下面各级则可以依次降低要求，以便于最大限度地节省投资。

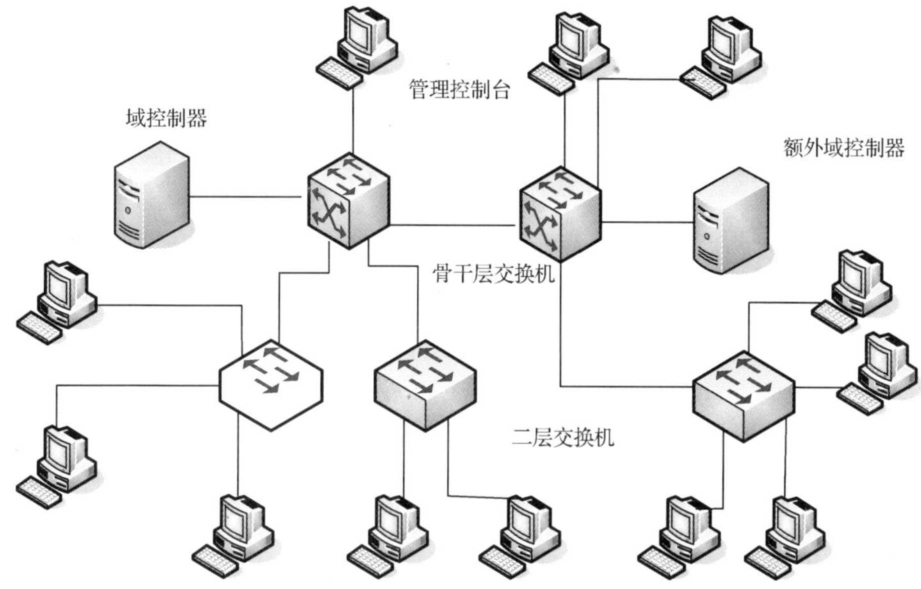


图 1-17　两级交换机结构的星型网络结构

当然，在实际的大中型企业网络中，其网络结构可能要比图 1-17 所示的复杂得多，还可能有三级，甚至四级交换机的级联(通常最多部署四级)。

扩展交换端口的另一种有效方法就是堆叠。有一些固定端口配置的交换机支持堆叠技术，通过专用的堆叠电缆连接，所有堆叠在一起的交换机都可作为单一交换机来管理，不仅可以使端口数量得到大幅提高(通常最多堆叠 8 台)，而且还可提高堆叠交换机中各端口实际可用的背板带宽，提高了交换机的整体交换性能。图 1-18 所示的网络结构中 ss34400 位置就是由两台这样的交换机堆叠组成的。

堆叠，一般需要在同品牌甚至同型号之间通过专用的堆叠模块和堆叠线缆相连。通过厂家提供的一条专用连接电缆从一台交换机的“UP”堆叠端口直接连接到另一台交换机的“DOWN”堆叠端口。以实现单台交换机端口数的扩充。一般交换机能够堆叠 4～8 台。堆叠在一起的交换机可以视为一个整体的交换机进行管理。其优点是：增加交换机的背板带宽，不会产生性能瓶颈，易于管理。其缺点是：距离受到限制，一般都集中在同一地方。

级联是最常见的交换机连接方式，可以在不同品牌和型号的交换机上进行。级联又分为普通端口级联和 UPLINK 端口级联。前者使用随机普通端口相连，后者用 A 交换机的 Uplink端口与 B 交换机的普通端口相连，B 交换机再使用 Uplink 端口与 C 交换机的普通端口相连,依此类推形成的相互连接方式。级联的优点是:可以在不同品牌和型号的交换机上实施,不受距离的限制,成本低。级联的缺点是:可能产生级联性能瓶颈。

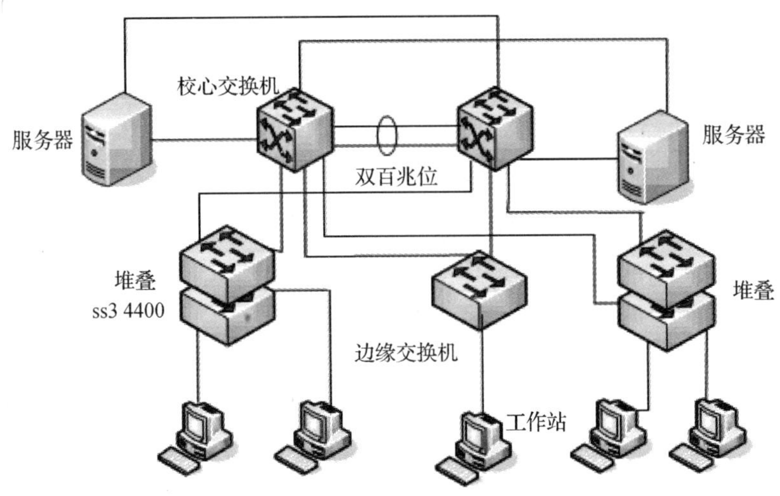


图 1-18　含有堆叠交换机的星型网络结构

堆叠实际上把每台交换机的母板总线连接在一起,不同交换机任意二端口之间的延时是相等的,就是一台交换机的延时。而级联就会产生比较大的延时(级联是上下级的关系)。级联的层次是有限制的,而且每层的性能都不同,最后层的性能最差。而堆叠是把所有堆叠的交换机的背板带宽共享。例如一台交换机的背板带宽为 2 GB,那么 3 台交换机堆叠的话,每台交换机在交换时就有 6 GB 的背板带宽。而且堆叠是同级关系,每台交换机的性能是一样的。

星型拓扑结构的优点如下:

(1)易于实现

组网简单、快捷、灵活、方便是星型拓扑结构被广泛应用的最直接原因。星型拓扑结构的网络都采用双绞线作为传输介质,而双绞线本身的制作与连接非常简单,因此星型拓扑结构被广泛应用于政府、学校、企业内部局域网环境。

(2)易于网络扩展

假如公司内网有新员工加入,只需在中心节点上连接一条双绞线到该员工的计算机即可;假如公司内网需要添加一个新的办公区,只需将连接该办公区的交换机与公司内网的核心交换相连即可。

(3)易于排查故障

每台连接在中心节点的计算机如果发生故障并不影响网络中的其他部分。更重要的是,一旦网络发生故障,网络管理员很容易确定故障点或故障可能的范围,从而有助于快速排除故障。

星型拓扑结构的缺点如下:

(1)中心节点压力大

从星型拓扑结构图可以看到,任意两台计算机之间的通信都要经过中心节点(交换机),所以中心节点很容易成为网络瓶颈,影响整个网络的速度。另外,当中心节点出现故障时,将导致全网不能通信,因此星型拓扑结构对于中心节点的可靠性和转发数据的能力的要求较高。

(2)组网成本较高

由于对交换机(尤其是核心交换机)的转发性能、稳定性要求较高,所以价格自然也就很高,有些核心交换机高达几万甚至几十万美元的价格。尽管为了节约成本而选择价格较低的设备,但是线缆以及布线所需的费用就很难节省了。星型拓扑结构要求每个分支节点与中心节点直接相连,因此需要大量的线缆,而且考虑到建筑物内的美观,线缆沿途经过的地方需要打墙孔,重新装修等,自然需要很多的附加费用。

2. 网型拓扑结构

网型拓扑结构中的各个节点至少与其他两个节点相连。这种结构最大的优点就是可靠性高,因为网络中任意两个节点之间都同时存在一条主链路和一条备份链路。网型拓扑结构分为两种类型:全网型拓扑结构和部分网型拓扑结构。

(1)全网型拓扑结构

全网型拓扑结构指网络中任一节点都与其余所有节点互联,如图1-19所示,这种网络结构真正能做到其中任何一个或几个节点出现故障,对其他节点都不会造成影响。但实际上,这种结构并不多见,主要是因为成本太高,而且确实没有必要。

(2)部分网型拓扑结构

部分网型拓扑结构包括除了全网型拓扑结构之外的所有网型拓扑,如图1-20所示,是目前较为常见的一种拓扑结构。由于核心网络的压力较大,一旦核心交换机出现故障,将会影响整个网络的通信,所以在这种结构中使用两台互为备份的核心交换机,而且任意一台分支交换机到核心交换机都有两条链路,因此即使其中一台核心设备或一条链路出现故障,也不会影响网络的正常通信。

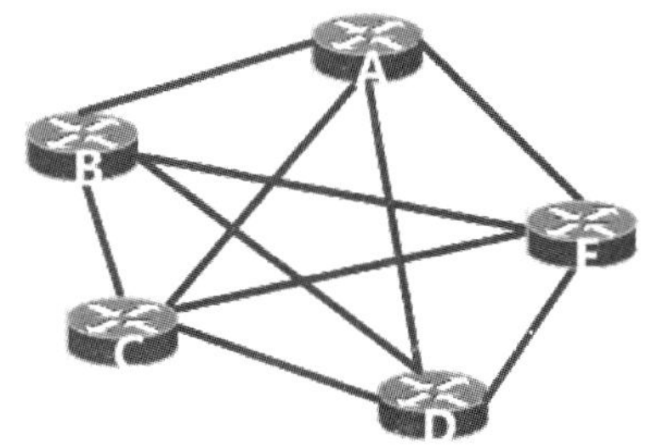


图1-19　全网型拓扑结构

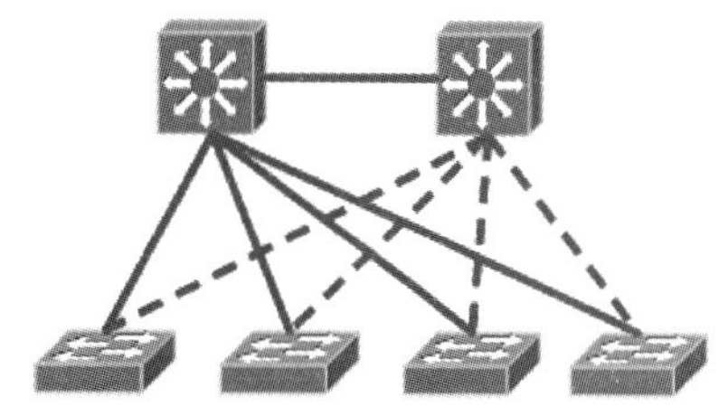

图1-20　部分网型拓扑结构

至于其他的几种拓扑结构,目前已经基本不再使用了,所以不再赘述。实际网络中需要灵活应用,可以将多个网络拓扑结构组合在一起形成混合型的网络拓扑,具体环境需要具体分析,不能认为网型最好就都用网型拓扑结构。

## 1.3　计算机网络的体系结构

### 1.3.1　分层的思想

我们经常访问各种网页或者QQ聊天的时候,一般进行的操作就是双击图标,打几个字罢了。但我们经常访问各种网页或者QQ聊天的时候,但对于计算机网络来说是一个相当复杂的过程。就好像邮寄一封信给远方的朋友，我们需要做的只是将这封信交给邮局并注明正确的地址，如果没有意外，这位朋友将在一周后收到。但是这封信中间经历了哪些复杂的过程，传递信件的双方就不得而知了。作为一名网络专业人员，我们必须理解和掌握网络传输的真正过程，这样才能分析排查网络的常见故障。要弄清楚这个复杂的过程，应首先建立分层模型。因为分层的思想就是把网络中相邻节点间通信这个复杂问题划分为若干个相对简单的问题逐一解决，而每个问题对应一层，每一层都实现一定的功能，并相互协作来实现数据通信这个复杂的问题。下面以邮政通信系统为例进行说明这一过程。

1)给朋友写信，一定要按照一个约定俗成的信件格式来写，例如，在开头对收信人的称呼、问候等，中间是信的内容，最后落款写自己的姓名、日期等。那么，这个书信格式实际上就是和朋友之间的协议，只有写成这个格式，对方才能读懂。

2)写好信，要将信装在信封中，在信封上要写收信人的地址和姓名等。再把信交给邮局。

3)邮局根据信件的目的地址，将信件再封装成大的邮包，交给运输部门发往目的城市。

4)运输部门将信件的邮包送达目的地的邮局，目的地邮局将信件送达到收信人的手上。

在这个寄信的例子中，传输一封信需要经过三个层次，如图 1-21 所示。首先，发信和收信的双方是这个过程的最高层，位于下层的邮政局和运输部门是为最高层之间的通信服务的。寄信人与收信人之间要有一个协议，这个协议保证收信人能读懂发信人的信件。两地的邮政局之间和运输部门之间有都有相应的协议，比如，邮包的大小、地址的书写方式、运输到站的时间等。

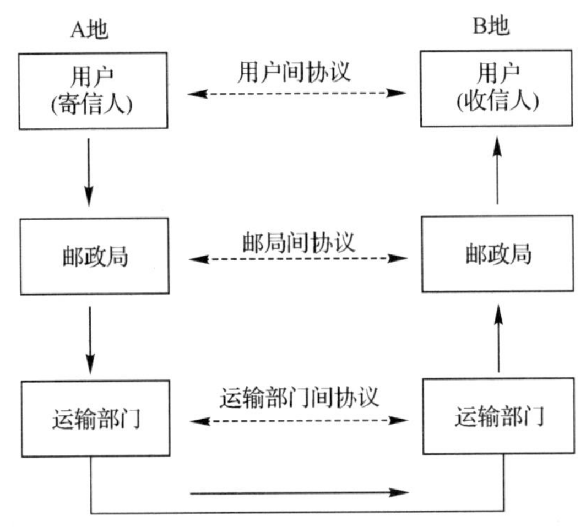


图 1-21　邮政系统分层模型

邮政局是寄信人和收信人的相邻的下一层，为上一层提供服务，邮政局为寄信人提供服务时，邮筒就是相邻两个层之间的接口。

在计算机网络中，两台计算机之间的通信，实际上是指“一台计算机中的某个进程与另一台计算机中的另一个进程进行通信(进程是指正在运行的程序)”，这种通信的过程与邮政系统通信的过程十分相似。用户进程对应于用户同，通信进程对应于邮政局，通信设施对应于运输部门。

为了降低网络设计的复杂性，按照功能将计算机网络划分为若干个不同的功能层。网络中同等层之间的通信规则就是该层的协议，如有关第 $N$ 层的通信规则的集合就是第 $N$ 层的协议;而同一计算机的相邻功能层之间的通信规则称为接口,如第 $N$ 层和第 $N+1$ 层之间的接口。也就是说,协议是不同机器的同等层之间的通信约定,而接口是同一机器的相邻层之间的通信约定。每一层的目的都是通过接口向其相邻的上一层提供特定的服务,服务就是网络中各层向其相邻上层提供的一组操作,这种服务是单向的,即下层是提供服务的,上层使用下层提供的服务。这样将计算机网络协议分解成多个层次,每个层次完成整个通信功能的一部分,每层的通信由相应的通信协议来完成,就形成了计算机网络体系结构。所谓计算机网络体系结构就是计算机网络的所有层和各层协议的集合。但是计算机网络的体系结构只是对计算机网络及其组成部分所应完成的功能的精确定义。

### 1.3.2　OSI/RM 体系结构

1. OSI 参考模型

开放系统互连参考模型(Open System Interconnection Reference Model,OSI/RM)是由国际标准化组织(ISO)制定的标准化的计算机网络体系层次结构模型。所谓开放系统就是指所有能够互联的系统,即所有遵循 OSI/RM 开发的系统。

OSI 参考模型由 7 个协议层组成,如图 1-22 所示。低 3 层(1～3 层)是依赖网络的,涉及将两台通信计算机连接在一起所使用的数据通信网的相关协议,实现通信子网功能。高 3 层(5～7 层)是面向应用的,涉及允许两个终端用户应用进程交互作用的协议,通常是由本地操作系统提供的一套服务,实现资源子网功能。中间的传输层为面向应用的上 3 层屏蔽了与网络有关的下 3 层的详细操作。

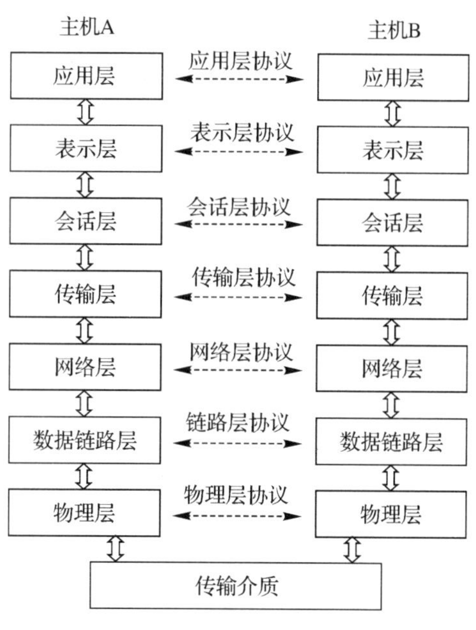


图 1-22　OSI/RM 体系结构

主机 A 和主机 B 都遵循 OSI/RM 标准,两主机中功能相同(如主机 A 的网络层和主机 B 的网络层)的层称为同等层或对等层,对等层遵循相同的协议,而不同层的协议不同,功能也不同,按照协议的定义,只能是对等层之间才能相互通信,但是主机 A 和主机 B 之间的信息传输要通过连接两主机的传输介质,所以对等层之间的通信是一种逻辑通信,信息的实际传输是从主机 A 的某层(如应用层)向下通过层间接口逐层传输,再通过物理层下面的传输介质到达主机 B 的物理层,然后再向上通过层间接口逐层到达对等层(应用层)。在同一主机中,各层通过执行本层的协议来完成本层的功能并向其相邻上层提供服务,同时该层利用其相邻下层提供的服务来实现与对等层通信。

2. 实体、协议、服务和服务访问点

实体(entity)表示任何可发送或接收信息的硬件或软件进程。

协议是控制两个对等实体进行通信的规则的集合。

在协议的控制下,两个对等实体间的通信使得本层能够向上一层提供服务。要实现本层协议,还需要使用下层所提供的服务。

本层的服务用户只能看见服务而无法看见下面的协议。下面的协议对上面的服务用户是透明的。

协议是"水平的",即协议是控制对等实体之间通信的规则。

服务是"垂直的",即服务是由下层向上层通过层间接口提供的。

同一系统相邻两层的实体进行交互的地方,称为服务访问点(Service Access Point,SAP)。

3. 各层的主要功能

(1)物理层

物理层(第一层)是 OSI 参考模型的最底层,向下直接与物理传输介质相连接,在物理层传输的数据单元是比特流。物理层的主要功能就是为其上层(数据链路层)提供物理连接,完成相邻节点间比特流的透明传输。所谓透明就是客观存在的事物看起来好像不存在一样,在物理层是指不管什么样的比特流(甚至含有差错比特)都能通过物理层。物理层的任务是为实现这种功能提供与物理传输媒体之间的接口有关的四个特性:

1)机械特性:指明接口部件的尺寸、规格、插脚数和分布等;

2)电气特性:指明接口电缆的各条线上出现的电压范围;

3)功能特性:指明某条线上出现某一电平的电压的用途;

4)规程特性:指明接口部件的信号线建立、维持、释放物理连接和传输比特流的时序。

(2)数据链路层

数据链路层(第二层)的主要功能是实现相邻两个节点之间无差错数据帧的传输。所谓链路,是指相邻节点之间的物理线路。而当在链路上传输数据时,还必须有一些必要的通信协议来控制这些数据的传输,把实现这些协议的硬件和软件施加到链路上,就建立了数据链路。可见,数据链路层还负责建立、维持和释放数据链路的任务。该层传输的数据单元是数据帧,简称为帧。每一个帧包括数据和一些必要的控制信息(包括同步信息、地址信息、差错控制信息等),数据链路层把上层(网络层)送来的数据加上首部和尾部封装成为帧,控制信息就包含在帧的首部和尾部中。在数据链路层接收到对等层发送来的帧后,根据帧中控制信息进行差错检验。若该帧无差错,则剥去首部和尾部(这个过程称为拆装)后传送给上层(网络层);若有差错,则丢弃该帧。

(3)网络层

网络层(第三层)的主要功能是路由选择。该层传输的数据单元称为分组或包、IP 数据报,它是网络层把上层(传输层)送来的数据添加上首部(包含有地址信息、分组长度信息等)封装成的；当网络层收到对等层发送的分组时，剥去首部交给上层(传输层)。所谓路由选择，就是根据一定的原则和路由选择算法，在有许多路由器和大量网络互联的通信子网中选择一条从源主机到达目的主机的最佳路径的过程。

(4)传输层

传输层(第四层)的主要功能是实现两个不同主机中的应用进程之间的通信，也称为端到端的通信，也就是一台主机中的一个进程和另一台主机中的一个进程之间的通信。网络层和数据链路层负责将数据送达目的的主机，而这个数据需要什么用户进程去处理，就需要传输层来完成了。例如，用 QQ 发送消息，网络层和数据链路层负责将消息转发到收件人的主机，而接收人应该用 QQ 程序来接收还是用 IE 浏览器来接收，就是在传输层进行标识。由于大部分主机都支持多进程操作，因此主机上会同时运行多个程序访问网络。这就是说，将有多条连接进出这台主机，因此需要以某种方式区别报文属于哪条连接。识别这些连接的信息可以放入传输层的报文头中。除了将几个报文多路复用到一条通道上，传输层还必须管理跨网连接的建立和拆除。

(5)会话层

会话层(第五层)的主要功能是提供应用进程间对话控制的规则。所谓会话就是为在两个层实体间建立的一次连接。会话层组织和同步它们的对话及为管理它们的数据交换提供必要的手段。如服务器验证用户登录以及故障点定位和恢复等服务便是由会话层完成的。

(6)表示层

表示层(第六层)的主要功能是在两个通信应用层协议实体之间的传送过程中负责数据的表示语法，其目的在于解决格式化数据表示的差别，如加密和解密、正文压缩、终端格式化转换等。

(7)应用层

应用层(第七层)的主要功能是通过管理和执行应用程序为用户使用网络提供接口服务。这些服务包括文件传送、访问和管理，以及诸如电子邮件这样的一般文档和信息交换服务。联网的目的在于支持运行在不同计算机中的进程之间的通信，而这些进程则是为用户完成不同任务而设计的，可能的应用是多方面的，因此，应用层包含大量用户普遍需要的协议。

### 1.3.3　TCP/IP 体系结构

TCP/IP 是传输控制协议/网络互联协议(Transmission Control Protocol/Internet Protocol)的英文简称。早期的 TCP/IP 体系结构是一个四层结构，从下到上依次是网络接口层、网络层、传输层和应用层。在后来的使用过程中，借鉴 OSI 的七层参考模型，将网络接口层划分为物理层和数据链路层，就形成了一个五层体系结构，TCP/IP 五层体系结构应用更为广泛。OSI 参考模型与 TCP/IP 体系结构如图 1 - 23 所示。

TCP/IP 五层体系结构的低四层与 OSI 参考模型的低四层相对应，其功能也相似，而应用层则与 OSI 参考模型的最高三层相对应。

值得注意的是，OSI 参考模型是由官方的 ISO 制定的国际标准，提供了一个相对完整的系统结构，在制定的过程中，吸收了当时已有的各个公司自己制定的网络体系结构。在 20 世纪 80 年代末和 90 年代初，许多专家认为 OSI 模型及其协议可以取代其他所有网络的体系结构，但是这没有成为现实，主要除了技术上的原因，比如在协议复杂、缺乏测试等方面因素，还有不适当的策略和时机也是一个重要的因素。

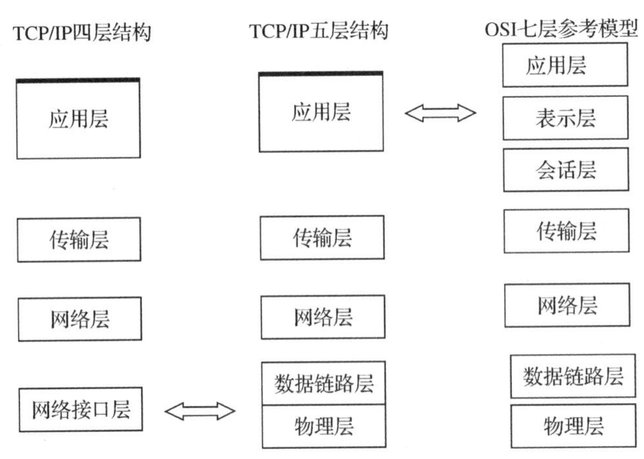


图 1-23　OSI 参考模型与 TCP/IP 体系结构

TCP/IP 体系结构就不一样了，它不是先给出模型而后再规定每层的协议，而是先有协议，网络运行之后再给出参考模型，根据实际的运行经验总结得出。核心协议 TCP 和 IP 被精心设计过，并且很好地实现，因此，人们更多地应用 TCP/IP 分层体系结构来分析和解决实际工作中的问题。虽然 TCP/IP 体系机构并不是一个官方的国际标准，但已经成为一种事实上的国际工业标准。TCP/IP 是一系列协议的集合，如图 1-24 所示，各层功能如下。

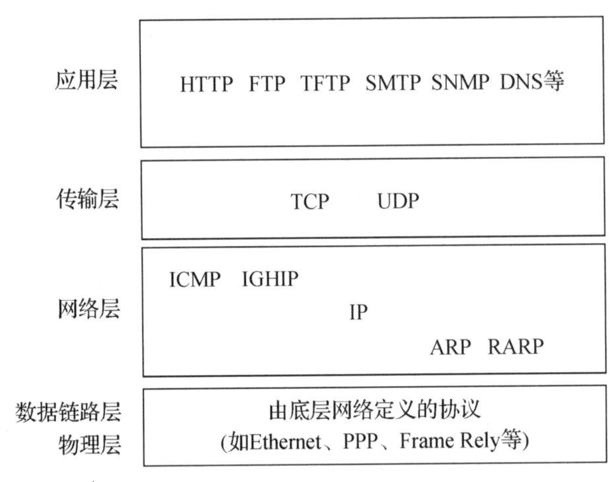


图 1-24　TCP/IP 五层协议族

1. *物理层和数据链路层*

这是 TCP/IP 协议族的最底层，负责接收从网络层交来的 IP 数据报并将 IP 数据报通过低层物理网络发送出去，或者从低层物理网络上接收数据帧，抽出 IP 数据报，交给上面的网络层。在物理层和数据链路层，TCP/IP 并没有定义任何特定的协议。它支持所有标准的和专用的协议，例如以太网协议等，基本上所有的局域网都采用以太网技术，至于 PPP 协议一般用于点到点传输，电信部门早期采用的一种技术，现在 ADSL 技术中使用的 PPPoE，PPPoA 协议就属于 PPP 协议。

2. *网络层*

网络层又叫互联网层，其功能是使主机可以把分组发往任何网络并使分组独立地传向目标主机(可能经由不同的网络)。网际层负责寻址、打包和路由选择。互联网层的核心协议是IP、ARP、ICMP、IGMP 协议等。其中,网际协议 IP 负责在两个主机之间的网络中的路由选择;地址解析协议 ARP 负责同一个局域网中每一主机的 IP 地址转换为各自主机的物理地址(因该地址是生产厂商固化在网卡中,故也称硬件地址或 MAC 地址);网际控制报文协议 ICMP负责提供差错情况和异常情况的报告;网际组管理协议 IGMP 负责让连接在某局域网上的多播路由器知道该局域网上的主机参加或退出某个多播组的情况。

3. 传输层

传输层的功能与 OSI 参考模型的传输层的功能是相同的,即在源主机和目的主机的两个进程之间提供端到端的数据传输。主机中往往有多个应用进程同时访问因特网,为区别各个应用进程,传输层在每一个报文中增加识别源主机应用进程和目的主机应用进程的标记(端口号)。另外,传输层的每一个报文均附带检验和,以便接收方检查所收到的报文的正确性。

传输层提供了两个协议:一个是传输控制协议(Transmission Control Protocol,TCP),它是一个可靠的面向连接的协议,它将一台主机的数据以字节流形式无差错地发往因特网上的另一台主机。发送方的 TCP 将应用层交来的字节流分成报文段并传给网络层发送,而接收方的 TCP 将接收的报文重新组装交给应用层。同时,TCP 要处理流量控制,以避免高速发送方向低速接收方发送过多的报文而使接收方无法处理。另一个协议是用户数据报协议(User Datagram Protocol,UDP),它是一个不可靠的、无连接的协议,UDP 协议将可靠性问题交给应用程序解决。UDP 协议适用于小报文以及对可靠性要求不高但要求网络延迟较小的场合。

4. 应用层

这一层有很多上层应用协议,这些协议帮助实现上层应用之间的通信,例如 HTTP(超文本传输协议)用于从 WWW 上读取信息、FTP(文件传输协议)提供在两台主机之间进行有效的数据传输、DNS(域名服务)用于将网络中的主机的名字地址映射成网络地址等。

### 1.3.4　数据传输过程

TCP/IP 五层结构的每一层实现的功能是非常复杂的,为了说明这个过程,下面以相邻两台计算机的通信为例进行说明。

1. 数据封装过程(见图 1-25)

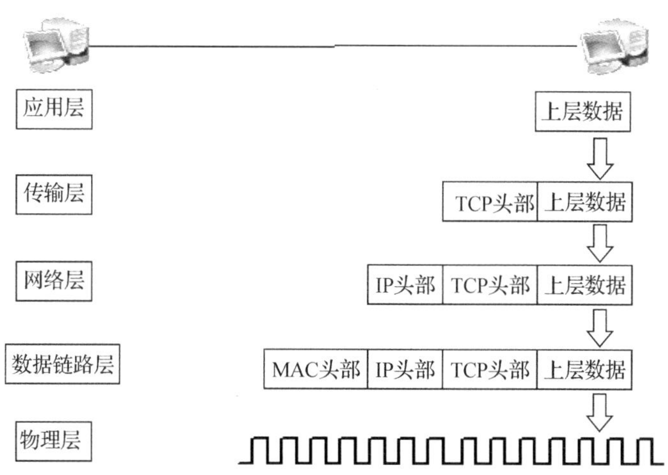


图 1-25　数据的封装过程

(1)应用层传输过程

在应用层,要把用户要发送的数据转化为二进制编码数据,并把整个数据作为报文交给传输层。

(2)传输层传输过程

在传输层,上层传下来的较大数据被划分成小的数据段,并给每个数据段封装 TCP 报文头部后交给下层。在 TCP 报文头部中有一个关键字段信息——端口号,它用于标识上层的协议或应用进程,确保上层应用进程的正常通信。计算机是可以多进程并发运行的,如图 1-25 中的例子,左边的计算机通过 QQ 发送信息的同时也可以通过 IE 浏览右边主机的 Web 页面,对于右边的主机就必须搞清楚左边主机发来的数据要对应哪个应用进程实施通信。但对于传输层而言,它是不可能看懂应用层传输具体数据的内容的,因此只能借助一种标识来确定接收到的数据对应的应用进程,这种标识就是端口号。

(3)网络层传输过程

在网络层,接收上层(传输层)被封装后的数据(含有 TCP 报文头部),并封装上 IP 包头交给其下层(数据链路层)。在 IP 包头中有一个关键的字段信息——IP 地址,它是由一组 32 位的二进制数组成的,用于标识网络的逻辑地址。回想寄信的例子,我们要在信封上写上对方的和本地的详细地址,以保证收信人顺利收到信件。在网络层的传输过程与其类似,在 IP 包头中要封装有目的主机的 IP 地址和源主机的 IP 地址,在网络传输过程中的一些中间设备(如路由器),会根据目的主机的 IP 地址来选择路由,找到正确的路径将数据转发到目的主机。如果路由器发现目的主机的 IP 地址根本是不可能到达的,它将会把该消息传回源主机。

(4)数据链路层传输过程

在数据链路层,把上层(网络层)传下来的数据(含有 IP 包头和 TCP 报文头)封装一个 MAC 头部,并传给下层,MAC 头部中有一个关键字段信息——MAC 地址,它是由一组 48 位的二进制数组成的物理地址,它一般被固化在网卡中,具有全球唯一性。和 IP 头部类似,在 MAC 头部也要封装有目的主机的 MAC 地址和源主机的 MAC 地址。另外,本层其实还涉及尾部的封装。

(5)物理层传输过程

在物理层,把上层(数据链路层)传下来的所有二进制数据信息组成的比特流转换成电信号交给下面的传输介质进行传输。

2. 数据拆装过程(见图 1-26)

数据被多次封装并通过网络传输到接收方后,将进入数据的拆装过程,这个过程是数据封装过程的逆过程。

在物理层,先将电信号转换为二进制数据,并将数据送到数据链路层。在数据链路层将查看目的主机的 MAC 地址,判断它是否与自己的 MAC 地址相同:如果相同,就拆掉 MAC 头部,并将剩余的数据送到上一层(网络层);如果不相同,就把整个数据丢弃。在网络层与数据链路层类似,将查看目的主机的 IP 地址是否与自己的 IP 地址相同,从而确定是否交给上一层(传输层)。到了传输层,首先要根据 TCP 头部判断数据段是送给哪个应用层协议或应用进程,然后将之前被分段的数据段组装成完整报文,再送往应用层,在应用层将报文还原为发送方所发送的最原始的信息。

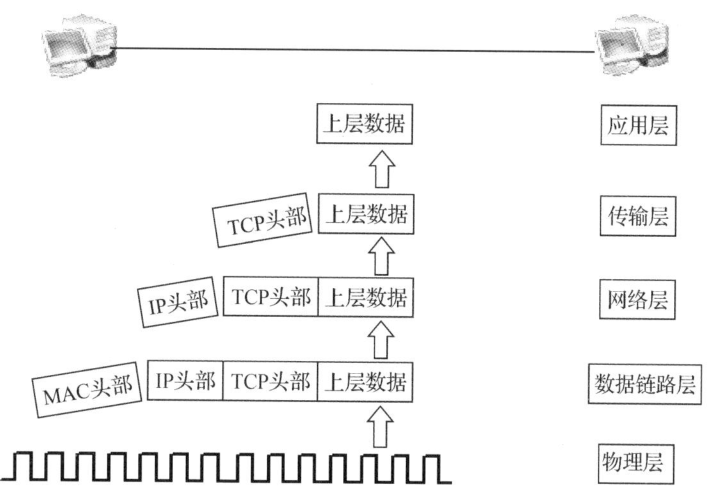


图1-26 数据的拆装过程

3.关于数据传输的基本概念

(1)PDU

PDU(Protocol Data Unit,协议数据单元)是指同等层次之间传递的数据单位。例如:TCP/IP五层体系结构中,上层数据被封装TCP头部后,这个单元称为报文段;若被封装UDP头部后,就称为用户数据报;在网络层被封装IP头部后,这个单元称为IP数据报;在数据链路层被封装MAC头部和尾部后,这个单元称为帧;最后帧传送到物理层,帧数据称为比特流。

(2)常见网络设备与五层体系结构的对应关系

网络设备对应五层体系的哪一层主要看这个设备工作在哪一层。一般来说,常用的个人计算机和网络服务器都是对应于应用层的设备,因为计算机包含五层体系所有层的功能;路由器是属于网络层的设备,因为路由器的主要功能是网络层的路由选择;传统的交换机(二层交换机)是属于数据链路层的设备,因为这种交换机的主要功能是基于MAC地址的二层数据帧交换;网卡一般意义上定义在物理层,虽然目前有些高端的网卡甚至涵盖防火墙的功能,但其最主要的最基本的功能仍是网路层通信;防火墙应该是属于传输层设备,因为它主要是基于传输层端口号来过滤上层应用数据的传输,但是需求永远都是发展的动力,如今的防火墙讲求整体解决方案的实现,对于病毒、木马、垃圾邮件的过滤已经成为防火墙的附属功能,而且已经得到广泛应用,因此,很多人愿意将防火墙归属于应用层。

4.不同网络中的两台计算机之间的通信

在实际的网络环境中,最终的发送方和接收方往往相隔千山万水,中间会有很多的网络设备起到中转的作用。为了说明这个过程,我们以图1-27所示的网络为例,在两台通信的计算机之间增加了两台交换机和路由器,发送主机的数据将会经过这些中间设备,才能到达目的主机。其过程如下:

1)发送主机A按照前面讲解的内容进行数据封装。

2)从发送主机A物理网卡发出的电信号通过传输介质到达交换机S1,交换机S1将电信号转换成二进制数据送往它的数据链路层,因为交换机属于数据链路层的设备,所以它将可以查看数据帧头部的内容,但不会进行封装和拆装的过程。当交换机S1发现数据帧头部封装的

MAC 地址不属于自己的 MAC 地址时，它不会像终端设备那样将数据帧丢弃，而是根据该 MAC 地址将数据帧转发到路由器设备 R1，在转发前要重新将二进制数据转成物理的电信号。

3)在路由器 R1 收到数据后会拆掉数据链路层的 MAC 头部信息，将数据送达它的网络层，这样路由器 R1 就能看到 IP 头部信息了。路由器 R1 将检查数据包头部的目的 IP 地址，并根据该地址进行路由选择，将数据包转发到下一跳路由器 R2，但在转发前要重新封装新的 MAC 头部信息。之后 R2 同 R1 一样，S2 同 S1 一样，最终把数据传输给主机 B，在主机 B 中要进行数据的拆装。

从这个过程来看，数据在传输的过程中不断地进行封装和拆装，中间设备属于哪一层就在哪一层对数据进行相关的处理，实现着它们的功能。

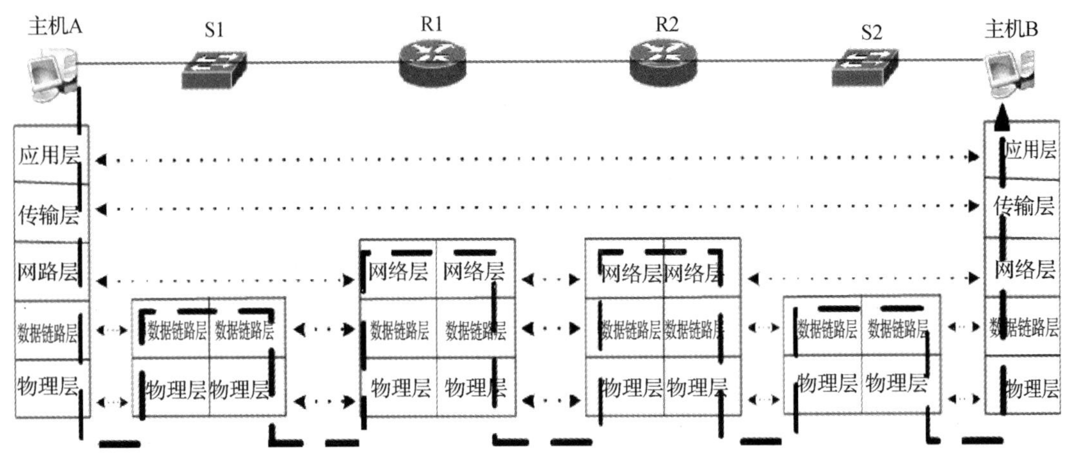


图 1-27　不同网络中的两台计算机之间的通信

# 1.4　计算机网络的传输介质

## 1.4.1　信号

1. 有关信号的概念

(1)数据

数据是指对现实世界事物的一种符号描述形式。在计算机领域，数据是指所有能输入计算机并被计算机接受、处理的符号的总称。数据具体可以是数值、文字、图形、声音、图像等。

(2)信息

信息是指数据所包含的意义，是对数据的解释。信息是以数据的形式存在的。

(3)信号

信号是数据的电气的或电磁的表现形式，如电流、电压、光波、声波等。

(4)信道

信道是指向某一方向传输信号的通道，由传输介质及其相连的网络设备组成的通信线路的内部通路。这种通信线路可以包含多条信道，一般包含一条发送信道和一条接收信道。

2. 信号的分类

信号可分为模拟信号和数字信号。

(1)模拟信号(见图 1－28)

如图 1－28 所示，模拟信号是信号参数(如振幅、频率等)大小随时间连续变化的电磁波。

(2)数字信号(见图 1－29)

如图 1－29 所示，数字信号是离散的、不连续的。数字信号使用几个不连续的波形来代表数字。最简单的数字信号是只有两种(分别代表 0 和 1 两个数字)波形的信号。这就是二进制编码信号。

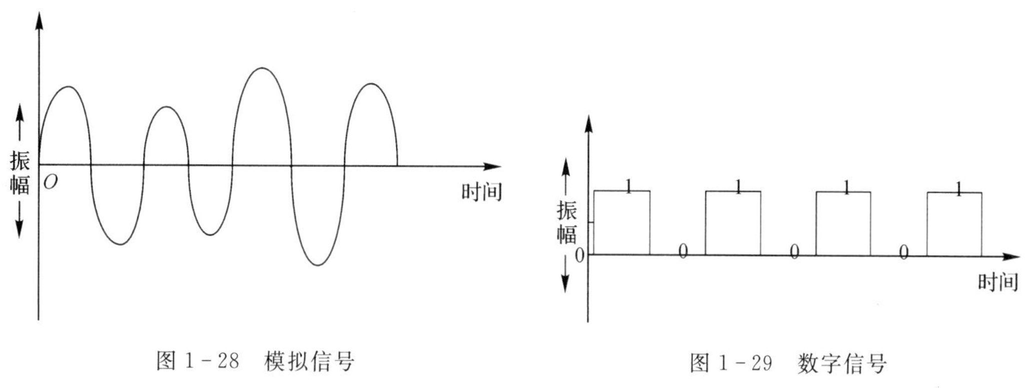


图 1－28　模拟信号　　图 1－29　数字信号

3. 信号的指标

(1)频率

频率是指在单位时间内信号幅度变化的次数，单位是 Hz(赫兹)。

(2)带宽

带宽原本是指模拟信号在信道中传输可使用的最高频率与最低频率之差，单位也是 Hz(赫兹)。例如，电话信号的最低频率是 300 Hz，最高频率是 3 400 Hz，那么它的带宽就是 3 100 Hz。

对于数字信号来讲，它的频带非常宽，因此，一般不用这个参数来描述数字信号，而是使用比特率来描述数字信号单位时间能够携带比特的多少，但习惯上，仍然可以称为带宽。

(3)比特率

比特率也即数据传输速率，是指单位时间(s)内传输的比特个数。单位是比特/秒，记作 b/s。例如，某信道 1 s 传输 1 000 比特，则它的比特率就是 1 000 b/s。

4. 信号在传输过程中产生的失真

信号在传输过程中，因为受到外界干扰或传输介质本身的阻抗等因素，会产生一定程度的失真。所谓失真就是指信号经过在传输介质中的传输，接收端收到的信号与发送端发送的信号之间会产生一定的误差。只要在接收端能从失真的波形识别出原来的信号，那么这种失真对通信质量就没有影响(见图 1－30)；而图 1－31 所示的情况就不同了，这种失真很严重，在接收端无法识别出原来的信号了。信号产生失真的原因主要有以下几个。

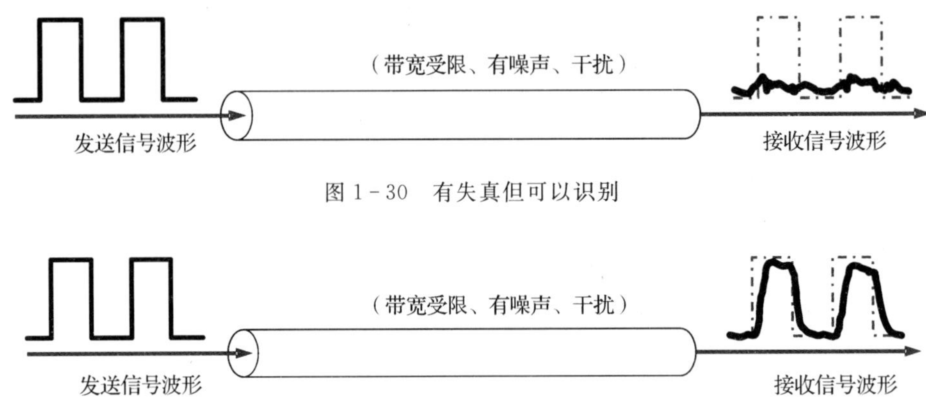


图 1-30　有失真但可以识别

图 1-31　失真严重无法识别

(1)噪声

噪声是指信号在传输过程中受到来自传输线路自身和外部环境的干扰。其中,来自传输线路自身的干扰(如电子的热运动等)称为热噪声;来自外部环境的干扰(如雷电、强电流产生的电场、磁场等)称为冲击噪声。噪声是有害的。

(2)衰减

影响信号传输的另一个因素就是信号的衰减,即随着信号传播距离的增加,能量逐渐减少。事实证明,信号传输的速度越高,或者传输距离越远,或者噪声干扰越大,或者传输线路的质量越差,在接收端的波形失真就越严重。因此,为了有效地传输更远距离,在传输过程中经常要对信号进行放大处理。

(3)串扰

串扰是指信号在传输通道上传输时,因电磁耦合而对相邻传输线产生的影响。串扰的大小不仅来自线路本身,而且与连接线路的连接器和连接头的质量都有关系。串扰主要发生在双绞线中,串扰越小,传输质量越高。

5.数字信号传输的优点

(1)抗干扰能力强

模拟信号在放大时,伴随的积累噪声也将被放大,这使得模拟信号的变形更加严重,影响通信质量,如图 1-32 所示。而数字信号是脉冲信号,接收端可以识别脉冲的有无,保证了通信的质量。

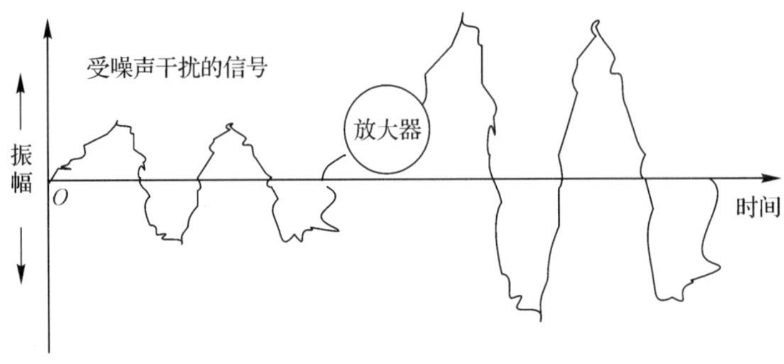


图 1-32　受噪声干扰而被放大的模拟信号

(2)有效传输的距离更远

由于数字信号放大采用信号再生的方式,能够识别和消除噪声,再生的数字信号与发送端发送的信号吻合,可继续有效地传输更远的距离,如图1-33所示,受噪声干扰的数字信号经再生放大后,可以高质量地远距离传输。

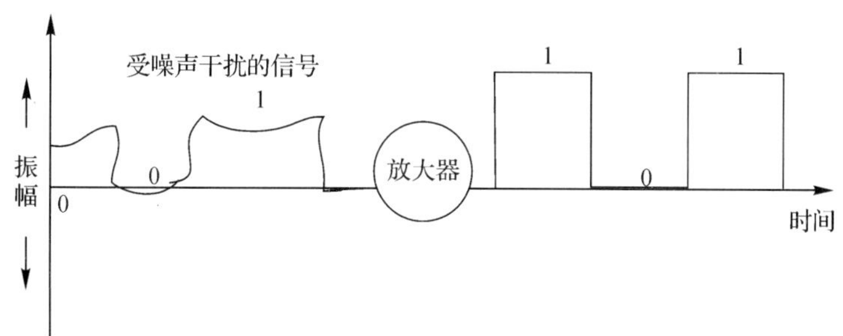


图1-33　受噪声干扰而被再生放大的数字信号

### 1.4.2　网络传输介质

传输介质也称传输媒体,是指计算机网络中相邻节点之间的物理通路。在组建计算机网络时,只有选择合适的传输介质,才能保证网络通信的质量。传输介质分为有线介质和无线介质两类。有线介质将信号导向在物理媒体(铜线或光纤)之内传播。目前最常用的有线传输介质有双绞线和光纤。而无线介质就是指各种波长的电磁波,常见的无线传输介质有无线电、微波、激光和红外线等。

1.有线介质

(1)双绞线

1)双绞线的结构。双绞线是目前计算机网络布线中最常用的一种传输介质。双绞线将一对互相绝缘的铜导线,按逆时针方向相互绞合在一起,目的是使一根导线传输电磁波的辐射能被另一根导线上发生的电磁波所抵消,从而使电磁干扰最小。两根导线绞合程度越密,抗干扰能力就越强。双绞线也由此得名。双绞线由多对相互绝缘的铜导线组成并被包裹在一个绝缘套管中,一般由4对铜导线组成,也有16对、25对、50对的双绞线。

双绞线分为非屏蔽双绞线(Unshielded Twisted Pair,UTP)和屏蔽双绞线(Shielded Twisted Pair,STP)两大类,如图1-34所示。屏蔽双绞线是在双绞线外面有金属薄膜包裹,用作屏蔽,最外层具有保护性的绝缘套管。

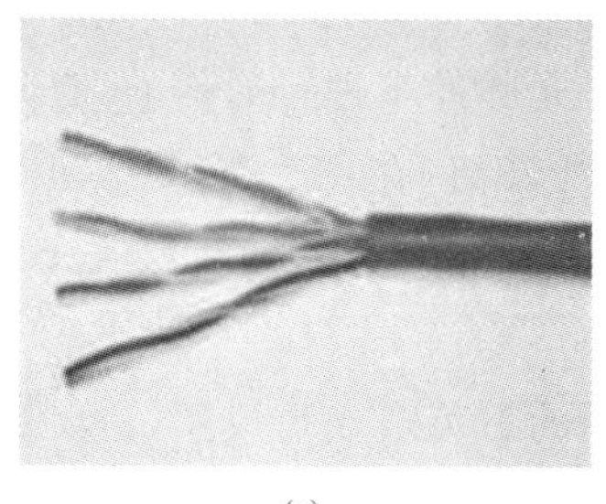

(a)

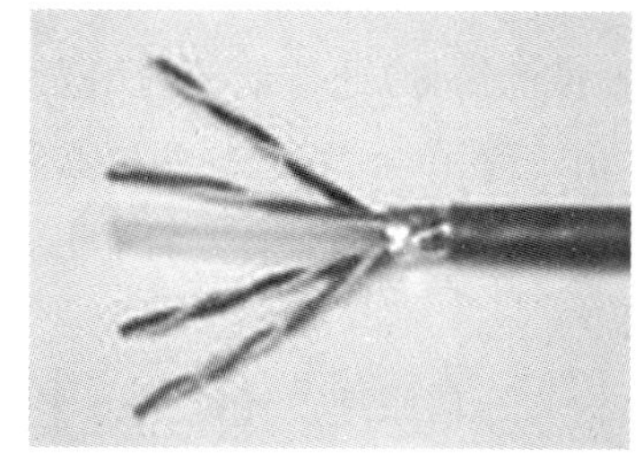

(b)

图1-34　双绞线的结构

(a)非屏蔽双绞线;(b)屏蔽双绞线

2)双绞线的标准。1991 年,美国电子工业协会(Electronic Industries Association,EIA)和电信工业协会(Telecommunications Industry Association,TIA)联合发布了一个EIA/TIA-568 标准,它的名称是《商用建筑物电信布线标准》。这个标准规定了用于建筑物内传输数据的非屏蔽双绞线和屏蔽双绞线的标准。该标准定义了从 1 类线到 7 类线,类别号越大,性能越好,价格也越高。由于 1～4 类的双绞线现在已经不再使用,所以下面只介绍 5 类以上的双绞线标准。

①5 类双绞线(Cat 5)。5 类双绞线比以前的双绞线增加了绞合密度,且外套管使用了高质量的绝缘材料,传输带宽为 100 MHz,用于百兆网络,常见标准有 10BASE-T 和 100BASE-T。

100BASE-T 指使用双绞线实现百兆网络,包括 100BASE-TX 和 100BASE-T4 两个标准。100BASE-TX 标准规定只用八根铜导线中的四根进行数据传输,其中两根用于发送数据,另外两根用于接收数据。100BASE-T4 标准规定使用六根铜导线传输数据,两根线用于冲突检测和控制信号的传输。目前 100BASE-T4 标准已经被淘汰。

②超 5 类双绞线(Cat 5e)。超 5 类双绞线在 5 类双绞线的基础上进行了优化。它的衰减更少,串扰更小,性能得到了提高,但其带宽仍然为 100 MHz,更适用于百兆网络。超 5 类双绞线可以实现千兆网络,但 1000BASE-T 是基于四对双绞线传输的网络,该技术的实现比百兆网络复杂得多,线对之间的串扰较为严重。

③6 类双绞线。6 类双绞线提供比超 5 类双绞线更高的性能。其带宽最高可达300 MHz,能够稳定地适用于千兆网络。在 6 类双绞线线缆中,通过中心的十字骨架把 4 对双绞线相互隔开,增加了 4 对线之间的物理距离,以减少串扰,但线缆更粗更硬,增加了施工难度。

实际上,对于网络组建来说,最重要的是如何保证所安装的电缆系统的质量,而不论它是 5 类还是 6 类双绞线。因为电缆系统的性能除了产品本身的质量以外,还必须要精心地施工才能得到保证。施工的各个环节对电缆系统的影响很大。否则,即使选择了高性能的线缆,如果施工粗糙,其性能可能达不到它应有的指标。

④7 类双绞线。7 类双绞线目前还没有得到广泛应用,它具有更高的传输带宽,可以达到 600 MHz。另外,7 类双绞线采用了双层屏蔽,它与传统的 RJ-45 接口完全不兼容,能提供更高的传输速率和更远的距离,适用于低成本的高速以太网的骨干线路。

(2)光纤

光纤(光导纤维的简称)通信就是利用光纤传递光脉冲来进行通信的,有光脉冲出现表示 1,而没有光脉冲出现表示 0。光纤的两端必须安装光端机,在发送端,光端机负责把表示数字代码的电信号转换为光脉冲信号在光纤中传输,在接收端,光端机负责接收光纤上光脉冲信号并还原出电信号。

1)光纤的结构和通信原理。光纤是由非常透明的石英玻璃拉成丝,主要由折射率较高的纤芯和折射率低于纤芯的包层构成的通信圆柱体(见图 1-35)。当光线从折射率高的纤芯射向低折射率的包层时可以发生全反射(见图 1-36),即光线碰到包层时就会折射回纤芯,这样使光沿着纤芯不断发生全反射向前传输(见图 1-37)。

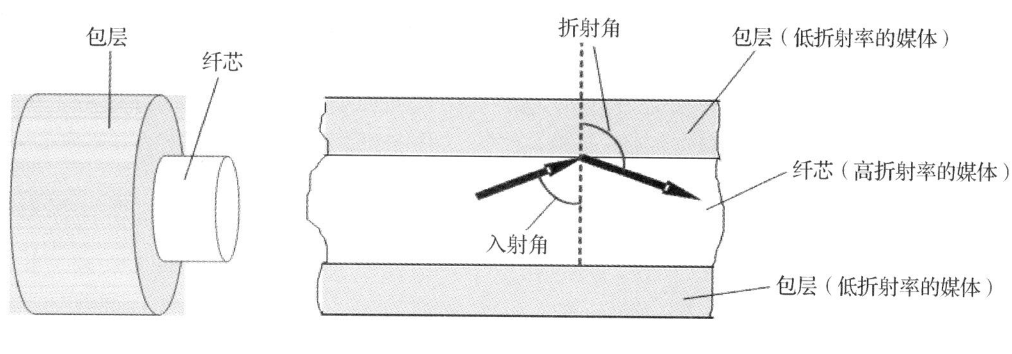


图 1－35　光纤的结构

图 1－36　光在光纤中的折射

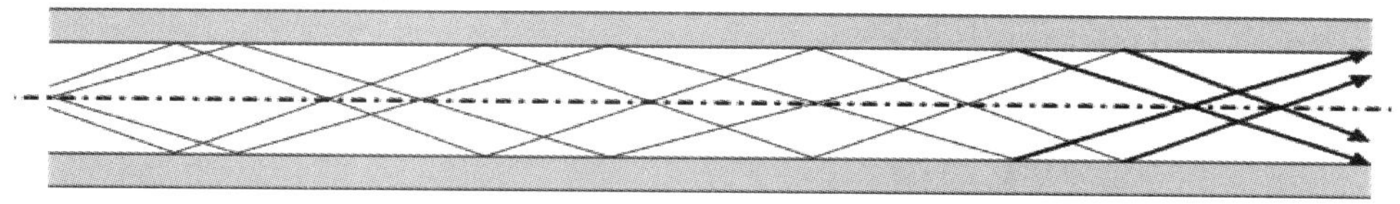

图 1－37　光脉冲在光纤中的传播

2)光纤的分类。根据传输模式的不同可将光纤分为多模光纤和单模光纤。

光脉冲在光纤中传输是利用了光的全反射原理，这样，光线将被完全限制在光纤中，而几乎无损耗地传输。任何以大于临界值角度入射的光线，在介质边界都将按全反射的方式在介质内传播，而且不同的光线在光纤内部将以不同的反射角传播，模就是指光纤的入射角。如果光纤纤芯的直径较粗，则光纤中可以存在多种入射角度，将具有这种特性的光纤称为多模光纤，如图 1－38 所示；如果将光纤纤芯的直径减小到只有一个光波波长的大小，则光纤中只能传输一种模的光脉冲，这样的光纤称为单模光纤，如图 1－39 所示。

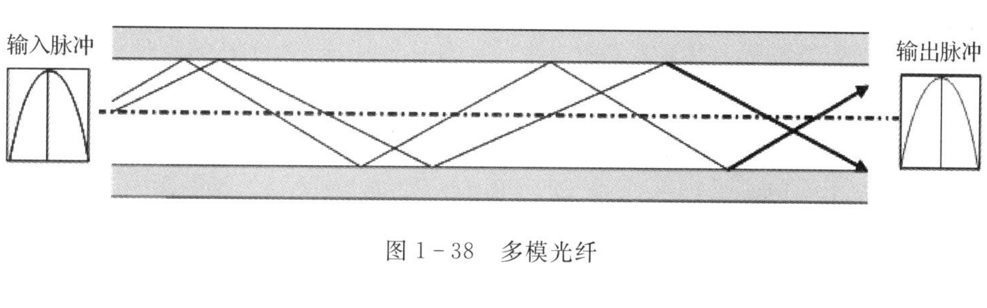


图 1－38　多模光纤

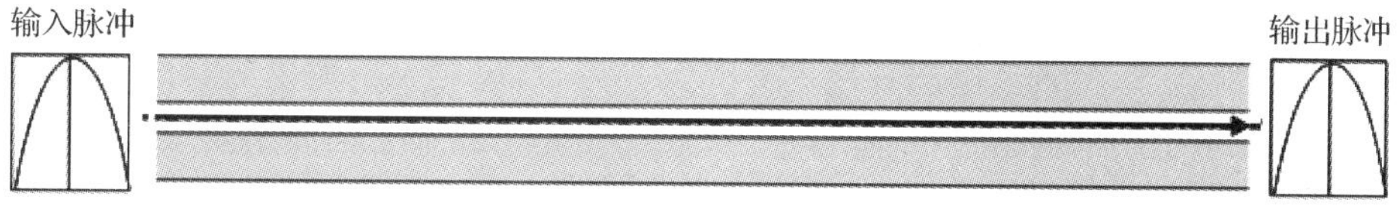


图 1－39　单模光纤

①多模光纤。多模光纤的纤芯较粗，其直径一般为 50～100 μm，制造成本较低。光源采用发光二极管，质量较差，且传输过程中的损耗也较大，因此，传输距离较近，一般在几百米至几千米。

②单模光纤。单模光纤的纤芯很细，其直径一般为 8.3～10 μm，甚至更小。其制造成本较高，同时单模光纤的光源采用较为昂贵的半导体激光器，而不能使用较为便宜的发光二极管，因此，单模光纤的光源质量较高，且在传输过程中损耗较小，在 10 Gb/s 的高速率下可传输几十甚至上百千米而不必中继。因此，单模光纤和多模光纤相比较：纤芯直径小，速率高，传输距离远，但成本也高。

由于光纤非常细，连包层一起，其直径也不到 0.2 mm，所以必须将光纤做成很结实的光缆。一根光缆少则只有一根光纤，多则可包括数十至数百根光纤，再加上加强芯和填充物就可以大大提高其机械强度。必要时还可放入远供电源线，最后加上包带层和外护套（见图 1－40），就可以增强抗拉强度，完全可以满足工程施工的强度要求。

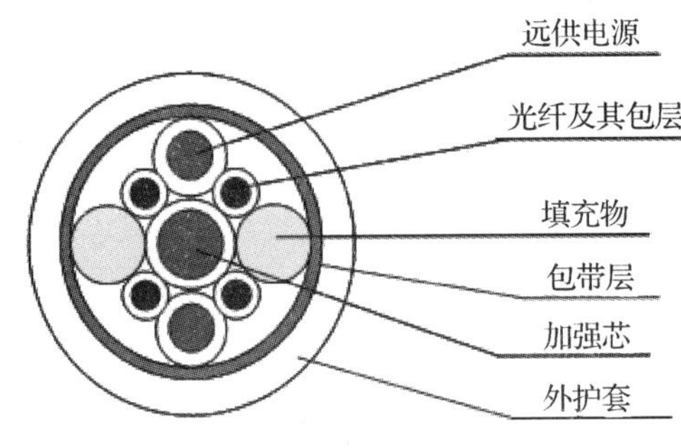


图 1－40　光缆的结构

3）光纤的优势。

①高传输带宽。由于可见光的频率范围很大，所以光纤传输可以使用极大的带宽。目前，光纤传输技术带宽可以超过 50 000 GHz，今后还会更高。当前 10 Gb/s 的传输瓶颈是因为光电信号转换的速率极限跟不上所导致的。

②传输距离远。光纤的传输距离要远远大于双绞线，其最大传输距离早已超过 100 km。当然，不同种类的光纤的最大传输距离是不同的，而且传输速率、纤芯的直径等参数都会影响光纤的传输距离。

③抗干扰能力强。在各种传输介质中，光纤的抗干扰能力是最强的。首先，光纤本身是由绝缘材料构成的，不受电磁干扰，也不受雷电和高压产生的强磁场干扰的影响；其次，光纤传输的是光信号，不会像电信号那样产生磁场而产生串扰。

2. 无线介质

只有有线网络是不够的，由于环境条件的限制（如高山或岛屿）无法进行有线传输线路的施工，或者即使能施工，但敷设电缆既昂贵又费时。另外，现在人们需要随时随地或在运动中通过笔记本或掌上电脑与网络进行通信，那么，双绞线和光纤都无法满足要求，而利用无线传输介质可以解决上述问题。

（1）无线电

大气中的电离层是具有自由电子和离子的导电层，无线电就是利用地面发射的无线电波通过电离层的反射，或电离层与地面的多次反射而到达接收端的一种远距离通信方式，如图 1－41所示。无线电使用的频率一般为 3 MHz～1 GHz。电离层的高度在地面以上数十千米至数百千米，可分为各种不同的层次，并随季节、昼夜以及太阳活动的情况而发生变化。由于电离层具有不稳定性，所以无线电与其他通信方式相比，在质量上也存在不稳定性。

无线电波被广泛应用于通信的原因是它的传输距离很远，也很容易穿过建筑物。另外，无线电波是全方向传播的，因此，无线电波的发射和接收装置不必要求精确对准。无线电波的传播特性与频率有关。在低频上，无线电波能轻易地绕过一般障碍物，但其能量随着传播距离的增大而急剧递减。在高频上，无线电波趋于直线传播并易受障碍物的阻挡，还会被雨雪吸收。而所有频率的无线电波，都容易受到其他电子设备的各种电磁干扰。

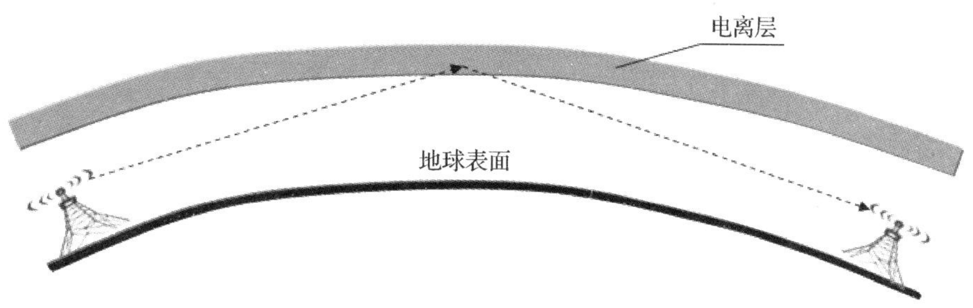


图1-41　无线电波被电离层反射传播

(2)微波

对于1 GHz以上的电波，其能量将集中于一点并沿直线传播，这就是微波，如图1-42所示。微波使用的主要频率范围一般为2～40 GHz，它在空间主要是沿直线传播的，可见微波的发射天线和接收天线必须精确对准，而地球表面是个曲面，如果两个天线塔相距太远，地球表面就会挡住微波的去路，而且长距离的传播会发生衰减。因此，每隔一段距离就需要一个中继站。两个中继站之间的距离一般为50 km，若采用100 m高的天线塔，则传输的距离可增大到100 km。

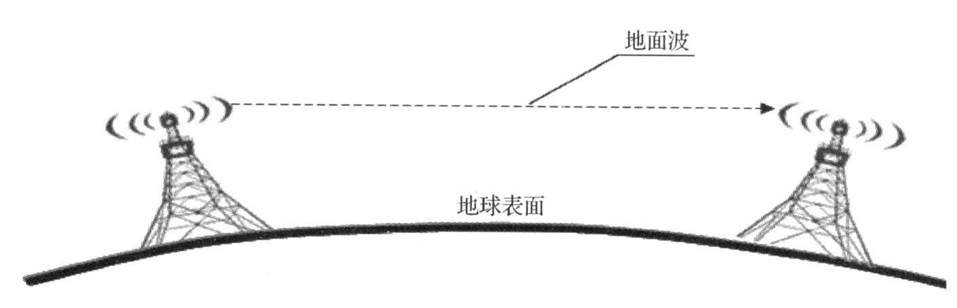


图1-42　微波沿直线传播

微波通信在传输质量上比较稳定，但微波在雨雪天气时会被吸收，从而造成衰减。与相同带宽和长度的电缆通信相比，微波通信建设成本要低得多。微波通信的缺点就是保密性不如电缆和光缆好，对于保密性要求较高的应用场合需要另外采取加密措施。

此外，还有红外通信和激光通信。它们也像微波通信一样有很强的方向性，都是沿直线传播的，都需要在发送方和接收方之间有一条可视的通路，所不同的是红外通信和激光通信是把传输的信号分别转换为红外光和激光信号，直接在空间传播。

传输介质在网络工程中经常用到，而具体选择哪一种介质则需要对介质的成本、性能、优缺点等进行综合考虑。不同的传输介质有着不同的性能指标，应使所选介质适用于网络的安装。要求简单且造价低的网络使用双绞线更加合适，而要求较高的数据传输速率和传输距离时则可以考虑使用光缆。

### 1.4.3 传输介质的连接

1. 以太网接口

以太网中由于传输介质的不同，连接线缆的接口也就不同，这里主要介绍最常用的传输介质的接口，即双绞线和光纤的接口。

(1)RJ-45 接口

RJ 是描述公用电信网络的接口的(见图 1-43)，常用的有 RJ-11 和 RJ-45。计算机网络使用的 RJ-45 是标准八位模块化接口的俗称。5 类、超 5 类和 6 类双绞线都使用 RJ-45 接口，与之匹配的接头俗称水晶头，如图 1-44 所示。它设有一个塑料弹片与 RJ-45 插槽卡住以防止脱落。这种接口在 10BASE-T 以太网、100BASE-T 以太网、1000BASE-T 以太网中都可以使用，传输介质都是双绞线。

图 1-43 RJ-45 接口

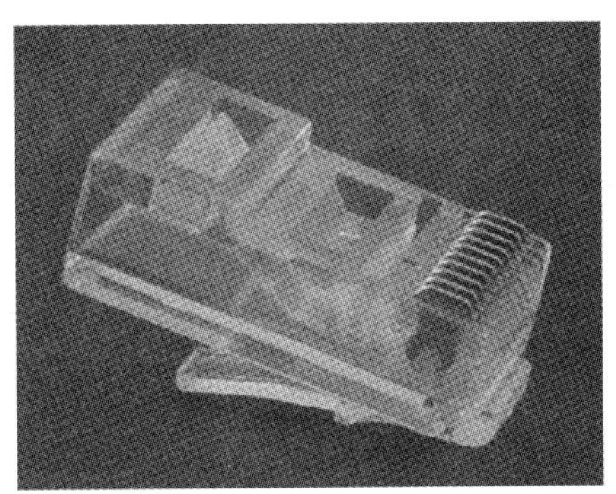

图 1-44 水晶头

(2)光纤接口

光纤接口俗称活接头，国际电信联盟将其定义为用以稳定地但并不是永久地连接两根或多根光纤的无源组件。光纤接口是光纤通信系统中必不可少的无源器件。光纤接口主要有以下几种类型：

1)FC：圆形带螺纹光纤接头。

2)ST：卡接式圆形光纤接头。

3)SC：方形光纤接头。

4)LC：窄体方形光纤接头。

5)MT-RJ：收发一体的方形光纤接头。

ST 光纤接口已经渐渐退出市场。现在更广泛使用的是 SC 和 LC 光纤接口。这里主要介绍 SC 光纤接口。

SC 光纤接口在 100BASE-TX 以太网时代就已经得到了应用，不过当时由于性能并不比双绞线突出，而且成本较高，所以没有得到普及。随着千兆网的推广，SC 光纤接口重新得到重用。SC 光纤接口主要用于局域网交换环境，在一些高性能千兆交换机和路由器上提供了这种接口，它与 RJ-45 接口很相似，只是更扁一些，其明显的区别是里面的触片：如果是八条细的铜触片，则是 RJ－45 接口；如果是一根铜柱，那么是 SC 光纤接口。光纤接口如图 1－45 所示。

(a)　　　　(b)

图 1－45　光纤接口

(a)SC 接口；(b)MT－RJ 接口

(3)信息插座

信息插座可以为计算机提供一个网络接口，它通常由面板(见图 1－46)、信息模块(见图 1－47)和底座组成。根据实际应用环境可以将信息插座分为墙上型、地上型和桌面型。其中墙上型最为常见。

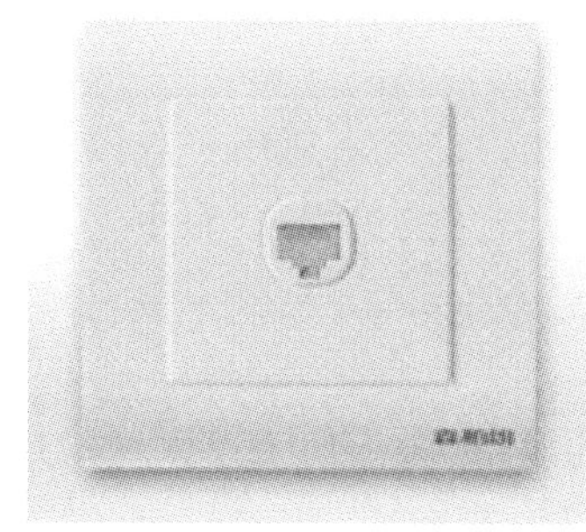

图 1－46　墙上型信息插座面板

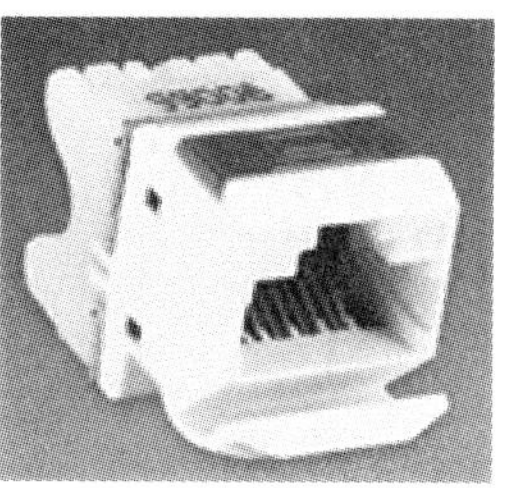

图 1－47　RJ－45 插座信息模块

信息模块与面板是嵌套在一起的，埋在墙中的网线通过信息模块与外部网线进行连接；墙内铺设的网线与信息模块的连接是通过把网线的八条绝缘铜线按照标准卡入信息模块的对应线槽中而实现的(这部分将在后面讲解)。在压接双绞线时，要注意颜色标识的对应。

2. 双绞线的连接规范

双绞线的两端必须安装上 RJ－45 接头(水晶头)，才能插在网卡、交换机或路由器的 RJ－45 接口上进行连接。EIA/TIA 的布线标准中规定了两种双绞线的线序，即 T568A 和 T568B。其线序标准见表 1－1。

**表 1－1　双绞线的连接标准**

| 线序号 | 1 | 2 | 3 | 4 | 5 | 6 | 7 | 8 |
|---|---|---|---|---|---|---|---|---|
| T568B 标准 | 白橙 | 橙 | 白绿 | 蓝 | 白蓝 | 绿 | 白棕 | 棕 |
| T568A 标准 | 白绿 | 绿 | 白橙 | 蓝 | 白蓝 | 橙 | 白棕 | 棕 |

双绞线与水晶头的连接方法主要有以下三种：

(1)直接法

双绞线的两端遵循相同的标准,即要么都遵循 T568B 标准,要么都遵循 T568A 标准。直接法适用于双绞线在异种设备之间的连接,如计算机与交换机、一台交换机的普通端口与另一台交换机的级联端口、交换机与路由器连接等。直接法和交叉法连接的使用场合如图 1-48 所示。

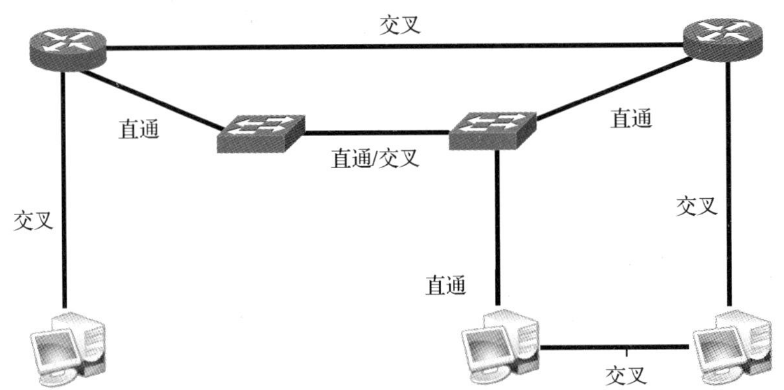


图 1-48　直接法和交叉法连接的使用场合

(2)交叉法

双绞线的一端遵循 T568B 标准,另一端遵循 T568A 标准。交叉法适用于双绞线在同种设备之间的连接,如两台计算机直接通过双绞线连接、交换机与交换机相连、路由器与路由器相连等。

(3)反接法

双绞线一端的排列顺序与另一端的排列顺序完全相反。反接法不用于以太网的连接,主要用于主机的串口和路由器(或交换机)的 Console 口(控制口)的连接。

3. 双绞线连接头制作过程

1)必备工具:压线钳(见图 1-49)、测线仪(见图 1-50)。

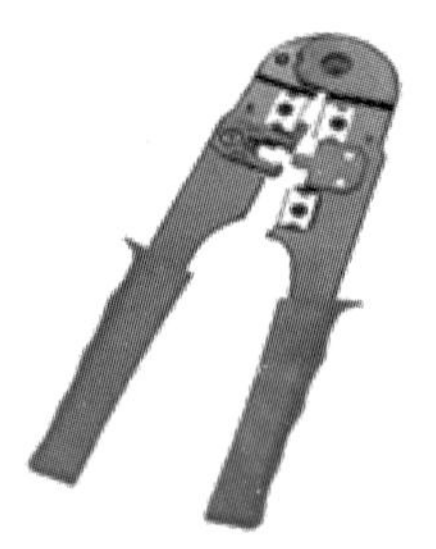

图 1-49　压线钳

图 1-50　测线仪

2)双绞线连接头制作步骤(按 T568B 标准,以直接法为例)如下:

步骤一,剥线。利用斜口错剪下所需要的双绞线长度,至少 0.6 m,最多不超过 100 m。然后再利用双绞线剥线器的剥线刀口将双绞线的外皮除去 2～3 cm(注意不要损伤铜芯的绝缘层)。有一些双绞线电缆上含有一条柔软的尼龙绳,如果您在剥除双绞线的外皮(保护套)时,觉得裸露出的部分太短，而不利于制作 RJ-45 接头时，可以紧握双绞线外皮，再捏住尼龙线往外皮的下方剥开，就可以得到较长的裸露线。

步骤二，理线。我们需要把每对都是相互缠绕在一起的线缆逐一拆开。拆开后则根据 T568B 规则把几组线缆依次地排列并理顺，由于线缆之前是相互缠绕着的，线缆会有一定的弯曲，因此我们应该把线缆尽量扯直并尽量保持线缆在同一水平面上。然后细心检查一遍排列顺序，再利压线钳的剪线刀口把线缆裁剪整齐，保留去掉外层保护套的部分为 15 mm 左右，这个长度正好能将各细导线插入各自的线槽。如果该段留得过长，一来会由于线对不再互绞而增加串扰，二来会由于水晶头不能压住保护套而可能导致电缆从水晶头中脱出，造成线路的接触不良。

步骤三，插线。我们需要做的就是把整理好的线缆插入水晶头内。需要注意的是，要将水晶头有塑料弹簧片的一面向下（见图 1-51），有针脚的一方向上，使有针脚的一端指向远离自己的方向，有方形孔的一端对着自己。此时，最左边的是第 1 脚，最右边的是第 8 脚，确保依次顺序排列：白橙、橙、白绿、蓝、白蓝、绿、白棕、棕。插入的时候需要注意缓缓地用力把 8 条线缆同时沿水晶头内的 8 个线槽插入，一直插到线槽的顶端。我们可以从水晶头的顶部检查，看看是否每一根线缆都紧紧地顶在水晶头的末端。

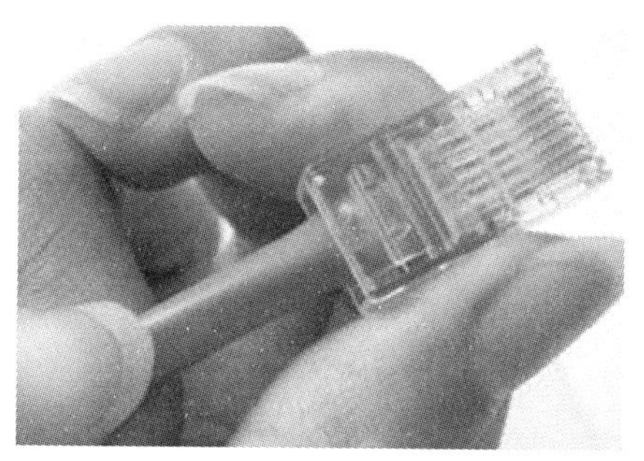

图 1-51 把线插入水晶头中

步骤四，压线。确认无误之后就可以把水晶头插入压线钳的压线槽内压线了（见图 1-52），把水晶头插入后，用力握紧线钳，若力气不够的话，可以使用双手一起压，这样一压的过程使得水晶头凸出在外面的针脚全部压入水晶头内，受力之后听到轻微的“啪”一声即可。压线之后水晶头凸出在外面的针脚全部压入水晶头内，而且水晶头下部的塑料扣位也压紧在网线的外层保护套上。

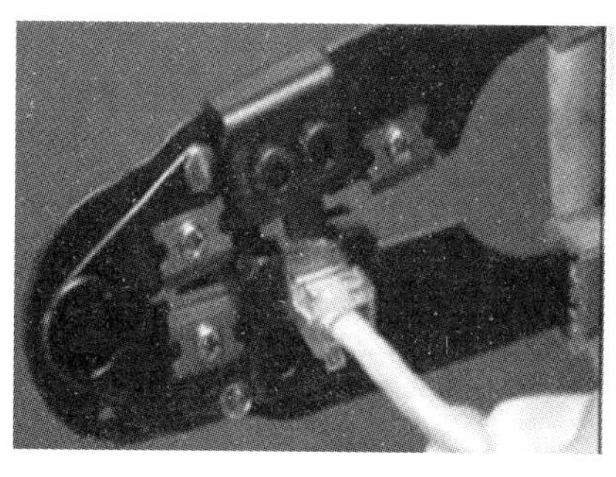

图 1-52 水晶头与压线槽

4. 双绞线的连通性测试

在双绞线连接制作过程中难免出现一些问题，常见的问题有线缆开路、线对错序、线缆接触不良。线缆开路是指双绞线中的一根或几根铜导线出现断路而导致无法连通的现象。造成线缆开路的主要原因可能是在剥去双绞线外保护套的时候造成里面铜线的损伤，也可能是因为铜导线没有排整齐而导致水晶头的铜片没有接触到铜线。线对错序是指双绞线两端没有按照标准，排错线序，导致无法通信的现象。线缆接触不良是指由于压线不紧或者铜导线受损而导致通信时断时续或信号很弱的现象。双绞线的连通性测试工具是测线仪，它由主检测体和次检测体组成。测试过程如下：

1)将已经制作好的双绞线的两端分别插入主检测体和次检测体的 RJ－45 接口内，并打开主检测体的电源开关。

2)观察主检测体和次检测体上的指示灯(见图 1－53)：如果是直通线，则主检测体和次检测体都是按照 1～8 的顺序亮灯；如果是交叉线，主检测体按照 1～8 的顺序亮灯，而次检测体则按照 3,6,1,4,5,2,7,8 的顺序亮灯。如果检测过程发现某个线对所对应的指示灯没有亮，则说明该线对出现了开路问题，遇到这种情况，最好是剪掉水晶头，重新制作。

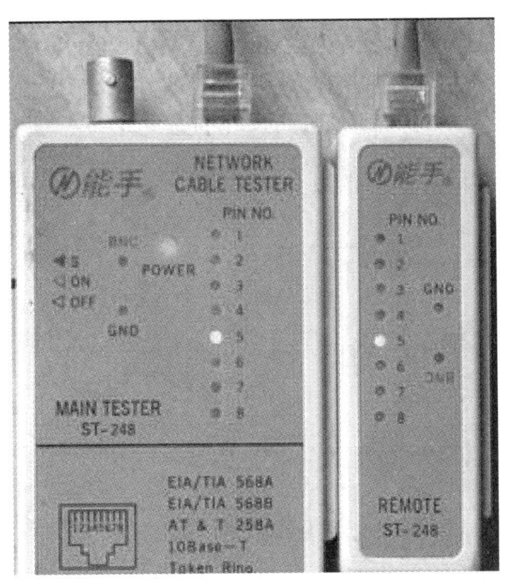


图 1－53　用测线仪测试双绞线的连接

## 1.4.4　线缆的标识

在网络系统的使用过程中，不可避免地对线缆进行移动、添加、调整，再加上线缆数目较多，很难做到不出现混乱，从而使网络系统的可管理性和可维护性大幅度降低。很可能为了找出某个办公室内的信息点连接到了交换机的哪一个端口，而不得不将整个所有的线缆全部测量一遍。因此，布线人员在布线时就应该在线缆的两端进行标识，一开始就应当养成良好的标识管理的习惯。EIA/TIA 标准制定了两种类型的线缆标识方法，即线缆标签和套管标签。

1. 线缆标签

线缆标签(见图 1－54)可直接缠绕粘贴在线缆上，一般以耐用的化学材料作为基材。这种材料的拉伸性能较好，具有防水、防油污和防有机溶剂等性能，不易燃烧。

2. 套管标签

套管标签的固定性和永久性较好(见图1-55),一般用于特殊的环境。由于其安装比较麻烦且必须在布线完成后使用(热缩套管必须使用加热枪使其收缩固定),所以,在实际的布线环境中很少使用套管标签。

图1-54 线缆标签

图1-55 套管标签

这两种线缆标识的方法成本较高,目前国内一些中小型企业实际施工过程无法保证规范性。而实际采用的线缆标识方法是采用廉价的普通纸质标签代替专业标签或者是直接书写在线缆或跳线上。这些方法虽然经济,但会给后期的布线以及将来的网络维护带来不便,因为这种标签容易模糊、褪色或被污损,甚至不容易看懂,不适合长期耐用的要求,还是尽量采用标准规范的线缆标识。

## 1.5 网络层主要协议与应用

### 1.5.1 网络层概述

网络层位于TCP/IP体系结构的第三层。网络通信中,网络层负责寻址、打包和路由选择。网络层的核心协议有IP,ARP,ICMP,IGMP协议。其中,网际协议IP负责在两个主机之间的网络中的路由选择,地址解析协议ARP负责同一个局域网中每一主机的IP地址转换为各自主机的物理地址(因该地址是生产厂商固化在网卡中,故也称硬件地址或MAC地址),网际控制报文协议ICMP负责提供差错情况和异常情况的报告,网际组管理协议IGMP负责让连接在本局域网上的多播路由器知道本局域网上的主机参加或退出某个多播组的情况。

数据链路层的MAC地址可以唯一地标识一块网卡,交换机转发时,就是利用查找MAC地址表实现数据的转发,但是由于MAC地址没有层次结构的特点,只能适用于很小的网络环境。工作于网络层的IP地址具有利用子网掩码来实现层次化结构的特点,因此可以适用大的网络环境。以寄信为例,如果信封上只写收件人的姓名,不写其属于哪个城市和街道,即使没有重名,邮局也很难检索到这个人的位置。收件人的姓名就类似于MAC地址。而在其姓名前加上所属的国家、城市和街道,利用这种分层次的地址,就容易定位收信人的位置了。而带有国家、城市、街道和收信人姓名的地址信息,就类似于有层次结构的IP地址。

### 1.5.2 IP 地址

1. IP 地址(本书以 IPv4 为主)

(1)IP 地址的定义

IP 地址就是给因特网上的每一个主机(或路由器)的每一个接口分配一个在全世界范围内唯一的 32 位的标识符。

(2)IP 地址的组成

IP 地址是由 32 位二进制数组成的,为了方便记忆,将 32 位的二进制数分成四段,每段 8 位,中间用小数点隔开,然后将二进制转换成十进制数,即 IP 地址由"点分十进制"表示,如 129.52.6.120。但每个数值不能超过 255。

IP 地址具有层次结构,由网络号和主机号组成,网络号表示主机所处的物理网络,主机号表示主机在该网络中的具体逻辑位置。如 IP 地址 129.52.6.120,其网络号为 129.52,主机号为 6.120。

(3)IP 地址的分类

IP 地址按照网络规模的大小,可以分为 A,B,C,D,E 五类。其中 A,B,C 三类由 InterNIC(互联网信息中心)在全球范围内统一分配(见表 1-2),D(多播或组播)、E(保留)类为特殊地址。IP 地址采用高位字节的高位来标识地址类别。IP 地址编码方案及 A,B,C 类地址格式如图 1-56 所示。

**表 1-2 可分配的 IP 地址范围**

| 网络类别 | 最大可分配的网络数 | 第一个可分配的网络号 | 最后一个可分配的网络号 | 每一个网络中的最大主机数 |
|---|---|---|---|---|
| A | 126($2^7-2$) | 1 | 126 | 16 777 214($2^{24}-2$) |
| B | 16 383($2^{14}-1$) | 128.1 | 191.255 | 65 534($2^{16}-2$) |
| C | 2 097 151($2^{21}-1$) | 192.0.1 | 232.255.255 | 254($2^8-2$) |

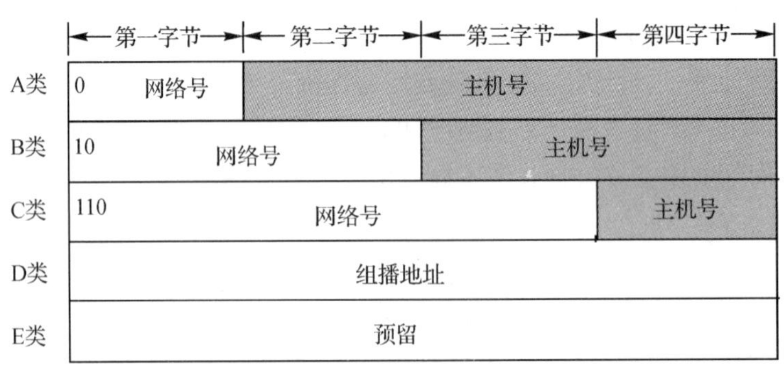


图 1-56 IP 地址编码方案及分类地址格式

A 类地址:第一个字节表示网络号,其中最高位固定为 0,只有 7 位可以使用,但可指派的网络号范围为 1～126(即 $2^7-2$)，网络号字段全 0 的 IP 地址是个保留地址，表示“本网络”的意思；网络号 127(即 01111111)保留作为本地环回测试本主机的进程之间的通信之用，所以网络号为 127 的 IP 地址(如 127.0.0.1)不是一个网络地址。A 类地址的主机号占 3 个字节，因此每一个 A 类网络中的最大主机数是 $2^{24}-2$，减 2 的原因是：主机号全 0 表示该 IP 地址是“本主机”所在网络地址(例如，一主机的 IP 地址为 12.13.89.29，则该主机所在的网络地址就是 12.0.0.0)；而主机号全 1 表示该网络上“所有主机”。

B 类地址：第一、第二两个字节表示网络号，并规定第一字节的最高两位为 10，剩下其余 14 位可以进行分配，网络号部分也不可能出现全 0 或全 1，但实际上 B 类地址 128.0.0.0 是不分配的，可以分配的 B 类最小网络地址是 128.1.0.0。因此 B 类地址可分配的网络数为 $2^{14}-1$。B 类地址的每一个网络上的最大主机数是 $2^{16}-2$(去掉全 0 和全 1 的主机号)。

C 类地址：用前三个字节作为网络号，并规定第一字节的最高三位为 110，剩下 21 位可以进行分配，但实际上 C 类网络地址 192.0.0.0 也是不分配的，可以分配的 C 类最小网络地址是 192.0.1.0，因此 C 类地址可以分配的网络数为 $2^{21}-1$，C 类地址的每一个网络上最大主机数为 $2^8-2$(去掉全 0 和全 1)。

(4)专用 IP 地址

专用 IP 地址是只能分配给一个单位内部网络中的主机而不能用作全球地址。在因特网中的所有路由器，对目的地址是专用地址的数据包一律不进行转发。专用 IP 地址有：

A 类：10.0.0.0～10.255.255.255(用于组建大型企业内部网络)。

B 类：172.16.0.0～172.31.255.255(用于组建中型企业内部网络)。

C 类：192.168.0.0～192.168.255.255(用于组建小型企业内部网络)。

这些专用地址仅在本单位内部使用，可见，不同单位的内部网络可以使用相同的专用 IP 地址。使用专用 IP 地址的互联网也称为本地互联网。

2. 子网掩码

(1)子网

一个拥有许多物理网络的单位，可以将所属的物理网络划分为若干个子网。划分子网属于一个单位内部的事情，本单位以外的网络并不知道这个网络是由多少个子网组成，因此这个单位的整个网络对外仍表现为一个网络，它只有一个全球的网络地址。但这些子网必须通过路由器互联在一起(即一个子网对应一个路由器的端口)。凡是从其他网络发送给本单位某个主机的 IP 数据报，仍然是根据 IP 数据报的目的网络地址找到连接在本单位网络上的路由器。但此路由器在收到 IP 数据报后，再按目的网络号和主机号找到目的子网，把 IP 数据报交付给目的主机。

划分子网的方法是从网络的主机号部分借用若干位作为子网号，当然主机号部分也就相应减少同样的位数。如图 1-57 所示，某单位的网络 145.13.0.0 划分三个子网，三个子网的子网地址分别为 145.13.3.0，145.13.7.0，145.13.21.0。但是该单位对外仍是一个网络。

划分子网可以使一个单位充分利用已有的网络地址，不必为每一个物理网络都购买一个全球网络地址，节约了全球 IP 地址。

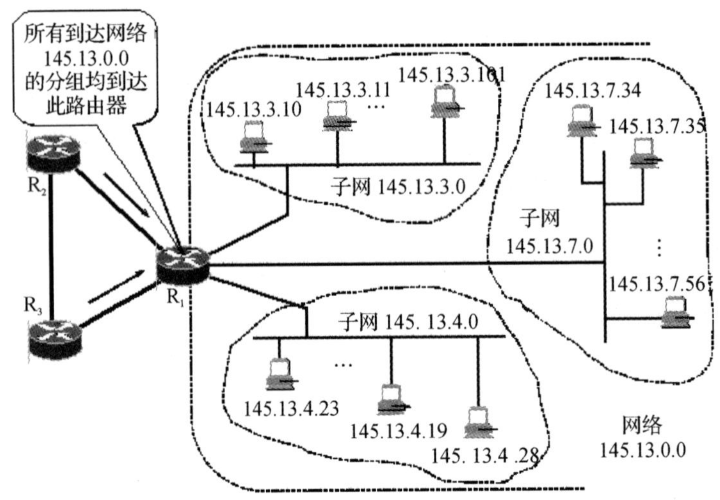


图 1-57　某单位的网络划分为三个子网的情况

(2)子网掩码

在网络中不同主机之间的通信情况可以分为两种:一种情况就是同一子网中两台主机之间的相互通信,另一种情况就是不同子网中的两台主机之间的相互通信。

为了区分这两种情况,进行通信的主机必须要获得目的主机 IP 地址的网络号部分以做出判断。如果源主机的网络号与目的主机的网络号相同,则为同一子网中主机之间的通信;如果源主机的网络号与目的主机的网络号不相同,则为不同子网中的主机之间的通信;剩下的就按照前面讲述的数据传输过程进行。

现在的关键问题就是如何获取目的主机的 IP 地址的网络地址,这就要使用子网掩码了。

与 IP 地址一样,子网掩码也是由 32 位二进制数组成的,对应 IP 地址的网络部分用 1 表示,对应 IP 地址的主机部分用 0 表示。通常也是用点分十进制数表示。当为网络中的节点分配 IP 地址时,也要给出每个节点所使用的子网掩码。使用子网掩码的好处就是:不管网络有没有划分子网,只要把子网掩码与 IP 地址进行逐位"与"运算,就立即得出网络地址来。现在因特网的标准规定:所有的网络都必须使用子网掩码。如果一个网络没有划分子网,那么该子网的子网掩码就使用默认子网掩码。

A 类地址的默认子网掩码是 255.0.0.0,B 类地址的默认子网掩码是 255.255.0.0,C 类地址的默认子网掩码是 255.255.255.0。

有了子网掩码后,只要把 IP 地址和子网掩码作逻辑"与"运算,所得的结果就是 IP 地址的网络地址。

例如,已知 IP 地址的是 145.13.4.28,子网掩码是 255.255.255.0,将 IP 地址与子网掩码进行逻辑"与"运算就可以得出 IP 地址的网络地址,即网络号(含子网号),如图 1-58 所示。

计算出网络号就可以判断不同的 IP 地址是否位于同一个子网中了。

为了书写简便,经常使用后缀形式表示 IP 地址。后缀形式就是在地址后加"/",其后是网络号的位数,即二进制掩码中"1"的个数。如 IP 地址 145.13.4.28,子网掩码为 255.255.255.0,可以表示为 145.13.4.28/24。

| | | | | | |
|---|---|---|---|---|---|
| IP 地址 | 145 . 13 . 4 . 28 | 10010001 | . 00001101 | . 00000100 | . 00011100 |
| 子网掩码 | 255 . 255 . 255 . 0 | 11111111 | . 11111111 | . 11111111 | . 00000000 |
| | 与 | | | | |
| | | 10010001 | . 00001101 | . 00000100 | . 00000000 |
| 网络地址 | | 145 | . 13 | . 4 | . 0 |

图 1－58　IP 地址的网络地址的计算过程

有了一个 IP 地址后，我们应该取多少位主机号作为子网号呢？答案取决于子网数目和子网内所需的最大主机数目。

设：需要的子网数目为 $n$，子网所需的最大 IP 地址数目为 $m$，原主机号为 $k$ 位，取 $x$ 位作为子网号，则有如下公式：

$$\begin{cases} 2^x \geqslant n \\ 2^{k-x} - 2 \geqslant m \end{cases}$$

例如，某单位的网络拓扑结构如图 1－59 所示，现有一个 C 类网 192.16.12.0。我们可以根据上述公式计算机出每个子网的网络地址。

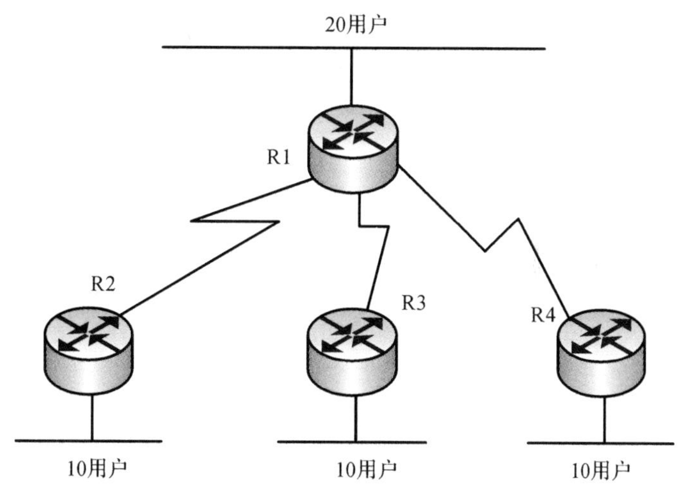


图 1－59　某单位的网络拓扑结构

由图 1－59 可以看出：子网数目 $n=7$，每个子网中最大 IP 地址数目 $m=20$，C 类地址原主机号 $k$ 为 8 位。代入公式可以求出子网号 $x$ 为 3 位，结合子网掩码定义得出子网掩码为 255.255.255.224。由此可以得出 8 个子网地址分别是 192.16.12.0/27，192.16.12.32/27，192.16.12.64/27，192.16.12.96/27，192.16.12.128/27，192.16.12.160/27，192.16.12.192/27，192.16.12.224/27。

### 1.5.3　IP 数据报的格式

网络层的 PDU 就是 IP 数据报，IP 数据报的格式能够说明 IP 协议所具有的功能。IP 数据报的格式如图 1－60 所示。

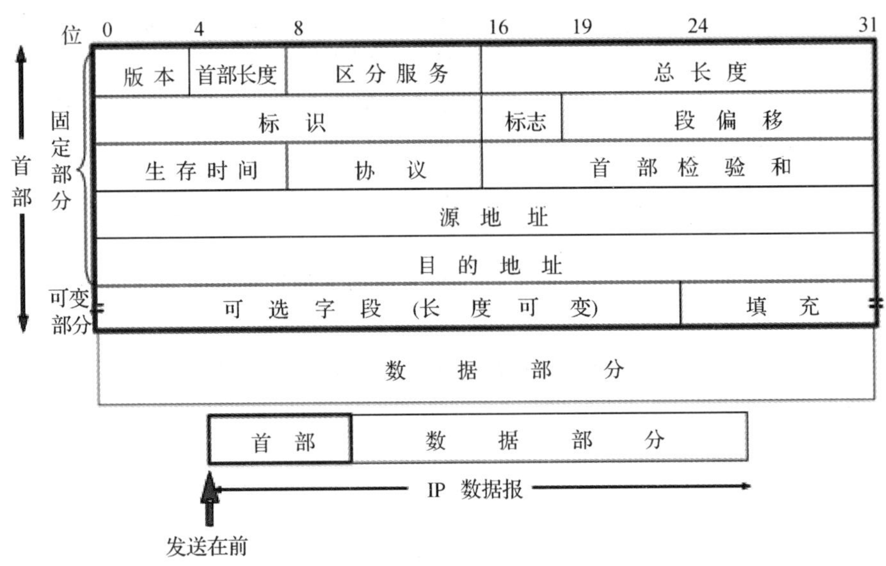


图 1-60　IP 数据报的格式

一个 IP 数据报由首部和数据两部分组成。首部的前一部分是固定的长度，共 20 个字节，是所有 IP 数据报必须具有的。在首部的固定部分的后面是一些可选项，其长度是可变的。首部各字段的含义如下：

(1)版本

版本占 4 位，指 IP 协议的版本，目前的 IP 协议版本号为 4(即 IPv4)。

(2)首部长度

首部长度占 4 位，可表示的最大数值是 15 个单位(一个单位为 4 字节)，因此 IP 的首部长度的最大值是 60 个字节。但是 IP 数据报的首部最短为 20 个字节。

(3)区分服务

区分服务占 8 位，该字段用于表示数据报的优先级和服务类型。通过在数据报中划分一定的优先级，用于实现 QoS(服务质量)的要求。

(4)总长度

总长度占 16 位，该字段用以表示首部和数据之和的长度，单位为字节，因此数据报的最大长度为 65 535 字节。但是每个数据报的实际总长度要满足数据链路层所要求的长度。

(5)标识(identification)

标识占 16 位，它是一个计数器，用来产生数据报的标识。在 IP 对上层数据进行分段的时候，它将给所有的段分配一组编号并放入标识字段中，以保证分段不会被错误地进行重新组装。该字段用于标识一个数据报所属的信息，以使得接收方可以重新组装被分段的数据。

(6)标志(flag)

标志占 3 位，目前只有前两位有意义。标志字段的最低位是 MF(More Fragment)。MF=1 表示后面“还有分段”。MF=0 表示最后一个分段。标志字段中间的一位是 DF(Don't Fragment)，只有当 DF=0 时才允许分段。

(7)段偏移

段偏移占 13 位,该字段用于表示较长的分组在分段后,某段在原分组中的相对位置。

(8)生存时间

生存时间占 8 位,记为 TTL(Time To Live)。该字段表示数据报在网络中可通过的路由器数的最大值。一个数据报每经过一个路由器,TTL 就减去 1,当 TTL 的值为 0 时,该数据报将被丢弃。

(9)协议

协议占 8 位,该字段用于指出此数据报携带的数据使用何种协议,是 TCP 协议还是 UDP 协议,以便目的主机的网络层将数据部分上交给哪个处理过程。

(10)首部检验和

首部检验和占 16 位,该字段只检验数据报的首部,不检验数据部分。所有目的主机和路由器收到数据报时都要用相同的方法重新计算首部检验和。如果数据报在传输过程中没有被改动过,那么,接收方重新计算出来的首部检验和应该为 0。

(11)源地址和目的地址

源地址和目的地址都各占 4 字节,用于分别表示源主机的 IP 地址和目的主机的 IP 地址。

(12)可选字段

可选字段就是一个选项字段,用来支持排错、测量以及安全等措施,内容很丰富。选项字段的长度可变,从 1 个字节到 40 个字节不等,取决于所选择的项目。

(13)数据部分

数据部分就是指由传输层传递下来的上层数据。

### 1.5.4　ARP 协议

主机在发送数据时,需要在网络层封装目标主机的 IP 地址,还要在数据链路层封装目标主机的 MAC 地址,在网络层使用 IP 地址进行通信,而在数据链路层使用 MAC 地址通信,那么主机是如何实现 IP 地址与 MAC 地址的映射的呢? 这要由 ARP 协议来实现。

1. ARP 协议的工作原理

每一个主机都设有一个 ARP 高速缓存,里面有本局域网上的各个主机和路由器的 IP 地址到硬件地址的映射表。当主机 A 欲向本局域网上的某个主机 B 发送 IP 数据报时,就先在其 ARP 高速缓存中查看有无主机 B 的 IP 地址。如有,就可查出其对应的硬件地址,再将此硬件地址写入 MAC 帧,然后通过局域网将该 MAC 帧发往此硬件地址。如没有,可能是主机 B 才入网或者是其在主机 A 高速缓存中超过生存时间而被删除,也可能是主机 A 刚加电,其高速缓存是空的。在这种情况下,主机 A 按照以下步骤找出主机 B 的 MAC 地址。

1)主机 A 在本局域网上广播(一对多发送)发送一个 ARP 请求分组,该分组的主要内容是:“我的 IP 地址是 211.0.0.8,MAC 地址是 00-00-C0-15-AD-E0,我想知道 IP 地址是 211.0.0.10 主机的 MAC 地址。”主机 A 广播发送 ARP 请求分组如图 1-61 所示。

2)在本局域网上的所有主机都能收到主机 A 发送的广播请求分组。而只有主机 B 向主机 A 单播发送(一对一发送)响应分组,并在响应分组中写上自己的 MAC 地址,其余所有主机都不响应主机 A 的请求,因为它们在主机 A 的请求分组中没有看到自己的 IP 地址。主机 B 向主机单播发送 ARP 响应分组如图 1-62 所示。

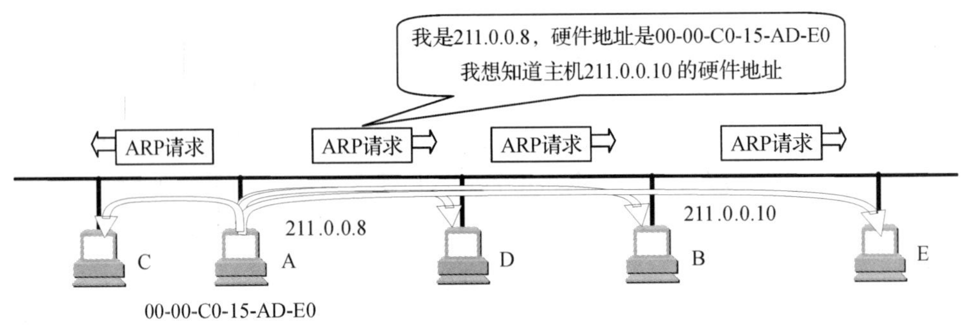


图 1-61　主机 A 广播发送 ARP 请求分组

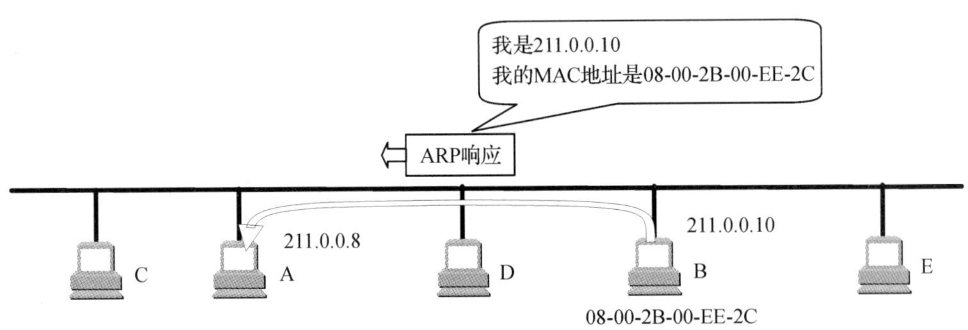


图 1-62　主机 B 向主机单播发送 ARP 响应分组

3)主机 A 收到主机 B 的 ARP 响应分组后，就在其 ARP 高速缓存中写入主机 B 的 IP 地址到硬件地址的映射。

ARP 是解决同一个局域网上的主机或路由器的 IP 地址和硬件地址的映射问题。如果所要找的主机和源主机不在同一个局域网上，那么就要通过 ARP 找到一个位于本局域网上的某个路由器的硬件地址，然后把分组发送给这个路由器，让这个路由器把分组转发给下一个网络。剩下的工作就由下一个网络来做。

2. Windows 操作系统提供的 ARP 命令

(1)查看 ARP 缓存命令

命令格式：Arp - a

例如：

```
C:\>arp -a

Interface: 192.168.43.4 --- 0x10003
  Internet Address      Physical Address      Type
  192.168.43.254        00-23-89-6d-10-ec     dynamic

C:\>_
```

(2)ARP 绑定命令

ARP 绑定是将 IP 地址和相应主机的 MAC 地址进行绑定，这是为防止 ARP 攻击的有效方法。

命令格式：arp - s IP 地址　MAC 地址

例如：

```
C:\>arp -s 192.168.43.4 00-1E-90-7E-0A-6D

C:\>arp -a

Interface: 192.168.43.4 --- 0x10003
  Internet Address      Physical Address      Type
  192.168.43.4          00-1e-90-7e-0a-6d     static
  192.168.43.254        00-23-89-6d-10-ec     dynamic

C:\>
```

其中，“static”表示静态绑定的 ARP 地址映射；“dynamic”表示动态学习到的 ARP 地址映射。静态绑定的映射一直存在，直到系统重启或者清除 ARP 缓存。动态的地址映射在生存期内如果没有收到任何该 MAC 地址主机的数据就自动删除。

(3)清除 ARP 缓存命令

命令格式：arp - d

例如：

```
C:\>arp -a

Interface: 192.168.43.4 --- 0x10003
  Internet Address      Physical Address      Type
  192.168.43.4          00-1e-90-7e-0a-6d     static
  192.168.43.254        00-23-89-6d-10-ec     dynamic

C:\>arp -d

C:\>arp -a
No ARP Entries Found

C:\>_
```

清除 ARP 缓存后，再查看 ARP 缓存会提示没有 ARP 条目了(即显示 No ARP Entries Found)。

### 1.5.5　ICMP 协议

作为网络管理员，必须要知道网络设备之间的连接状况，因此需要有一种机制来侦测或通知网络设备之间可能发生的各种情况，这就是 ICMP(Internet Control Message Protocol)协议的作用。ICMP 协议的全称是互联网控制信息协议，主要用在 IP 网络中发生控制信息，提供可能发生在通信环境中各种问题的反馈，管理员通过这些反馈信息就可以对发生的问题做出判断，然后采取适当的解决措施。

1. ICMP 协议的主要功能

ICMP 是一个“错误侦测与回馈机制”，是通过 IP 数据报封装的，用来发送错误和控制信息。其目的就是让网管员能够检测网络的连通状况。例如在图 1 - 63 中，当路由器收到一个不能被送达目的主机的数据包时，路由器就会向源主机发送一个目的主机不可达的信息。

ICMP 协议本身属于网络层的协议，因为传输 ICMP 报文的时候，要先封装网络层的 IP 头部，再交给数据链路层，也就是说 ICMP 报文对应网络层的数据。ICMP 的封装如图 1 - 64 所示。

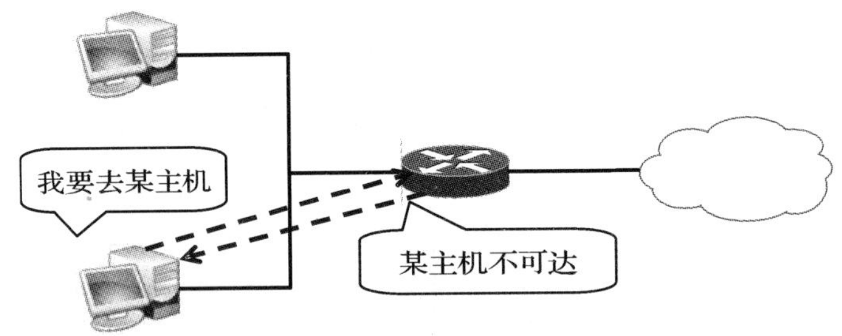


图 1－63　ICMP 的功能示意图

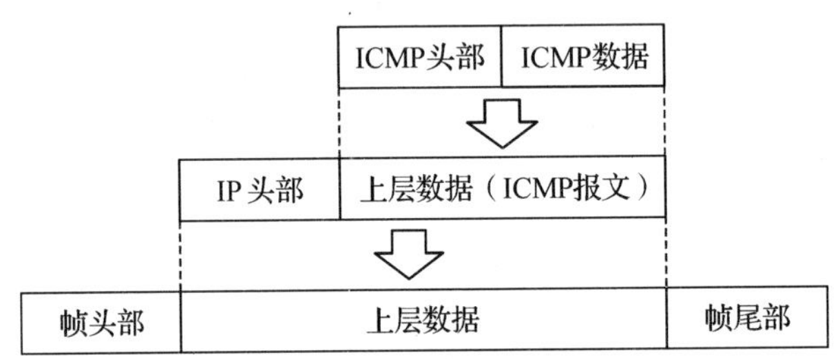


图 1－64　ICMP 的封装

2. ICMP 的应用

在网络中 ICMP 协议的使用是通过各种命令来实现的。下面以 ping 命令为例，介绍 ping 命令的使用以及返回的信息。

ping 命令的基本格式：

C:\>ping [-t] [-l 字节数] [-a] [-i] IP_Address| target_name

其中[　]中的参数为可选参数。

(1)连通的应答

例如：

```
C:\>ping 192.168.43.254

Pinging 192.168.43.254 with 32 bytes of data:

Reply from 192.168.43.254: bytes=32 time=1ms TTL=255
Reply from 192.168.43.254: bytes=32 time=1ms TTL=255
Reply from 192.168.43.254: bytes=32 time=1ms TTL=255
Reply from 192.168.43.254: bytes=32 time=1ms TTL=255

Ping statistics for 192.168.43.254:
    Packets: Sent = 4, Received = 4, Lost = 0 (0% loss),
Approximate round trip times in milli-seconds:
    Minimum = 1ms, Maximum = 1ms, Average = 1ms

C:\>_
```

本例是从源主机向目标主机 192.168.43.254 共发送了 4 个 32 字节的数据 packets，从目标主机反馈回 4 个 32 字节的应答 packets，没有丢失，源主机和目标主机之间的连接正常。另外，可以根据 time 来判断两主机之间的通信速度，time 值越小说明速度越快；如果发现 Lost 的值不为 0，则可能是因为线路不好造成的丢包，要检查线路存在的问题；round trip time 表示来回时间，有最小值、最大值和平均值。

(2)连接超时的应答

如果反馈信息为 Request time out,则表示在规定的时间内没有收到目标主机 192.168.4.5 反馈的应答信息。这说明本主机与目标主机之间不能通信。

例如:

```
C:\>ping 192.168.4.5

Pinging 192.168.4.5 with 32 bytes of data:

Request timed out.
Request timed out.
Request timed out.
Request timed out.

Ping statistics for 192.168.4.5:
    Packets: Sent = 4, Received = 0, Lost = 4 (100% loss),

C:\>
```

(3)连续向目标主机发送 ICMP 数据包

默认情况下,ping 命令只发送 4 个数据包,如果 ping 命令后面带上参数-t,系统将一直不停地 ping 下去,直到按 Ctrl+C 键,才能终止,用于调试故障或需进行持续连通性测试。

例如:

```
C:\>ping 192.168.43.254 -t

Pinging 192.168.43.254 with 32 bytes of data:

Reply from 192.168.43.254: bytes=32 time=1ms TTL=255
Reply from 192.168.43.254: bytes=32 time=1ms TTL=255
Reply from 192.168.43.254: bytes=32 time=1ms TTL=255
Reply from 192.168.43.254: bytes=32 time=1ms TTL=255
Reply from 192.168.43.254: bytes=32 time=1ms TTL=255

Ping statistics for 192.168.43.254:
    Packets: Sent = 5, Received = 5, Lost = 0 (0% loss),
Approximate round trip times in milli-seconds:
    Minimum = 1ms, Maximum = 1ms, Average = 1ms
Control-C
^C
C:\>_
```

(4)改变发送数据包的大小

默认情况下,ping 发送数据的大小为 32 个字节,有时为了检测大数据的通过情况,可以使用参数-l 改变发送数据的大小。比如把发送数据改为 2 000 个字节。

例如:

```
C:\>ping 192.168.43.254 -l 2000

Pinging 192.168.43.254 with 2000 bytes of data:

Reply from 192.168.43.254: bytes=2000 time=12ms TTL=255
Reply from 192.168.43.254: bytes=2000 time=12ms TTL=255
Reply from 192.168.43.254: bytes=2000 time=12ms TTL=255
Reply from 192.168.43.254: bytes=2000 time=12ms TTL=255

Ping statistics for 192.168.43.254:
    Packets: Sent = 4, Received = 4, Lost = 0 (0% loss),
Approximate round trip times in milli-seconds:
    Minimum = 12ms, Maximum = 12ms, Average = 12ms

C:\>_
```

# 实 训

## 实训一 小型办公网络的组建

1. 实训目的

(1)掌握双绞线的连接头制作。

(2)了解主机与交换机的连接。

(3)掌握简单星型拓扑网络的组建。

2. 实训设备

双绞线、水晶头、交换机、计算机、压线钳、测线仪。

3. 网络结构图

网络结构图如图 1-65 所示。

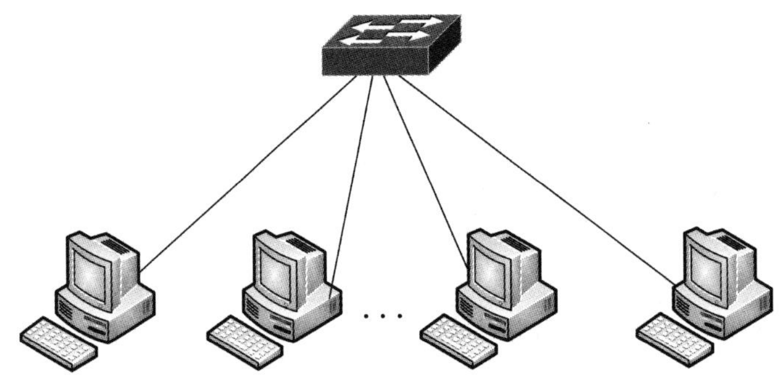

图 1-65 小型办公网络结构图

4. 实训步骤(20 人一组)

(1)每人制作一个双绞线的连接头(直接法)。

(2)每人用自己制作的双绞线连接头把自己的计算机与交换机进行连接。

(3)分别测试每人所制作的双绞线连接头的连通性。

(4)按照图 1-65 所示把计算机与交换机进行连接。

## 实训二 IP 地址配置

1. 实训目的

(1)熟练掌握配置主机的 IP 地址和子网掩码的方法。

(2)熟悉 ping 命令和 ipconfig 命令的使用。

2. 实训条件

"实训一"组建的小型办公网络环境。

3. 实训步骤(20 人一组)

(1)每人启动自己的计算机。

(2)在桌面上右击“网上邻居”并选择“属性”，打开“网络连接”对话框。

(3)右击“本地连接”图标并选择“属性”，打开“本地连接属性”对话框。

(4)在“本地连接属性”对话框中，从“此连接使用下列项目”栏中选择“Internet 协议(TCP/IP)”，然后单击“属性”按钮。

(5)在“Internet 协议(TCP/IP)属性”对话框中，选择“使用下面的 IP 地址”选项，可以设置此连接的 IP 地址、子网掩码等各项内容(见图 1－66)。

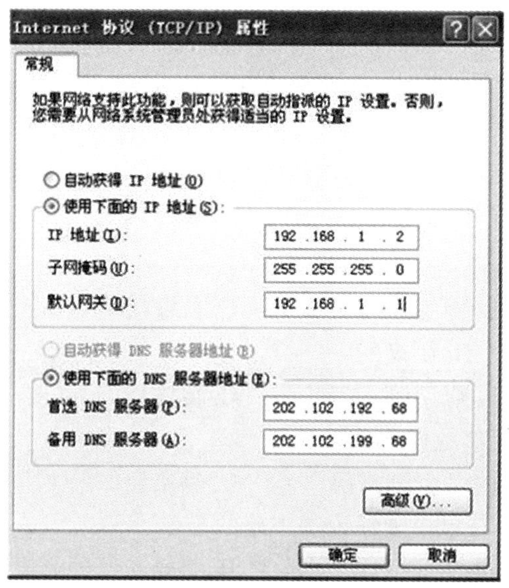


图 1－66　“Internet 协议(TCP/IP)属性”对话框

说明：

1)IP 地址是指手动分配的 IP 地址(按计算机编号，每个学生可以设置的 IP 地址从 192.168.1.2～192.168.1.22)。

2)子网掩码的分配要和 IP 地址配套，以标识当前 IP 地址所属的子网。

3)默认网关：如果本计算机与本子网的计算机通信，默认网关就无须设置(本实训就不需要设置此项)。当本计算机和其他网络通信时，就必须设置默认网关的 IP 地址，通常设为和本子网相连的路由器端口的 IP 地址。

(6)每个学生在自己的计算机上进入命令模式，然后用 ping 命令 ping 其他计算机的 IP 地址，观察命令执行结果。再执行 ipconfig 命令，ipconfig 命令用于查看本计算机的 IP 地址、子网掩码和默认网关的信息，如用 ipconfig/all 命令，则可以查看更多的信息。

## 习　　题

一、填空题

(1)计算机网络提供的共享资源包括________、________和________。

(2)按覆盖地理范围分类，计算机网络分为________、________、________、________。

(3)计算机网络的拓扑结构主要有________、________、________、________。

(4)子网掩码的作用是______________________________。

(5)网络协议的三要素是__________、__________、__________。

(6)数字信号与模拟信号相比其主要优势在于______________________________。

(7)如果使用双绞线将两台计算机直接相连,应使用的制作方法是__________。

(8)IP 地址为 125.199.8.68/24 的网络地址是______________________________。

(9)ARP 协议作用主要是______________________________。

(10)ICMP 协议的作用主要是______________________________。

二、选择题

(1)在计算机网络发展的第二个阶段,其标志性技术是(　　)的实现。

A. 三网融合　　B. Web 技术　　C. TCP/IP 协议　　D. 数据交换技术

(2)以交换机为中心节点组建的局域网,其拓扑结构是(　　)。

A. 环型　　B. 星型　　C. 总线型　　D. 树型

(3)数据帧是 OSI 参考模型的(　　)的 PDU。

A. 数据链路层　　B. 网络层　　C. 传输层　　D. 物理层

(4)路由器工作在 TCP/IP 协议的(　　)。

A. 物理层　　B. 应用层　　C. 传输层　　D. 网络层

(5)交换机工作在 OSI 参考模型的(　　)。

A. 传输层　　B. 数据链路层　　C. 网络层　　D. 应用层

(6)下列关于多模光纤与单模光纤说法正确的是(　　)。

A. 单模光纤的纤芯较粗　　B. 多模光纤的光源质量好

C. 单模光纤传输损耗较少,传输效率较高　　D. 多模光纤的价格高于单模光纤

(7)IP 地址共分五类,其中地址掩码长度为 24 位的是(　　)。

A. A 类　　B. B 类　　C. C 类　　D. D 类

(8)当电脑不能访问某文件服务器时,ping 该文件服务器的地址 172.16.8.76,发现返回的信息是"Destination host unreachable.",可能的原因是(　　)。

A. 网线断了　　B. DNS 设置错误　　C. 文件服务器有问题　　D. 子网掩码设置错误

(9)关于 ADSL 宽带路由器的配置错误的是(　　)。

A. 不同厂商的设备初始管理 IP 地址可能不同

B. LAN 口连接内网,WAN 口连接外网

C. PPPoE 提供一种身份验证机制,用户需要正确输入用户名和密码才能访问网络

D. 一般公司会通过 DHCP 服务为打印服务器提供 IP 地址

(10)部署无线 AP 时需要考虑的环境因素是(　　)。

A. 覆盖范围　　B. 障碍物的阻挡　　D. 安装位置　　E. 外界干扰

# 第 2 章 Windows Server 网络操作系统

**本章导读**

通过学习第 1 章的计算机网络的基础知识，我们知道计算机网络一般由计算机、网络连接设备、操作系统和资源组成，那么在搭建好网络后，如何选择既安全又易于管理的网络操作系统管理网络中的计算机、用户、软件、硬件资源？如何提供各种服务？现在主流的网络操作系统有 UNIX，Linux，Windows Server 等。UNIX 的系统性能和稳定性好，Linux 开源且免费，但 UNIX 和 Linux 对管理员要求高。Windows Server 操作系统以其易操作性和人性化的界面受到众多用户的信赖。

本章将以 Windows Server 2019 版本为例，介绍 Windows Server 网络操作系统安装和基本配置、用户管理和资源共享、Active Directory 域的创建及管理、Windows Server 中常用的网络服务器的配置，如 DHCP，DNS，Web，FTP 等。

通过本章内容的学习，要求能够使用 Windows Server 构建网络服务平台，管理网络中的各种资源，配置 DHCP，DNS，Web 和 FTP 服务器。

**本章要点**

- Windows Server 2019 简介
- VMWare Workstation 的使用
- Windows Server 2019 的安装和基本配置
- Windows Server 2019 中的用户管理和资源共享
- Windows Server 2019 中域的创建及管理
- Windows Server 2019 中 DHCP，DNS，Web，FTP 服务器的配置

## 2.1 Windows Server 2019 简介

### 2.1.1 网络操作系统

网络操作系统(Network Operating System，NOS)是构建网络服务、实施网络资源管理的核心。目前能够提供各种 Internet 标准服务平台的网络操作系统日趋完善。微软的 Windows 系统和 UNIX，Linux 系统都推出了面向构建网络服务平台的多个版本。

1. 网络操作系统的定义

网络操作系统运行于网络中的服务器(特定的计算机)上，提供网络应用服务、管理网络软件资源，并指挥和监控网络系统应用，是运行于网络用户与计算机网络之间的接口。

网络操作系统最主要的特征是运行于服务器上，用于构建网络服务平台。

2. 网络操作系统的任务

网络操作系统除了应具有通常操作系统应具有的处理机管理、存储器管理、设备管理和文件管理外，还应具有以下两大功能：

1）提供高效、可靠的网络通信能力；

2）提供多种网络服务功能，例如：远程作业录入并进行处理的服务功能；文件转输服务功能；电子邮件服务功能；远程打印服务功能；等等。

3. 常见网络操作系统

（1）NetWare

1983 年，Novell 公司推出了 NetWare 局域网操作系统。之后 Novell 不断推出功能增强的 NetWare 版本。目前 Novell 公司产品线已转向 Linux 操作系统。

（2）Microsoft Windows Server 系列

Windows Server 系列是微软公司推出的面向服务器的操作系统。1996 年，微软公司推出了 Windows NT 4.0 版本。

2000 年微软公司推出了 Windows 2000，包括专业版 Windows 2000 Professional 和服务器版 Windows 2000 Server。从 2003 年至 2021 年依次推出了 Windows Server 2003/2008/2008R2/2012/2012R2/2016/2019/2022 等，从 Windows Server 2008 R2 开始，Windows Server 将不再提供 32 位版本。

Windows Server 网络操作系统主要面向应用处理领域，特别适合于 C/S 模式。

（3）UNIX，Linux

UNIX 操作系统是一个通用的、交互作用的分时操作系统。

Linux 是一种能够在 PC 上执行的 UNIX 操作系统。它是一个完全免费的操作系统，用户可以在网络上下载、复制和使用，源代码也完全公开，用户也可以任意开发和修改。Linux 提供了一个稳定、完整、多用户、多任务和多进程的运行环境。

### 2.1.2　Windows Server 2019 网络操作系统

1. Windows Server 2019 的版本

Windows Server 2019 包括三个许可版本：

1）Datacenter Edition（数据中心版）：适用于高虚拟化数据中心和云环境；

2）Standard Edition（标准版）：适用于物理或最低限度虚拟化环境；

3）Essentials Edition（基本版）：适用于最多 25 个用户或最多 50 台设备的小型企业。

2. Windows Server 2019 的最低硬件配置需求

1）处理器：1.4 GHz 64 位处理器，与 x64 指令集兼容，支持 NX 和 DEP，支持 CMPXCHG16b，LAHF/SAHF 和 PrefetchW，支持二级地址转换（EPT 或 NPT）。

2）RAM（随机存取存储器）：512 MB（对于带桌面体验的服务器安装选项为 2 GB）。

3）存储控制器：符合 PCI Express 体系结构规范的存储适配器。

4）磁盘空间：32 GB（绝对最低值）。

5)网络适配器:至少有千兆位吞吐量的以太网适配器。

### 2.1.3　VMWare Workstation 虚拟机的使用

1. 虚拟机

虚拟机是通过软件来模拟计算机软/硬件环境的一种技术。使用虚拟机可以方便网络操作系统的学习。

2. VMwarer Workstation 软件

VMware Workstation 是常用的一个虚拟机软件,用户可以到官方网站下载试用版:https://www.vmware.com/cn/products/。本书以 VMware Workstation 16 Pro 版本为例。安装此软件步骤比较简单,这里不做介绍。

(1)VMware Workstation 的用途

使用 VMware Workstation 可以方便地在一台高配置的主机上模拟出多种基于不同硬件平台,不同操作系统的应用环境;虚拟机对于一些破坏性的测试有着非常大的优势,如模拟硬盘分区、格式化、挂机、关机、安装新的应用程序等操作都不会对主机产生任何影响,因此可以使用虚拟机进行软硬件测试;多台虚拟机还可以组成网络环境,可以进行网络服务搭建和集群的管理,企业不需要购买大量的计算机就可以完成测试及服务部署,大大降低了企业生产的成本。

(2)VMware Workstation 的特性

1)VMware Workstation 支持的客户操作系统,有 Windows 系列、Linux 系列、Novell Netware 系列、Sun Solaris 系列、VMWare ESX 系列、Other 等。

2)VMwareWorkstation 模拟出来的硬件包括主板、CPU、内存、硬盘、DVD/CD - ROM、软驱、网卡、声卡、串口、并口和 USB 口,但不包括显卡。VMware 模拟出来的硬件是固定型号的,与宿主操作系统的实际硬件无关。例如,在一台机器里用 VMware 安装了 Linux,可以把安装的整个文件夹复制到其他安装有 VMware 的机器里运行,不必重新安装。

3)VMware 支持使用.iso 文件作为光盘,从网上下载相关文件后,不需刻盘,可直接安装。

3. VMware Workstation 的使用

成功安装好 VMware Workstation 16 Pro 启动后的界面如图 2 - 1 所示。下面以创建虚拟机安装 Windows Server 2019 为例说明 VMware Workstation 的使用。

(1)创建虚拟机

**Step - 1:**选择“文件”→“新建”→“虚拟机”或单击图 2 - 1 中的“创建新的虚拟机”,弹出“欢迎新建虚拟机向导”,根据创建虚拟机的规划,按照向导的提示,进行操作。

**Step - 2:**虚拟机类型配置,如图 2 - 2 所示,选择“典型”,然后单击“下一步”按钮。

**Step - 3:**选择客户机操作系统的安装来源,如图 2 - 3 所示,选择“稍后安装操作系统”,然后单击“下一步”按钮。

**Step - 4:**选择客户机操作系统,如图 2 - 4 所示,这里选择“Microsoft Windows”,版本为“Windows Server 2019”,然后单击“下一步”按钮。

**Step - 5:**命名虚拟机,如图 2 - 5 所示,输入虚拟机名称,并指定好虚拟机安装的文件夹,然后单击“下一步”按钮。

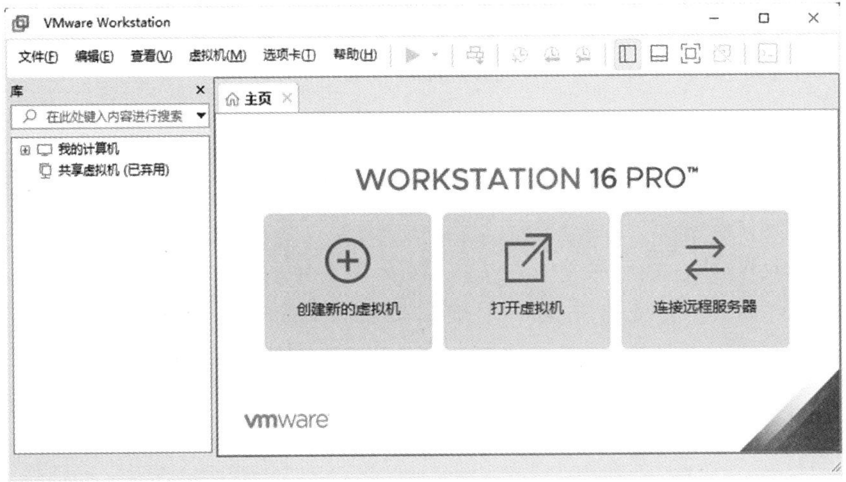


图 2-1　VMware Workstation 软件管理界面

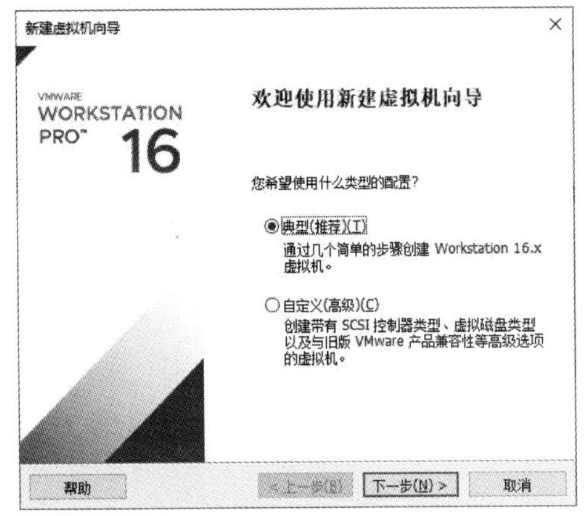


图 2-2　“欢迎使用新建虚拟机向导”界面

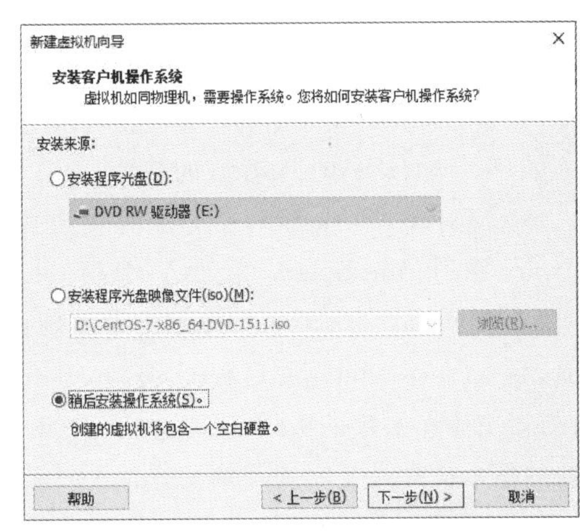


图 2-3　选择安装客户机操作系统的安装来源

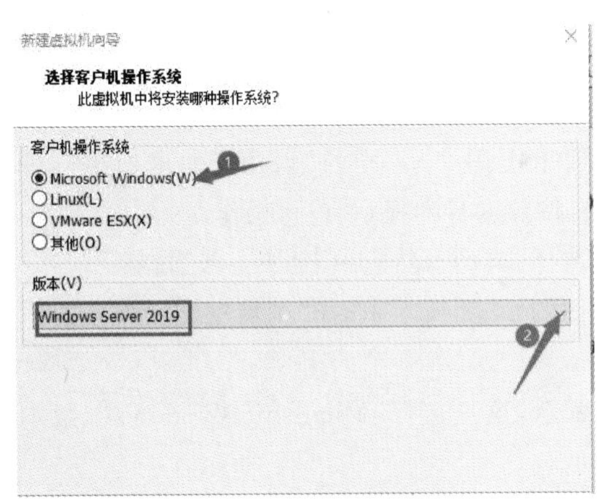


图 2-4　选择客户机操作系统的版本

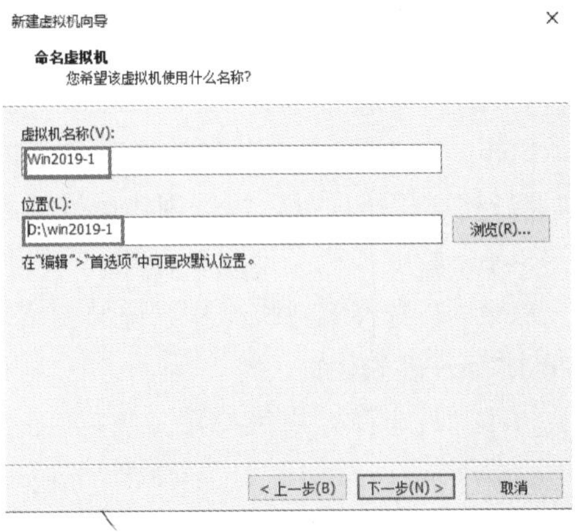

新建虚拟机向导
命名虚拟机
您希望该虚拟机使用什么名称?
虚拟机名称(V):
Win2019-1
位置(L):
D:\win2019-1
浏览(R)...
在"编辑">"首选项"中可更改默认位置。
< 上一步(B)　下一步(N) >　取消

图 2-5　命名虚拟机及设置虚拟机安装路径

**Step-6**:指定磁盘容量,如图 2-6 所示,这里使用默认值,然后单击“下一步”按钮。

**Step-7**:已准备好创建虚拟机,如图 2-7 所示,单击“自定义硬件”按钮,可以进行硬件的增删和配置。

1)CPU 的配置处理器数量和核心数量(不能超过宿主机的),关于虚拟化引擎,如果不在虚拟机中使用虚拟化功能,则不要选中虚拟化功能。

2)内存的配置,建议安装 Windows Server 2019 配置为 2 GB。

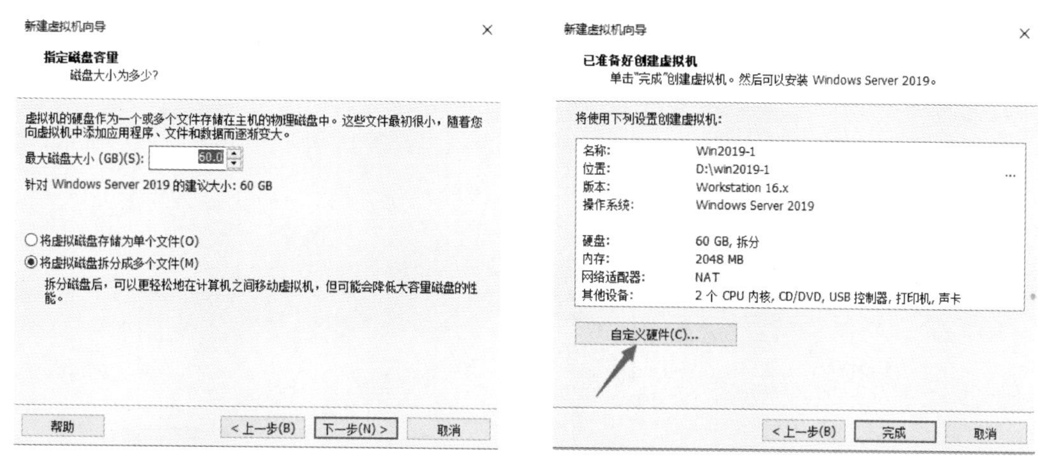


图 2-6　指定虚拟机磁盘最大容量　　　　图 2-7　虚拟机的配置界面

3)光驱设备的配置,一要选择“启动时连接”,二要选择“使用 ISO 映像文件”,位置指向已下载的 Windows Server 2019 系统的 ISO 文件,如图 2-8 所示。

4)网卡的配置,根据需要选择网络连接模式,如图 2-9 所示。

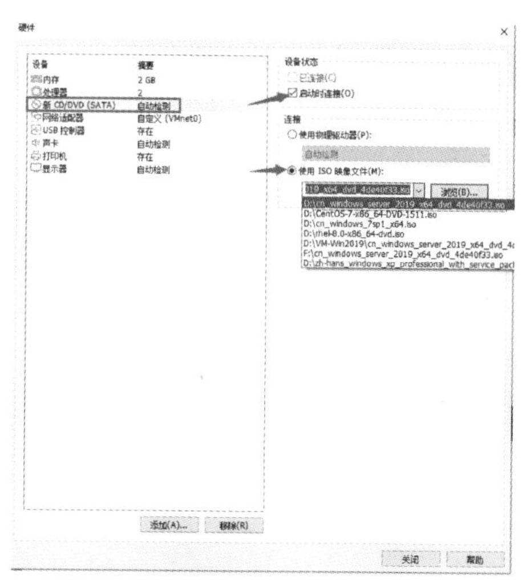


图 2-8　设置虚拟机的光驱设备

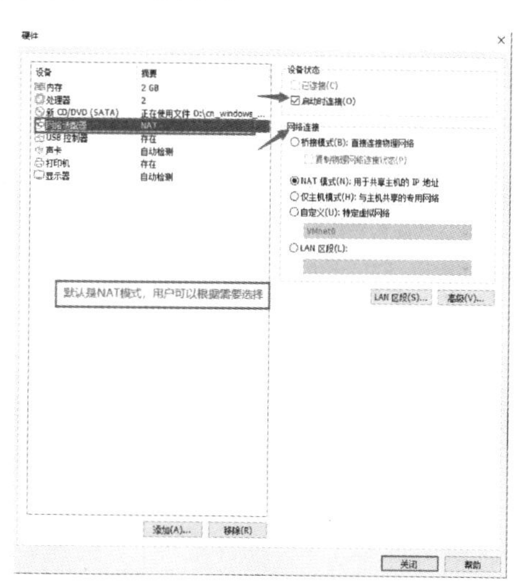


图 2-9　设置虚拟机的网卡模式

①桥接模式(B):直接连接物理网络。桥接模式是指本地物理网卡和虚拟网卡通过 VMnet0 虚拟交换机进行桥接,物理网卡和虚拟网卡在拓扑图上处于同等地位,物理网卡和虚拟网卡就相当于处于同一网段,虚拟交换机就相当于现实网络中的交换机。

②NAT 模式(N):用于共享主机的 IP 地址。NAT 模式是让虚拟主机通过共享宿主机(能访问外网)IP 地址的方式来访问外网;对应的网卡是 VMnet8。

③仅主机模式(H):与主机共享的专用网络。仅主机模式是仅让虚拟主机与物理主机通信,不能访问外网,在宿主机中仅主机模式对应的网卡是 VMnet1;针对某些特殊的网络调试环境要求,需要将真实环境和虚拟环境隔离开,这时可采用仅主机模式。在该模式中,所有的虚拟系统可以相互通信,但虚拟系统和真实的网络是被隔离开的。

④自定义(U):特定虚拟网络。这是一个特殊的网卡,可以根据需要进行网络定制。其中,VMnet0 同桥接模式,VMnet1 同仅主机模式,VMnet2～VMnet7 和 VMnet9～VMnet19 用于定制网络,VMnet8 同 NAT 模式。

自定义硬件完成后,单击“完成”按钮,则一台虚拟机配置成功了。如图 2-10 所示,当以后需要修改配置时,可以选择“编辑虚拟机设置”。

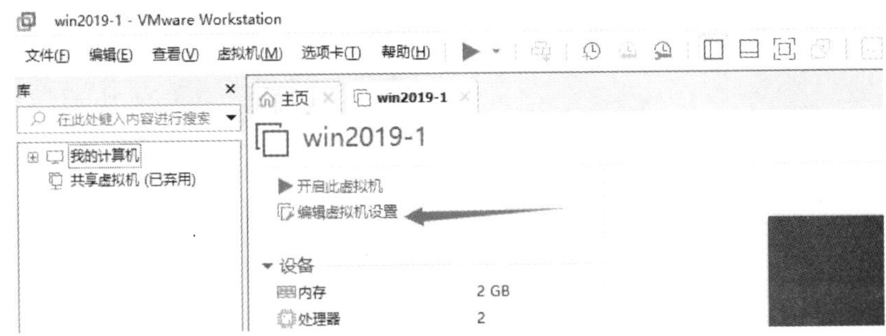


图 2-10　虚拟机配置成功

**提示:**使用 VMware Workstation 创建的虚拟机若要安装 64 位的系统,请务必确认开启宿主机的 CPU 的虚拟化功能。电脑开启 CPU 虚拟化的方法:重启电脑,使用快捷键进入电脑的 BIOS 设置(不同品牌的主板方法不相同),在 BIOS 内找到“Virtualization Technology”选项(不同品牌的主板显示不同),将虚拟化技术设置成开启(Enabled)后,保存退出,CPU 虚拟化就会保持在打开的状态了。

(2)虚拟机安装 VMware-Tools

虚拟机工具用于增强虚拟主机的显示和鼠标功能。安装完成虚拟主机操作系统时,VMware 的状态栏会提示是否安装 VMware-Tools。

(3)虚拟机快照

虚拟机的快照类似于时光机功能,将虚拟机的状态固定于某个时间点,待到系统出现问题时可以通过快照功能快速恢复到以前保存的某个快照。

(4)虚拟机克隆

虚拟机克隆分为“完整克隆”(F)和“链接克隆”(L)两种方式。

链接克隆是对原始虚拟机的引用,所需的存储磁盘空间较少。但是,必须能够访问原始虚拟机才能运行。

完整克隆是原始虚拟机当前状态的完整副本。此副本虚拟机完全独立,但需要较多的存储磁盘空间。

克隆的 Windows 系统和原始虚拟机具有相同的安全标识符 SID,在同一网络中使用,会产生冲突;需要启动系统后执行 sysprep 命令进行修改,执行 sysprep 命令选择“通用”可以从 Windows 映像中删除特定的电脑的信息,包括电脑的 SID,从而创建一个与原主机不冲突的虚拟机。

### 2.1.4　Windows Server 2019 网络操作系统的安装

在 2.1.3 节已创建好一个虚拟机,下面开始安装操作系统。安装新系统前,要确认各项配置,尤其是光驱中指向准备安装的操作系统的 iso 文件。

本例中镜像文件是 cn_windows_server_2019_x64_dvd_4de40f33.iso。

1. 安装 Windows Server 2019 网络操作系统

**Step-1:** 启动虚拟机,如图 2-10 所示,点击工具栏上的“ ▶ ”打开虚拟机电源,或单击“ ▶ 开启此虚拟机”出现启动画面,如图 2-11 所示,屏幕提示“Press any key to boot from CD or DVD”,请将鼠标移动到虚拟机界面,单击后按回车或其他键,则出现 Load……界面,然后进入 Windows Server 2019 安装界面。

**Step-2:** 语言及输入选择,出现如图 2-12 所示的“Windows 安装程序”窗口,选择安装语言及设置输入法,单击“下一步”按钮。

图 2-11　启动安装程序来源提示

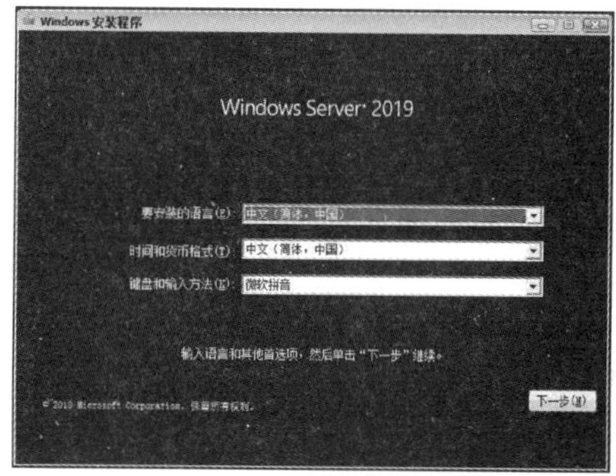


图 2-12　“Windows 安装程序”窗口

**Step-3:** 开始安装,如图 2-13 所示,单击“现在安装”,则启动安装程序。

**Step-4:** 激活 Windows,如图 2-14 所示,选择“我没有产品密钥”(注意:不激活,可以试用 60 天)。

图 2-13　安装提示

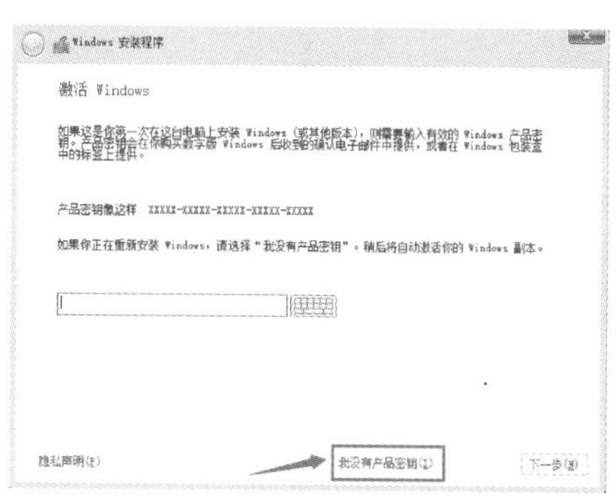


图 2-14　“激活 Windows”提示

**Step－5**:选择要安装 Windows Server 2019 的版本,如图 2－15 所示,选择“Windows Server 2019 Standard(桌面体验)”版本;单击“下一步”按钮,出现“适用的声明和许可条款”,勾选“我接受许可条款”,单击“下一步”按钮。

**Step－6**:“你想执行哪种类型的安装?”如图 2－16 所示,当前虚拟机还没有安装过网络操作系统,因此选择“自定义:仅安装 Windows(高级)”,进行全新安装。

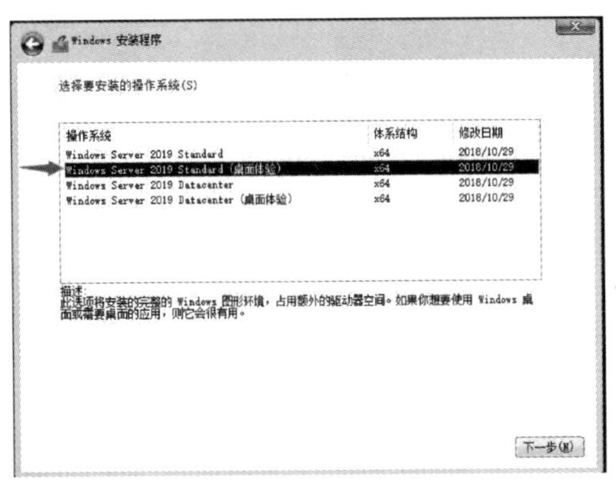


图 2－15　选择要安装的操作系统

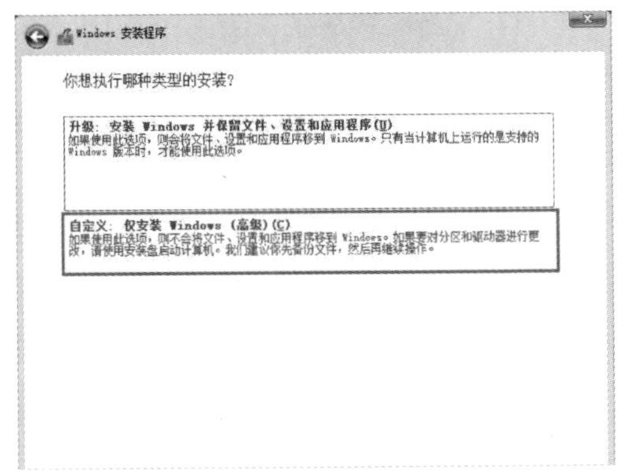


图 2－16　选择安装类型

**Step－7**:“你想将 Windows 安装在哪里?”如图 2－17 所示,显示当前计算机中只有一块磁盘,名称为“磁盘 0”,若有多块磁盘,则依次显示磁盘 0、磁盘 1、磁盘 2、……

若要对当前磁盘 0 进行分区,则单击“新建”按钮,用户可以根据需要进行设置分区;此处选择不分区,则直接单击“下一步”按钮;显示如图 2－18 所示的“正在安装 Windows”,开始复制文件并安装 Windows。

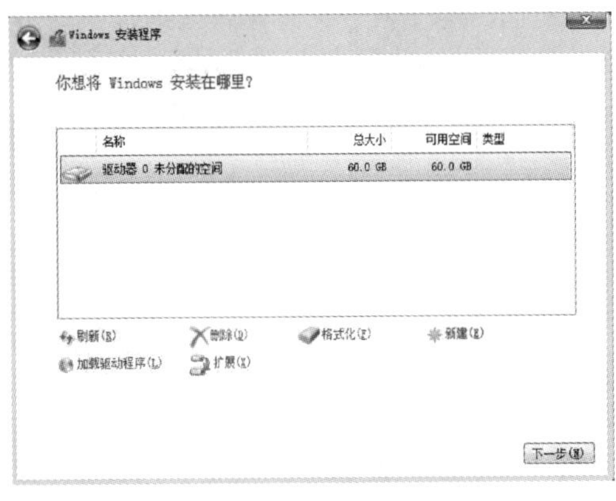


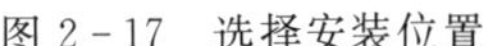

图 2－17　选择安装位置

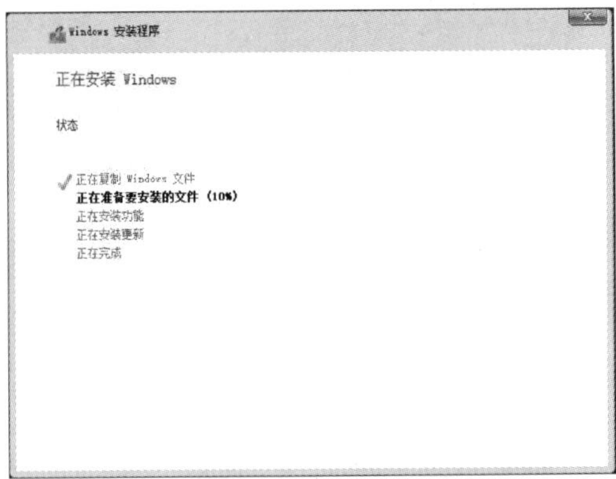


图 2－18　正在安装 Windows

**Step－8**:设置管理员密码,如图 2－19 所示,为管理员 Administrator 设置密码。密码必须符合复杂性要求。系统默认启用密码复杂性策略,密码必须符合下列最低要求:

1)不能包含用户的账户名,不能包含用户姓名中超过两个连续字符的部分。

2)至少有 6 个字符长。

3)包含以下四类字符中的三类字符:

①英文大写字母(A～Z)。

②英文小写字母(a～z)。

③10 个基本数字(0～9)。

④非字母字符(例如 !、$ 、# 、%)。

按密码规则要求设置管理员密码(务必牢记密码)后，单击右下角“完成”按钮，则出现登录界面。

**Step－9**：登录计算机，如图 2－20 所示。

1)按下“Ctrl＋Alt＋Delete”组合键(注意：在虚拟机中，建议使用“Ctrl＋Alt＋Insert”组合键)。

2)或单击工具栏的按钮 。

3)或使用菜单“虚拟机”→“发送 Ctrl＋Alt＋Delete”命令。

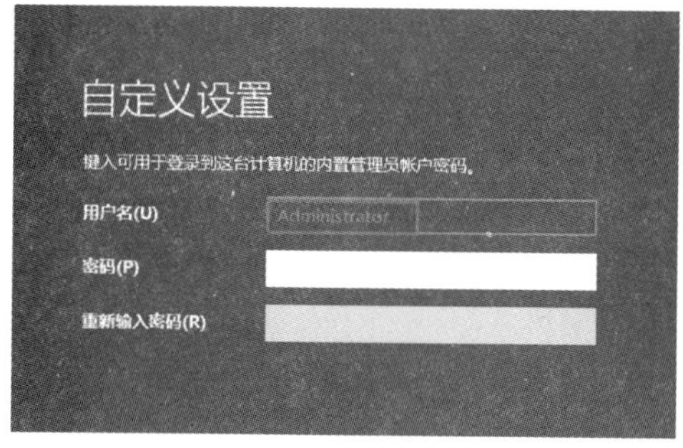

图 2－19　为管理员设置密码

图 2－20　登录操作系统提示

出现输入密码的提示，如图 2－21 所示；正确输入管理员 Administrator 的密码，单击“提交”，则正常登录 Windows Server 2019 了；如图 2－22 所示，系统默认自动启动“服务器管理器”窗口。至此 Windows Server 2019 安装完毕并登录成功。

**Step－10**：虚拟机安装 VMware Tools。

安装 VMware Tools 可以使用户更方便地操作虚拟机。

登录 Windows Server 2019 后使用菜单栏中“虚拟机”→“安装 VMware Tools”命令，系统提示“请确保您已登录客户机操作系统”。如果 VWware Tools 没有安装，请单击虚拟机中的“开始”→“运行”，然后输入“D:\setup. exe” (其中 D:指你的虚拟 CD－ROM 驱动器)。

图 2－21　输入管理员密码并提交

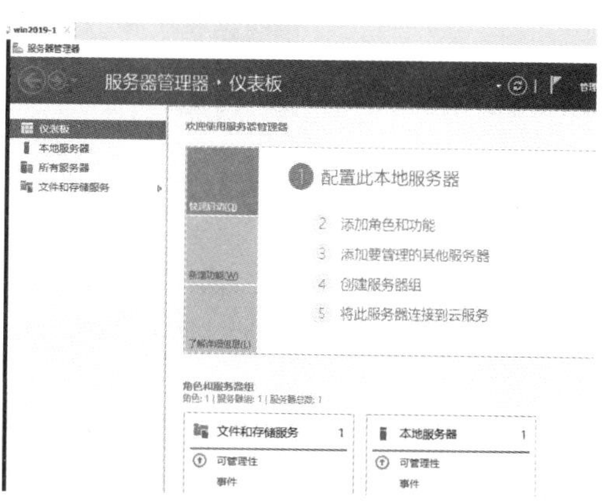


图 2－22　服务器管理器窗口

如图 2－23 所示，单击“确定”按钮，则运行“VMware Tools 安装程序”，如图 2－24 所示，选择“典型安装”，安装驱动程序完成后，自动重启计算机系统。

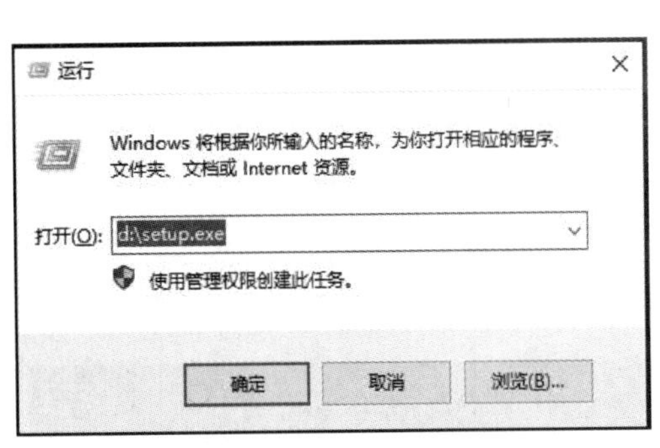


图 2－23　运行 VMware Tools 安装程序

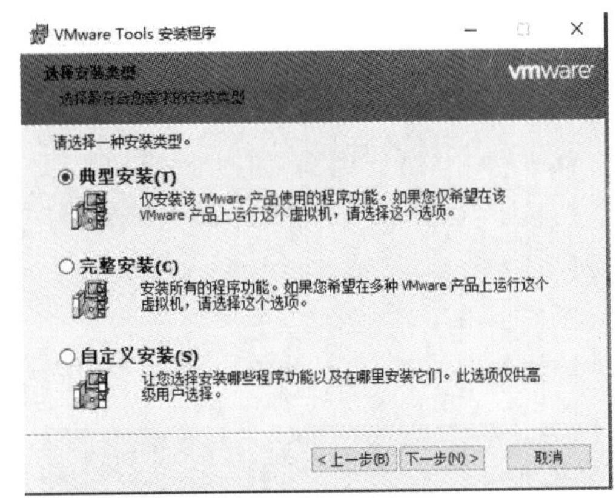


图 2－24　“VMware Tools 安装程序”向导

提示：创建好的虚拟机，运行正常时，最好制作一个虚拟机快照，以备在实验中系统出现问题时可以快速恢复到正常状态，也可以用于克隆新的虚拟机。

2. 克隆虚拟机

关闭上面安装的虚拟机电源，如图 2－25 所示选择“克隆”命令，按照提示选择克隆计算机的状态及克隆方法；此处创建完整克隆命名为 win2019－2；完成后，启动之，按 Win＋R，在运行框输入 sysprep 命令，执行 sysprep，如图 2－26 所示，勾选“通用”，单击“确定”按钮，系统显示“Sysprep 正在工作，正在处理生成阶段的 Sysprep 插件……”。以下过程与安装系统类似。

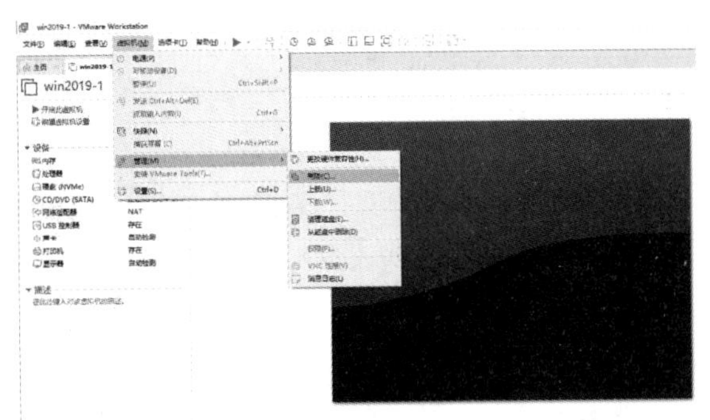


图 2－25　“克隆”命令

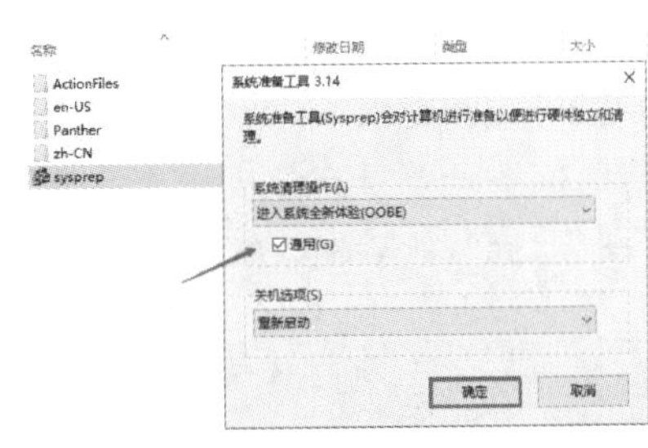


图 2－26　执行“sysprep”命令

## 2.2　配置 Windows Server 2019 网络操作系统

与早期版本的 Windows Server 操作系统相比，Windows Server 2019 的桌面有了比较大的变化。Windows Server 2019 基于 Windows 10 LTSC 开发，与 Windows 10 的界面基本没有分别。

### 2.2.1　Windows Server 2019 基本配置

1. 更改计算机名称

计算机名称是在安装操作系统期间随机分配的，不易记忆。本例将第一台虚拟计算机名改为 Server01，将第二台虚拟计算机名改为 Client。

**注意**：在同一网络中，计算机名必须唯一。

**Step-1**：单击“开始”，打开“服务器管理器”，选择“本地服务器”，如图 2-27 所示，单击计算机名称，打开“系统属性”对话框。

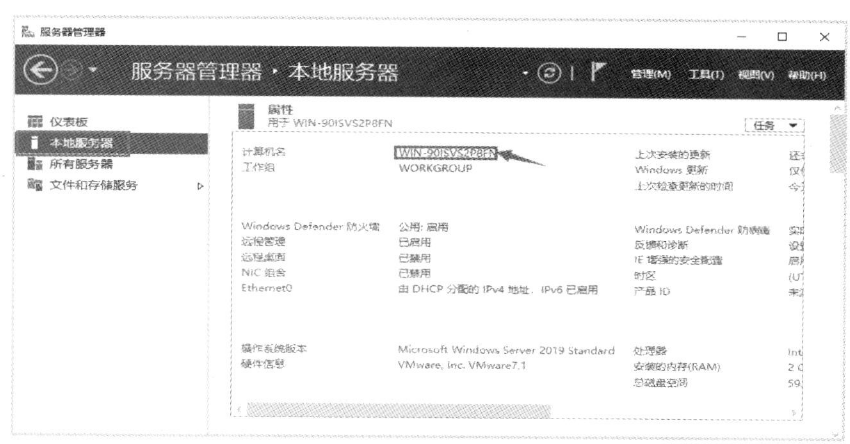


图 2-27　“服务器管理器”→“本地服务器”

**Step-2**：如图 2-28 所示，在“计算机名”选项页面中，单击“更改”按钮，弹出“计算机名/域更改”对话框。

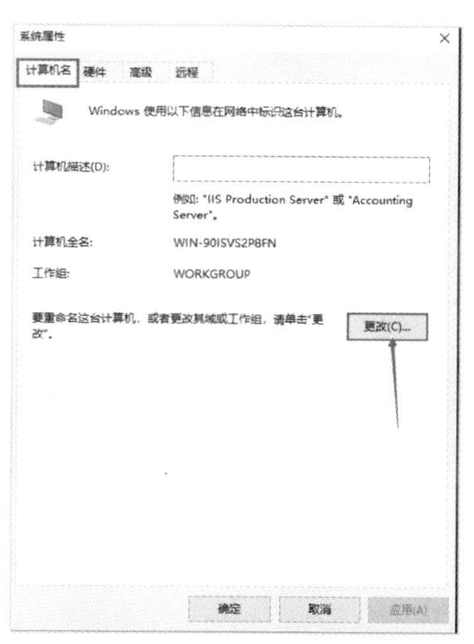


图 2-28　“系统属性”对话框

**Step-3**：如图 2-29 所示，在计算机名对应的文本框中输入新的计算机名称“Server01”，单击“确定”，弹出提示“必须重新启动计算机才能应用这些更改”对话框，单“确定”，返回“系统属性”对话框。

图 2-29 “计算机名/域更改”对话框

**Step-4**:单击“关闭”按钮,又弹出提示“必须重新启动计算机才能应用这些更改”对话框,单击“立即重新启动”按钮,则会重新启动计算机,登录后查看到计算机已应用新的计算机名。

2. 桌面图标设置

桌面图标在操作系统过程中会给用户带来方便,Windows Server 2019 安装后默认桌面上只显示“回收站”图标。

用户要在桌面上显示“计算机”等图标,只需要右击桌面,在快捷菜单中选择“个性化”,如图 2-30 所示,选择“主题”下的“更改桌面图标”,弹出“桌面图标设置”对话框,勾选所需在桌面显示的图标,单击“确定”即可。

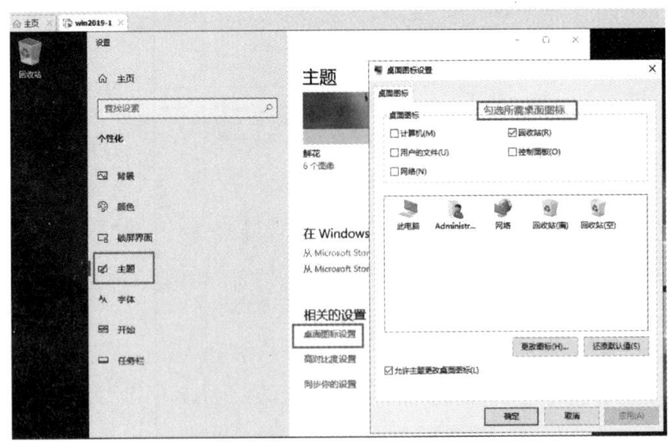


图 2-30 设置桌面图标

3. 服务管理

单击“开始”→“Windows 管理工具”→“服务”,或在图 2-27“服务器管理器”中单击“工具”→“服务”,打开图 2-31 的“服务”窗口,可以根据系统需要选择某服务,右键设置服务的启动、停止或暂停。请注意有些服务之间存在依赖关系。

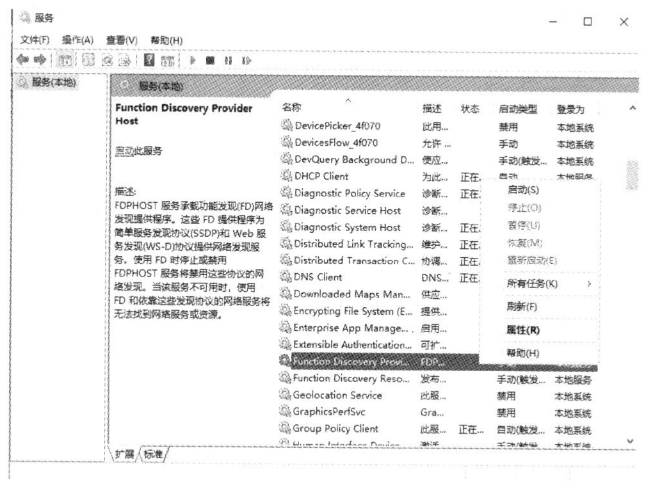


图 2 - 31　“服务”窗口

4. 关闭防火墙

Windows Defender 防火墙默认是启用的，如图 2 - 32 所示；为了方便在虚拟机中进行网络和服务测试，建议关闭防火墙。

方法 1：在图 2 - 32 中，单击“Windows Defender 防火墙”后面的配置状态：“公用：启用”链接，打开“Windows 安全中心”→“防火墙和网络保护”，将提示防火墙已打开的网络，调整为关闭状态即可。

方法 2：单击“开始”→“控制面板”→“系统和安全”→“Windows Defender 防火墙”，如图 2 - 32所示，单击“启用或关闭 Windows Defender 防火墙”，在打开的对话框中，选择关闭防火墙，单击“确定”按钮即可。

图 2 - 32　“Windows Defender 防火墙”

## 2.2.2　Windows Server 2019 网络配置

安装 Windows Server 2019 系统的计算机支持 TCP/IP 协议，用户通过为计算机中的网卡正确配置好 TCP/IP 参数可实现网络通信。

网络上的每一台主机都应该至少有一个唯一的 IP 地址，这些地址不能重复，以便计算机之间相互通信。

IPv4 参数的设置包括 IP 地址、子网掩码、默认网关、首选 DNS 服务器地址、备用 DNS 服务器地址。

1. 配置 TCP/IP 参数

TCP/IP 配置分为由 DHCP 服务器自动分配和手工配置两种。图 2－32 中显示网卡默认的 TCP/IP 配置为“由 DHCP 分配的 IPv4 地址”，打开 CMD 窗口，可以使用 ipconfig/all 命令可查看系统为网卡 Ethernet0 所分配的 TCP/IP 参数；所分配的地址与具体的 DHCP 服务器有关，DHCP 服务器可以是 VMware 软件对应的某个网络启用的 DHCP 服务，也可以是网络中用户搭建的 DHCP 服务器；如果未能从 DHCP 服务器获取到 IP 时，可使用“备用配置”中的 IP 地址，否则系统会从 169.254.0.1/16～169.254.255.254/16 范围内为自身分配其中的一个专用地址。

例如，为 Server01、Client 两台计算机手工配置 TCP/IP 参数，配置如下：

Server01　　IP 地址：192.168.100.10　　子网掩码：255.255.255.0

Client　　IP 地址：192.168.100.20　　子网掩码：255.255.255.0

**Step－1**：打开“服务器管理器”，选择“本地服务器”，如图 2－27 所示，可看到本机所配置的网卡名为“Ethernet0”，默认的 TCP/IP 配置为“由 DHCP 分配的 IPv4 地址，IPv6 已启用”，单击此链接，打开“网络连接”管理界面，如图 2－33 所示：可看到本机的网卡“Ethernet0”。

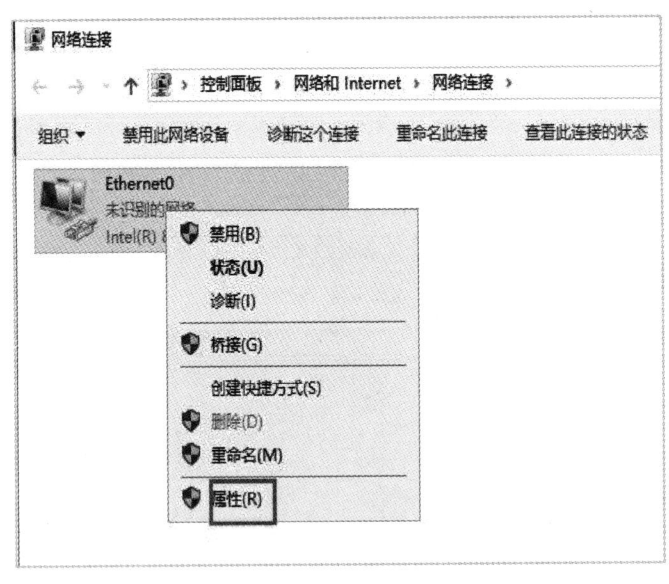


图 2－33　“网络连接”管理界面

**Step－2**：配置 IP 地址，在图 2－33 中，右击网卡，在快捷菜单中选择“属性”，打开“Ethernet0 属性”对话框，如图 2－34 所示；选择“Internet 协议版本 4(TCP/IPv4)属性”后，单击“属性”按钮，打开“Internet 协议版本 4(TCP/IPv4)属性”对话框。

**Step－3**：如图 2－34 所示，选择“使用下面的 IP 地址”，接着输入 IP 地址和子网掩码后，单击“确定”按钮，返回“Ethernet0 属性”对话框；单击“关闭”按钮完成配置，如图 2－35 所示。

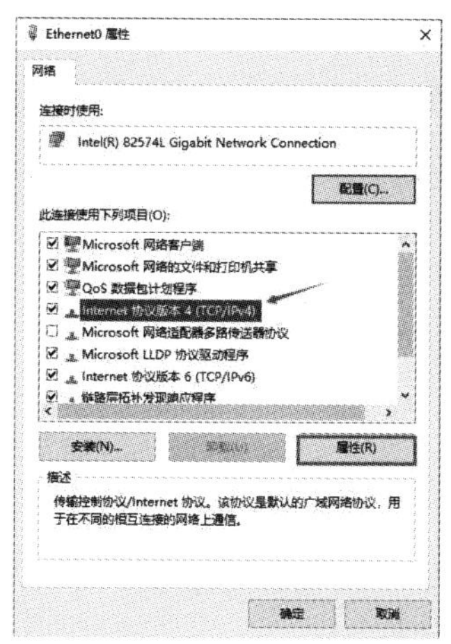

图 2-34　“Ethernet0 属性”对话框

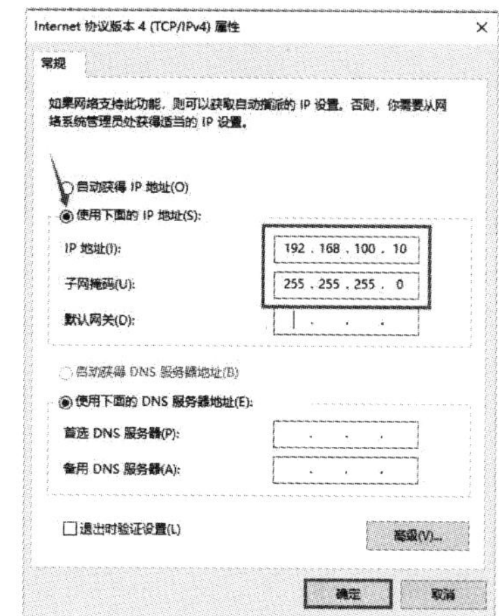

图 2-35　“Internet 协议版本 4(TCP/IPv4)属性”

2. 网络测试命令

使用 Windows 自带的 DOS 命令可以方便地进行网络测试。

(1)ipconfig 命令

使用 ipconfig 命令查看网络连接信息。

命令用法:ipconfig　[参数]

熟悉以下常用的参数的功能:

1)/?:显示此命令帮助。

2)/ all :显示完整配置信息。

3)/release:释放指定适配器的 IPv4 地址

4)/ renew:更新指定适配器的 IPv4 地址。

5)/ flushdns:清除 DNS 解析程序缓存。

6)/ displaydns:显示 DNS 解析程序缓存的内容。

操作如图 2-36 所示。ipconfig /all 查询的结果包括主机名、网卡物理地址 IP 地址、子网掩码、网关、DNS 服务器、是否启用 DHCP 服务等。

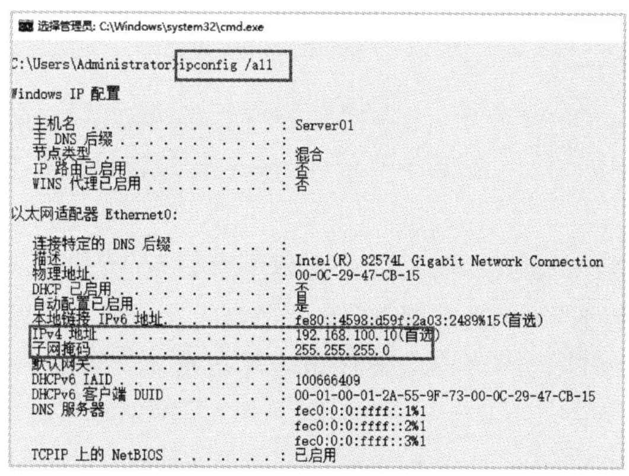


图 2-36　“ipconfig”命令

**提示**:打开 DOS 命令窗口的方法:用快捷键 win+R 调出运行命令框,输入 CMD,点击确定,会弹出 DOS 命令窗口。

(2)ping 命令

ping 命令用于测试网络连通性。在 Windows,UNIX 和 Linux 系统下均适用。它是 TCP/IP 协议的一部分,用于确定本地主机是否能与另一台主机交换数据包。根据返回的信息,我们可以推断 TCP/IP 参数设置是否正确以及运行是否正常。

命令用法:ping　目标主机 IP 地址/主机域名[参数]

熟悉以下常用的参数的功能:

1)- t:一直不间断地 ping 指定计算机,直到管理员按 Ctrl+C 中断。

2)- a:将地址解析为主机名。

3)- n count:要发送的回显请求数。默认情况下 ping 一般都是只发送四个 32 字节数据包,- n 的话可以指定发送多少数据包。

4)- l size:发送 size 指定大小的数据包到目标主机。

操作如图 2 - 37 所示。从 Server01 机 ping 192.168.100.20,结果表明,两机通信正常。默认发送 32 字节数据包;用户可以根据需要设置不同的参数实现不同的测试要求。

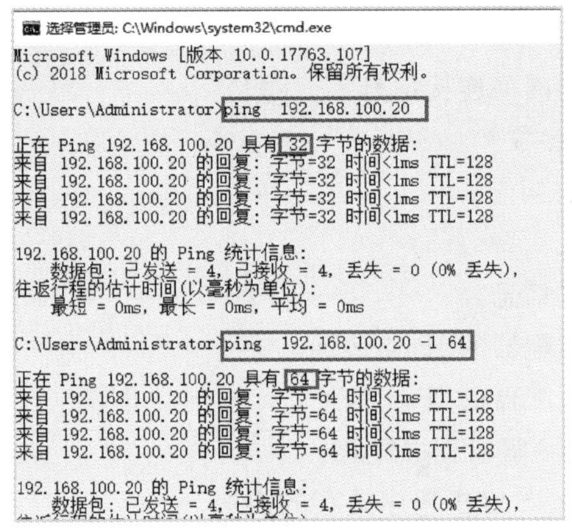


图 2 - 37　“ping”命令

### 2.2.3　Windows Server 2019 服务器角色和功能

自从 Windows Server 2008 开始,为方便服务器管理,将提供服务和功能的一些程序和组件定义为不同的角色和功能,角色是 Windows Server 管理特性中很重要的一个亮点。

1. 角色

服务器角色是软件程序的集合,在安装并正确配置之后,允许服务器为网络内的多个用户或其他计算机提供这个服务。如“文件服务”角色提供了实现存储管理、文件复制、分布式命名空间管理、快速文件搜索和简化的客户端文件访问等技术。

2. 功能

服务器功能是一些软件程序,这些程序虽然不直接构成角色,但可以支持或增强一个或多个角色的功能,或增强整个服务器的功能,而不管安装了哪些角色。例如,“故障转移群集”功能增强其他角色(比如文件服务和 DHCP 服务器)的功能,方法是使它们可以针对已增加的冗余和改进的性能加入服务器群集。

## 2.3　Windows Server 2019 本地计算机管理

企业搭建网络后,已配置好计算机能够通信,那么如何进行资源管理和实现共享呢?

在局域网中网络的管理模式最常见的是“工作组”和“域”两种模式。

1. 工作组网络

工作组网络也称为对等(Peer-to-Peer)网络,如图 2-38 所示,网络上的每台计算机都是平等的,既可以作为客户机也可以作为服务器,资源分布在各个计算机上,每台计算机都有一个本地安全账户数据库,称为 Security Accounts Manager database (SAM)。

用户如果想访问某台计算机内的资源,系统管理员就必须在该计算机的 SAM 数据库内创建用户账户。

2. 域架构网络

域架构网络是指在一个域内所有计算机共享一个集中的目录数据库,其中包含整个域内所有用户的账户和计算机账户等相关数据,如图 2-39 所示,这个目录数据库存储在域控制器上,而只有服务器级别的计算机才可以充当域控制器的角色,安装 Windows Server 2019 操作系统的计算机,在安装活动目录(Active Directory)服务后即是一台域控制器,其安装的Active Directory 就是提供目录服务的组件。

域架构的网络在一个域中至少需要一台域控制器负责域中目录数据库的添加、删除、修改与查询等工作,域架构的网络集中管理用户和计算机,提高了管理效率和安全性。

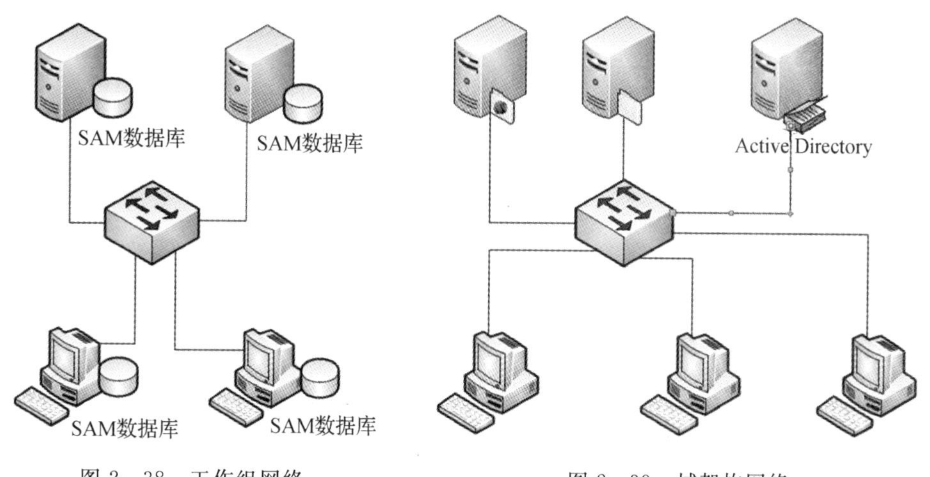


图 2-38　工作组网络　　　图 2-39　域架构网络

### 2.3.1　Windows Server 本地用户/组的管理

Windows Server 2019 是一个多用户多任务服务器操作系统,使用者可以通过创建账户实现对系统资源的访问。

计算机上的每个用户必须有一个账户,才能登录并访问计算机的资源。

系统安装完成后，系统会内置一些用户和组，对内置用户账户和组系统已分配有一定的权；管理员可以新建用户账户和组并分配特定的权限。为提高管理效率，对用户账户的权限设置一般通过对用户账户所属组来实现。

Windows Server 2019 支持两种用户账户：本地账户和域账户。本地账户只能登录到一台特定的计算机（创建该账户的计算机）上，并访问该计算机的资源。而域账户可以登录到域上，并获得访问该网络资源的权限。这里先讲解本地账户，域账户参照 2.4 节内容。

创建和管理本地用户账户和组是系统管理员的基本职能。Windows Server 2019 使用“计算机管理”工具来管理用户和组。

打开“计算机管理”工具：单击“开始”→“Windows 管理工具”→“计算机管理”或在“服务器管理器”中的菜单选择“工具”→“计算机管理”，如图 2-40 和图 2-41 所示，在管理窗口中选择“本地用户和组”。

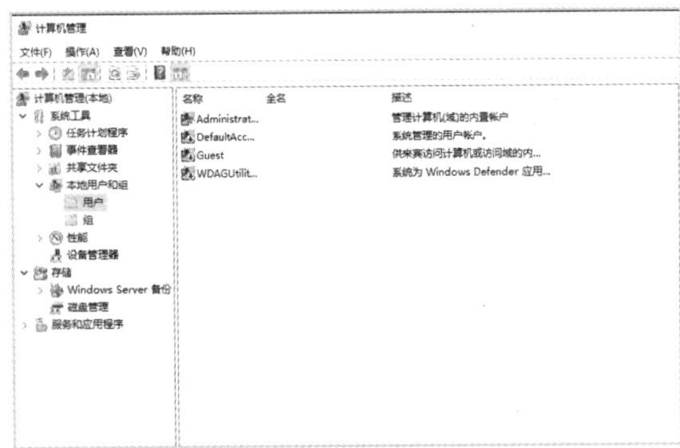


图 2-40　计算机管理-本地用户

图 2-41　计算机管理-本地组

1. 创建和管理本地用户账户

创建和管理本地用户账户是需要权限的，以下是 Administrator 登录系统后的操作。

如图 2-40 所示，展开左侧的“本地用户和组”，选择“用户”，可以看到右侧的显示。在 Windows Server 2019 安装完成后，会自动创建一些内置的用户账户，最主要的用户账户有以下两个：

1）Administrator（系统管理员）：该账户拥有最高的权限，使用该账户可以管理整台计算机的设置，如创建/更改/删除用户与组账户、设置安全策略、创建打印服务、设置用户权限等。从安全角度考虑，该账户名可以更改，但无法删除。

2）Guest：供来宾访问计算机或访问域的内置账户，该账户是供用户临时使用的账户，如提供给偶尔需要登录的用户使用，这个用户只具备极少量的用户权限。它可以更名，但无法删除，默认情况下，该用户是被禁用的。

（1）创建本地用户账户

在图 2-40 中，右击右侧空白处，选择“新用户”，打开“新用户”对话框，如图 2-42 所示，输入以下信息：

1）用户名：用户登录时所使用的名字，用户名在本系统中必须唯一，长度不超过 20 个字符，不能包含非法字符（/ [ ] * ；= + ？< >）。

2）全名和描述：用户完整名称和个人信息，此为可选项。

3)密码和确认密码:系统默认密码最小长度为 6 个字符,密码应由大写字母、小写字母、数字、合法的特殊字符中的三类组合。

4)用户下次登录时必须更改密码:更改管理员为用户创建账户时设置的初始密码。这个操作可以保证只有该用户自己知道自己的密码。

5)用户不能更改密码:当多个用户使用同一个账户时,建议选择此项。

6)密码永不过期:系统默认 42 天后密码过期,选择此项,密码永不过期。

7)账户已禁用:当某用户出差或者暂时离开一段时间时可以选择此项。

图 2-42　创建新用户

图 2-43　管理用户

(2)管理本地用户账户

用户创建后,还可以进行设置属性、设置密码、重命名、删除等操作。

1)设置用户"属性":如图 2-43 所示,右键单击某个用户名,选择"属性"打开该用户属性的对话框(也可直接双击用户名),如图 2-44 所示。

常规:"常规"选项卡用户修改用户的基本信息。

隶属于:"隶属于"是指用户账户所属的组,"隶属于"选项卡可以将用户添加到组中,也可将用户从组中删除。

配置文件:配置文件用于保存用户工作时使用的环境信息,如桌面、我的文档等,在"配置文件"选项卡可以设置配置文件的存储位置。

2)设置密码:一般由管理员完成。这适用于用户忘记了密码,需要管理员为其重新设置密码的情况。重设密码是具有一定的风险的,如果用户以前有加密文件,则重设密码后,不能访问自己加密的文件。因此提示:如果用户担心密码泄露等原因自己要更改密码,则可以由用户自己完成,用户正常登录系统后,按 Ctrl+Alt+Del 系统弹出选项,如图 2-45 所示,选择"更改密码"后进行修改。更改密码一般不存在风险。

3)"重命名"用户:如果新员工接替老员工的工作,此时管理员对账户重命名。注意:更名以后原用户账户所有权限将全部保留下来,重命名后一般要重设密码。

4)"删除"用户:执行"删除"操作需谨慎。对于要删除的账户一般先将账户禁用一段时间后再将其删除。删除后若重建同名账户其 SID 不同,当然拥有的权限也不同。

图 2-44 设置用户账户“属性”

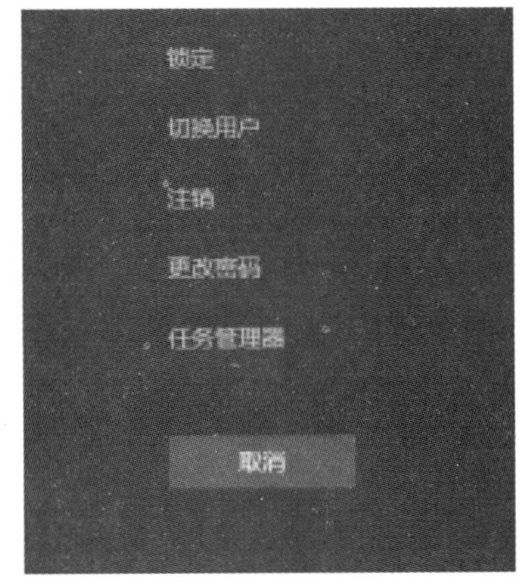


图 2-45 用户自己修改密码

2. 创建和管理本地组

组(group)是用户账户的集合。组账户不能用于登录计算机,但使用组可以同时为多个账户指派一组公共的权限,简化管理。

与用户账户类似,当 Windows Server 2019 安装完成后,会自动创建一些内置的组,如图 2-43所示,最主要的组有以下三个:

1)Administrators 组:属于该组的成员都具有对计算机/域有不受限制的完全访问权,能够执行整台计算机的管理任务。内置的系统管理员账户 Administrator 就是本组的成员,且无法将其从该组中删除。

2)Guests 组:属于该组的成员默认情况下是 Guest 用户账户,该组账户提供给没有用户账户但需要访问本地计算机资源的用户使用。

3)Users 组:属于该组的成员只拥有一些基本的权利,所有新添加的本地用户账户都自动属于该组。

(1)创建本地组

参照用户的添加方法,右键单击左侧的“组”,可以新建本地组,然后在其中可以添加已经创建好的本地账户作为组员。

(2)管理本地组

对于本地组可以设置组属性(增/删成员)、重命名组、删除已经创建的组等,但是删除本地组要注意以下两点:

1)每个组都有唯一的 SID(安全标识符),删除后,即使新建一个与原来的组同名、同成员,也不会与被删除组具有相同的特性和特权了。

2)管理员只能删除新增的组,不能删除系统内置的组。

### 2.3.2 Windows Server 的 NTFS 文件系统

1. NTFS 文件系统

文件在磁盘上的存储格式称为文件系统。Windows 常见的文件系统有:

1)FAT(File Allocation Table)文件分配表也称 FAT16。

2)FAT32(增强的文件分配表)。

3)NTFS(New Technology File System)。

NTFS 是 Windows NT 操作环境的文件系统。NTFS 文件系统具有以下特点:

1)支持更大的磁盘容量。

2)支持文件和文件夹级的访问控制(权限)。

3)支持文件压缩和文件加密功能。

4)支持磁盘配额功能。

获得 NTFS 文件系统,一般可以通过以下方式:

1)在格式化磁盘时选择 NTFS 文件系统。

2)将 FAT 文件系统转换为 NTFS 文件系统(CMD 命令:conver 盘符/fs:ntfs)。

2. NTFS 权限

在 NTFS 文件系统中,每个文件或文件夹的属性中都有一个"安全"选项卡,文件的"安全"选项如图 2-46 所示,文件夹的"安全"选项如图 2-47 所示。

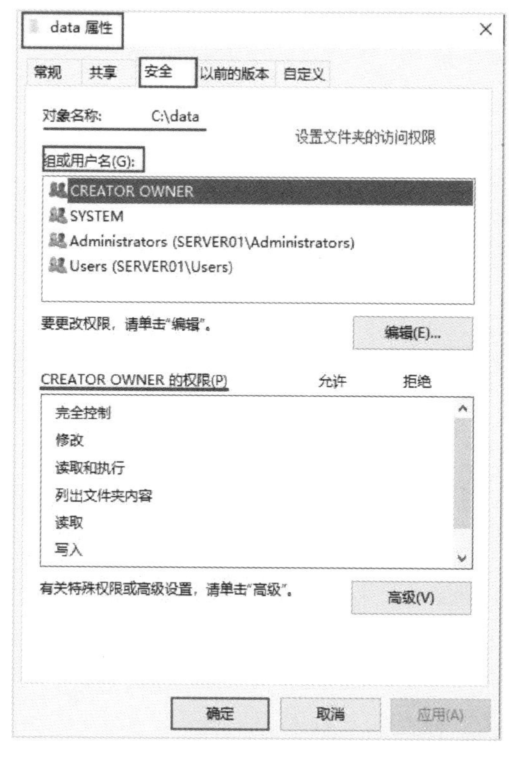


图 2-46　设置文件夹的访问权限

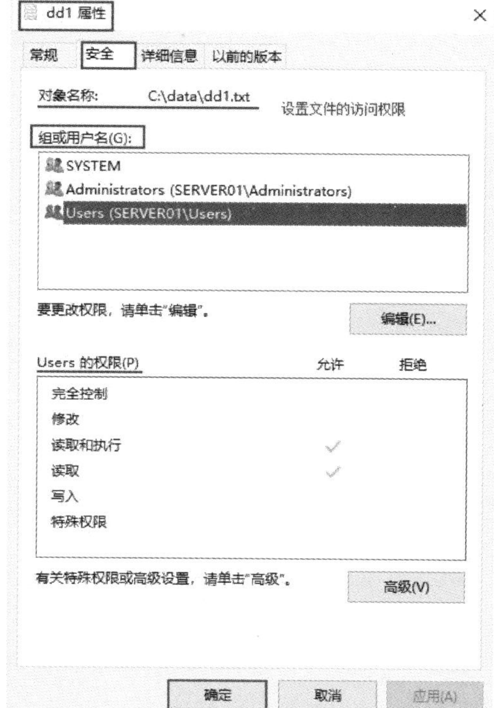


图 2-47　设置文件的访问权限

"安全"选项卡包含访问控制列表和访问控制项:

1)访问控制列表中列出的是和当前文件或文件夹权限有关的用户和组。

2)访问控制项中列出的是指定的用户对文件或文件夹的访问权限。

在文件或文件夹"属性"的"安全"选项卡中,单击"编辑"按钮可以针对不同的用户和组设置访问权限,以保障文件或文件夹的安全性。

**注意:**只有 Administrators 组的成员、文件/文件夹的所有者和具有完全控制权限的用户,才有权限设置 NTFS 权限。

3. NTFS 权限使用规则

(1)权限的继承

在 NTFS 文件系统中,当新建一个文件或文件夹后,该文件或文件夹会自动继承上一级目录或磁盘分区的权限,如图 2-46 和图 2-47 所示,出现的灰色的勾的选项即是继承来的。

对于继承的权限不能直接修改,如果需要修改,如图 2-46、图 2-47 可以单击“高级”按钮,如图 2-48 所示,单击“禁用继承”,按提示选择操作方式,对权限重新设置。

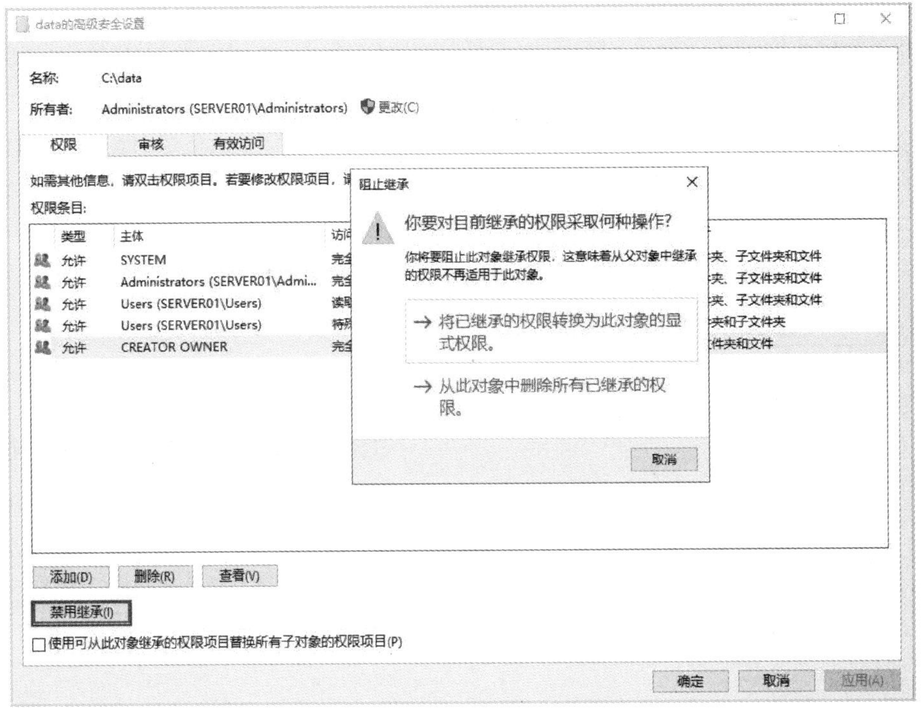


图 2-48 “禁用继承”对话框

**说明:**继承的权限的优先级比直接设置的权限低。

(2)权限的组合

如果一个用户同时属于多个组,而且该用户与这些组分别对某个文件(或文件夹)拥有不同的权限设置,则该用户对这个文件的最后有效权限是所有权限的累加。

(3)权限的拒绝

“拒绝”权限会覆盖所有其他权限,虽然用户对某个文件的有效权限是其所有权限来源的总和,但是只要其中有一个权限来源被设置为拒绝,则用户将不会拥有此权限。

(4)移动和复制对 NTFS 权限的影响

在 NTFS 文件系统中,当文件或文件夹被复制或移动到另一个文件夹后,在目标位置的权限可能会发生变化。

### 2.3.3　Windows Server 的磁盘管理

磁盘是计算机系统的信息存储设备，所有的数据都保存在磁盘上，所以磁盘的管理在整个系统中处于十分重要的地位。磁盘的分区和格式化是使用磁盘进行信息存储的前提，安装了 Windows Server 2019 的服务器，提供了磁盘管理工具。

打开“计算机管理”工具，选择“存储”→“磁盘管理”，如图 2－49 所示。

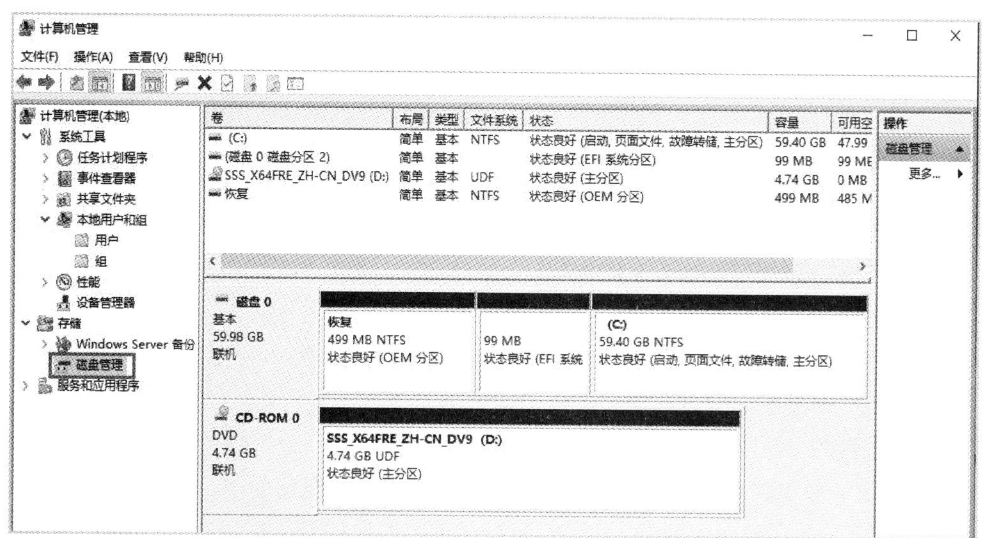


图 2－49　“磁盘管理”工具

磁盘管理是一个用于管理磁盘以及磁盘所包含的卷或分区的系统实用工具。使用磁盘管理功能可以初始化磁盘，创建和格式化分区，创建卷，分配驱动器号，使用 FAT，FAT32 或 NTFS 文件系统格式化卷，以及创建容错磁盘系统等。磁盘管理允许执行多数与磁盘有关的任务，而不需要关闭系统或中断用户，大多数配置更改后将立即生效。

Windows 系统将磁盘分为基本磁盘和动态磁盘两种类型。

1. 基本磁盘

在 Windows Server 2019 系统中安装的新磁盘都默认为基本磁盘。

基本磁盘可分为 MBR(主引导记录)磁盘和 GPT(GUID 分区表)磁盘，一般所说的磁盘是指 MBR 磁盘，对于大于 2TB 的分区或在 Itanium 计算机上才使用 GPT 磁盘。大多数 Windows 系统都是安装在 MBR 磁盘上的，因此在磁盘管理器中初始化磁盘时，默认的都是 MBR 分区方式。在最新的计算机上，有很多都是支持 EFI 的主板，如果选择 EFI 方式启动系统，则必须要将 Windows 安装在 GPT 磁盘上，且必须存在 EFI 系统分区，在 Windows 上初始化磁盘时默认的分区方式则改为 GPT。

(1)基本磁盘的初始化

对于新添加的磁盘，在联机后，初始化时可选择磁盘分区形式。

Server01 虚拟机添加三块 SCSI 接口的硬盘。启动计算机，在“计算机管理”界面，右击“磁盘管理”，选择“重新扫描磁盘”；然后依次右击磁盘 1、磁盘 2、磁盘 3，选择“联机”；对联机后的磁盘分别进行初始化，右击磁盘1，选择“初始化磁盘”，如图2-50所示，选择MBR分区形式。同样操作初始化磁盘2、磁盘3，选择GPT分区形式，如图2-50所示。

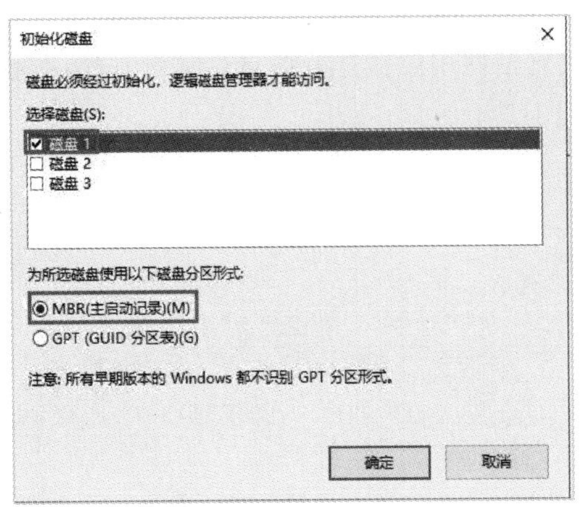

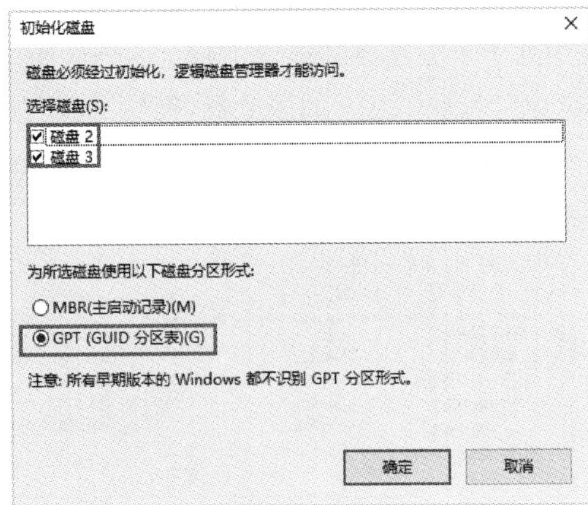


图2-50　初始化磁盘设置磁盘分区形式

分区形式可以转换，比如，右击已经初始化为GPT的磁盘3，在快捷菜单选择“转换成MBR磁盘”命令，则磁盘3就转换成MBR磁盘分区形式了。

(2)基本磁盘的分区与格式化

1)一个MBR磁盘内，最多可创建4个主分区或3个主磁盘分区和1个扩展磁盘分区，每个主磁盘分区都可以分配一个驱动器号，例如C,D等，每个扩展分区可以创建多个逻辑分区，每个逻辑分区可以分配一个驱动器号。

2)一个GPT磁盘内，最多可以创建128个主磁盘分区，而每个主磁盘分区都可以分配一个驱动器号。基本磁盘内的每个主磁盘分区或逻辑驱动器又被称为基本卷。

主分区和扩展分区的区别如下：

1)主分区可以用来启动操作系统，计算机启动时MBR或GPT内的程序代码会到活动的主要分区内读取并运行启动程序代码，然后将控制权交给此启动程序代码来启动相关的操作系统。

2)扩展分区只用来保存文件，无法用来启动操作系统。

在磁盘上创建卷可以根据需要按照向导来完成，例如在磁盘1上创建简单1 GB卷，格式化为NTFS文件系统。操作过程如图2-51所示。

**提示：**如图2-51向导提示简单卷只能创建在单一磁盘上，即在基本磁盘上，只准许将同一磁盘上的连续空间划分为一个分区来创建卷。

前面已将磁盘1设置为MBR分区形式，因此磁盘1上最多只能创建4个主分区或3个主分区+1个扩展分区。当在磁盘1上再创建第2～4个1 GB的简单卷时，系统显示前三个分区是主分区，系统将剩余的磁盘空间作为扩展分区，第4个分区是扩展分区上的第一个逻辑驱动器，用户可以在扩展分区上创建多个逻辑驱动器，如图2-59所示。

而磁盘2设置为GPT分区形式，所以在磁盘2上可创建多达128个主分区，如图2-52所示。

图 2-51　在磁盘上创建卷

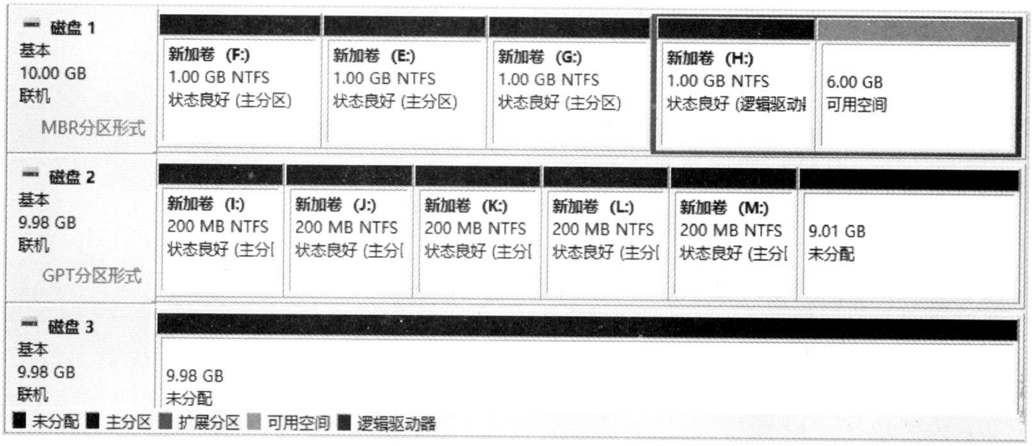

磁盘 1
基本
10.00 GB
联机
MBR分区形式

新加卷 (F:)
1.00 GB NTFS
状态良好 (主分区)

新加卷 (E:)
1.00 GB NTFS
状态良好 (主分区)

新加卷 (G:)
1.00 GB NTFS
状态良好 (主分区)

新加卷 (H:)
1.00 GB NTFS
状态良好 (逻辑驱动

6.00 GB
可用空间

磁盘 2
基本
9.98 GB
联机
GPT分区形式

新加卷 (I:)
200 MB NTFS
状态良好 (主分[

新加卷 (J:)
200 MB NTFS
状态良好 (主分[

新加卷 (K:)
200 MB NTFS
状态良好 (主分[

新加卷 (L:)
200 MB NTFS
状态良好 (主分[

新加卷 (M:)
200 MB NTFS
状态良好 (主分[

9.01 GB
未分配

磁盘 3
基本
9.98 GB
联机

9.98 GB
未分配

■ 未分配 ■ 主分区 ■ 扩展分区 ■ 可用空间 ■ 逻辑驱动器

图 2-52　基本磁盘的分区

2. 动态磁盘

动态磁盘可以轻易将卷空间扩展到新的未用空间中，甚至还可以扩展到另一磁盘上。动态磁盘上创建的卷可以跨越多达 32 个物理磁盘，这在服务器上是非常实用的功能。

(1)基本磁盘转换为动态磁盘

将磁盘 1～3 转换为动态磁盘，右击磁盘，选择“转换到动态磁盘”命令。转换后如图 2-53 所示。与图 2-52 比较，基本磁盘转换为动态磁盘后，“分区”改为“简单卷”了。

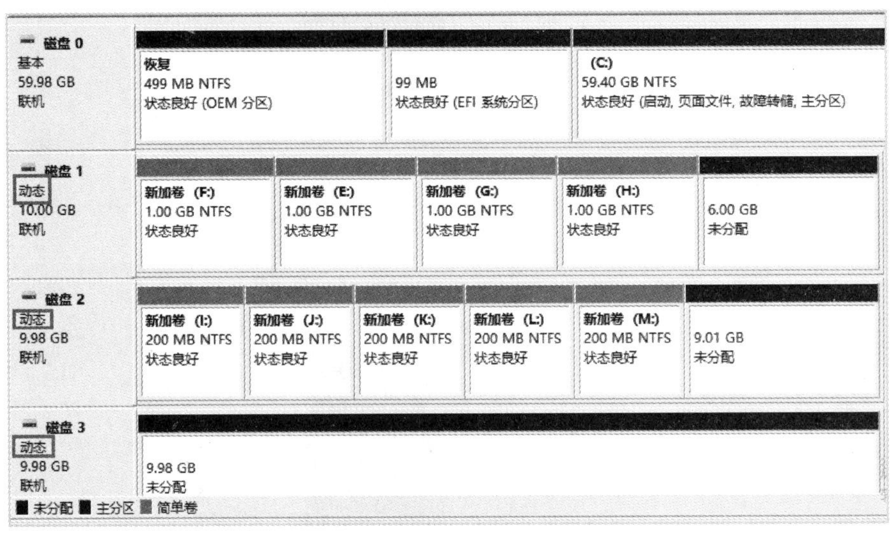


图 2-53 基本磁盘与动态磁盘

(2)动态磁盘支持卷的类型

动态磁盘支持多个特殊的卷，其中简单卷、跨区卷、带区卷可以提高系统的访问效率和扩大磁盘使用空间，镜像卷和 RAID-5 卷可以提供容错功能。

1)简单卷：是动态磁盘中的基本单元，可以从一个动态磁盘内选择未分配的空间来创建简单卷。

简单卷的特点如下：

①支持卷空间的扩展。

②扩展简单卷必须在卷尚未格式化时或卷已使用 NTFS 文件系统格式化。

③当跨区扩展简单卷时，简单卷变成跨区卷。

2)跨区卷：是指数个位于不同磁盘的未指派空间所组合成的一个逻辑卷。

跨区卷的特点如下：

①组建跨区卷的多个动态磁盘未指派空间可以不相同。

②可以选用 2～32 个磁盘组成跨区卷。

③支持卷空间的扩展。

3)带区卷：与跨区卷类似，它也是由多个磁盘空间组成，但与跨区卷不同的是，每个组成带区卷的空间容量必须是相同的。

带区卷的特点如下：

①可以从 2～32 个磁盘中分别选用未指派空间来组成带区卷，至少需要 2 个磁盘。

②组成带区卷的空间容量必须相同。

③带区卷使用的是 RAID－0 技术，读写效率高。

④带区卷建好后，空间无法再扩大。

4）镜像卷：是具有容错功能的卷，镜像卷由分布在两个动态磁盘上大小一样的空间组成。这两个空间所存储的数据是完全相同的，当有一个磁盘发生故障时，系统仍然可以使用另一个正常磁盘内的数据，因此镜像卷具有容错的能力。

镜像卷的特点如下：

①只能使用两个动态磁盘上的空间组成镜像卷，用户可通过一个磁盘上的简单卷和另一个磁盘上的未分配空间组成一个镜像卷，也可由两个未指派空间组成镜像卷。

②组成镜像卷的两个磁盘上空间容量必须相同。

③镜像卷使用的是 RAID－1 技术。

④镜像卷的磁盘空间利用率只有 50%。

⑤镜像卷建好后，空间无法再扩大。

5）RAID－5 卷：是具有容错功能的卷。它至少需使用 3 块动态磁盘才能建立，每块磁盘必须提供相同的磁盘空间。在使用是 RAID－5 卷时，除了数据外，还会建立一份奇偶校验数据信息，数据和奇偶校验信息分布保存于所有磁盘中。如果某个磁盘出现故障，则可以根据其他磁盘上保存的数据和奇偶校验信息来重新生成该磁盘上的数据。

RAID－5 卷的特点如下：

①可以从 3～32 个磁盘中分别选用未指派空间来组成 RAID－5，至少需要 3 个磁盘。

②组成 RAID－5 卷的磁盘上空间容量必须相同。

③RAID－5 卷的磁盘空间利用率为$(n-1)/n\times100\%$（$n$ 指磁盘数）

④RAID－5 卷建好后，空间无法再扩大。

在动态磁盘上创建各种卷只需右击某动态磁盘，选择相应的新建卷命令，根据需要按向导来完成即可，但要注意各种卷的特点。

3. 磁盘配额

Windows Server 2019 中的 NTFS 文件系统支持磁盘配额，用来控制用户在服务器中的磁盘使用量。在用户使用了一定的服务器磁盘空间以后，系统可以采取发出警告、禁止用户对服务器磁盘的使用、将事件记录到系统日志中等操作。

磁盘配额的特点如下：

1）磁盘配额只有在 NTFS 文件系统的卷上才支持。

2）以卷为单位管理磁盘配额。如果单个物理磁盘包含多个卷，并把配额应用到每个卷，则每个卷配额只适用于特定的卷；如果一个卷跨越多个物理磁盘，则整个跨区卷使用该卷的同一配额。

3）磁盘配额都是以文件所有权为基础的。对卷做任何影响文件所有权状态的更改，包括文件系统转换，都可能影响该卷的磁盘配额。

4）磁盘配额监视个人用户的卷使用情况，因此每个用户对磁盘空间的利用都不会影响同一卷上的其他用户的磁盘配额。

如图 2－54 所示，E 卷的磁盘配额为，一般用户是限制 100 MB，警告等级为 90 MB，并启用“拒绝将磁盘空间给超过配额限制的用户（D）”和记录事件。

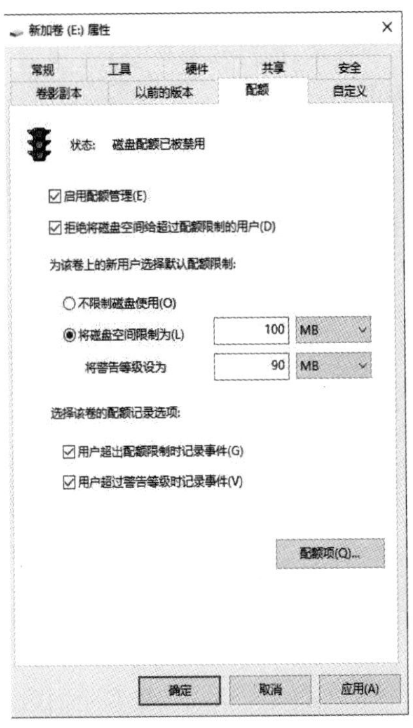


图 2-54　配置磁盘配额

Administrator 不受此配额限制。

其他特殊用户的配额设置可以单击“配额项”按钮，进行进一步设置。

### 2.3.4　Windows Server 共享文件夹和打印机

计算机网络的主要功能是资源共享，默认情况下，服务器中的所有文件夹都不被共享。本节介绍在 Windows Server 2019 系统中共享文件夹/打印机和访问共享的方法。

1. 文件夹共享

新建共享文件夹是供用户从其他计算机访问本机资源，因此首先要查看系统是否启用了文件共享服务。可以使用如下方法进行查看。在设置文件夹共享后也会自动启动该项。

单击“开始”→“Windows 系统”→“控制面板”→“网络和共享中心”→“更改高级共享设置”，如图 2-55 所示，查看文件共享是否启用，如果没有启用，则选中“启用文件和打印机共享”单选按钮，然后单击“保存更改”按钮即可。

**说明：**本节共享测试用 2.2.2 节中已实现网络通信正常的两台虚拟机测试。为了后面的测试，两虚拟机可都选择“启用网络发现”。

**注意：**确保 Function Discovery Resource Publication，SSDP Discovery，UPnP Device Host 三个服务为启动状态才能启用网络发现。

(1)设置文件夹共享

在 NTFS 分区上只有 Administrators 组内的成员才有权限设置文件夹共享。

下同对 Server01 上 E 盘的 Sharefiles 文件夹设置共享权限为 Everyone 读取。

**方法一：**使用“授予访问权限”命令

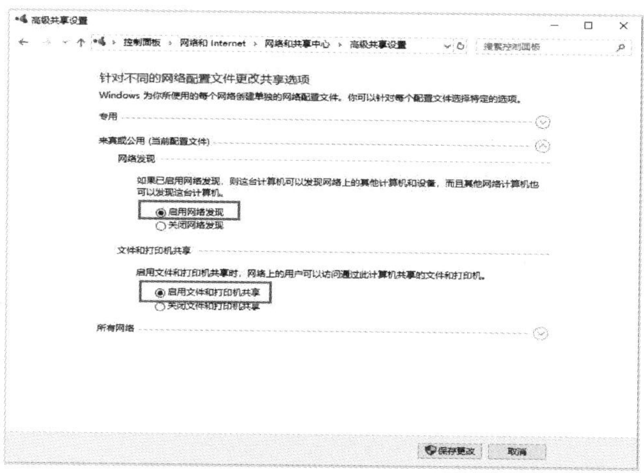

图 2-55　“启用文件和打印共享”和“启用网络发现”

右击 Sharefiles 文件夹，在弹出的快捷菜单中选择“授予访问权限”→“特定用户”命令。

在打开的“网络访问”窗口，在其中可输入有权共享的用户或用户组名称，也可以通过单击右侧的下拉箭头选择用户组或用户；在这里选择共享的用户组为 Everyone，权限为“读取”，然后单击“共享”按钮，按提示单击“完成”按钮，即可完成共享设置。

**方法二：**使用文件夹“属性”→“共享”选择卡

**Step-1：**右击 Sharefiles 文件夹，在弹出的快捷菜单中选择“属性”，在打开对话框中选择“共享”选择卡，如图 2-56 所示；单击图中的“共享”按钮，则打开“网络访问”窗口，后面操作同方法一。

**Step-2：**再次右击 Sharefiles 文件夹，选择“属性”对话框中的“共享”选择卡，如图 2-57 所示，可看到共享信息如网络路径“\\SERVER01\sharefiles”，单击“高级共享”按钮，可以进行共享名的添加和共享权限的设置。

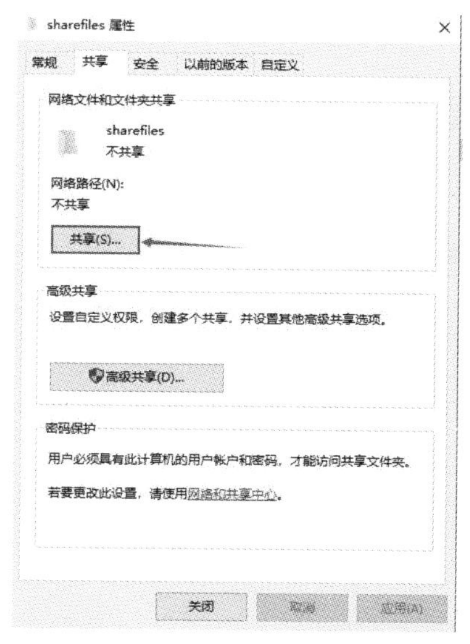

图 2-56　文件夹“属性”设置“共享”

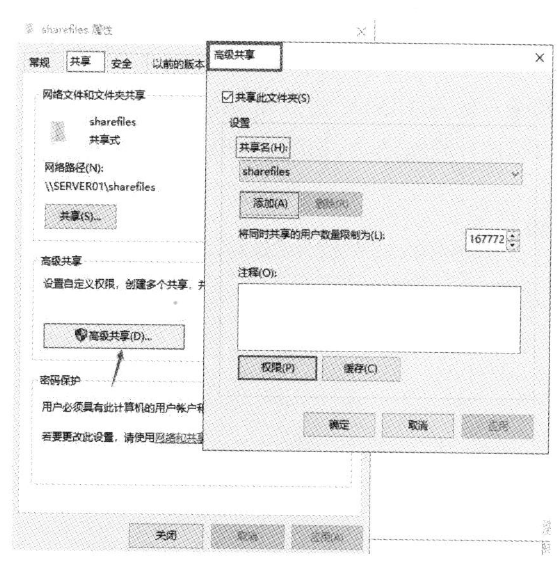

图 2-57　文件夹“高级共享”

**方法三**：使用"计算机管理"中的"共享文件夹"

**Step-1**：打开"计算机管理"窗口，选择"系统工具"→"共享文件夹"→"共享"选项，可以看到系统默认的共享和已设置好的共享文件夹。可以进行共享管理。

**Step-2**：在中间窗格空白处右击，选择"新建共享"命令，在弹出的"欢迎使用创建共享文件夹向导"对话框中直接单击"下一步"按钮。按照向导在"文件夹路径"对话框中单击"浏览"按钮选择共享目录，在"名称、描述和设置"对话框中输入共享名等信息，在"共享文件的权限"对话框中选择共享文件夹的权限类型，单击"完成"按钮，共享成功。

(2)管理、隐藏共享文件夹

文件夹共享名可以与文件夹同名，也可以不同名；默认情况下，文件夹的共享名就是文件夹的名称，而在网络中，每个共享文件夹可以有一个或多个共享名，每个共享名都可以设置不同的共享权限。如图2-57所示，可以完成如下操作：

1)若要添加共享名，单击"添加"按钮，即可输入新的共享名。

2)如果要对某共享文件夹更改共享权限，单击"权限"按钮，可以设置新的共享访问权限。

3)更改共享名，首先新建一个新的共享名，然后将前一个共享名删除即可。

4)如果要隐藏共享文件夹，那么应设置共享名的最后一个字符为"$"。

**提示**：访问共享文件夹时一定要使用共享名。访问隐藏共享文件夹时，切记一定要用共享名(包含$符号)访问。

如果要删除共享，那么可在图2-57的"高级共享"对话框中取消选择"共享此文件夹"项，在弹出的窗口中进行确认即可。

(3)共享文件夹的访问

共享文件夹设置完成后，就可以在其他计算机上对其进行访问。

例如在Client虚拟机上访问Server01上E盘的共享文件夹Sharefiles，常用的方法有以下几种。

**注意**：从网络上访问NTFS文件系统上的共享文件夹，要保证用户具有的共享权限和NTFS权限足够。

**方法一**：利用"网络"访问共享文件夹

**Step-1**：在Client虚拟机的桌面上双击"网络"图标，在打开的"网络"窗口中双击"Server01"计算机图标，如图2-58所示。

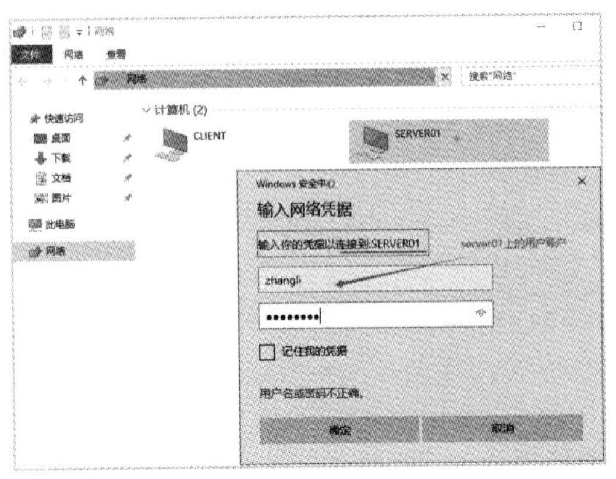


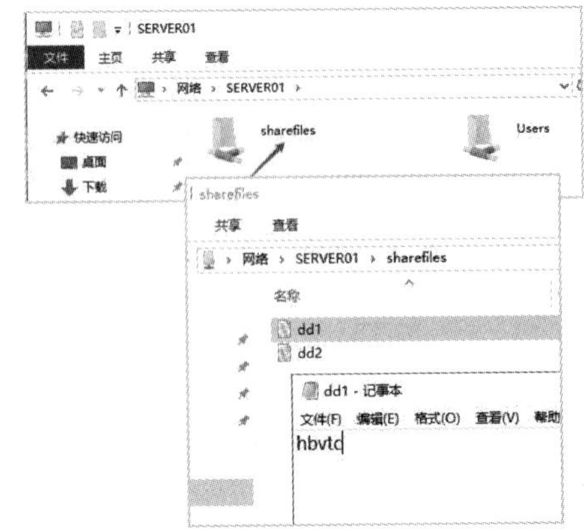


图2-58　使用"网络"访问共享资源

**Step - 2**:在弹出的“输入网络凭据”对话框中输入有访问权限的用户名和密码,即可访问共享资源。

**注意**:在 Server01 上设置的共享文件夹 Sharefiles 的访问权限是 Everyone 读取。

**方法二**:利用“映射网络驱动器”访问共享文件夹

映射网络驱动器是将网络上某一个共享文件夹当作本地计算机上的一个驱动器来使用,当访问这个共享文件夹时,就像使用本地驱动器一样方便、快捷,如图 2 - 59 所示。

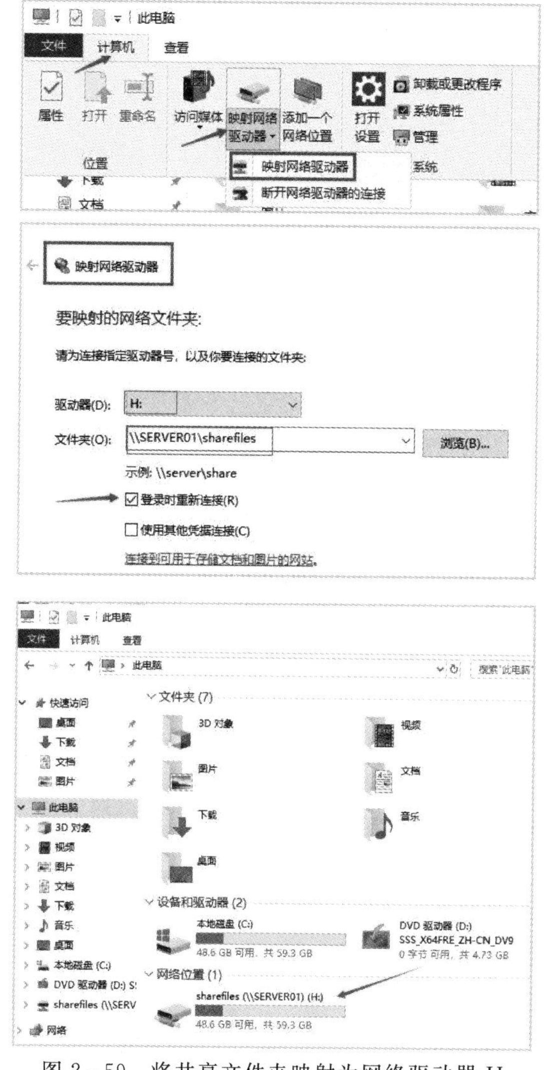


图 2 - 59　将共享文件夹映射为网络驱动器 H

**Step - 1**:在 Client 桌面上双击“此电脑”图标,如图选择“映射网络驱动器”命令。

**Step - 2**:在弹出的“映射网络驱动器”对话框中选择驱动器号,在文件夹对应的文本框中输入网络路径或单击“浏览”按钮选择共享文件夹,如同方法一,也要输入有访问权限的用户名和密码。另外,如果经常使用该共享文件夹,建议选中“登录时重新连接”复选框,这样以后每次登录系统时,系统都会自动利用所指定的驱动器号来连接该共享文件夹。单击“完成”按钮,完成“映射网络驱动器”的操作。这时在“此电脑”窗口中便可以看到新增了一个驱动器图标,双击该驱动器图标，便可以打开所连接到的远程计算机的共享文件夹了。

**方法三：**使用 UNC 路径访问共享文件夹。

通用命名规则(Universal Naming Convention，UNC)，是网络共享资源的通用命名规范。格式：\\servername\sharename。其中 servername 是服务器名，也可以 IP 地址；sharename 是共享资源的名称。

操作时按 Win+R，在打开的“运行”对话框中输入共享文件夹路径，或在此电脑的地址栏中输入共享文件夹路径，如图 2-60 所示。按提示要求输入有访问权限的用户名和密码即可。

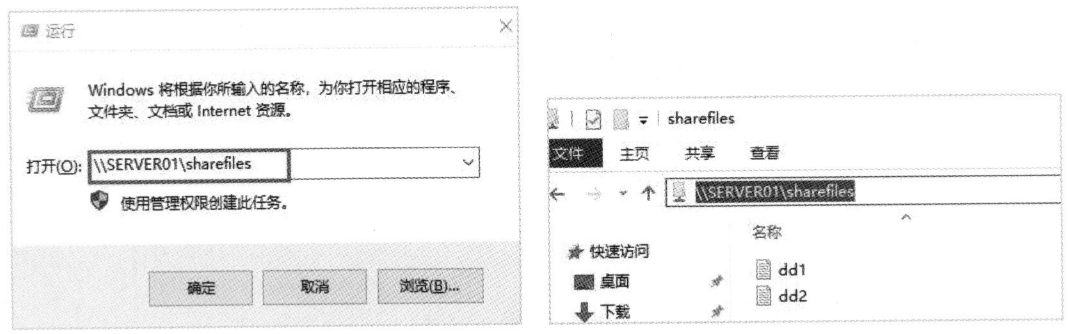


图 2-60　使用 UNC 路径访问共享文件夹

2. 打印机共享

当 Server01 计算机上连接了打印机，如果将此打印机共享给网络的其他用户使用，这台打印机便成为打印服务器角色。

在安装打印机之前，要区分在 Windows 系统中关于打印机的相关概念：

1)物理打印机：就是用于打印的硬件设备即打印设备，包括本地打印设备和网络打印设备。

2)逻辑打印机：是介于客户端应用程序与物理打印机之间的软件接口，是为使用打印设备而添加的软件。就是在 Windows 系统中显示的打印机，如图 2-61 所示。

3)打印机驱动程序：是将计算机端所需打印输出的文件，转换成打印机能够识别且打印出来的支撑程序，不同型号的打印设备需要不同的打印驱动程序。

4)打印服务器：为网络用户提供打印服务的计算机，它连接着物理打印设备，并将此打印设备共享给网络用户。

5)打印客户端：使用打印服务器提供打印服务的用户计算机。

下面以在 Server01 服务器上安装本地打印机并设置共享，在 Client 连接共享打印机为例介绍在网络上实现打印机共享的过程。

(1)在服务器端添加本地打印机

假设安装了 Windows Server 2019 的 Server01 已连接了一台 HP PCL6 打印机，安装本地打印机的步骤如下：

**Step-1：**选择“开始”→“控制面板”→“硬件”→“设备和打印机”选项。

**Step-2：**打开“设备和打印机”窗口，选择“添加打印机”选项。

**Step-3：**按向导提示进行操作。如图 2-61 所示，单击“我所需的打印机未列出”。

**Step－4:**在弹出的“添加打印机”窗口中选中“通过手动设置添加本地打印机或网络打印机”单选按钮,单击“下一步”按钮。

**Step－5:**在“选择打印机端口”对话框,选中“使用现有的端口”单选按钮并选择“LPT1:(打印机端口)”选项,单击“下一步”按钮。

**Step－6:**在“安装打印机驱动程序”对话框,选择打印机厂商和型号之后,这里选择 Microsoft 和 Microsoft PCL6 Class Driver,单击“下一步”按钮。

**Step－7:**在“键入打印机名称”窗口,输入打印机名称,这里默认,单击“下一步”按钮。

**Step－8:**在“打印机共享”对话框,选中“共享此打印机以便网络中的其他用户可以找到并使用它”单选按钮,“共享名称”文本框中的名称可改写,这里默认,单击“下一步”按钮。

**Step－9:**在“打印测试页”对话框中可以选择打印测试页,或直接单击“完成”按钮。

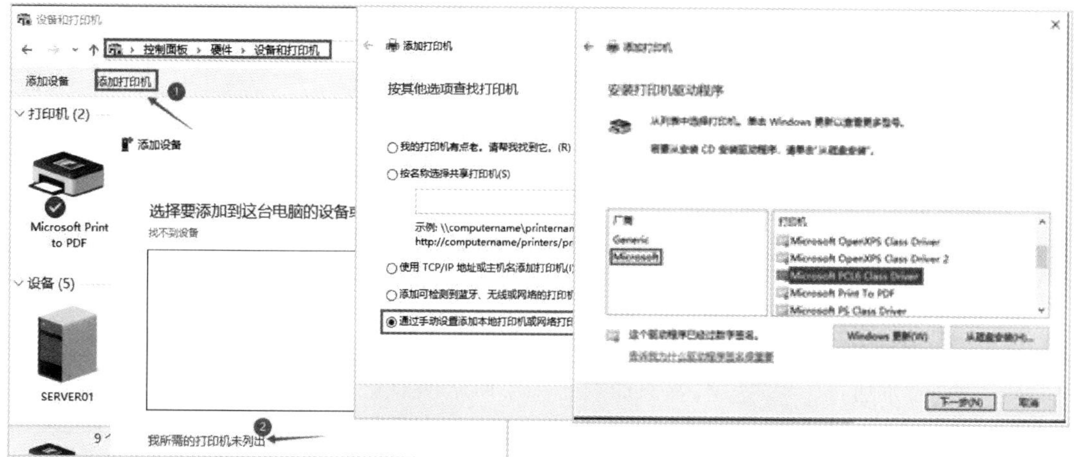


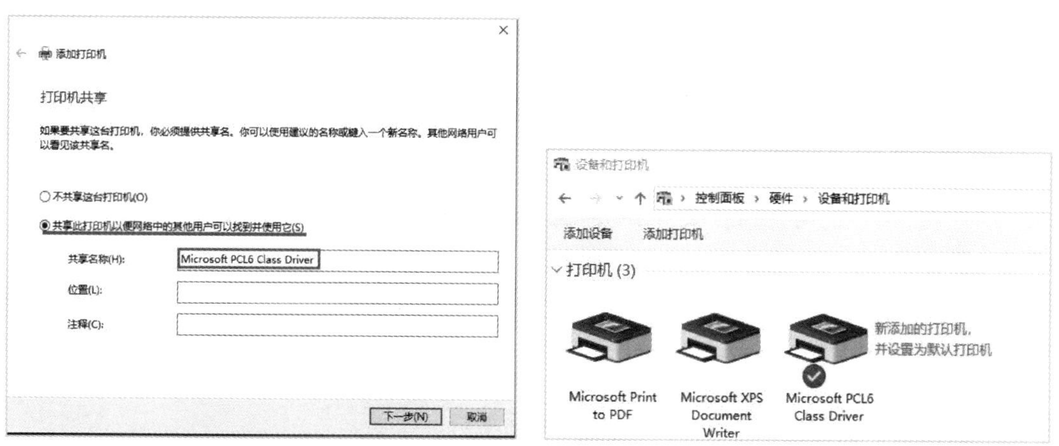


图 2－61　在服务器端添加本地打印机

安装完成后,在“设备和打印机”窗口中可看到打印机 Microsoft PCL6 Class Driver。

**测试:**新建一个文本文件,输入一些信息,选择新安装的打印机看是否能够进行打印。

在共享的打印机的“打印机属性”对话框可以进行一些设置,比如打印机的安全权限。

(2)客户端连接共享打印机

下面为安装了 Windows Server 2019 系统的 Client 虚拟机连接 Server01 共享的打印机。

**方法一**:利用“网络”添加网络共享打印机

**Step - 1**:在桌面上双击“网络”图标,在打开的“网络”窗口中双击共享打印机的计算机 Server01 的图标,如图 2 - 58 所示,在弹出的“输入网络凭据”对话框中输入有访问权限的用户名和密码,则打开 Server01 的共享。

**Step - 2**:如图 2 - 62 所示,右击共享的打印机,在弹出的快捷菜单中选择“连接”命令,即可完成网络打印机的连接。

**Step - 3**:打开“设备和打印机”窗口,则可以看到已添加的打印机。

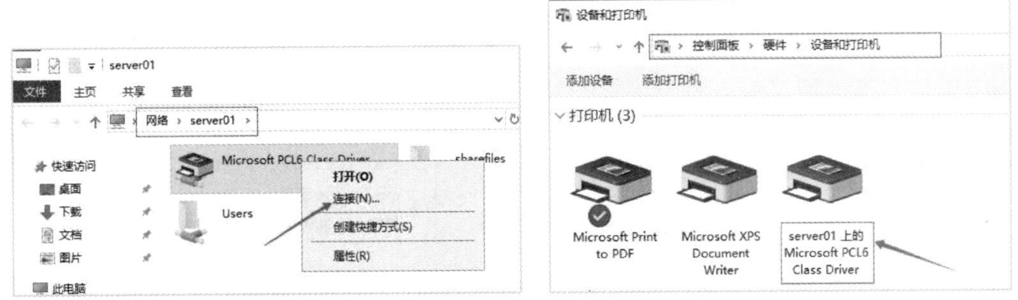


图 2 - 62　利用“网络”添加网络共享打印机

**方法二**:利用“控制面板”中的“添加打印机”添加共享打印机

**Step - 1**:选择“开始”→“控制面板”→“硬件”→“设备和打印机”选项,打开“设备和打印机”窗口,选择“添加打印机”选项,弹出如图 2 - 61 所示的对话框,选中“按名称选择共享打印机”单选按钮并输入网络中共享打印机的主机名或 IP 地址,也可单击“浏览”按钮选择对应的打印机。

**Step - 2**:依次单击“下一步”按钮直到安装成功即可。

**测试**:新建一个文本文件,选择新添加的网络共享打印机看是否能够进行打印。

**提示**:当网络中有多个用户需要使用网络共享打印时,可以在打印服务器上根据用户或公司的要求来设置打印机的打印优先级。

## 2.4　部署与管理 Active Directory 域

HBVTC 公司随着业务发展,网络规模迅速扩大,基于管理效率和网络安全的需要,公司决定将基于工作组的网络升级为基于域的网络。

在 2.3 节已介绍工作组模式网络和域架构网络的区别,请结合图 2 - 38 和图 2 - 39 理解。本节介绍域的相关概念、创建域的方法、域中的网络资源管理。

### 2.4.1　域和活动目录的基本概念

域和活动目录密不可分,要创建域,首先要熟悉域和活动目录等概念。

1. 域

域是将网络中多台计算机逻辑上组织到一起,进行集中管理的一种逻辑环境。

域既是 Windows 网络操作系统的逻辑组织单元，也是 Internet 的逻辑组织单元，在 Windows 网络操作系统中，域是安全边界。

域管理员只能管理域的内部，除非其他的域显式地赋予他管理权限，他才能够访问或者管理其他的域；每个域都有自己的安全策略，以及它与其他域的安全信任关系。

与域相关的概念如下：

1）域树。域方式管理网络时，域的命名按照全球统一的域名服务系统 DNS 的命名方式，采用树形结构进行管理。具有连续的域名空间的多个域是一个域树，它们的命名空间是连续的。如图 2－63 所示，一个域树的最顶层，称为根域，如 hbvtc. com；isix. hbvtc 和 gmx. hbvtc. com 为子域，两者的父域为 hbvtc. com。父域、子域是一个相对的概念。

2）林。林由一个或多个域树组成，林中的每个域树都有自己的命名空间，它们之间是不连续的。

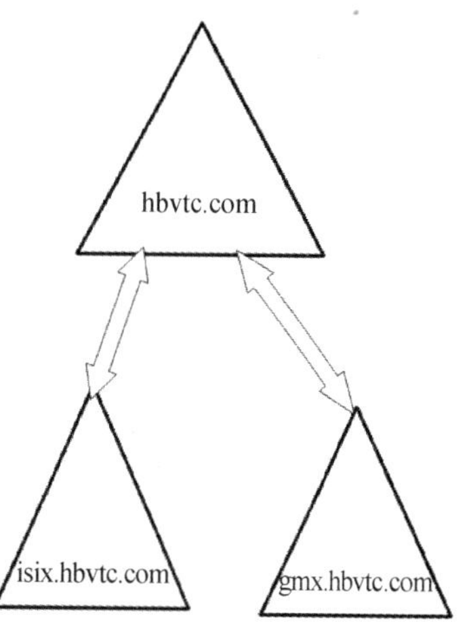

图 2－63 域树

2. 活动目录（Active Directory，AD）的概念

在一本书中，目录可用于帮助用户快速检索信息，而活动目录是 Windows 网络中的目录服务，它提供了存储网络对象信息并使网络用户使用这些数据的方法。

活动目录中存放的各种对象的信息有用户、计算机、组、共享资源、打印机和联系人等；每个对象都有自己的属性及属性值，对象实际上就是属性的集合。

组织单位（OU）是活动目录中的容器对象。为了更好地管理域中的资源，用户可利用 OU 根据边界管理的需要把域中的对象组织成逻辑管理组。

域采用活动目录管理网络的特点如下：

1）集中管理：管理员利用活动目录可以集中管理网络资源，提高管理效率。

2）便捷的网络资源访问：在活动目录管理下，身份认证统一了；用户一次登录网络就可访问网络中的所有该用户有权限访问的网络资源。

3）可扩展性：活动目录可以随着网络规模的增长而扩展。

3. 域控制器（Domain Controller，DC）

域控制器是指安装了活动目录的 Windows Server 服务器，在域架构网络模式下，一个域中，至少有一台域控制器，域控制器中的活动目录保存着整个域的用户账号和安全数据库。

**提示**：DC 是物理上的一台计算机，而 AD 是运行在 DC 上的一种目录服务。一个域中可以包含多个 DC，从而提高域管理的可靠性，一个域中所有 DC 是平等的。

### 2.4.2 创建 Active Directory 域

创建域必须在一台符合条件的服务器上安装活动目录服务，使其成为域控制器；网络中其他计算机再由域管理员将其加入域。

本节以 Windows Server 2019 系统为例创建 hbvtc. com 域。网络拓扑如图 2－64 所示。图 2－64 中为每台计算机配置 DNS 地址是为了定位 DC 机。

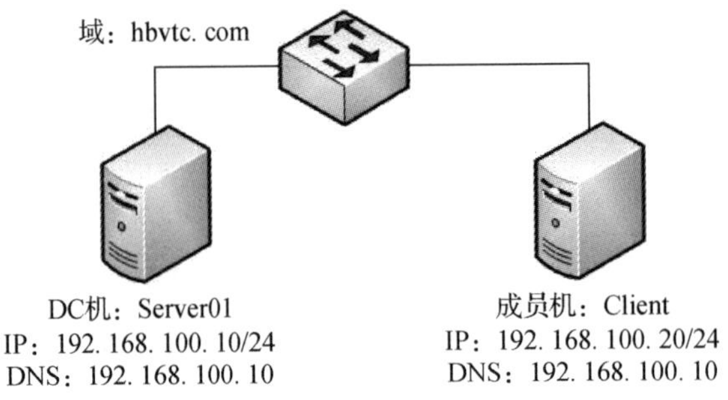


图 2－64　网络拓扑

1. 部署网络中的域控制器

在 Server01 上安装活动目录，将 Server01 升级为域控制器。

安装活动目录必须满足以下条件：

1)安装者具有本地管理员的权限。

2)本地磁盘至少有一个分区是 NTFS 文件系统且有足够的可用空间。

3)操作系统的版本必须满足条件。

4)有 TCP/IP 设置(至少配置一个静态 IP 地址)。

5)有相应的 DNS 服务器的支持(也可以在安装域中第一台 DC 时部署)。

在 Server01 上安装活动目录的步骤如下：

**Step－1:** 以管理员身份登录 Server01，根据图 2－64 网络拓扑，配置 TCP/IP 参数。

**Step－2:** 在“服务器管理器”对话框中可以选择“本地服务器”，如图 2－65 所示，单击菜单“管理”，选择“添加角色和功能”，启动“添加角色和功能向导”，单击“下一步”按钮。

**Step－3:** 在“安装类型”窗口中选择默认的“基于角色或功能的安装”选项，然后单击“下一步”按钮。

**Step－4:** 在“选择目标服务器”窗口中，如图 2－66 所示，确认目标服务器是 Server01，单击“下一步”按钮。

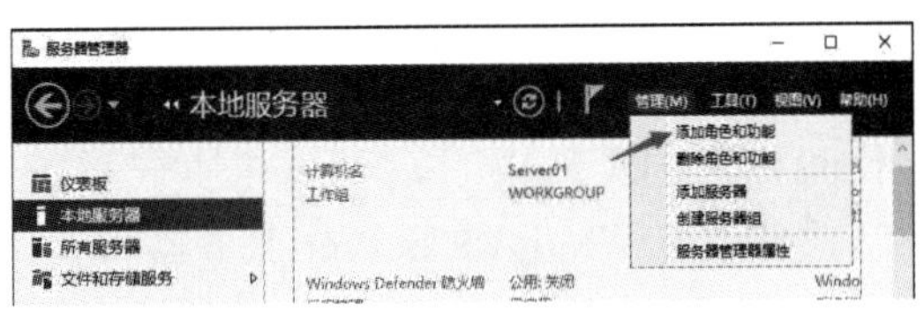


图 2－65　添加角色和功能

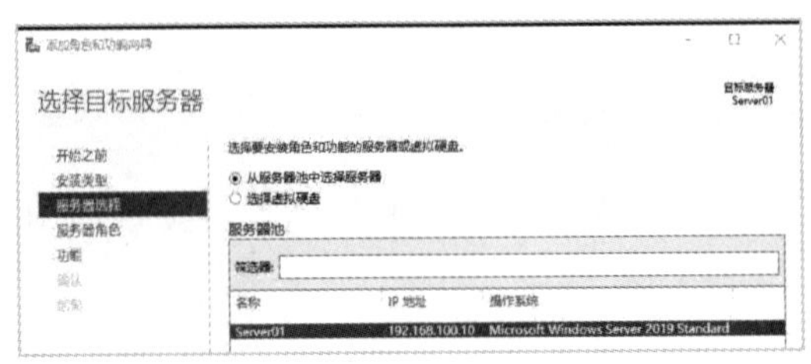


图 2－66　“选择目标服务器”窗口

**Step－5**:在"选择服务器角色"窗口,如图 2－67 所示,在"角色"列表框中选中"Active Directory 域服务"复选框,在弹出的"添加 Active Directory 域服务所需的功能"对话框中单击"添加功能"按钮即可。

**Step－6**:连续单击"下一步"按钮,直至出现"确认安装所选内容"窗口,单击"安装"按钮,如图 2－68 所示。弹出"安装进度"窗口,安装将持续几分钟。

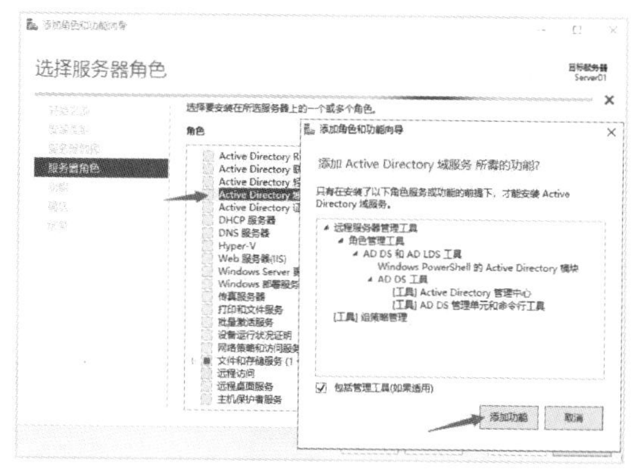

图 2－67　"选择服务器角色"窗口

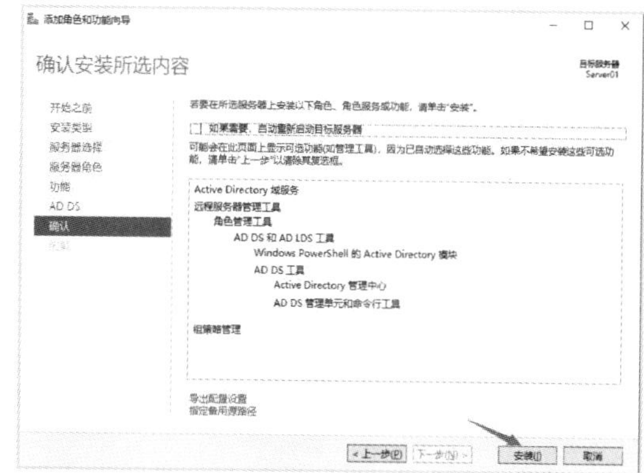

图 2－68　"确认安装所选内容"窗口

**Step－7**:安装完成后如图 2－69 所示,单击"将此服务器提升为域控制器"链接。

注意,如果直接单击了"关闭"按钮,则可以在本地服务器窗口,单击黄色的感叹号后单击"将此服务器提升为域控制器"链接,进入"Active Directory 域服务配置向导"。

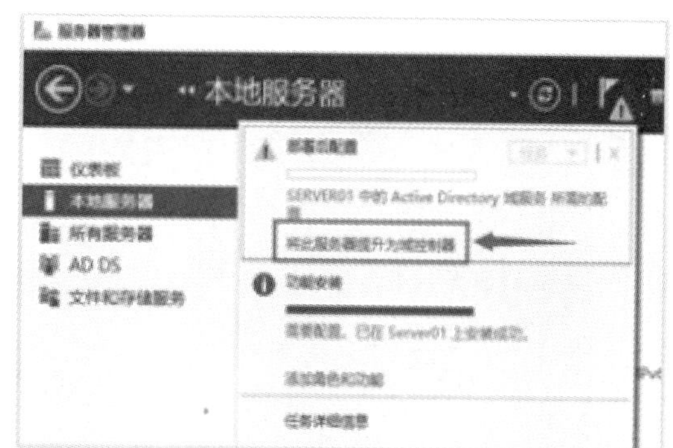

图 2－69　"将此服务器提升为域控制器"链接

**Step－8**:如图 2－70 所示,在"部署配置"窗口中,选中"选择部署操作"栏中的"添加新林"单选按钮,并设置根域名,本例设置为 hbvtc. com,完成后单击"下一步"按钮。

**Step－9**:在如图 2－71 所示的"域控制器选项"窗口中,设置域级别为"Windows Server 2016",选中"域名系统(DNS)服务器"复选框,并设置目录服务还原模式密码,完成后单击"下一步"按钮。

**Step－10**:在"DNS 选项"窗口中,提示服务器将自动检查 DNS 是否启用。如果已经启用,则需要配置 DNS 委派选项,依据警告信息可知,DNS 没有启用,因此不必理会它,直接单击"下一步"按钮。

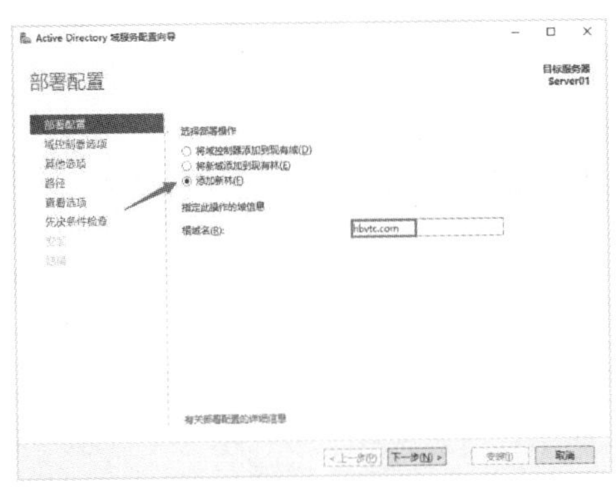

图 2-70 部署配置

图 2-71 域控制器选项

**Step-11:** 进入“其他选项”窗口，服务器将自动根据之前输入的域名生成一个 NetBIOS 域名（如 HBVTC），也可以更改 NetBIOS 域名，如无特殊需求，直接连续单击“下一步”按钮。

**Step-12:** 出现“路径”窗口，指定 AD DS 数据库、日志文件和 SYSVOL 的位置，这里默认，单击“下一步”按钮。

**Step-13:** 查看部署的项，单击“下一步”按钮。

**Step-14:** 在“先决条件检查”窗口，服务器根据当前系统环境，自动检查安装活动目录的先决条件是否满足，如果顺利通过检查，单击“安装”按钮，否则根据界面提示信息排除问题。

开始安装活动目录……

**Step-15:** 活动目录安装完成后系统会自动重启，重启完成后登录域界面如图 2-72 所示。本地的管理员已自动升级域 hbvtc. com 的管理员，输入管理员的密码即可登录域控制器。打开“服务器管理器，如图 2-73 所示，可看到 Server01 已是域模式，安装了 AD DS 和 DNS 服务；Server01 既是域控制器，又是 DNS 服务器。“工具”菜单中已安装了 Active Directory 和 DNS 的管理工具。

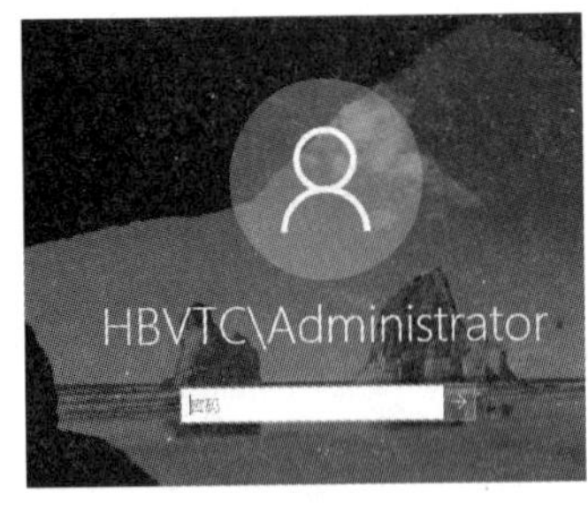


图 2-72 域管理员登录域

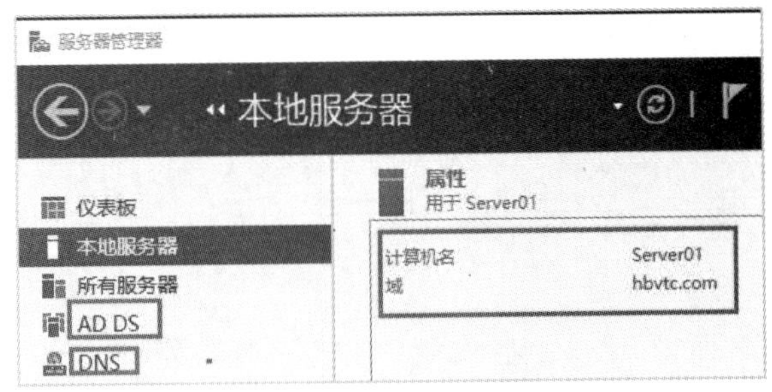


图 2-73 域控制器

至此，安装活动目录的任务已完成。

在网络中的第一台域控制器创建完成后，该服务器就充当了管理者的角色，其他计算机需要加入域，成为域成员机后才能接受域控制器的集中管理和访问 Active Directory 数据库等其他域资源。

**提示：** 若一台 DC 机要降级为普通服务器，只需以域管理员身份登录 DC，选择“删除角色和功能”，接下来取消勾选“Active Directory 域服务”。

### 2. 将网络中的计算机加入域

可以被加入域的系统的版本：Windows Server 2019/2012/2008(R2)/ 2003(R2)及 Windows 10 /8/7/Vista/XP 等。这里以 Client(安装了 Windows Server 2019)加入域为例。

将 Client 计算机加入 hbvtc. com 域的操作步骤如下：

**Step - 1：**以 Client 管理员身份登录 Client，根据图 2 - 64 网络拓扑，配置 TCP/IP 参数，尤其是 DNS 服务器地址指向 Server01(192. 168. 100. 10)，用于定位 DC，如图 2 - 74 所示。

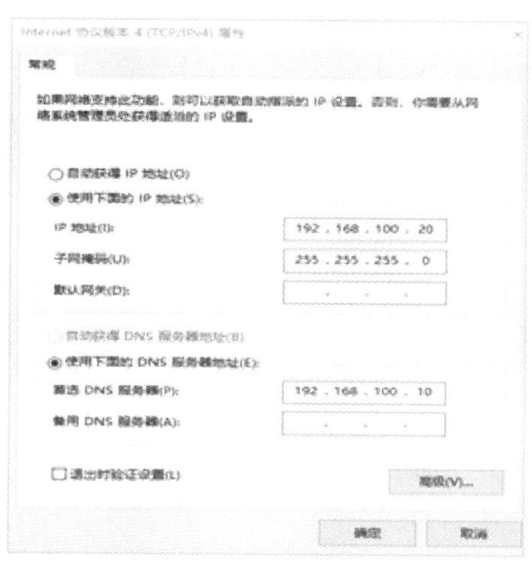


图2 - 74　待加入域的计算机的 TCP/IP 配置

**Step - 2：**在 Clinet 机上打开系统“属性”→“计算机名”，单击“更改”，如图 2 - 75 所示，在“隶属于”处选择“域”并输入域名“hbvtc. com”，单击“确定”，系统弹出“计算机名/域更改”对话框，此处请输入 hbvtc. com 域管理员的名称和密码，单击“确定”按钮，系统提示“欢迎加入 hbvtc. com 域”，单击“确定”按钮，按系统提示重启系统。

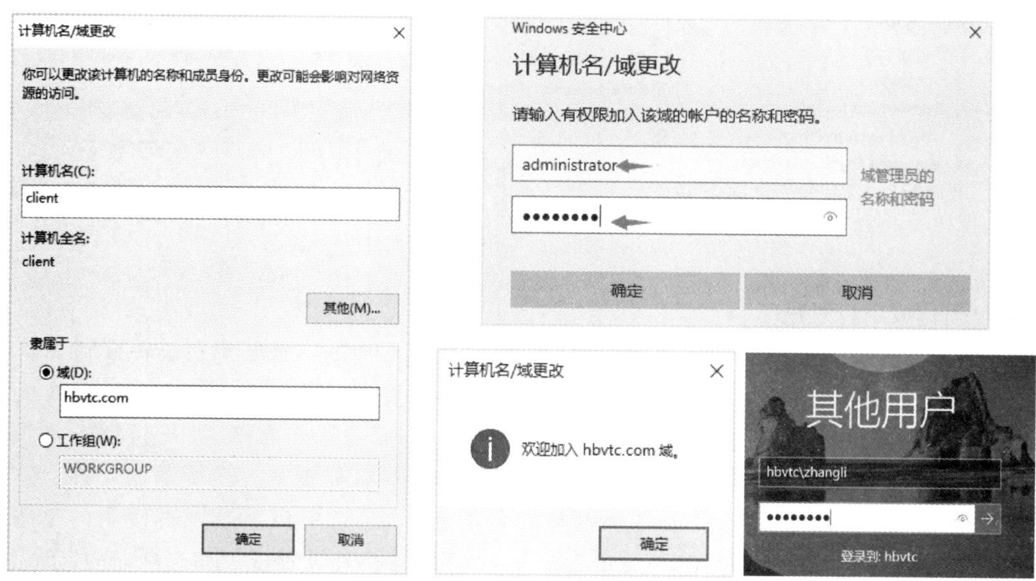


图 2 - 75　将计算机加入域

**Step - 3**：系统重启后，用户可以用本地账户登录本机也可以用域账户登录域 hbvtc.com。这里以域账户 zhangli 登录域 hbvtc.com，则单击"其他用户"，如图 2 - 75 所示，输入域用户 hbvtc\zhangli 的登录名称和密码，则域用户 zhangli 实现从 client 计算机登录到域了。

**提示**：关于域的操作本节只简单介绍单域的情况。一个域中可以有多个 DC 机以保障可靠性，一个域还可以根据规模创建多个子域，这些操作可以查阅相关资料。

### 2.4.3 管理 Active Directory 域

在图 2 - 73 上在一台域控制器(DC)上已安装 AD DS 服务，其管理工具有 Active Directory 管理中心、Active Directory 用户和计算机、Active Directory 域和信任关系、Active Directory 站点和服务、ADSI 编辑器。域管理员可以利用这些管理工具对域中资源进行集中管理，此处主要介绍使用"Active Directory 用户和计算机"。

域管理员登录 DC，打开"Active Directory 用户和计算机"管理工具，如图 2 - 76 所示，域 hbvtc.com 下包含了一些容器和组织单位，如"computers"管理域中的计算机，"Domain Controllers"管理域控制器，"Users"管理域中的用户和组，等等。

1. 管理域用户账户/组

在域中，域用户/组账户集中存储在 DC 机上，由 AD 来管理。域管理员需要为每一个用户建立一个域用户账户；用户使用域用户账户登录域中的一台域成员计算机后，便可以直接连接域内的所有成员计算机，访问有权访问的资源，并不需要再登录到被访问的计算机，这个功能称为单点登录。

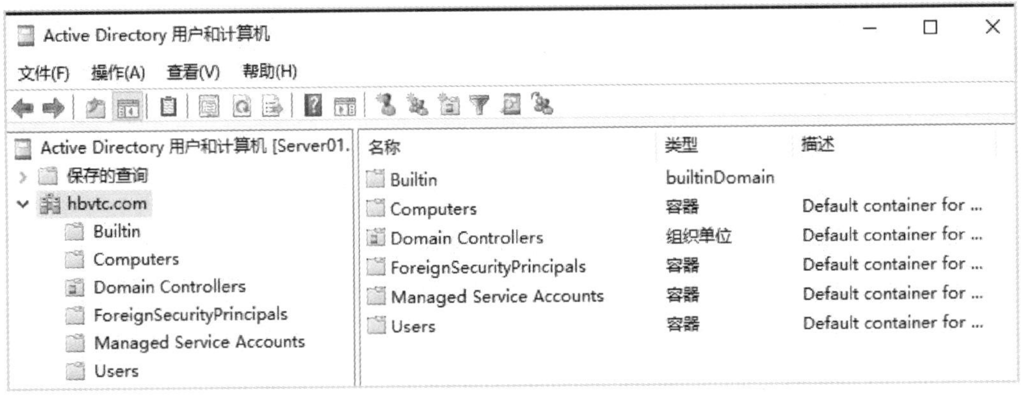


图 2 - 76 "Active Directory 用户和计算机"管理工具

(1)创建域用户账户

在服务器升级为域中第一台 DC 后，其本地安全数据库内的本地账户会被转移到 AD DS 数据库内，被放置到 User 容器内，即原本地账户自动升级为域用户。

新建一个域用户，如创建域用户 lisi，只要右击"Users"图标或右侧栏中空白处，在快捷菜单中选择"新建"→"用户"，打开"新建对象-用户"对话框，如图 2 - 77 所示输入姓、名(可只输入姓或名)；输入登录名，登录名可以与姓名不一样，注意用户登录域时使用的是登录名；用户 lisi 的登录名是"lisi@hbvtc.com"或"hbvtc\lisi "；接着设置密码和选项，完成新用户的创建。

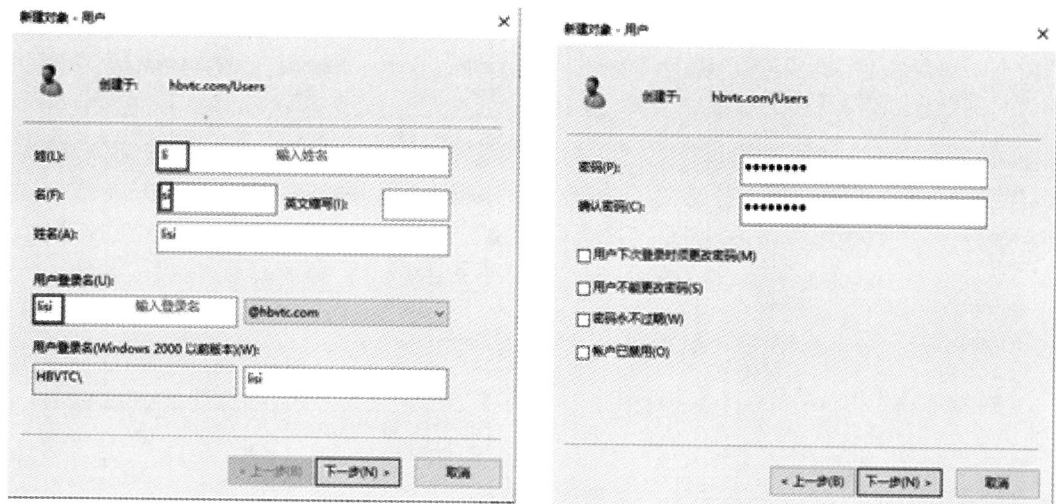

图 2 - 77　新建域用户

新建的域用户可以在域中的任何一台非 DC 的计算机上登录。用 lisi 账户登录测试。

(2)创建域组

AD 域内的组按类型可分为：

1)安全组：可以被用来分配用户权限，也可用于电子邮件的通信。

2)通信组：与安全权限无关。只能用于电子邮件的通信。

从组的使用范围来看，组的作用域分为：

1)本地域组：本域中起作用，成员可以是任何域的用户账户、全局组、通用组，也可以是本地域的其他本地域组。本地域组主要用来指派其所属域内的访问权限，以便可以访问该域内的资源。

2)全局组：在整个林以及信任域中起作用，成员只能来自于本域的用户账户和其他全局组。全局组一般只用于组织本域的用户账号，而不用于授权。

3)通用组：在整个林以及信任域中起作用，成员可以是任何域中的用户账号、全局组和其他通用组。实现多域间成员访问多域资源。

例如：要新建一个本地域组 gongcheng，可以用于分配权限；如图 2 - 78 所示，输入组名 gongcheng，选择组的作用域“本地域”和组类型“安全组”，单击“确定”按钮即可。

可以在组中添加成员，方法同本地组，要注意域中的不同作用域的组可加入的对象不同。

2. 管理域用户/组

对于域用户/组的一般管理同前面本地用户/组，这里不再赘述。这里主要介绍配置域用户账户的属性和域中设置权限的 AGDLP 规则，请注意与本地用户/组内容进行比较。

(1)配置域用户账户的属性

打开“Active Directory 用户和计算机”管理工具，在“Users”容器中，右击新建的用户 lisi 账户，选择“属性”打开“lisi 属性”，可以看到域用户的配置项目比较多；这里选择“账户”选项卡，如图 2 - 79 所示。

“账户”选项卡，除了显示用户登录名等基本信息外，还可以设置用户登录时段和登录的计算机范围。

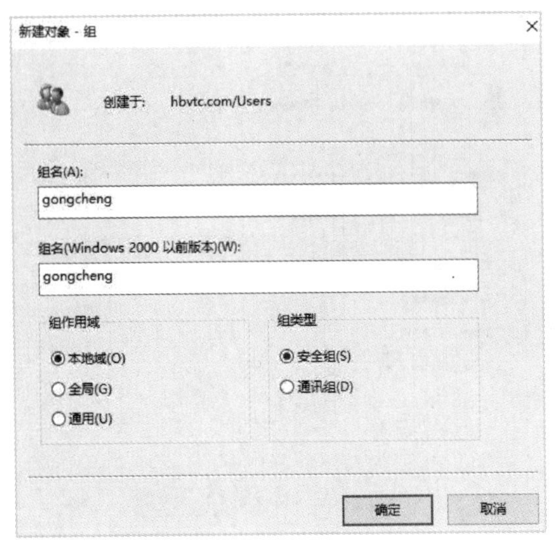


图 2-78　新建域组

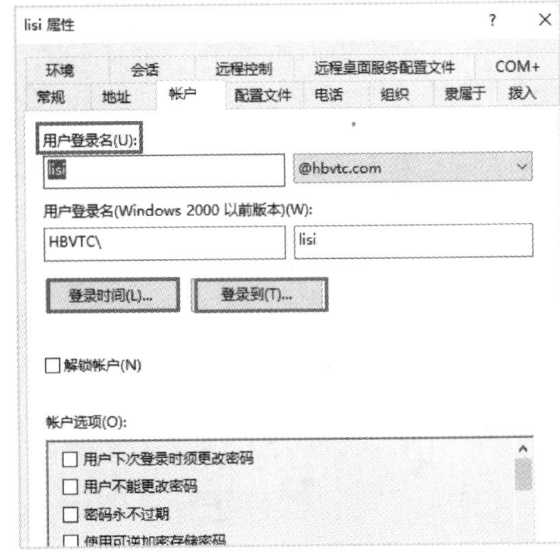


图 2-79　域用户属性

1)"登录时间…":用来限制用户登录到域的时间。如只许 lisi 在周一到周五的 9:00—18:00登录域,如图 2-80 所示。

2)"登录到…":默认用户可以登录域中所有计算机,在此可以限定用户只能从指定的计算机上登录域。指定 lisi 只能从 client 计算机登录域,如图 2-81 所示。设置完毕,使用域用户 lisi 登录测试。

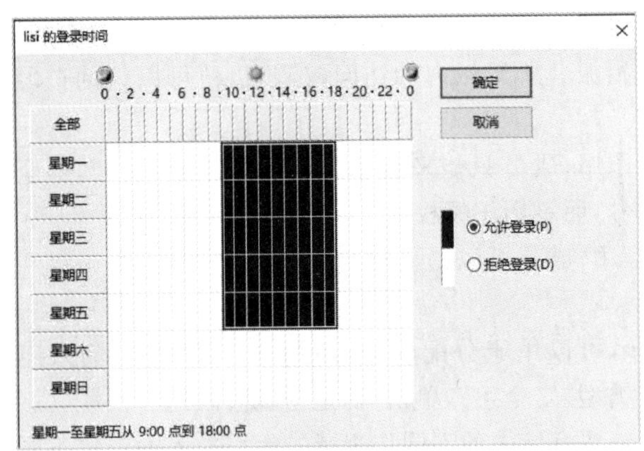


图 2-80　设置用户登录域时间

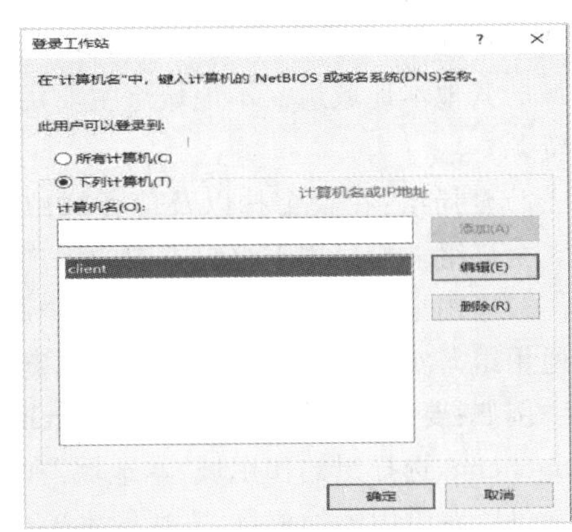


图 2-81　设置域用户登录的计算机

(2)使用 AGDLP 规则设置域中资源访问权限

为了让网络资源易于管理,同时也是为减轻维护负担,在域中也是利用组管理网络资源,对于大型网络(如多域的情况)建议使用 AGDLP 规则。A,G,DL,P 代表的含义:

1)A:代表用户账户。

2)G:代表全局组。

3)DL:代表本地域组。

4)P:代表权限。

AGDLP 规则就是先将用户加入全局组内，再将全局组加入本地域组，然后设置本地域组的权限，则隶属于该本地域组的所有用户（用户也可直接加入本地域组）都具备对本地域组所设置的权限。

3. 管理组织单位（OU）

组织单位（OU）是域中包含的一类对象，它是一个容器。

OU 可以将一个域中用户、组、计算机、共享文件夹等许多种类对象采用逻辑的结构（如不同的部门或不同的区域）组织成管理组，方便管理。

组策略是一组策略的集合，在 AD 中管理员可以通过应用组策略管理 AD 中的计算机和用户，组策略可以部署在域和域中的组织单位（OU）上。

## 2.5　搭建 Windows Server 2019 常用服务器

本章前面四节我们学习了 Windows Server 2019 的安装、配置及域的使用，对于网络操作系统来说，搭建网络服务器提供网络服务是其重要的应用，本节我们将介绍使用 Windows Server 2019 搭建 DHCP，DNS，Web，FTP 服务器。

### 2.5.1　DHCP 服务器

当网络规模较大时，计算机数量多，管理员若为每一台计算机配置静态 IP 地址，显然工作量大，效率低，易出错，如何改进？当可分配的 IP 地址不够用时，又如何提高 IP 地址的利用率？在本节中介绍的 DHCP 服务可以解决以上问题。

1. DHCP 服务基本知识

（1）DHCP 的概念

DHCP（Dynamic Host Configuration Protocol）是动态主机配置协议，通常被应用在大型的局域网络环境中，主要作用是集中管理、分配 IP 地址，使网络环境中的计算机能动态地获得 IP 地址、网关地址、DNS 服务器地址等信息，提升 IP 地址的使用率。

DHCP 协议采用客户端/服务器模型，DHCP 服务器拥有 IP 地址池，网络中的客户机申请地址信息时，DHCP 服务器会向网络中客户机动态地分配 IP 地址信息。

DHCP 服务器为网络中的计算机提供服务的优点表现在：

1）减小管理员的工作量，减小输入错误的可能。

2）避免 IP 冲突，提高 IP 地址的利用率。

3）当网络更改 IP 地址段时，不需要重新配置每台计算机的 IP。

4）计算机移动不必重新配置 IP。

DHCP 服务器要负责为客户机动态分配 TCP/IP 信息，包括 IP 地址、子网掩码、默认网关、DNS 服务器。其中，IP 地址和子网掩码是必须提供的。

（2）DHCP 服务的工作过程

客户机从 DHCP 服务器获取 IP 地址的过程实际上就是一个 IP 地址租约过程，如图 2－82 所示，主要分为以下几个步骤。

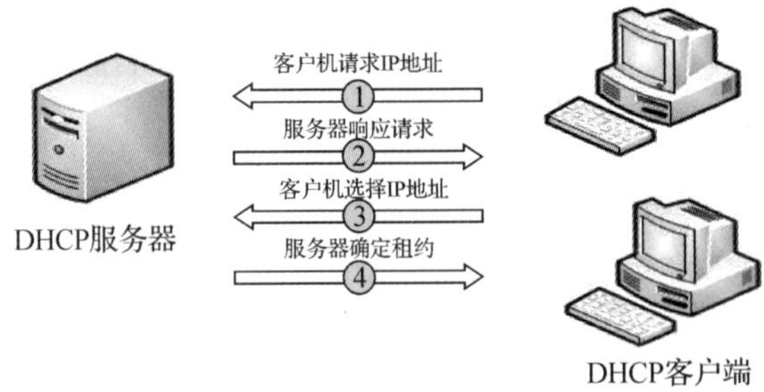


图 2-82　DHCP 服务的工作过程

1)客户机请求 IP 地址。

DHCP 客户机在网络中广播一个 DHCP Discover 报文,报文包含源 IP 地址(0.0.0.0),目的 IP 地址(255.255.255.255),还包含客户机的 MAC 地址(网卡地址)和计算机名。

2)服务器响应请求。

当 DHCP 服务器收到客户机 DHCP Discover 报文时,就在自己的 IP 地址池中查找是否有可租用的 IP 地址,如果有,DHCP 就在此做标记,广播一个 DHCP Offer 报文。DHCP Offer报文中含 DHCP 客户机的 MAC 地址、DHCP 服务器提供的合法 IP 地址、子网掩码、租约期限、服务器标识符(DHCP 服务器的 IP 地址)和其他可选参数(如网关、DNS 服务器地址)。

3)客户机选择 IP 地址。

DHCP 客户机从接收到的第一个 DHCP Offer 报文中选择 IP 地址,发出一个广播的 DHCP Request 报文。DHCP Request 报文中包含的信息有为该客户机提供 IP 配置的服务器的标识符(IP 地址)。

4)服务器确定租约。

DHCP 服务器收到 DHCP Request 报文后,判断选项字段中的 IP 地址是否与自己的地址相同。如果不相同,DHCP 服务器不做任何处理,只清除相应 IP 地址分配记录;如果相同,DHCP 服务器就会向 DHCP 客户机响应一个 DHCP ACK 报文,并在选项字段中增加 IP 地址的使用租期信息。

DHCP 客户机接收到 DHCP ACK 报文后,则 DHCP 客户机成功获得 IP 地址并根据 IP 地址使用租期自动启动续延过程:

ipconfig/release 命令:DHCP 客户机在成功获取 IP 地址后,随时使用该命令发送 DHCP Release 报文释放自己的 IP 地址,DHCP 服务器收到 DHCP Release 报文后,会回收相应的 IP 地址并重新分配。

ipconfig/renew 命令:DHCP 客户机重新向 DHCP 服务器请求分配 IP 地址。

2. DHCP 服务项目案例

(1)项目需求

随着网络规模扩大,管理员规划搭建 DHCP 服务器,为网络中的计算机动态分配 IP 地址。

(2)实验环境

网络拓扑如图 2-83 所示,三台 VMware 虚拟机,其中一台 Server01,另克隆两台虚拟机,工作组模式;虚拟网络选择 VMnet1。

**注意:**本实验是在虚拟环境下,请务必关闭 VMnet1 的 DHCP 服务功能。

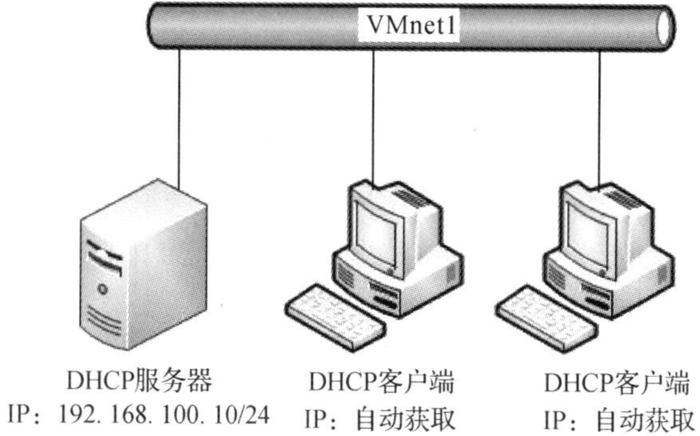


图 2-83　DHCP 服务实验网络拓扑图

(3)项目目标

1)在服务器 Server01 上部署 DHCP 服务器。

①Server01 的 IP 地址:192.168.100.10。

②新建作用域 offer1。规划如下:可分配的 IP 地址范围为 192.168.100.100~192.168.100.200;排除 IP 地址范围为 192.168.100.100~192.168.100.120;为第二台客户机保留地址 192.168.100.160;作用域网关 192.168.100.1;作用域 DNS 地址为 192.168.100.10。

2)在客户端上设置"自动获得 IP 地址"后,启动计算机后能获取 DHCP 服务器分配的 IP 地址。

(4)实现步骤

1)配置 DHCP 服务器。使用 Server01 搭建 DHCP 服务器的基本操作过程如下:

①配置静态 IP 地址,子网掩码和其他的 TCP/IP 参数。

②添加 DHCP 服务角色。

③授权 DHCP 服务器(域环境下)。

④配置作用域。

下面详述配置过程:

**Step-1:**按照图 2-83 网络拓扑要求准备实验环境。虚拟机网络适配器设置为 VMnet1,确认 VMnet1 网络未启用 DHCP 服务,如图 2-84 所示。克隆的两台虚拟机要执行 sysprep 命令修改其 SID。三台虚拟机关闭防火墙。

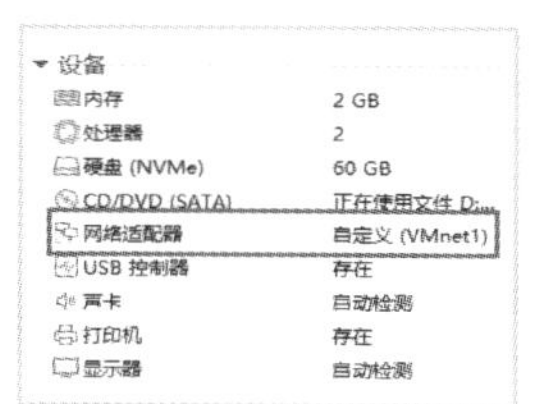


虚拟网络编辑器

| 名称 | 类型 | 外部连接 | 主机连接 | DHCP | 子网地址 |
|---|---|---|---|---|---|
| VMnet1 | 仅主机... | - | 已连接 | - | 192.168.100.0 |
| VMnet3 | 仅主机... | - | 已连接 | 已启用 | 192.168.136.0 |
| VMnet8 | NAT 模式 | NAT 模式 | 已连接 | 已启用 | 192.168.200.0 |

图 2-84　虚拟机网卡及虚拟环境网络配置

**Step-2:**以管理员身份登录 Server01,配置 TCP/IP 参数:192.168.100.10/24。

**Step-3:**在 Server01 上添加 DHCP 服务角色。打开“服务器管理器”，选择“管理”→“添加角色和功能”命令，打开“添加角色和功能向导”对话框，单击“下一步”按钮。

进入“选择安装类型”界面，选中“基于角色或基于功能安装”单选按钮，再单击“下一步”按钮。

进入“选择目标服务器”界面，选中“从服务器池中选择服务器”单选按钮，选择“Server01”。单击“下一步”按钮。

进入“选择服务器角色”界面，选中“DHCP 服务器”复选框。单击“下一步”按钮。

进入“选择功能”界面，继续单击“下一步”按钮，进入“DHCP 服务器”界面，单击“下一步”按钮，进入“确认安装所选内容”界面；单击“安装”按钮，直到安装完成后关闭此界面即可。

**Step-4:**在“服务器管理器”窗口中，选择“工具”→“DHCP”命令，打开 DHCP 管理工具，如图 2-85 所示。展开服务器名“Server01”，展开“IPv4”，界面提示：“作用域是指分配给请求动态 IP 地址的计算机的 IP 地址范围。你必须创建并配置一个作用域之后分配动态 IP 地址。”

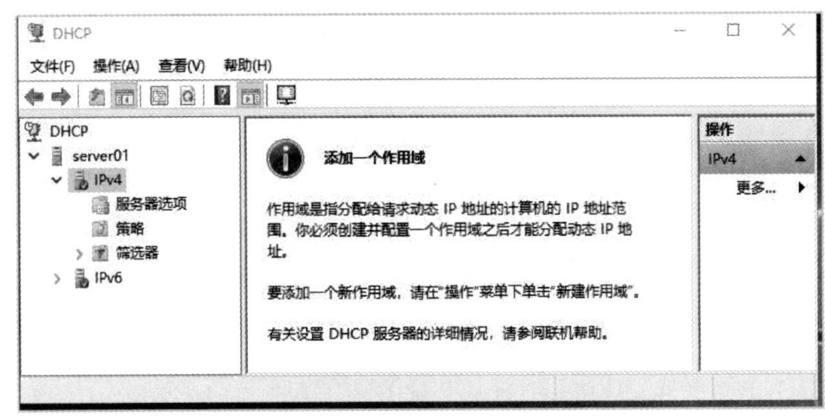


图 2-85 “DHCP”管理工具

**Step-5:**右击“IPv4”，选择“新建作用域”命令，弹出“新建作用域向导”对话框，单击“下一步”按钮，在“名称”文本框中输入作用域的名称，如“offer1”，在“描述”文本框中添加辅助说明文字。单击“下一步”按钮，接下来，根据本项目规划进行作用域的设置，设置过程注意理解向导中的解释信息。

**Step-6:**在出现的“IP 地址范围”对话框中，输入作用域的“起始 IP 地址”和“结束 IP 地址”分别为“192.168.100.100”和“192.168.100.200”，在“长度”数值框中输入“24”，设置“子网掩码”为“255.255.255.0”，如图 2-86 所示，单击“下一步”按钮。

**Step-7:**在“添加排除和延迟”对话框中，假如在 IP 地址作用域中的某些地址不想分配给客户端使用，则在此添加；本例将“192.168.100.100 到 192.168.100.120”共 21 个 IP 地址排除在作用域之外。如图 2-87 所示，单击“下一步”按钮。

**Step-8:**在“租用期限”对话框中，租用期限默认为 8 天，如图 2-88 所示。设置租约要根据网络的实际情况，设置完毕，单击“下一步”按钮。

**Step-9:**进入“配置 DHCP 选项”界面。DHCP 服务器除了分配 IP 地址之外，还可以为客户端配置 DNS、WINS 服务器以及默认网关等相关参数，并可以选择现在或稍后配置这些选项。此处选择“否，我想稍后配置这些选项”单选按钮，如图 2－89 所示，单击“下一步”按钮。

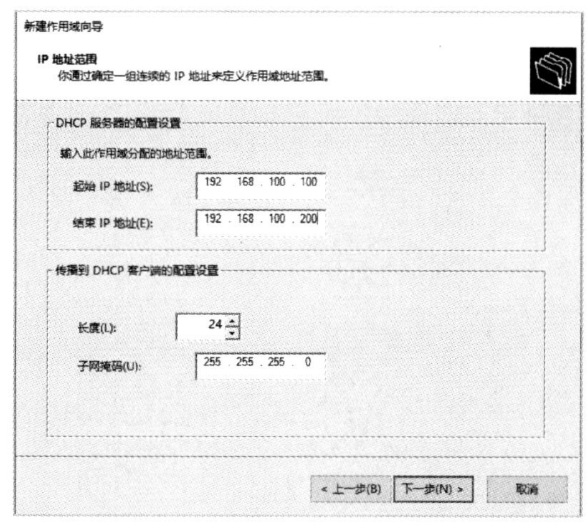


图 2－86　设置“IP 地址范围”

图 2－87　“添加排除延迟和选项”

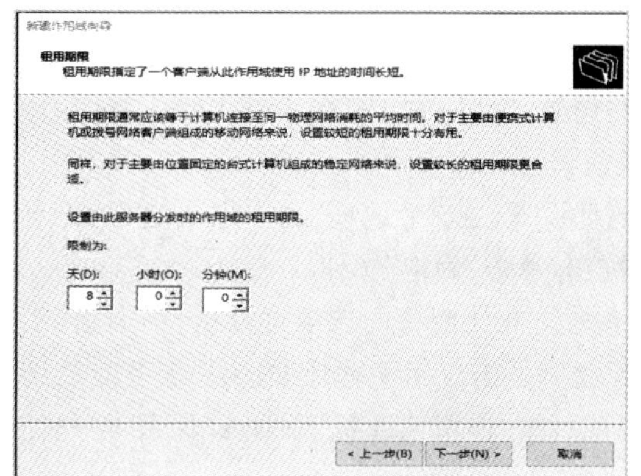


图 2－88　设置“租用期限”

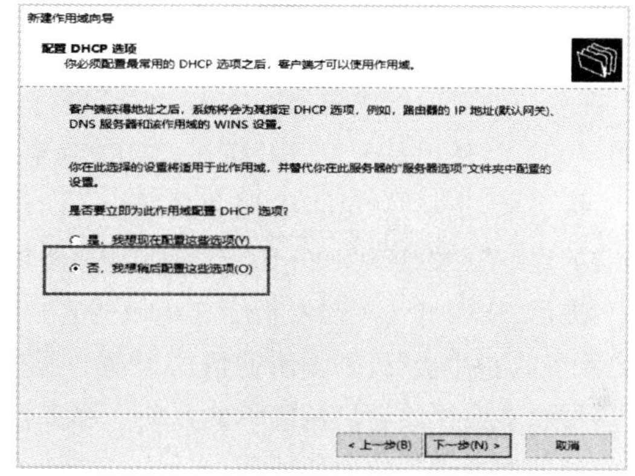


图 2－89　选择现在或稍后配置 DHCP 选项

弹出“正在完成新建作用域向导”单击“完成”按钮，回到 DHCP 窗口。

**Step－10**：如图 2－90 所示，右击“作用域[192.168.100.0]”，选择“激活”命令，完成后，“状态”由原来的“不活动”变为“活动”，即 DHCP 作用域配置完成。

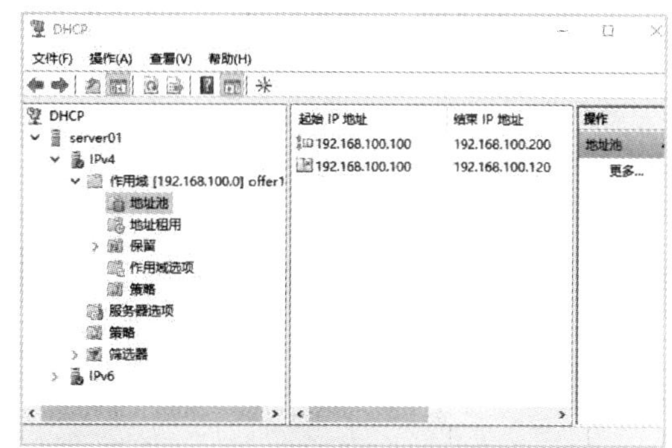


图 2－90　“激活作用域”

**Step-11**:设置保留地址。保留可以确保 DHCP 客户端永远可以得到同一 IP 地址。

本例为第二台客户机保留地址 192.168.100.60。

管理员登录第二台客户机,查看第二台客户机的 MAC 地址为:00-0C-29-C4-83-A8。

展开作用域 offer1,右击"保留",选择"新建保留"命令,如图 2-91 所示,输入保留名称、IP 址、MAC 地址,单击关闭即添加保留成功。

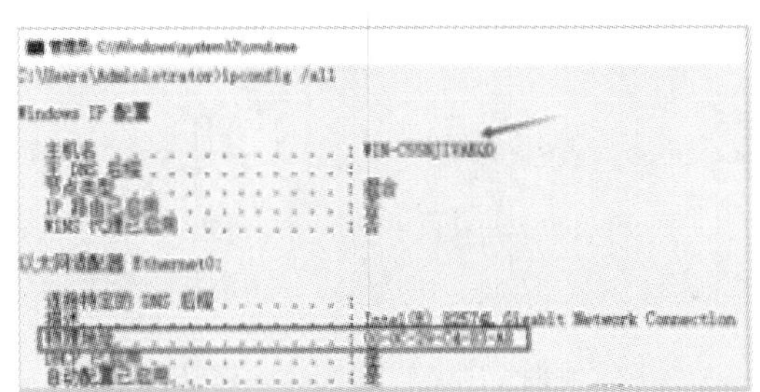


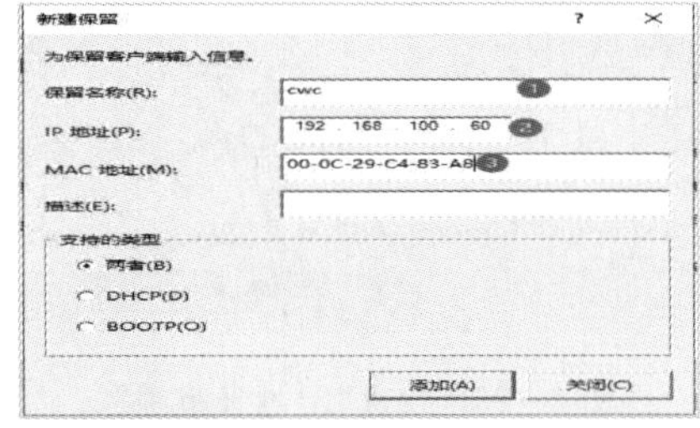


图 2-91 "新建保留"IP 地址

**Step-12**:配置作用域选项。展开作用域 offer1,右击"作用域选项",选择"配置选项"命令,在打开的对话框中选择"003 路由器"进行网关设置,在"IP 地址"文本框中输入网关"192.168.100.1",然后单击"添加"按钮,单击"确定"按钮。

接下来,选择"006 DNS 服务器"进行 DNS 地址设置,在"IP 地址"文本框中输入 DNS 服务器的地址"192.168.100.10",然后单击"添加"按钮,单击"确定"按钮。

**提示**:作用域选项只对指定作用域的客户机有效。此处配置的选项可以被"类选项"级别或"保留的客户机"级别不同的值所覆盖。服务器选项是指应用于默认 DHCP 服务器的所有作用域和客户机或它们所继承的选项。服务器选项可被"作用域选项"级别或"保留客户机"级别设置的相同选项的值所覆盖。

至此,DHCP 服务器配置完成。

2)客户机自动获得 IP 地址。将准备好的两台客户机启动,将两机的网络适配器的 IP 地址设置为"自动获得 IP 地址""自动获得 DNS 地址";重启客户机或在 CMD 窗口执行 ipconfig/renew 命令,客户机会自动获得 DHCP 服务器中的地址池中提供的 TCP/IP 参数。

如图 2-92 所示,在 DHCP 服务管理控制台的"地址租用"可以查看到两台客户机分别租用的地址是 192.168.100.121 和 192.168.100.60。请分析为什么。

图 2-92 DHCP 服务器"地址租用"信息

在客户机上，查看网络适配器的详细信息可以查看获得的 TCP/IP 参数，如图 2－93 所示，两台计算机自动获得了 IP 地址、子网掩码、默认网关、DNS 服务器地址；获得租约的时间和租约过期时间(租期默认是 8 天)。

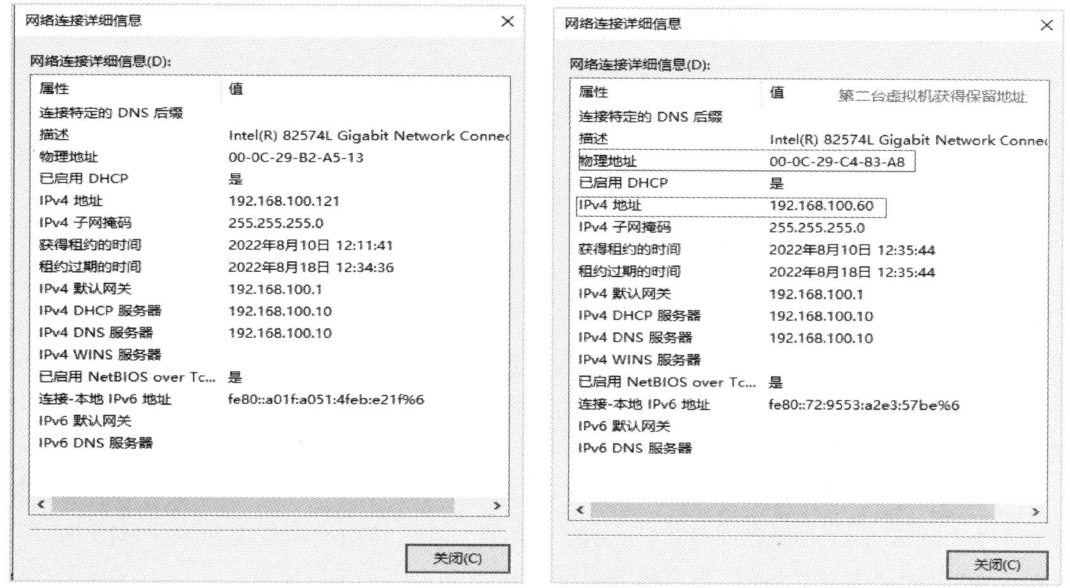


图 2－93　客户机 1、客户机 2 的网络适配器的详细信息

## 2.5.2　DNS 服务器

当我们打开浏览器访问 Internet 上网站时，如百度，在地址栏中输入的是 http://www.baidu.com，其中 http 是协议，www.baidu.com 是网站服务器的域名，我们知道在网络中访问计算机是用 IP 地址进行寻址的，因此域名要转换成 IP 地址才能访问到指定的计算机，而域名→IP地址转换的工作是由 DNS 服务器完成的。

本节介绍 DNS 的相关知识及 DNS 服务器的部署。

1. DNS 基本知识

(1)域名

在 TCP/IP 网络上尽管 IP 地址能够唯一地标记网络上的计算机，但 IP 地址是一长串数字，不直观，而且用户记忆十分不方便，于是人们又发明了另一套字符型的地址方案，即所谓的域名地址。IP 地址和域名是一一对应的，这份域名地址的信息存放在一个叫域名服务器(Domain Name Server，DNS)的主机内。

(2)域名空间结构

如图 2－94 所示，域名是一种分层的管理模式，包括根域、顶级域(组织域、国家域/地区域、反向域)、二级域和主机。

在域名系统中一个主机的完全合格的域名(FQDN)格式：主机名.二级域名.顶级域名。

如 www.baidu.com、www.sina.com.cn，最多是五层。FQDN(Fully Qualified Domain Name)指完全合格域名/全称域名。这是一种完全表示形式，可以从逻辑上准确地表示出主机所在的位置。

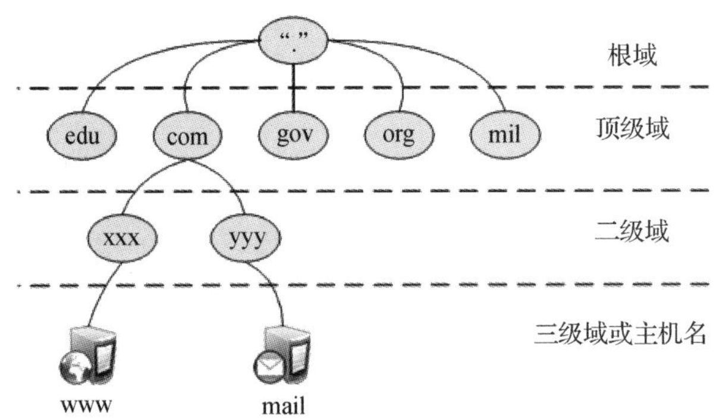


图 2-94　域名空间结构

(3)域名服务器

域名服务器就是提供 IP 地址和域名之间的转换服务的服务器。它是一种分层结构数据库,能够执行域名解析(name resolution),能实现将域名解析为 IP 地址(正向解析)、将 IP 地址解析为域名(反向解析)。

IPv4 的根 DNS 服务器全球范围内共 13 个,其维护组织位于美国 10 个,位于瑞典、英国、日本 3 个。从这 13 个根服务器开始,余下的 Internet DNS 命名空间被委托给其他的 DNS 服务器,这些服务器提供 DNS 名称空间中的特定部分。

中国在 IPv6 的根 DNS 服务器中已经占有一席之地了。

(4)域名的注册

一个公司或个人如果希望在网络上建立自己的主页,就必须取得一个域名。自 2009 年 11 月,中国实行域名实名制;申请步骤为准备申请资料、寻找域名注册网站、查询/选择要注册的域名、正式申请、申请成功。

(5)DNS 的解析流程

客户机首先查找本机的 hosts 表,如果没有查找到,就向由 TCP/IP 设置的 DNS 服务器发送域名查询请求。DNS 服务器查询 IP 地址有两种模式:

1)递归查询。主机向本地域名服务器的查询一般都是采用递归查询。如果主机所询问的本地域名服务器不知道被查询域名的 IP 地址,那么本地域名服务器就以 DNS 客户的身份,向其他根域名服务器继续发出查询请求报文。

2)迭代查询。DNS 服务器之间通常是采用迭代查询。当根域名服务器收到本地域名服务器的迭代查询请求报文时,要么给出要查询的 IP 地址,要么告诉本地域名服务器:"你下一步应当向哪一个域名服务器进行查询"。然后让本地域名服务器进行后续的查询。

2. DNS 服务项目案例

(1)项目需求

根据随着网络规模扩大,网络应用增多,管理员规划搭建 DNS 服务器,在网络内使用户可以用域名访问网络应用。

(2)实验环境

网络拓扑如图 2-95 所示,三台 VMware 虚拟机,安装 Windows Servr 2019,其中第一台 Server01 计划部署 DNS 服务器,第二台 Server02 计划后期部署 WEB/FTP 服务器,第三台用作客户机测试；网络管理模式为工作组模式；虚拟网络选择 VMnet1。

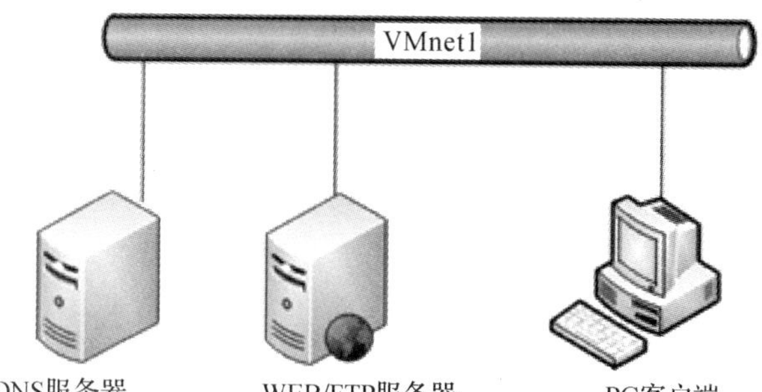


图 2-95　DNS 网络拓扑图

(3)项目目标

1)在服务器 Server01 上部署 DNS 服务器。

①Server01 的 IP 地址：192.168.100.10。

②新建 DNS 区域 hbvtc.com，添加如下主机记录：

FTP　　　192.168.100.20

WWW　　　192.168.100.20

2)在客户端上设置首选 DNS 服务器地址为 192.168.100.10 后，登录计算机后 ping 域名测试成功。

(4)实现步骤

1)配置 DNS 服务器。DNS 服务器要为客户机提供域名解析服务，必须具备以下条件：

①有固定的 IP 地址。

②安装并启动 DNS 服务。

③配置下列条件之一：区域文件、配置转发器、配置根提示。

配置过程如下：

**Step-1：**按照图 2-95 网络拓扑要求准备三台虚拟机，网络适配器设置为 VMnet1。按图示正确配置 TCP/IP 参数，并测试网络连通性。

**Step-2：**以管理员身份登录 Server01，在 Server01 上添加 DNS 服务角色，如图 2-96 所示。

图 2-96　选择“DNS 服务器”角色

安装完毕，“服务器管理器”的“工具”菜单添加了“DNS”管理工具。

**Step-3**：在“服务器管理器”窗口中，选择“工具”→“DNS”命令，打开DNS管理器，如图2-97所示。在Server01服务器上可以新建“正向查找区域”和“反向查找区域”。

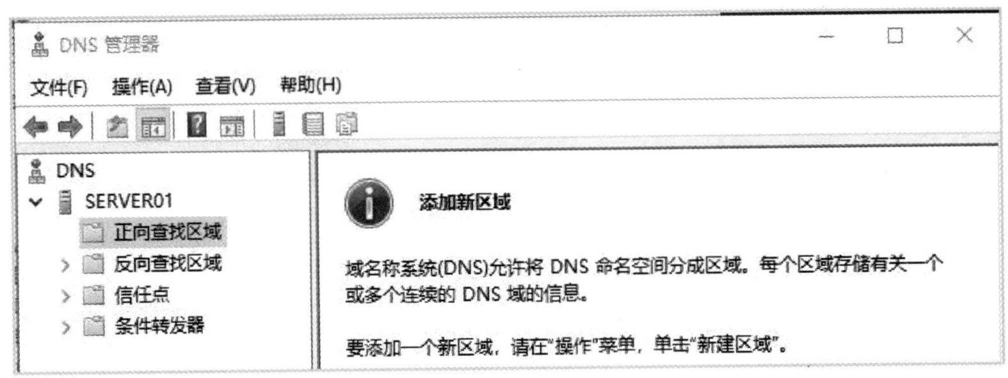


图2-97　DNS管理器

**Step-4**：新建正向查找区域 hbvtc.com。

右击“正向查找区域”项，在弹出的快捷菜单中选择“新建区域”，打开“新建区域向导”，单击“下一步”，在“区域类型”中选择需要创建的区域类型，因为现在创建的是第一个，选择“主要区域”单选按钮，再点击“下一步”，如图2-98所示；在“区域名称”对话框中输入需要创建的区域名称（如“hbvtc.com”），如图2-99所示，单击“下一步”按钮。

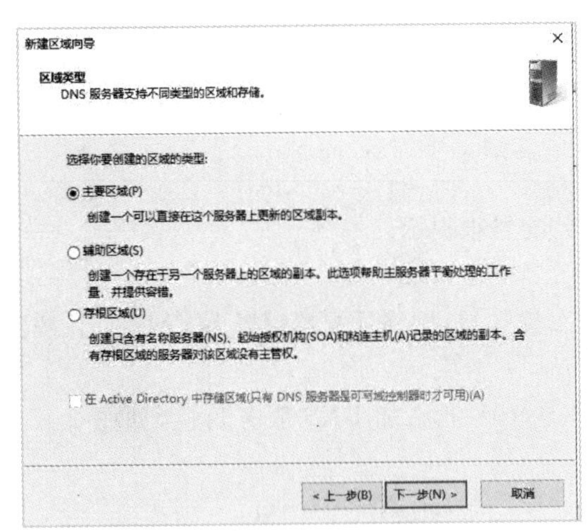


图2-98　选择“区域类型”

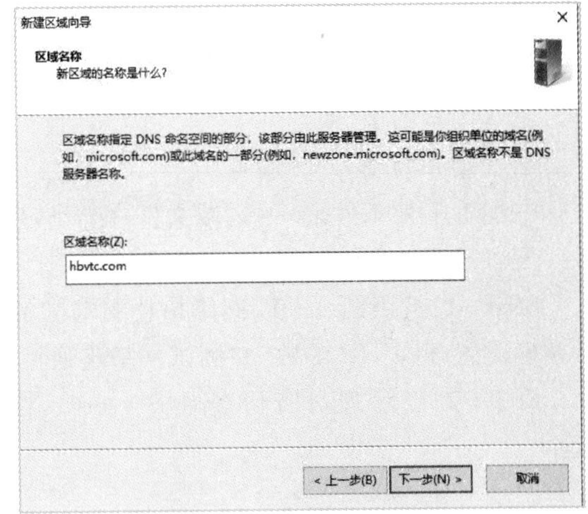


图2-99　输入区域名称

在“区域文件”对话框中，如图2-100所示，选择“创建新文件…”，使用默认的文件名，单击“下一步”按钮；在“动态更新”对话框中，如图2-101所示，选择“不允许动态更新”按钮，单击“下一步”按钮。

在“正在完成新建区域向导”对话框，单击“完成”按钮。到此区域创建完成了。

如图2-102所示，DNS管理器的“正向查找区域”中就可以看到hbvtc.com区域目录了。

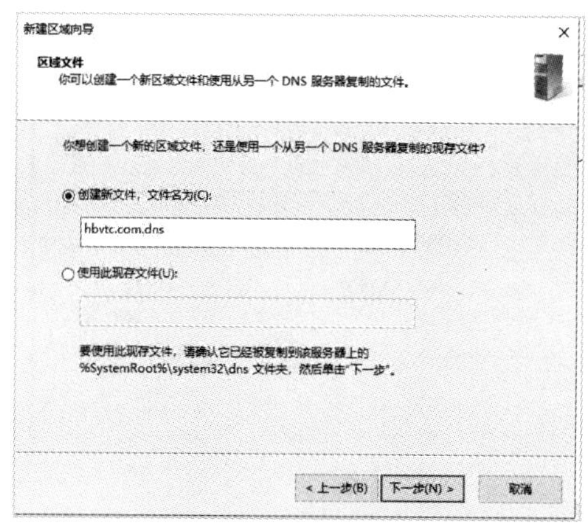


图 2 - 100　设置"区域文件"

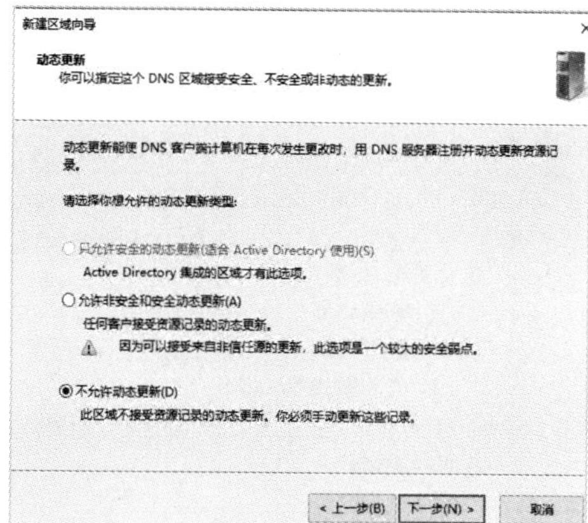


图 2 - 101　设置"动态更新"

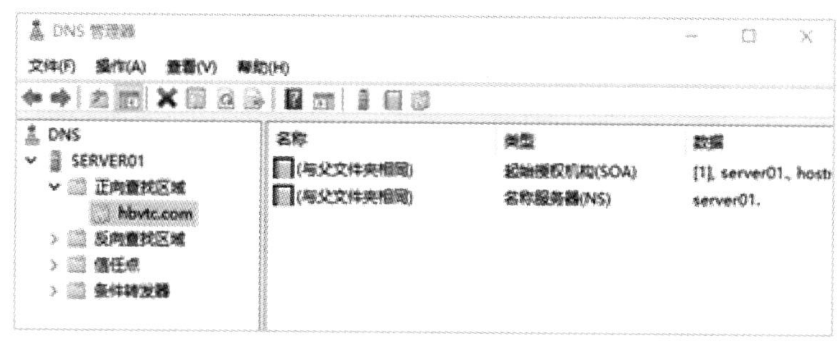


图 2 - 102　查看新建区域

**提示:**创建反向查找区域时，要注意在"反向查找区域名称"对话框中，在"网络 ID"文本框中输入网络 ID。本例在"网络 ID"文本框中输入"192.168.100"，这样，网络段 192.168.100.0 中的所有反向查询都在这个区域中解析。

**Step - 5:**在正向查找区域 hbvtc.com 添加主机记录。

如图 2 - 102 所示，在 DNS 管理器中，右击"hbvtc.com"，选择"新建主机"，如图 2 - 103 所示，在名称栏中输入"www"，在 IP 地址栏中输入"192.168.100.20"，单击"添加主机"即可。同样方法加入"FTP"主机的 IP 为"192.168.100.20"，结果如图 2 - 104 所示。

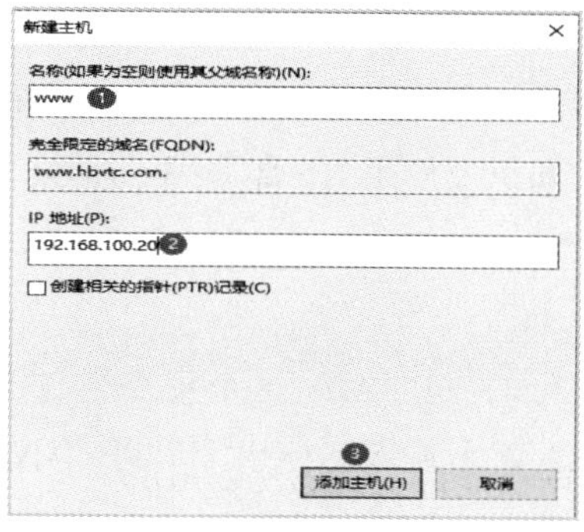


图 2 - 103　"新建主机"记录

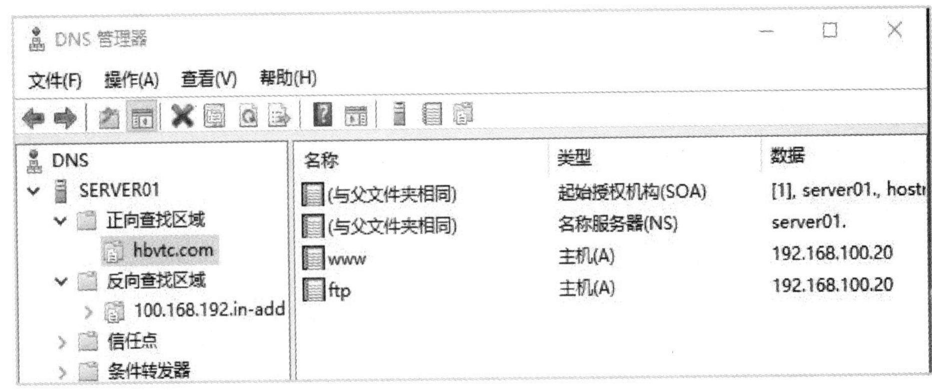


图 2-104　查看主机记录

2)在客户机测试 DNS 服务器解析。DNS 的检测可以在本机和客户机上检测，常用的命令是 nslookup 和 ping 命令。确认客户机正确配置了 DN 服务器地址，执行 nslookup 命令测试如图 2-105 所示；执行 ping 命令测试如图 2-106 所示。结果表明 DNS 服务器解析域名成功。

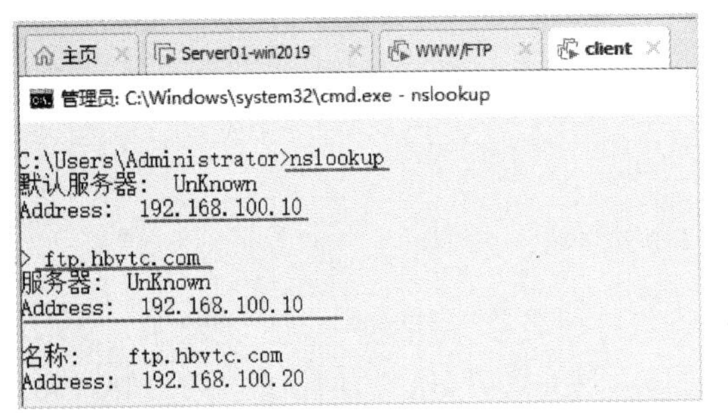


图 2-105　Nslookup 命令测试 DNS 器解析

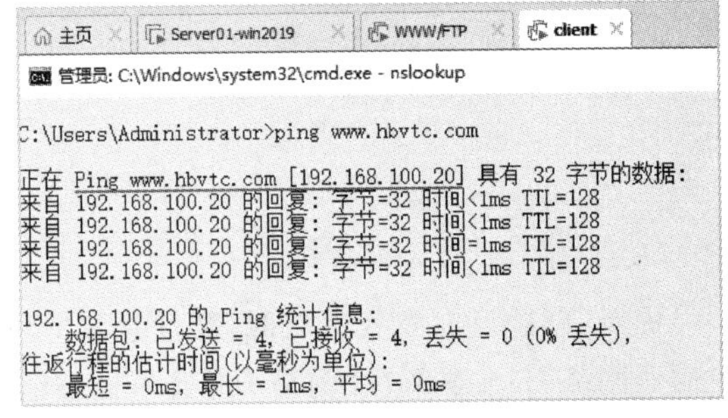


图 2-106　ping 命令测试 DNS 解析

### 2.5.3　Web 服务器

目前，大部分公司都有自己的网站，也就是 Web 服务器。Web 服务也称 WWW(World Wide Web)服务，即万维网服务，主要是提供网上信息浏览服务。

常用的 Web 服务软件有 Windows Server 系统中的 IIS 和 Linux 系统中的 Apache。

本节介绍 Web 服务的相关知识及使用 IIS 部署 Web 服务器。

1. Web 服务的相关知识

(1)Web 服务器

Web 服务器是服务器上运行的应用程序，这个程序通过 HTTP 协议与浏览器等客户端进行通信，把网页展现给用户，即 Web 服务器使用 HTTP 协议向客户提供信息浏览服务。

(2)Internet 信息服务器(Internet Information Service，IIS)

IIS 是微软公司推出的 Web 服务组件，包括 Web 服务器、FTP 服务器、NNTP 服务器和

SMTP 服务器，分别用于网页浏览、文件传输、新闻服务和邮件发送等方面。

(3)超文本传输协议(HyperText Transfer Protocol, HTTP)协议

HTTP，为超文本传输协议，是互联网应用最为广泛的一种网络协议，这个协议是为了发布和检索 HTML 页面而开发出来的，所有的 WWW 文件都必须遵守这个标准。

(4)统一资源定位符

统一资源定位符(Universal Resource Locator，URL)又叫作网页地址，是互联网上标准的资源的地址(Address)。互联网上的每个文件都有一个唯一的 URL，它包含的信息指出文件的位置以及浏览器应该怎么处理它。

其标准格式如下：

协议类型://服务器地址(:端口号)/路径/文件名

2. Web 服务项目案例

(1)项目需求

随着网络规模扩大，需要构建一个发布公司业务信息的一个平台，管理员规划搭建 Web 服务器供公司员工访问。

(2)实验环境

网络拓扑如图 2-95 所示，三台 VMware 虚拟机，安装 Windows Servr 2019，其中第一台 Server01 在上例中已部署为 DNS 服务器，第二台 Server02 本期部署 Web 服务器，第三台用作客户机测试；网络管理模式为工作组模式；虚拟网络选择 VMnet1。

(3)项目目标

1)在服务器 Server02 上部署 Web 服务器。

①Server02 的 IP 地址：192.168.100.20。

②客户机可以使用 IP 地址或域名 www.hbvtc.com 访问 Web 站点。

2)为该站点创建虚拟目录指向存放在不同位置的网站文件。

3)Web 站点禁用匿名用户访问，启用基本身份验证模式。

(4)实现步骤

准备实验环境：网络拓扑如图 2-95 所示，本实验使用 DNS 服务项目案例的环境，务必测试网络连通性，确保 DNS 服务正常运行。

将三台机的“防火墙”和“IE 增强的安全配置”都关闭。

1)安装 Web 服务器(IIS)角色。

Windows Server 2019 安装之后默认是没有安装 IIS 的需要自己手动添加配置。

以管理员身份登录 Server02，添加 Web 服务器(IIS)角色。选择“管理”→“添加角色和功能”命令，打开“添加角色和功能向导”按钮。

在“选择服务器角色”对话框中选择“Web 服务器(IIS)”，勾选后，会弹出一个功能配置窗口，“添加 Web 服务器(IIS)所需的功能”，单击“添加功能”按钮，返回到服务器角色选择，就会看到“Web 服务器(IIS)”前面打勾，说明已经选择了需要安装的服务功能，如图 2-107 所示。

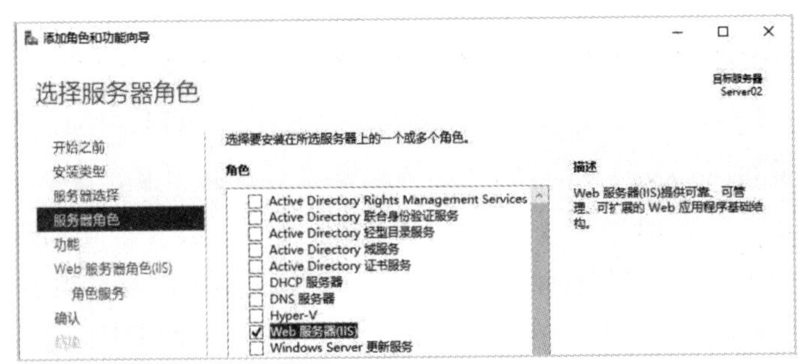


图 2-107　添加“Web 服务器(IIS)”角色

在“选择功能”“Web 服务器角色(IIS)”界面，直接单击“下一步”按钮。

在“选择角色服务”界面，如图 2-108 所示，勾选“安全性”“常规 HTTP 功能”“FTP 服务器”的所有项目。FTP 服务器在下一小节要部署，在此一并安装。单击“下一步”按钮。

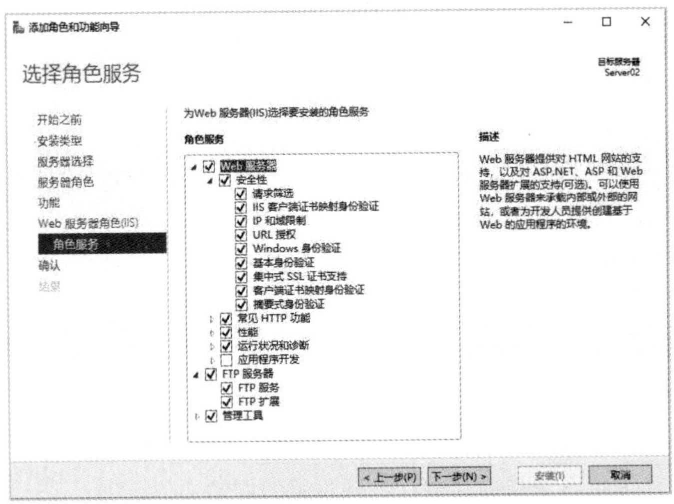


图 2-108　选择角色服务

安装完 IIS 后测试。打开“Internet Information Services (IIS)管理器”，如图 2-109 所示，“Default Web Site”是安装 IIS 后的默认 Web 站点。

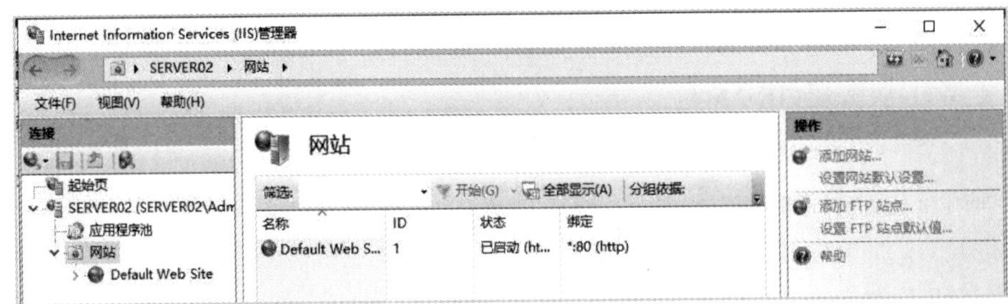


图 2-109　IIS 管理器

在第三台机上，如图 2-110 所示，在 IE 浏览器地址栏中输入 http://192.168.100.20，如果在 IE 浏览器中显示 IIS 的默认网页，表示 IIS 安装成功。

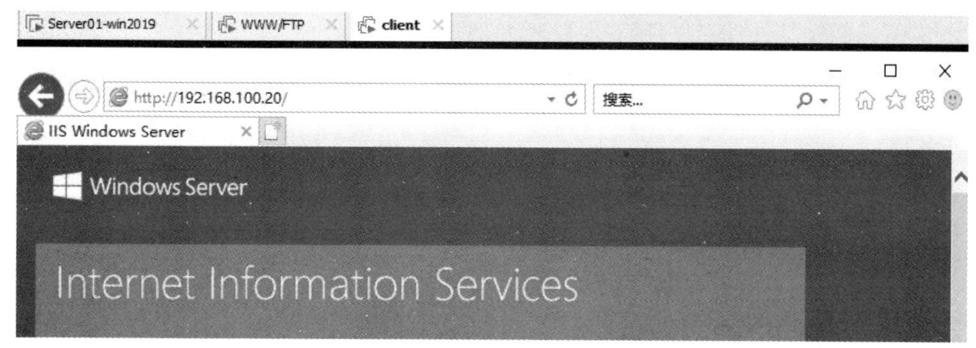


图 2-110　IIS 的默认站点

2)在服务器 Server02 上部署公司规划的 Web 服务器。

**Step-1:**准备 Web 站点。以管理员身份登录 Server02;在 C 盘上创建一个网站目录 HBweb,用记事本创建一个文件 index. html,内容是“欢迎访问 HBVTC 网站!”如图 2-111 所示。

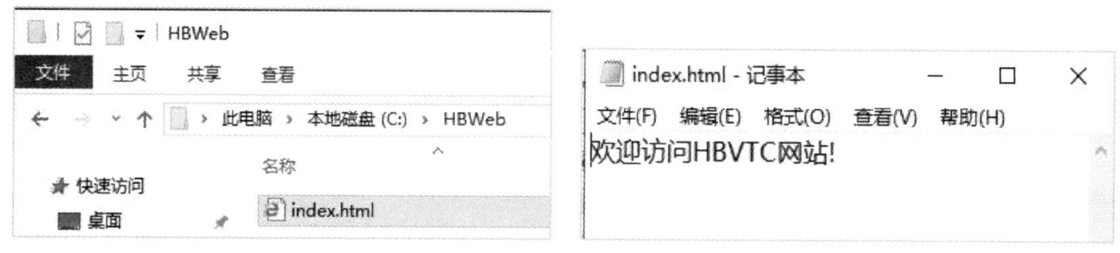


图 2-111　创建一个网站

**Step-2:**停止默认 Web 站点。右击“Default Web Site”,选择“管理网站”→“停止”命令,即可停止正在运行的默认 Web 站点。

**Step-3:**发布新建的 Web 站点。在 IIS 管理器中,右击“网站”项,选择“添加网站”命令,打开“添加网站”对话框,如图 2-112 所示:在“网站名称”文本框中输入网站名称;在“物理路径”框中输入或单击“…”按钮选择网站的物理路径;IP 地址指定 192.168.100.20;使用默认的 80 端口,然后单击“确定”按钮。返回 IIS 管理器,可以看到新建的网站。

网站测试:在第三台机 client 上(TCP/IP 参数配置),打开浏览器,在地址栏中输入 URL 地址:http://192.168.100.20 或 http://www.hbvtc.com 都能访问到新建的网站。

**注意:**Server01 上安装的 DNS 服务中 hbvtc.com 区域中有主机记录 www 对应的 IP 地址 192.168.100.20。

**提示:**网站的默认文档是指在 IE 浏览器中输入网站 IP 地址或域名默认打开的 Web 页面,也就是所说的主页,在 IIS 管理器中,单击 HBWEB 站点,在“功能视图”中,双击“默认文档”,如图 2-113 示,默认文档的文件名为 5 种,分别为 Default.htm,Default.asp,index.htm,index.html,iisstart.htm。如果所建的网站的首页文件名不在其中的话,则需要在此处添加首页文档名,本例中新建的 HbWEB 站点的首页文件名 index.html 在默认文件名中,因此无须添加。

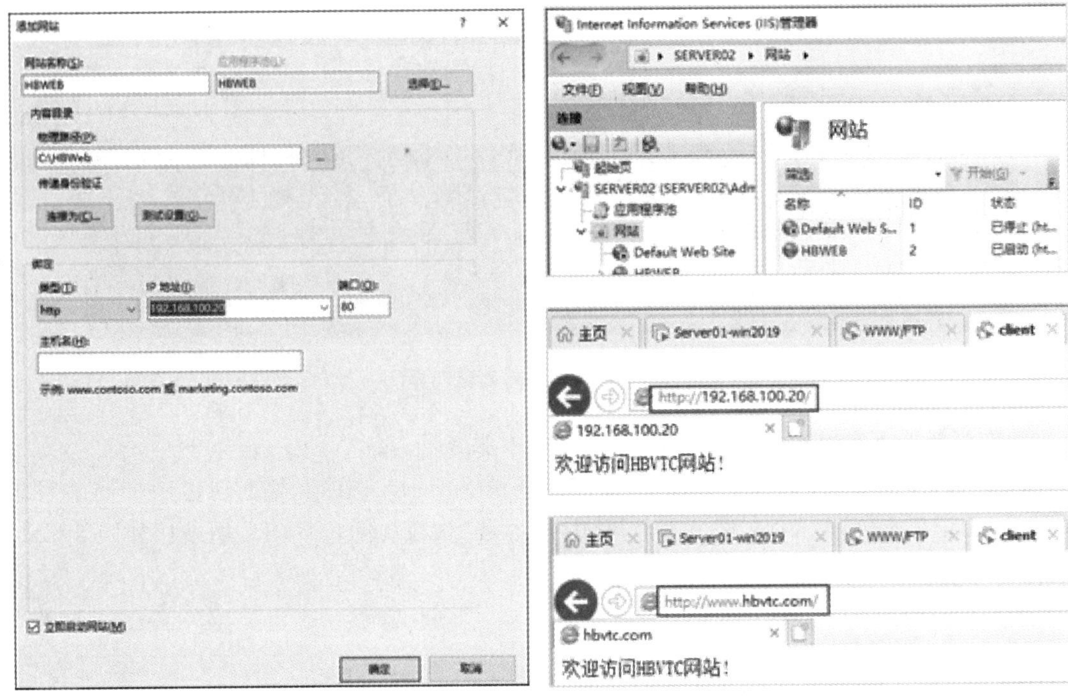


图 2-112　添加网站并测试

3)为 Web 站点创建虚拟目录。

HBWEB 站点中的资源越来越多,管理员可在不同的物理空间分类存放网站内容,然后在站点创建虚拟目录指向对应的分类目标文件夹;例如新建一个 Tushu 文件夹,其主页名为 index. html,内容为“阅读世界成就更好的自己”。

如图 2-113 所示,右击 HBWEB,选择“添加虚拟目录”命令,如图 2-114 所示,设置别名、指定物理路径;单击“确定”按钮,回到 IIS 管理器中可看到 HBWEB 下的 Tushu,就像一个 HBWEB 下的一个文件夹,而物理上它们对应的目录是存在不同的位置上的。

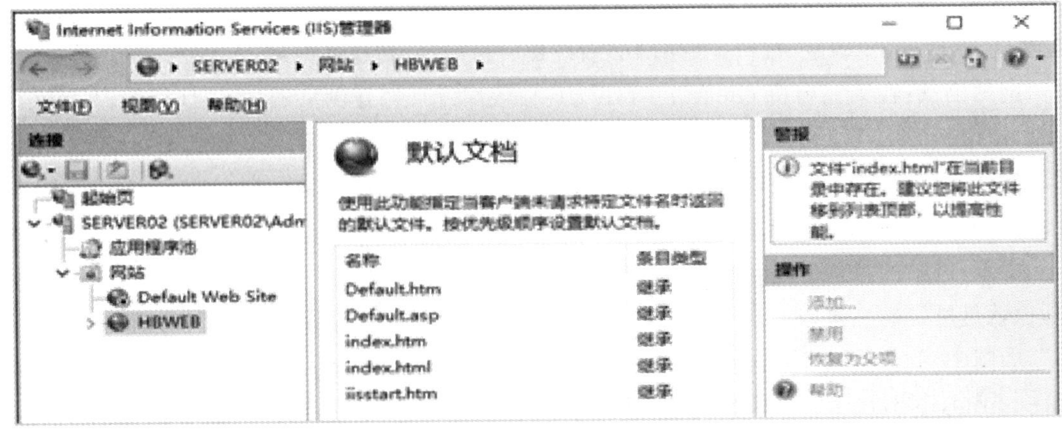


图 2-113　网站“默认文档”

虚拟目录的访问格式：

http://FSDQ 名或 IP 地址/虚拟目录名

本例访问测试：http://www.hbvtc.com/tushu，结果如图 2－114 所示。

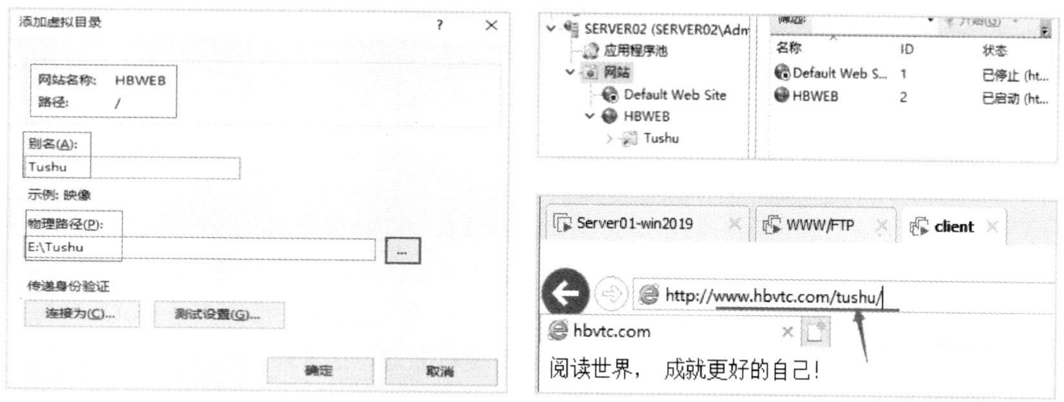


图 2－114　网站"虚拟目录"创建及访问测试

4) Web 站点启用"基本身份认证"。

**Step－1**：以管理员身份登录 Server02，创建用户 men 做测试用。

**Step－2**：在 IIS 管理器中，选择 HBWEB 站点，在"功能视图"中双击"身份验证"，如图 2－115 所示，禁用"匿名身份认证"，启用"基本身份认证"。

**Step－3**：在 client 的 IE 地址栏中输入 http://www.hbvtc.com 时，弹出要求输入服务器(Server02)合法的用户名和密码，本例中输入用户 men 的名称及密码后则可以正确访问网页内容了。

5) 在 Server02 上发布多个 Web 网站。

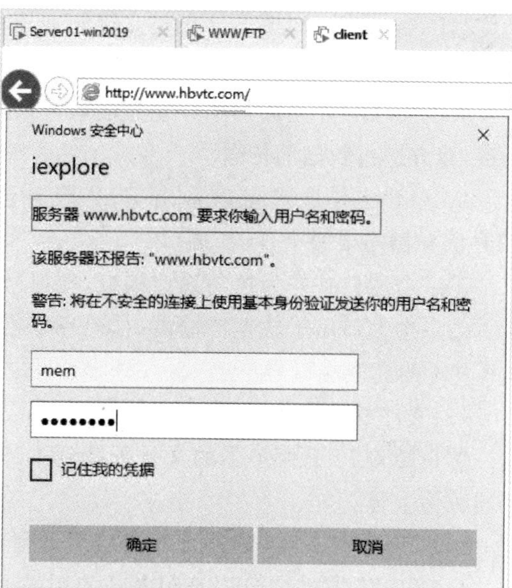


图 2－115　网站启用"基本身份认证"

### 2.5.4 FTP 服务器

FTP 服务是在互联网或局域网中提供文件传输的一种应用，具有强大的文件传输可靠性和更高的效率。用户可以在 Windows Server 中使用服务组件(IIS)或 Serv - U 之类的第三方 FTP 服务器软件搭建 FTP 服务器。

本节将介绍 FTP 服务的相关知识及使用 IIS 部署 FTP 服务器。

1. FTP 服务的相关知识

(1)FTP 协议

FTP(File Transfer Protocol)是用来在两台计算机之间传输文件的通信协议，FTP 大大简化了文件传输的复杂性，它能够使文件通过网络从一台计算机传送到另一台计算机上却不受计算机和操作系统类型的限制，即硬件无论是 PC、小型机等，操作系统无论是 iOS，Linux，Windows 等，只要双方都支持 FTP 协议，就可以方便可靠地传送文件。

(2)FTP 工作原理

FTP 基于客户机/服务器(C/S)，FTP 服务器是指在互联网上依照 FTP 协议提供文件存储和访问服务的计算机。FTP 客户端是指通过一个客户端程序连接 FTP 服务器，遵循 FTP 协议与服务器传送文件的计算机。

FTP 协议支持 Port 和 Passive 两种工作模式，使用哪种模式由客户端决定。

1)Port(主动)模式。FTP 客户端首先动态地选择一个端口(一般是 1 024 以上的)和 FTP 服务器的 TCP 21 端口建立连接，即建立了控制通道，通过这个通道发送命令。当客户端需要传输数据的时候在这个通道上发送 PORT 命令。PORT 命令包含了客户端用什么端口接收数据；服务器端通过自己的 TCP 20 端口连接至客户端的指定端口建立数据传输连接，双方进行数据的传送。

2)Passive(被动)模式。在建立控制通道的时候和 port 模式类似，建立控制连接后，需要传输数据时，发送的是 Pasv 命令。FTP 协议服务器收到 Pasv 命令后，随机打开一个端口(端口号大于 1 024)并且通知客户端其端口号，客户端连接 FTP 服务器的，此端口建立数据传输连接，双方进行数据的传送。

从 FTP 工作原理可以看出 FTP 服务包括两个进程：控制连接进程和数据传输进程。FTP 服务器需要两个 TCP 端口：

①一个端口是作为控制连接端口，端口号为 21。

②一个端口用于数据传输端口，PORT 模式下端口号为 20；PASV 方式，随机使用一个大于 1 024 的高端端口号。

(3)文件的上传和下载

客户端将 FTP 服务器的文件下载到本地称为下载，客户端将本地的文件上传到 FTP 服务器称为上传。

用户可通过一个客户端程序连接至远程计算机上运行的 FTP 服务器程序。

1)FTP 客户端连接 FTP 服务器使用的 URL 格式：

ftp://用户名:密码@FTP 服务器 IP 地址或域名:FTP 命令端口/路径/文件名

格式中的 ftp 指明所用的协议。

2)FTP 客户端连接 FTP 服务器用到客户端工具,通常有:

①Windows 自带“ftp”命令,这是一个 CMD 命令行的 FTP 客户程序。

②Windows 资源管理或浏览器,在其地址栏中输入地址进行连接。

③专用的 FTP 客户程序,包括 CuteFTP,Flashfxp,LeapFTP 等。

(4)FTP 用户账户

客户机连接上 FTP 服务器(简称登录),可以使用两类用户账户:

1)匿名用户账户。用户名:anonymous;密码不限,适用于 FTP 服务器为用户提供的公共资源。

2)授权用户账户。FTP 服务器的注册账户(如 Windows Server 的合法用户,或第三方软件 Serv_U 部署 FTP 服务器时所建的账户)。

2. FTP 服务项目案例

(1)项目需求

随着网络规模扩大,需要构建一个文件传输服务器,管理员规划使用 IIS 搭建 FTP 服务器供公司内外部员工进行文件的上传和下载。

(2)实验环境

网络拓扑如图 2-95 所示,三台 VMware 虚拟机,安装 Windows Servr 2019,其中第一台 Server01 在上例中已部署为 DNS 服务器,第二台 Server02 已部署 Web 服务器,准备在第二台计算机上部署 FTP 服务;第三台用作客户机测试;网络管理模式为工作组模式;虚拟网络选择 VMnet1。

(3)项目目标

1)在服务器 Server02 上部署 FTP 站点 HBshare:

①Server02 的 IP 地址:192.168.100.20。

②Server02 配置 FTP 服务,将文件夹 shares 中的文件提供给所有人员下载。

2)随着业务的发展,需要授权员工 mem 对 Server02 上发布的 FTP 站点 HBshare 进行管理,管理员授予 mem 对 FTP 站点 HBshare 有下载和上传的权限。

3)使用客户端程序访问 FTP 站点进行资料下载和上传。

(4)实现步骤

准备实验环境:网络拓扑如图 2-95 所示,本实验使用 DNS 服务项目案例的环境,务必测试网络连通性,确保 DNS 服务正常运行。

将三台机的“防火墙”和“IE 增强的安全配置”都关闭。

1)在服务器 Server02 上部署 FTP 站点 HBshare。以管理员身份登录 Server02。在上一节中已在服务器 Server02 上安装 IIS 组件,并且安装 FTP 服务。在 C 盘上创建 shares 文件夹,并在其中存放一些文件,用作测试。

**Step-1:**打开 IIS 管理器,如图 2-116 所示。右击“网站”,选择“添加 FTP 站点”,弹出“添加 FTP 站点”向导。

**Step-2:**在“站点信息”对话框中,如图 2-117 所示,输入站点名称、选择站点内容目录对应的物理路径,单击“下一步”按钮。

图 2-116 “添加 FTP 站点”

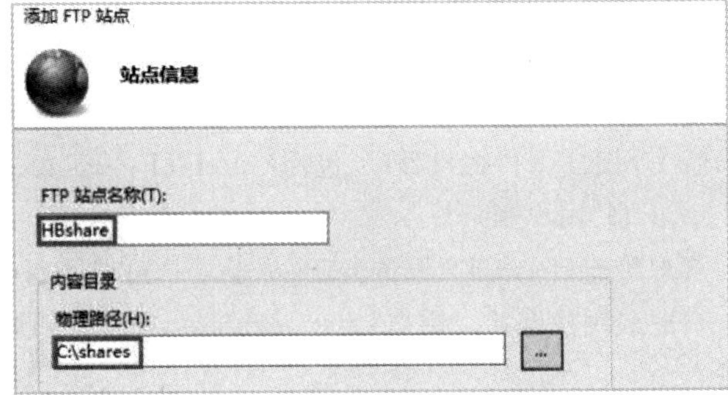


图 2-117 “站点信息”对话框

**Step-3**:在“绑定和 SSL 设置”对话框中,如图 2-118 所示,绑定 IP 地址 192.168.100.20,端口号默认 21,SSL 选择“无 SSL”,单击“下一步”按钮。

**Step-4**:在“身份验证和授权信息”对话框中,如图 2-119 所示,身份验证选择“匿名”,授权设置允许访问“所有用户”,权限设置“读取”,单击“完成”按钮,则添加名为 HBshare 的 FTP 站点的任务完成,如图 2-120 所示。

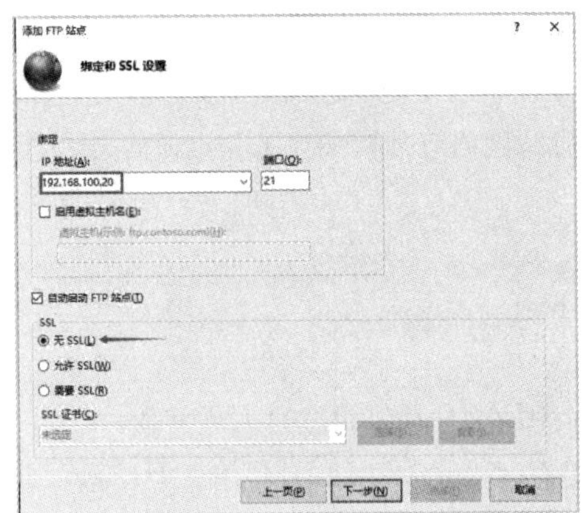

图 2-118 “绑定和 SSL 设置”对话框

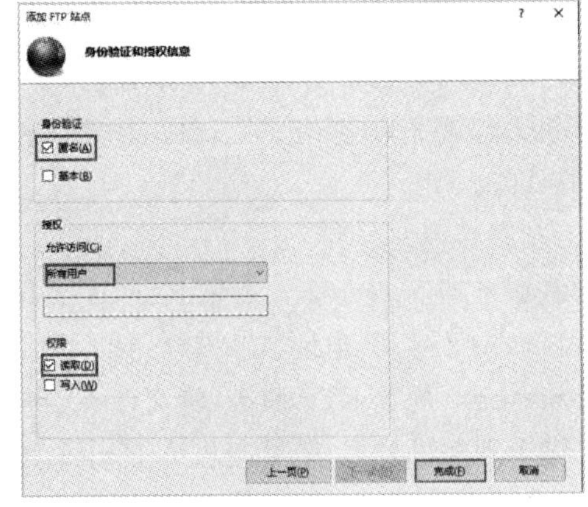

图 2-119 “身份验证和授权信息”对话框

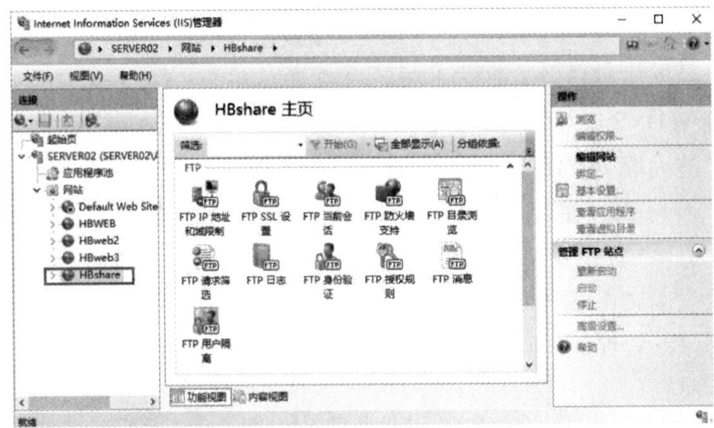


图 2-120 FTP 站点 HBshare 添加成功

2)配置 FTP 站点。在 IIS 管理器中,如图 2-120 所示,选中 HBshare,在中间部分的“功能视图”中有许多功能图标,最右侧栏有操作项目,用户可以根据需要对 FTP 站点进行修改和进一步设置。本项目中要设置“FTP 身份验证”“FTP 授权规则”两项。

**Step-1:**启用“基本身份验证”。双击“FTP 身份验证”,如图 2-121 所示,将“基本身份验证”的状态由“禁用”改为“启用”。

**Step-2:** 管理员授予 mem 对 FTP 站点 HBshaare 有下载和上传的权限。

双击“FTP 授权规则”,选择“添加允许规则”,在弹出的对话框中选择“指定的用户”项,输入用户名 mem;权限处勾选“读取”“写入”,单击“确定”按钮,结果如图 2-122 所示。

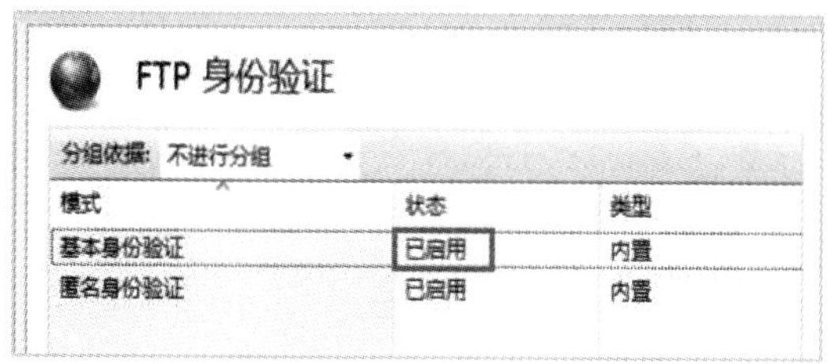


图 2-121　设置“FTP 身份验证”

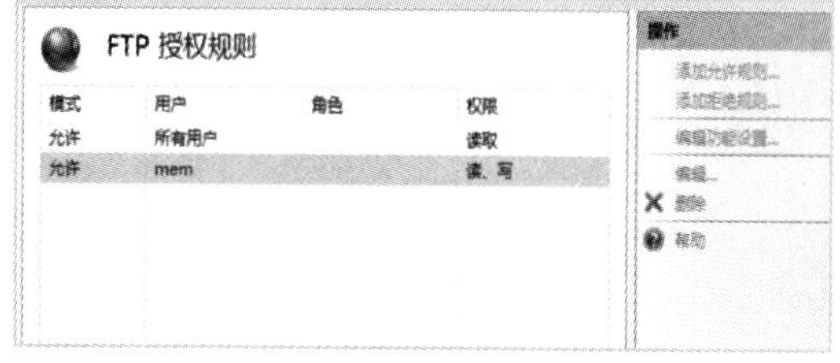


图 2-122　设置“FTP 授权规则”

站点配置完成,接下来要用客户端连接 FTP 服务器进行测试。

3)使用客户端程序访问 FTP 站点进行资料下载和上传。

**Step-1:**Windows 自带“ftp”命令,匿名登录 FTP 站点,下载文件。

在 Client 计算机上,打开 CMD 命令窗口,输入“ftp 192.168.100.20”,在 DNS 的 hvvtc.com 区域中有“ ftp”主机记录,因此也可以输入“ftp ftp.hbvtc.com”。系统连接到 FTP Server,提示输入用户名;这里用匿名用户登录,可输入“anonymous”或“ftp”,不用输入密码直接回车。如图 2-123 所示,登录成功后,使用“?”可查看 ftp 常用的命令。这里使用“ls”显示 FTP 站点的内容;使用“get d1.txt”命令,将 d1.txt 文件下载到本地当前目录下;如图 2-124 所示,使用 bye 命令退出 ftp 登录;在 CMD 命令行,用 dir 命令可查看到下载的文件。

```
管理员: C:\Windows\system32\cmd.exe
(c) 2018 Microsoft Corporation。保留所有权利。

C:\Users\Administrator>cd \

C:\>ftp 192.168.100.20
连接到 192.168.100.20。
220 Microsoft FTP Service
200 OPTS UTF8 command successful - UTF8 encoding now ON.
用户(192.168.100.20:(none)): anonymous
331 Anonymous access allowed, send identity (e-mail name) as password.
密码:    直接回车
230 User logged in.
ftp> ls
200 PORT command successful.
150 Opening ASCII mode data connection.
d1.txt
d2.txt
226 Transfer complete.
ftp: 收到 19 字节,用时 0.00秒 19000.00千字节/秒。
ftp> get d1.txt    下载文件到本地当前目录c:\
200 PORT command successful.
125 Data connection already open; Transfer starting.
226 Transfer complete.
ftp: 收到 27 字节,用时 0.03秒 0.84千字节/秒。
```

图 2-123　CMD 命令行“匿名登录”FTP 站点

```
ftp> bye
221 Goodbye.

C:\>dir
 驱动器 C 中的卷没有标签。
 卷的序列号是 62BE-A270

 C:\ 的目录

2022/08/14  21:05                27 d1.txt
2018/09/15  15:19    <DIR>          PerfLogs
2022/07/05  19:45    <DIR>          Program Files
2018/09/16  00:07    <DIR>          Program Files (x86)
2022/08/09  16:06    <DIR>          Users
2022/08/09  15:55    <DIR>          Windows
               1 个文件             27 字节
               5 个目录 52,403,957,760 可用字节
```

图 2-124　查看所下载的文件

**Step-2:**使用 Windows 资源管理器或浏览器,以 mem 身份登录上传和下载文件。

如在 Windows 资源管理器的地址栏中输入 ftp://192.168.100.20,可以看到对应的

FTP 站点中的内容。右击空白处，在快捷菜单中选择“登录”命令，如图 2－125 所示；在弹出的“登录身份”对话框中输入用户名和密码，如图 2－126 所示。在 Client 计算机上创建一个文件 dd.txt，通过“复制”“粘贴”命令将其上传到 FTP 服务器；在 Server02 上 FTP 的目录 shares 中可以看到 men 上传的文件 dd.txt，如图 2－127 所示。

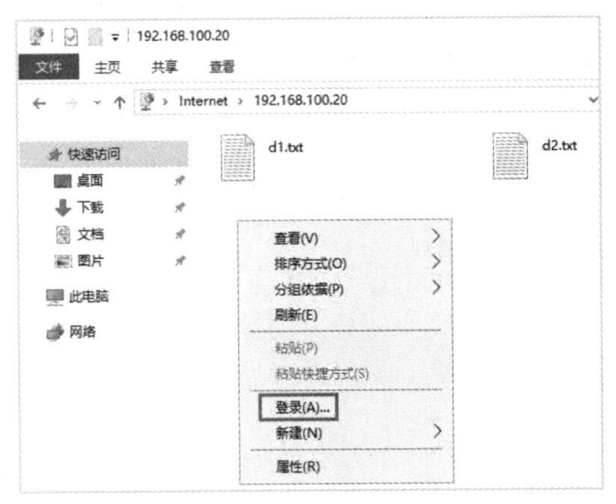


图 2－125 “文件资源管理器”登录 FTP

登录身份

要登录到该 FTP 服务器，请键入用户名和密码。

FTP 服务器: 192.168.100.20

用户名(U): mem

密码(P): ••••••••

登录后，可以将这个服务器添加到你的收藏夹，以便轻易返回。

FTP 将数据发送到服务器之前不加密或编码密码或数据。要保护密码和数据的安全，请使用 WebDAV。

匿名登录(A) 保存密码(S)

登录(L) 取消

图 2－126 用户 men 登录 FTP 站点

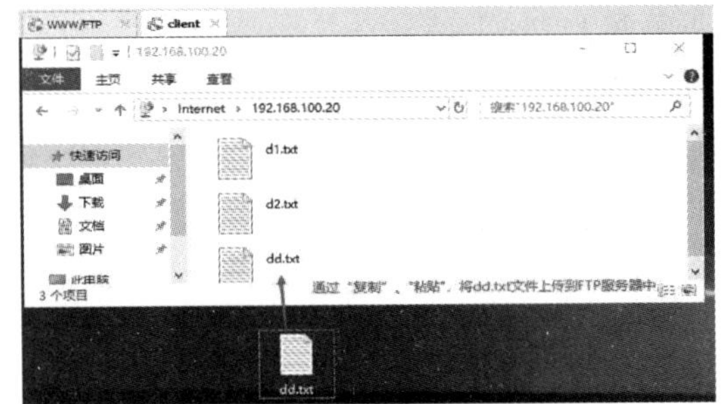


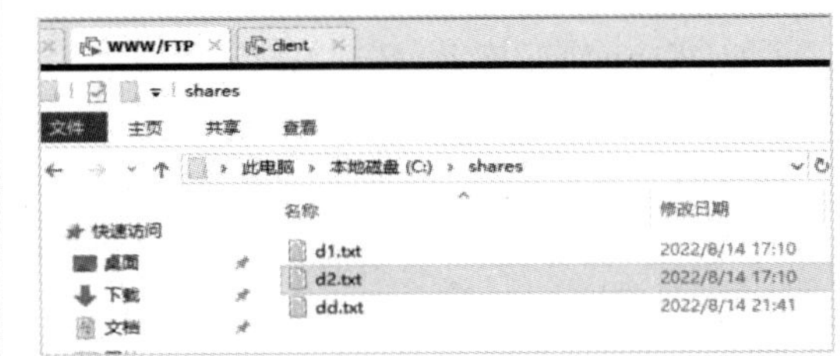


图 2－127 mem 用户上传文件到 FTP 服务器

**Step－3**：利用 FTP 客户端软件 CuteFTP 访问 FTP 站点

在 Client 上安装 CuteFTP 软件，启动后，单击“连接”按钮，输入 FTP 地址、用户名、密码即可登录到 FTP 服务器，如图 2－128 所示，上传下载都能快捷完成。

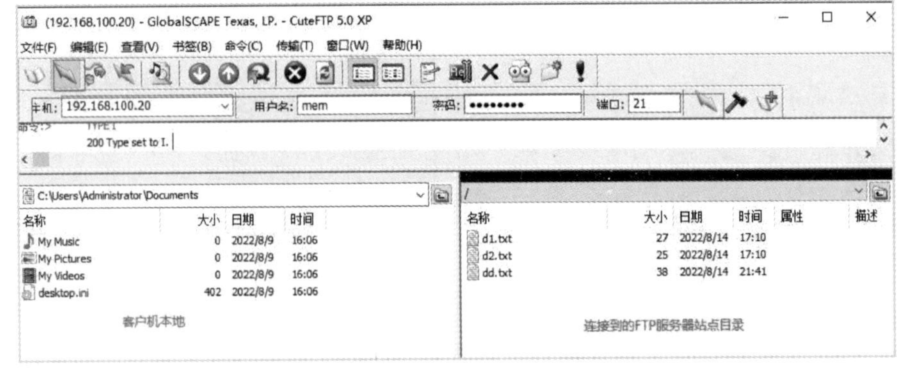


图 2－128 客户使用 CuteFTP 工具连接 FTP 站点

# 实　训

说明：本章实训要求均在 VMware 环境下完成，每个实训完成后请给虚拟机做快照。

## 实训一　Windows Server 2019 的安装

1. 实训目的

(1)会安装 VMware Workstation 软件。

(2)掌握在虚拟环境中创建、设置虚拟机的方法。

(3)能熟练安装 Windows Server 2019 系统。

(4)熟悉虚拟机快照、克隆的作用及操作方法。

2. 实训环境

学生一人一台机器，在 VMware 实验环境中安装 Windows Server 2019 系统，教师提供安装盘或相应的. iso 文件。

3. 实训内容与要求

(1)安装 VMware 虚拟机软件，熟悉其常用操作。

(2)新建第一台虚拟机并根据实际需要编辑其虚拟机配置。

(3)在第一台虚拟机中安装 Windows Server 2019 系统。

(4)为虚拟机安装 VMTools。

(5)为第一台虚拟机创建当前状态的快照。

(6)关闭虚拟机，克隆一台虚拟机，并修改其 SID 号。注意：设置两台虚拟机管理员密码不相同。

## 实训二　配置 Windows Server 2019 网络操作环境

1. 实训目的

(1)会配置 Windows Server 2019 的操作环境。

(2)能熟练进行 Windows Server 2019 网络环境设置。

2. 实训环境

学生一人一台机器，在 VMware 中有两台虚拟机(安装 Windows Server 2019 系统)，网络拓扑如图 2－129 所示。

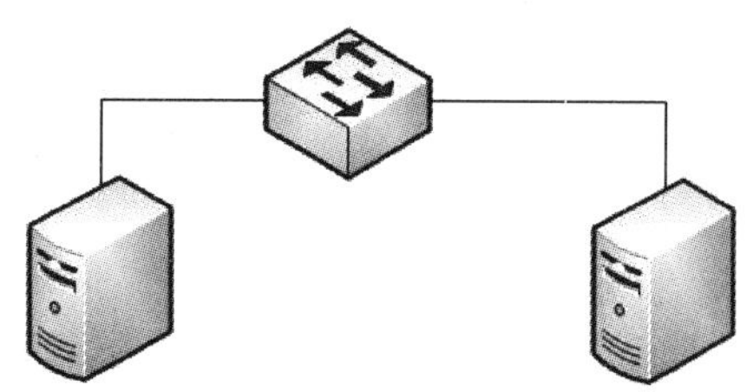

SVR1
IP：192.168.10.10/24
PC1
IP：192.168.10.20/24

图 2－129　工作组网络

3. 实训内容与要求

(1)使用管理员身份登录 Windows Server 2019 系统。

(2)更改计算机名称：第一台为 SVR1，第二台为 PC1。

(3)设置桌面显示图标，要求包括“计算机”“控制面板”“网络”“回收站”。

(4)关闭两虚拟机的防火墙、“IE增强的安全配置”。

(5)为两台计算机手工配置TCP/IP参数分别为192.168.10.10/24,192.168.10.20/24。

(6)使用ipconfig /all命令查看两计算机的IP地址信息,使用ping命令进行两台虚拟机的连通测试。

## 实训三 Windows Server 2019本地计算机管理

1.实训目的

(1)熟练使用本地“计算机管理”管理本地用户和组。

(2)熟悉计算机的磁盘管理,会创建各种卷、设置磁盘配额。

(3)能熟练设置文件/文件夹使用权限。

(4)能熟练设置文件夹共享,掌握远程访问共享文件夹的方法。

(5)能在指定服务器上安装本地打印机并设置共享,能在客户机连接到共享打印机。

2.实训环境

学生一人一台机器,在VMware中有两台虚拟机(SVR1和PC1),如图2-129所示。

3.实训内容与要求

(1)使用管理员身份登录SVR1。使用“计算机管理”工具创建user1,user2,user3三个用户和gongcheng组,并将user1,user2两个用户加入gongcheng组中。

(2)为虚拟机SVR1添加三块SCSI、容量10 GB的硬盘,联机、初始化后将它们转换为动态磁盘,创建一个总存储空间1.2 GB的RAID-5盘,格式化为NTFS格式,盘符为E。

(3)设置E卷的磁盘配额:普通用户是限制20 MB,警告等级为16 MB。超过配额拒绝使用。

(4)在虚拟机SVR1的E卷上新建一个文件夹Ziliao,并在其中新建两个测试用文本文件;对文件夹Ziliao设置:

1)NTFS权限:everyone的访问权限为读取、gongcheng组成员访问权限读取和写入。

2)共享权限:everyone的共享权限为读取、user3用户的共享权限为完全控制。

(5)在虚拟机SVR1上,分别以user1和user3身份登录,测试访问文件夹Ziliao中的文件的权限。

(6)在虚拟机PC1上,以PC1管理员身份登录PC1,分别用“网络”“UNC”路径“映射网络驱动器”三种方法访问SVR1的共享文件夹Ziliao中的文件。

**说明:**连接共享文件夹使用的测试用户SVR1上的user1和user3,分别测试权限。

(7)在虚拟机SVR1上安装一台打印机(型号自选)并设置共享,在PC1连接共享打印机。

## 实训四 部署与管理Active Directory域

1.实训目的

(1)能够使用Windows Server 2019系统创建AD域。

(2)能够进行域用户、组、OU的管理。

2.实训环境

学生一人一台机器,在VMware中有两台虚拟机(SVR1和PC1),网络拓扑结构如图2-

130 所示。

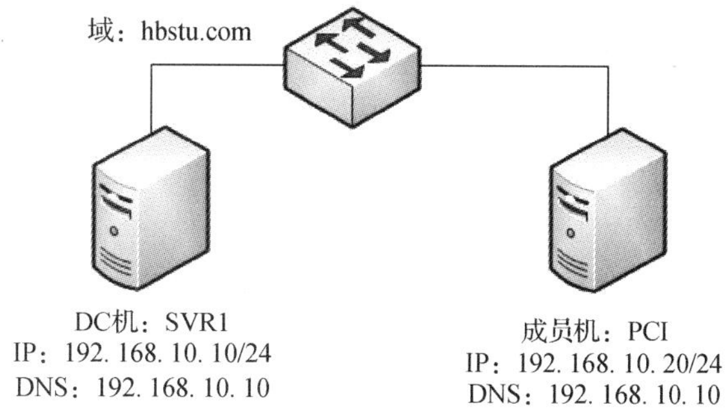


图 2－130　域架构网络

3. 实训内容与要求

(1)按图 2－130 网络拓扑配置计算机，关闭防火墙，进行 ping 测试。

(2)SVR1：administrator 登录，创建域 hbstu.com。

(3)PC1：administrator 登录，加入 hbstu.com。

(4)SVR1：以域管理员身份(hbstu\administrator)登录 DC，使用“Active Directory 用户和计算机”工具，创建域用户“stu1”“stu2”和本地域组“student”。

(5)域管理员设置 stu1 用户只能周一到周五的 9:00—18:00 登录域。

## 实训五　Windows Server 2019 的 DHCP 服务

1. 实训目的

(1)熟练掌握在 Windows Server 2019 安装 DHCP 服务角色。

(2)能够按规划创建作用域、配置选项。

(3)会设置 DHCP 客户端，会查看客户端获得的 TCP/IP 参数。

2. 实训环境

学生一人一台机器，在 VMware 中有三台虚拟机(使用实训一的快照 SVR1、PC1，另再克隆一台 PC2)，网络拓扑结构如图 2－131 所示。

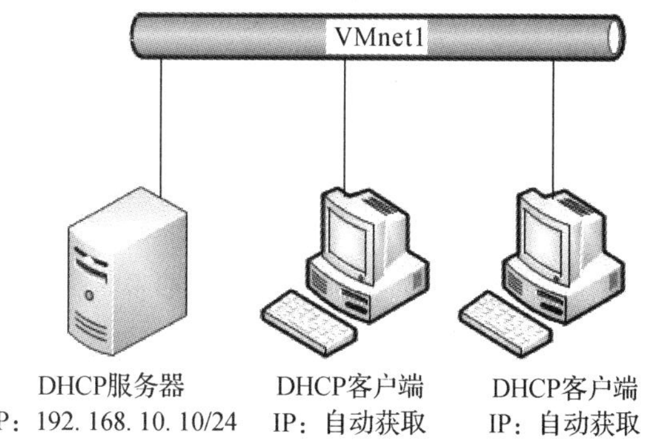


图 2－131　DHCP 服务网络拓扑图

3. 实训内容与要求

(1)按图 2-131 网络拓扑配置计算机,网卡设置为 VMnet1,工作组模式,关闭防火墙;关闭虚拟网络 VMnet1 的 DHCP 服务。

(2)以管理员身份登录 SVR1。安装 DHCP 服务角色。

创建作用域“Offerstu”:

1)可分配的 IP 地址范围为 192.168.10.50~192.168.10.150。

2)排除 IP 地址范围为 192.168.10.90~192.168.10.100。

3)为客户端 PC2 保留固定的 IP 地址为 192.168.10.66。

4)设置作用域的网关为 192.168.10.1。

(3)两个客户端“TCP/IP”属性都设置“自动获得 IP 地址”,重新启动或使用 ipconfig /release释放 IP 地址后,再使用 ipconfig /renew 重新获得地址。

(4)查看 PC1,PC2 所获得的 IP 地址。

(5)分析 PC2 获得的 IP 地址。

## 实训六 Windows Server 2019 的 DNS 服务

1. 实训目的

(1)熟练掌握在 Windows Server 2019 安装 DNS 服务角色。

(2)能够按规划创建 DNS 区域。

(3)会设置 DNS 客户端,会检查 DNS 服务器的解析功能。

2. 实训环境

学生一人一台机器,在 VMware 中有三台虚拟机(使用实训一的快照 SVR1,PC1,另再克隆一台 SVR2),网络拓扑结构如图 2-132 所示。

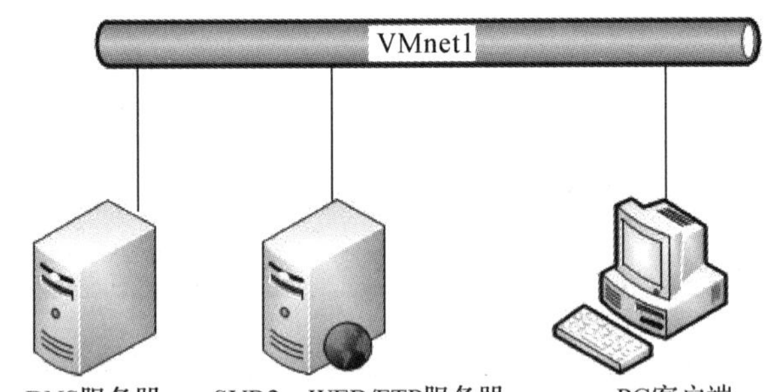


图 2-132 DNS/WEB/FTP 服务网络拓扑图

3. 实训内容与要求

(1)按图 2-132 网络拓扑配置计算机,网卡设置为 VMnet1,工作组模式,关闭防火墙。

(2)使用管理员身份登录 SVR1。安装 DNS 服务角色。

新建 DNS 区域 hbstu.com,添加如下主机记录:

FTP　　　192.168.10.20

WWW　　　192.168.10.20

(3)在 PC 客户端上设置首选 DNS 服务器地址为 192.168.10.10 后，登录计算机后使用 nslookup 和 ping 命令测试 DNS 服务的解析功能。

## 实训七　Windows Server 2019 的 Web 服务

1. 实训目的

(1)掌握在 Windows Server 2019 系统中安装 Web 服务(IIS)角色。

(2)掌握发布 Web 站点的方法。

2. 实训环境

网络拓扑结构如图 2-132 所示，本实训使用实训六完成状态的三台虚拟机。

3. 实训内容与要求

(1)打开实训六完成状态的三台虚拟机，关闭“IE 增强的安全配置”。

(2)SVR2：以管理员身份登录 SVR2，安装 Web 服务(IIS)角色，“安全性”“FTP 服务”角色一并安装。

(3)在 SRV2 上创建一个网站文件夹 TestWeb，并创建一个首页文件 index.html，在 IIS 管理器中停止默认网站，发布 TestWeb 站点。

(4)PC 客户机使用 IE 浏览器访问 Web 站点。

(5)配置 TestWeb 站点：禁用匿名用户访问，启用基本身份验证模式。

## 实训八　Windows Server 2019 的 FTP 服务

1. 实训目的

(1)熟练掌握 Windows Server 2019 的添加 FTP 站点的方法。

(2)熟练掌握 FTP 站点身份验证、授权规则的配置方法。

(3)熟练使用多种 FTP 客户端连接 FTP 服务器进行文件上传和下载。

2. 实训环境

网络拓扑结构如图 2-132 所示，本实训使用实训七完成状态的三台虚拟机。

3. 实训内容与要求

(1)打开实训七完成状态的三台虚拟机，确认关闭“IE 增强的安全配置”。

(2)SRV2：以管理员身份登录 SRV2，创建一个 FTP 站点文件夹 TestFTP，并创建两个测试用文本文件；打开 IIS 管理器，添加 TestFTP 站点：绑定 IP 地址 192.168.10.20，授权允许访问所有用户有“读取”权限。

(3)管理员授予 mem 用户对 FTP 站点 TestFTP 有下载和上传的权限。

(4)分别使用命令行、文件资源管理器测试用户访问 TestFTP 的权限。

# 习　　题

一、选择题

1. 在 Windows Server 2019 中,添加或删除服务器“功能”的工具是(　　)。

A. 功能与程序　　B. 服务器管理器　C. 管理您的服务器　　D. 添加或删除程序

2. 在 Windows Server 2019 中,下列关于删除用户的描述中,错误的是(　　)。

A. administration 账户不可以删除

B. 普通用户可以删除

C. 删除账户后,再建一个同名的账户,该账户仍具有原来账户的权限

D. 删除账户后,即使建一个同名的账户,也不具有原来账户的权限

3. 安装 Windows Server 2019 操作系统后,第一次登录使用的账户是(　　)。

A. Guest　　B. 任何一个用户账户

C. 在安装过程中创建的用户账号　　D. administrator

4. 在 Windows Server 2019 系统上运行 ipconfig /all 命令可以查看计算机网卡的配置参数,但该命令不能查看到下面(　　)配置。

A. IP 地址　　B. MAC 地址　　C. 路由表　　D. 默认网关

5. 如果你去管理一个 Windows Server 2019 域模式的网络,为了提高网络的安全性,在某用户的出差期间,应该(　　)处理该用户账号。

A. 在用户属性中将该用户的账号禁用,待该用户出差回来再启用该账号

B. 将该用户账号删除,待该用户出差回来再为他创建一个新账号

C. 将该用户从所属的组中删除,待该用户出差回来再加入原来的组

D. 将该用户的一切权限删除,待该用户出差回来再重新赋予相应权限

6. 在 Windows Server 2019 域模式管理中,为了保证域账户的口令安全,要设置账户策略,启用[密码必须符合复杂性要求]。下列口令符合以上条件的是(　　)。

A. 1234567　　B. password　　C. AbCserver123　　D. pass123

7. Windows Server 2019 只能安装在(　　)文件系统的分区中,否则安装过程中会出现错误提示而无法进行系统的安装。

A. FAT　　B. FAT32　　C. NTFS　　D. EXT3

8. Windows Server 2019 中,有关 DHCP 的说法中错误的是(　　)。

A. 客户端发送 DHCP Discovery 报文请求 IP 地址

B. DHCP 的作用是为客户端动态地分配 IP 地址

C. DHCP 提供 IP 地址到域名的解析

D. DHCP 服务器的默认租用期限是六天

9. Windows Server 2019 的 DHCP 服务器端设置(　　)后,某 DHCP 客户机就总可以获取一个固定的 IP 地址。

A. IP 作用域　　B. DHCP 中继代理　C. 子网掩码　　D. IP 地址的保留

10. Windows Server 2019 的 DHCP 服务器端要求具有静态的(　　)。

A. 远程访问服务器的 IP 地址　　B. DNS 服务器的 IP 地址

C. WINS 服务器的 IP 地址　　D. IP 地址

11. 测试 DNS 的常用命令是(　　)。

A. hosts　　B. debug　　C. nslookup　　D. trace

12. 当 DNS 服务器自身无法解析客户机查询 IP 地址的请求后，会把这个请求送给(　　)，继续进行查询。

A. DHCP 服务器　　B. 邮件服务器　　C. 打印服务器　　D. Internet 上的根 DNS 服务器

13. 目前建立 Web 服务器的主要方法有 IIS 和(　　)。

A. URL　　B. Apache　　C. DNS　　D. SMTP

14. FTP 服务器默认使用(　　)端口。

A. 21　　B. 23　　C. 25　　D. 53

二、简答题

1. Windows Server 2019 中角色和功能有什么不同?

2. Windows Server 2019 中设置虚拟内存的方法及注意事项有哪些?

3. 什么是 DHCP? 你认为引入 DHCP 有什么好处?

4. 客户机向 DNS 服务器查询 IP 地址的模式有哪些?

5. 虚拟目录和虚拟主机技术在 Web 服务器设置中分别起什么作用?

6. FTP 客户端可以采用什么方式来连接 FTP 站点?

# 第3章　Linux服务器

**本章导读**

对于服务器运维需求，在为服务器选择操作系统时，是选择 Linux 还是 Windows 呢？从用户群来说，Linux 是以开发者为中心的操作系统，而 Windows 是以消费者为中心的操作系统。Linux 操作系统以其开源免费、高安全性与稳定性等优势，长期占领着服务器的市场。随着云计算时代的到来，企业中的 Linux 的应用呈现快速上升趋势，从个人桌面系统、嵌入式系统、服务器系统到超级计算机系统都能看到 Linux 的身影。

通过本章内容的学习，能够掌握 Linux 的安装方法，掌握 Linux 中基本的网络配置方法，实现 Samba，FTP 和 Web 服务器的搭建。

**本章要点**

- Linux 的安装和基本配置
- Linux 配置网络和使用 SSH 服务
- 配置和管理 Samba 服务器
- 配置和管理 FTP 服务器
- 配置和管理 Web 服务器

## 3.1　Linux 的安装与基本配置

### 3.1.1　Linux 简介

Linux 系统是一个类 UNIX 操作系统。Linux 标榜自由和开放，最大的特色是源代码完全公开，在符合 GNU/GPL(GNU's Not UNIX/General Public License)的原则下，任何人都可以自由取得、发布或修改源代码。Linux 是目前互联网运维、大数据、云计算方向上的首选操作系统平台。

Linux 的版本号分为两种：内核版本号和发行版本号。

(1)Linux 的内核

内核是系统的心脏，是运行程序和管理硬件设备的核心程序，它提供了一个在裸设备与应用程序间的抽象层。Linux 内核版本分为稳定版和开发版，两种版本相互关联，相互循环。

稳定版：具有工业级强度，可以广泛地应用和部署。新的稳定版相对于较旧的只是修正一些 bug 或加入一些新的驱动程序。

开发版：由于要试验各种解决方案，所以变化很快。

内核版本号是 Linus 领导下的内核小组开发维护的系统内核的版本号。

内核版本号的形式为：

主版本号.次版本号.修订版本号

其中，次版本号表示内核版本类型，偶数表示稳定版，奇数表示开发版（测试版）。

（2）Linux 的发行版

Linux 的发行版通常包含了桌面环境、办公套件、媒体播放器、数据库等应用软件。

目前市面上较知名的发行版有 Ubuntu，RedHat，CentOS，Debian，Fedora，SuSE，OpenSUSE，Arch Linux，SolusOS 等。发行版本号与 Linux 系统内核版本号相对独立，是指一些组织和公司根据自己发行版的不同而自定的名称。

CentOS（Community Enterprise Operating System）社区企业操作系统，是目前比较受服务器行业欢迎的 Linux 发行版之一，它是来自于红帽 RHEL（Red Hat Enterprise Linux）依照开放源代码规定释出的源代码二次编译而成系统。

本书选取 CentOS7 为操作系统平台。

### 3.1.2　Linux 系统安装

1. 安装前的准备知识

（1）硬盘分区

硬盘分区的好处：优化输入/输出（I/O）性能、实现磁盘空间配额限制、提高修复速度、隔离系统和程序、安装多个操作系统、采用不同文件系统等。

（2）文件系统类型

磁盘分区后，必须进行格式化后才能够正式使用。文件系统是操作系统用于明确磁盘或分区上的文件的方法和数据结构，即在磁盘上组织文件的方法。文件系统对文件存储设备的空间进行组织和分配，负责文件存储并对存入的文件进行保护和检索。

随着 Linux 系统的发展，其文件系统也在更新变化，以更好对抗损坏和性能问题。Linux 支持的文件系统有数十种，最常用的是 ext4 和 xfs 类型。

（3）Linux 的目录结构

Linux 系统使用树型目录结构，所有的文件系统都挂载在根目录下。常见目录见表 3－1。

**表 3－1　Linux 中常见的目录**

| 目录名称 | 目录说明 |
|---|---|
| / | 根目录，是 Linux 文件系统的起点。根目录所在的分区为根分区 |
| /boot | 存放 Linux 的内核及引导系统程序所需要的文件。出于系统安全考虑，该目录通常需要独立分区，即“/boot”分区 |
| /root | Linux 系统超级用户“root”的宿主目录 |
| /home | 普通用户的宿主目录。对于提供给大量用户使用的 Linux 系统，常常为“/home”目录划分单独的分区 |

续 表

| 目录名称 | 目录说明 |
|---|---|
| /dev | 以文件形式存放的设备与接口 |
| /etc | 系统配置文件目录 |
| /bin | Binary 的缩写，存放用户的可执行程序 |
| /sbin | 开机过程中需要的命令 |
| /lib | 开机时用到的函数库 |
| /proc | 虚拟文件系统，在系统启动的时候自动创建，直接在内存中，不需要自己去创建 |
| /tmp | 临时文件目录，任何用户均可使用的共享临时目录。用户运行程序时产生的临时文件，系统默认存放在/tmp 中 |
| /var | 存放系统中经常会变化的文件，如日志文件 |
| /usr | 系统级的目录，相当于“C:/Windows/”，其中/usr/local 目录相当于 Windows 下的“Programe Files”，用户自行安装软件的位置 |
| /opt | 用来安装附加软件包，是用户级的程序目录，相当于“D:/Software”。不需要时，直接 rm -rf 掉删除即可。在硬盘容量不够时，也可将/opt 单独挂载到其他磁盘上使用 |
| /mnt | 作为挂载点使用，可以暂时挂载某些额外的装置 |
| /lost+found | 当文件系统发生错误时，将一些丢失的文件片段存放于此 |

2. 安装配置虚拟机

学习阶段，直接拥有一个真的服务器几乎是不可能的，一般都会借助虚拟机。用户可以在其中同时运行多个虚拟操作系统。本章使用的虚拟机是 VMware，建议版本选用 15 及以上。VMware 安装与配置比较简单，这里不做介绍。

3. 创建 VM 虚拟机

1)打开虚拟机软件 VMware，单击“创建新的虚拟机”，在弹出的向导中选择“自定义(高级)”，然后单击“下一步”选择合适的 Workstation 的版本(VMware15)，然后单击“下一步”。

2)在图 3-2 中选择“稍后安装操作系统”，然后单击“下一步”，在图 3-3 中选择操作系统的版本及版本。在图 3-4 中填写虚拟机名称，并设置好安装的位置，然后单击“下一步”。

3)在图 3-5 中指定处理器数量，在图 3-6 中设置虚拟机系统内存的大小。

4)在图 3-7 中设置网络连接类型，这里选择 NAT 模式。

VMware 虚拟机软件为用户提供了 3 种网络模式：

①桥接模式。

②NAT 模式。

③仅主机模式。

查看以上对应是在 VMware workstation 中的编辑-虚拟网络编辑器，如图 3-1 所示。

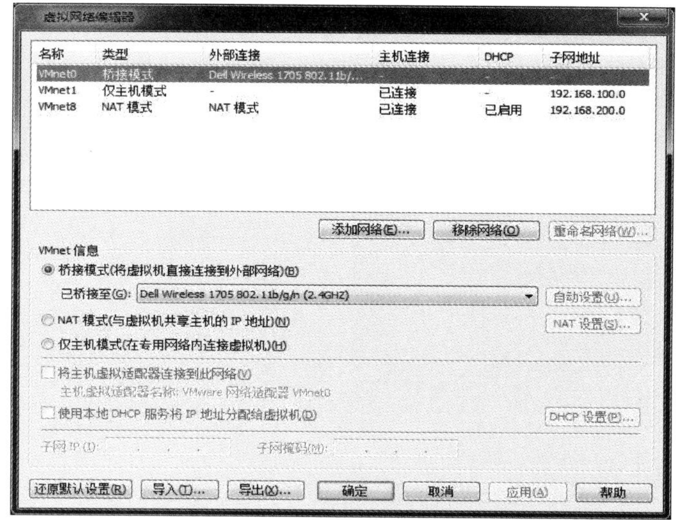


图 3－1　VMware 中虚拟网络名称与类型

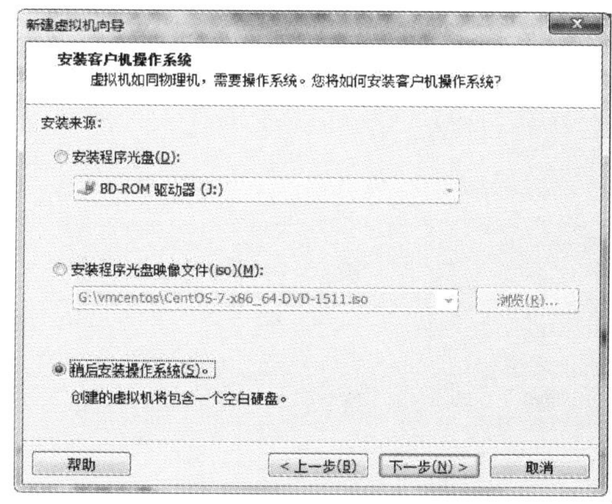


图 3－2　新建虚拟机的安装来源

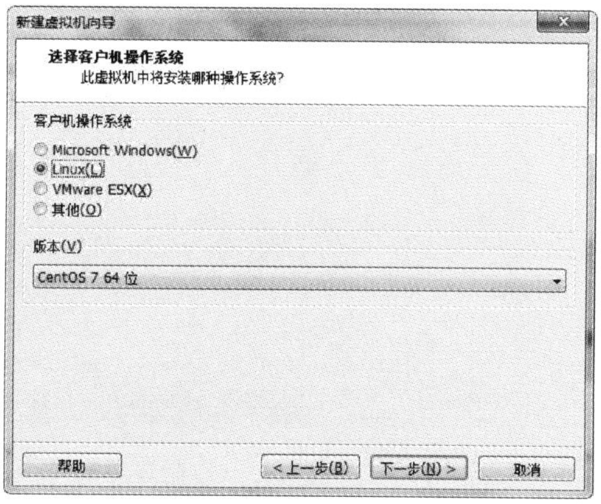

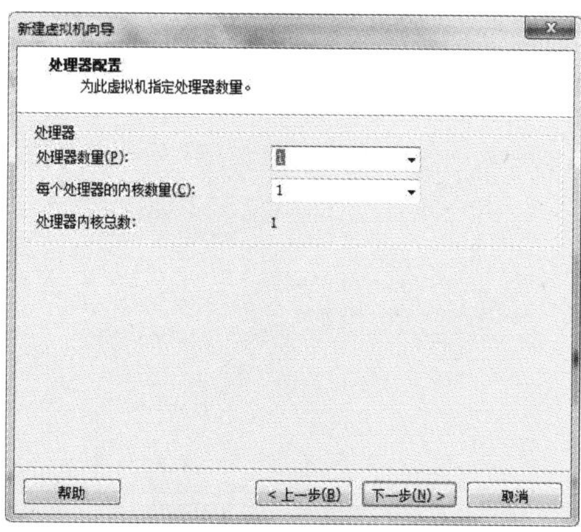


图 3－3　选择操作系统的版本

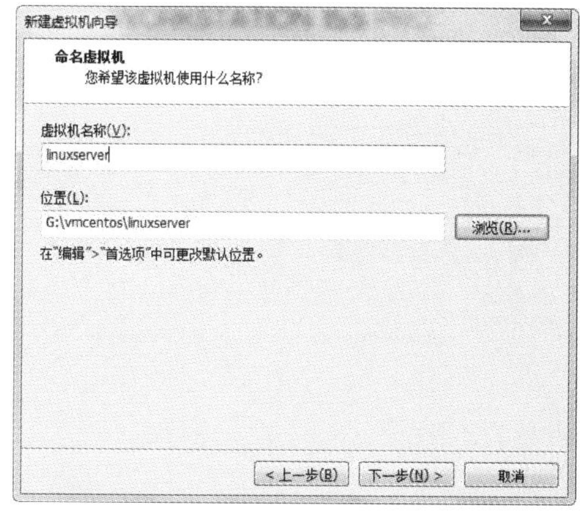


图 3－4　设置虚拟机的位置和名称



图 3－5　处理器配置

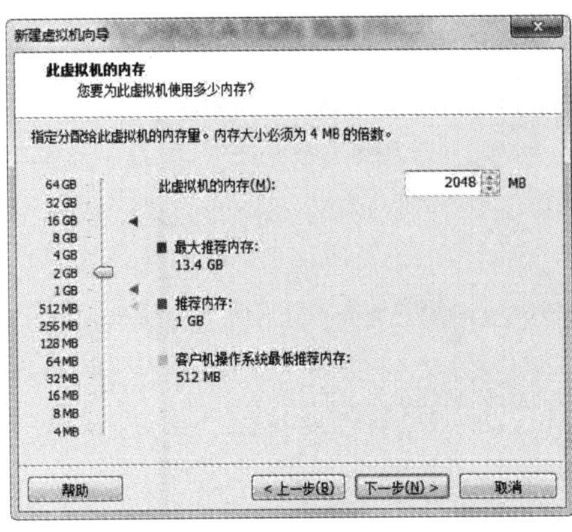


图 3-6　设置虚拟机的内存

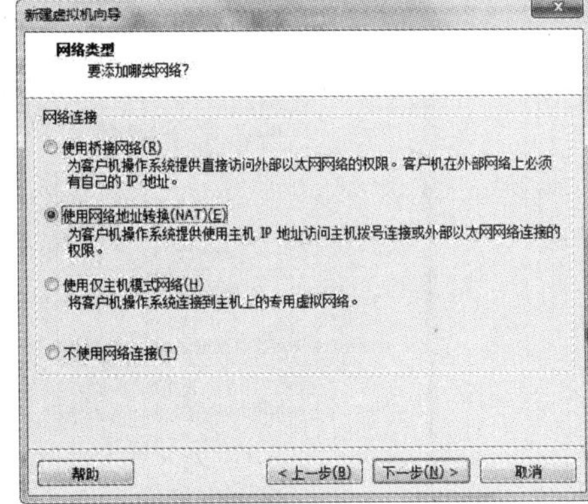


图 3-7　设置网络连接类型

5)在图 3-8 使用默认的 I/O 控制器类型,单击“下一步”,在图 3-9 中磁盘类型使用默认的 SCSI,单击“下一步”。

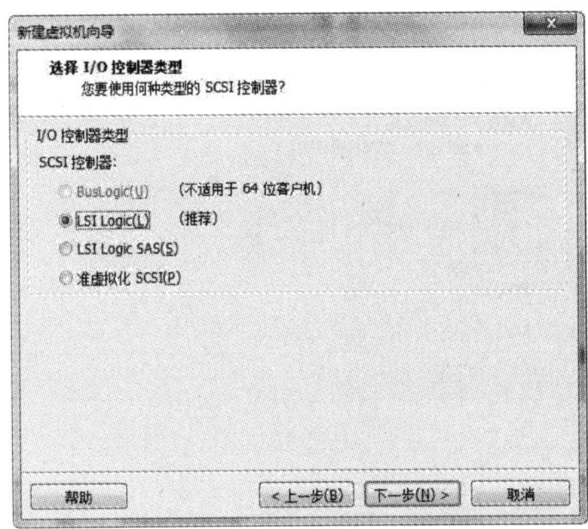


图 3-8　设置 I/O 控制器类型

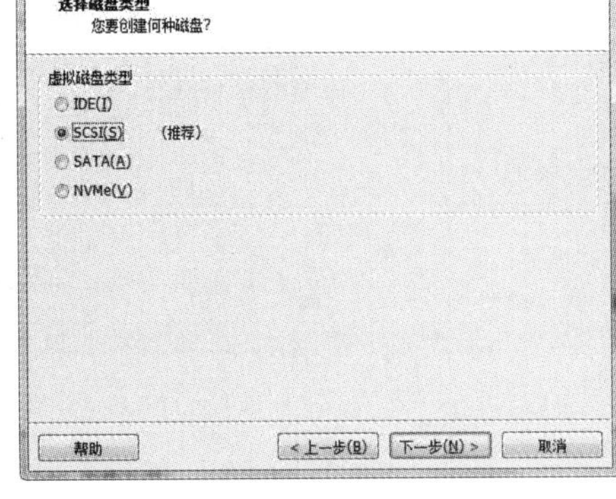


图 3-9　设置磁盘类型

6)在图 3-10 中使用默认“创建新虚拟磁盘”,单击“下一步”,在图 3-11 中将虚拟机系统的磁盘容量设置为 40 GB(默认是 20 GB),单击“下一步”。

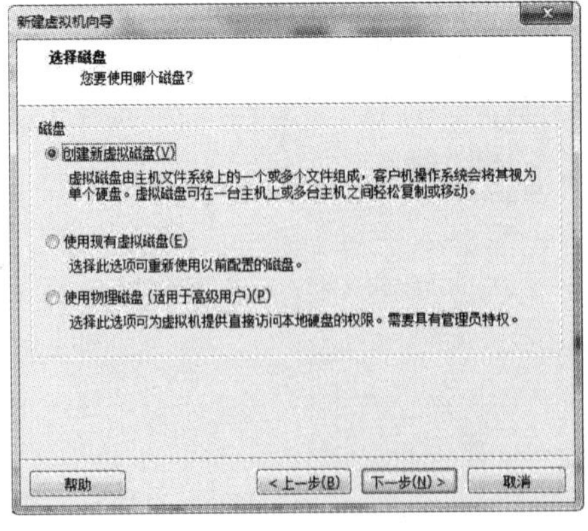


图 3-10　选择磁盘

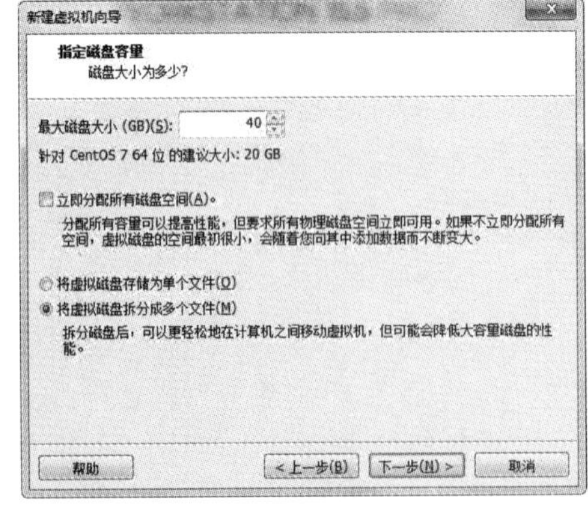


图 3-11　指定磁盘容量

7)在图 3－12 中指定磁盘文件，单击“下一步”，在图 3－13 中确认该虚拟机的配置界面，单击“完成”。

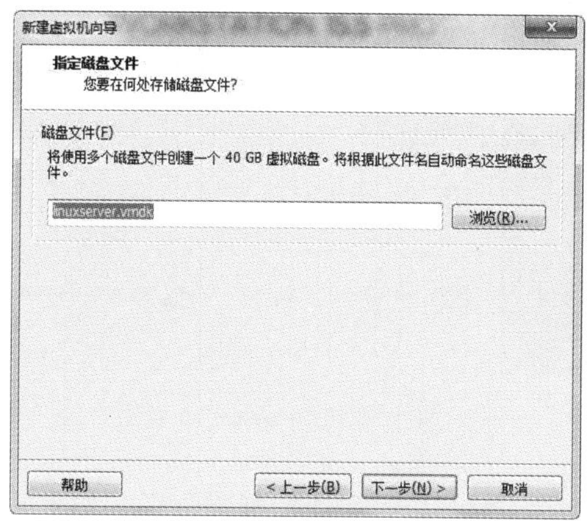


图 3－12　指定磁盘文件

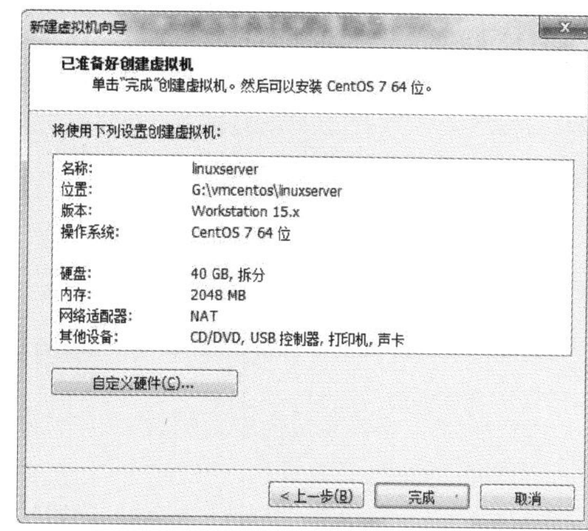


图 3－13　虚拟机的配置界面

8)在图 3－14 中，双击“CD/DVD(IDE)”，选择系统安装盘的位置，如图 3－15 所示，使用硬盘上的 ios 镜像文件。

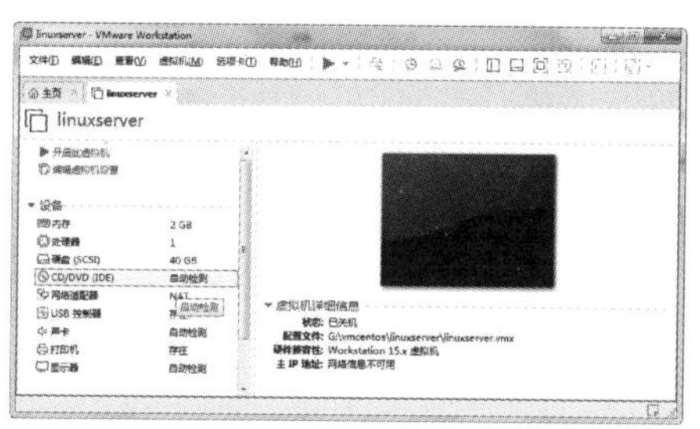


图 3－14　虚拟机配置成功界面

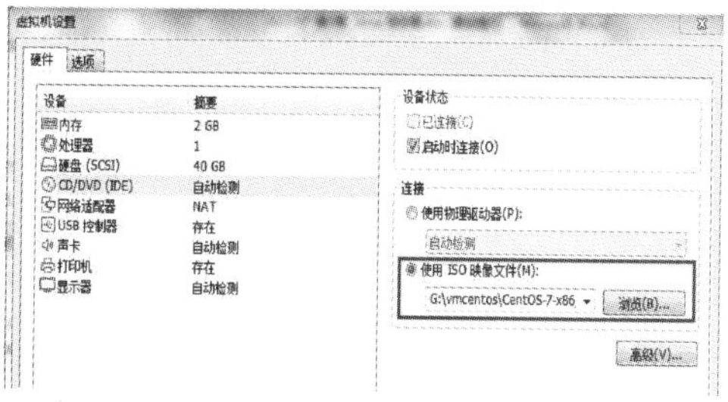

图 3－15　使用 ISO 镜像文件

4. 安装 CentOS 7

安装 CentOS 系统时，计算机的 CPU 需要支持 VT(Virtualzation Technology)，即虚拟化技术。如果虚拟机开启后提示“CPU 不支持 VT 技术”等报错信息，则需要重启计算机进入 BIOS 中把 VT 虚拟化功能开启。

这里接前面配置好的虚拟机，讲解 CentOS 7 的安装过程。

1)安装引导。CentOS 7 安装界面如图 3－16 所示。

默认是第二项，测试光盘镜像的完整性再安装系统，第三项是启动救援模式。这里建议直接向上调整为第一项，即直接安装系统。

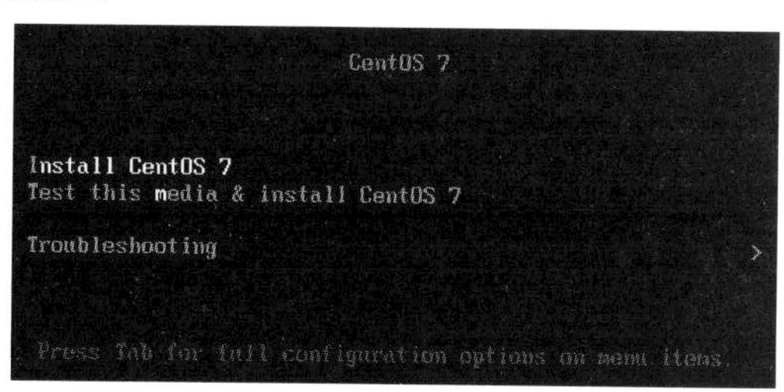


图 3－16　CentOS 7 安装界面

2)进入图 3－17 所示选择系统的安装语言，默认“English”，单击“Continue”按钮。

3)在图 3－18 中选择配置日期和时间，进入图 3－19 中。注意时区和时间设置与宿主机一致，单击“Done”。

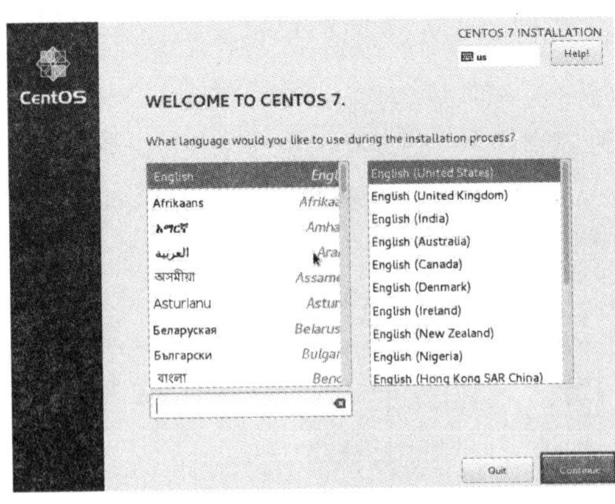


图 3-17　选择系统的安装语言

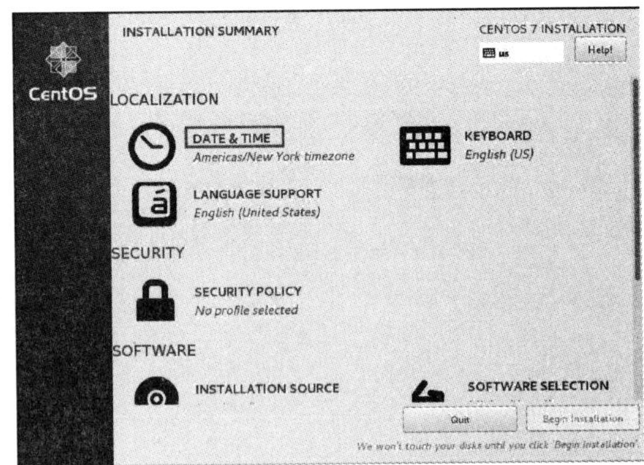


图 3-18　开始本地化设置

4)在图 3-20 中单击“INSTALLATION DESTINATION”，开始配置分区。如果嫌手动分区麻烦可选择自动分区，这里我们学习手动配置，如图 3-21 所示，单击“Done”。

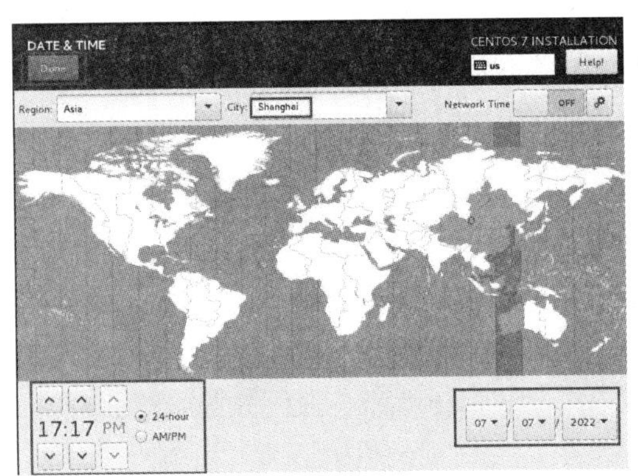


图 3-19　配置日期和时间

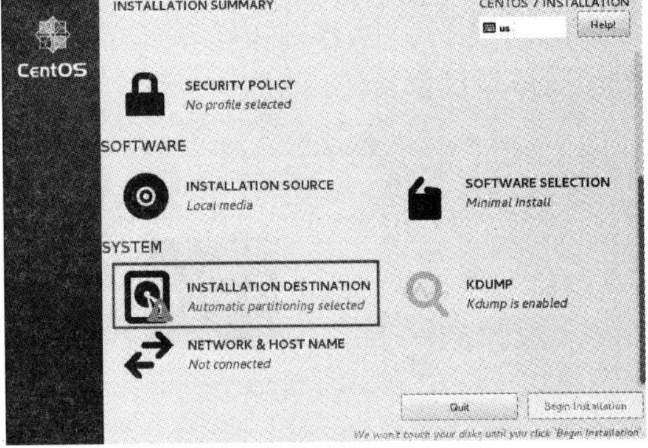


图 3-20　磁盘分区配置

在图 3-22 中，选择标准分区，点击“+”号添加分区。参照图 3-23～图 3-25 完成下面三个分区的创建。

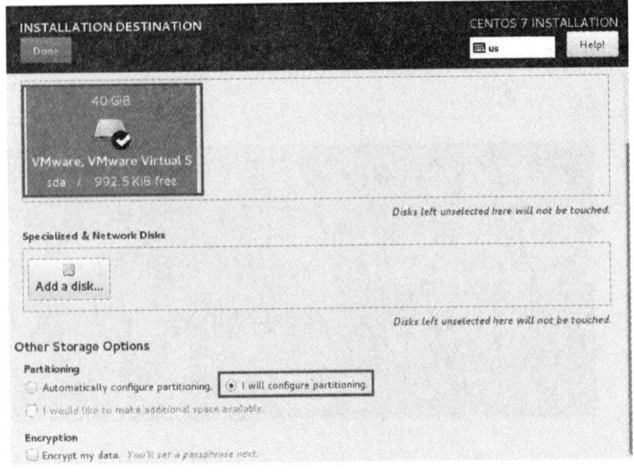


图 3-21　选择手动配置分区

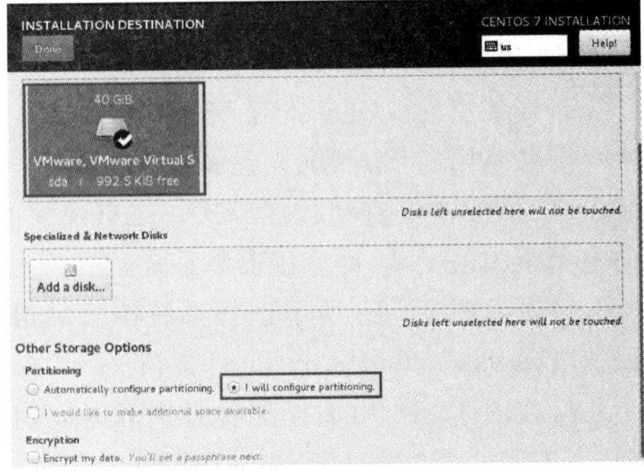


图 3-22　手动划分/boot 分区

①/boot(1 GB):系统启动引导配置文件存放的区域,不需要太大。

②swap(4 GB):交换分区,在系统的物理内存不够用的时候,把硬盘中的一部分空间释放出来,以供当前运行的程序使用,一般为物理内存大小的 1.5~2 倍。

③/(35 GB):根分区,将剩余空间全部作为根分区,注意大小可以不写,系统自动分配。

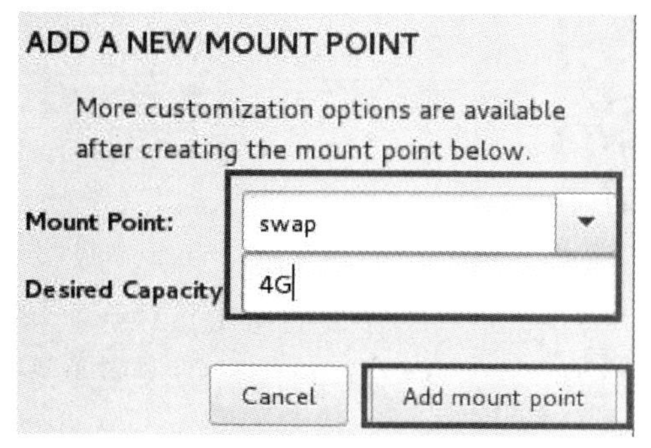


图 3-23　手动划分 swap 分区　　　图 3-24　根分区配置

设置完成后,单击“Done”。在图 3-25 中单击“Accpet Changes”,接受更改。

5)其他配置。在图 3-26 中,单击“NETWORK&HOST NAME”,在图 3-27 中设置网络和主机名。其中网卡地址可以使用默认分配的地址,以后根据需要可以再进行修改。

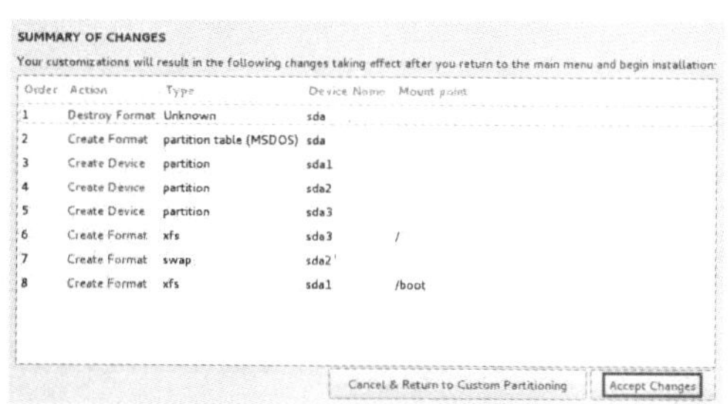


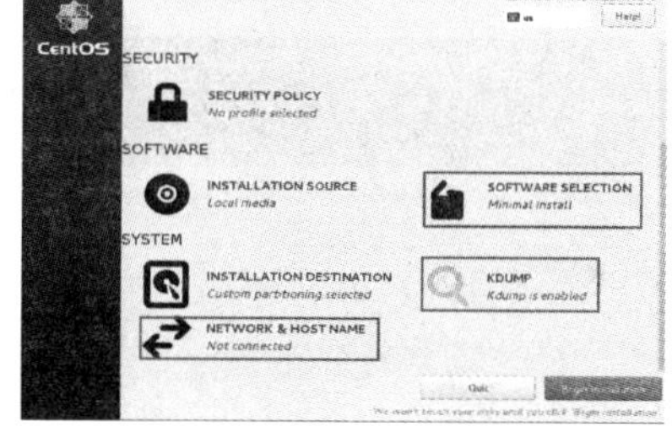


图 3-25　接受磁盘分区配置　　　图 3-26　其他配置

在图 3-26 中,单击“SOFTWARE　SELECTION”,在图 3-28 中选择安装的软件,默认是最小化安装。这个选项只提供运行 CentOS 的基本软件包。最小安装为单一目的服务器提供基本需要,并可在这样的安装中最大化性能和安全性。

在图 3-26 中,单击“KDUMP”,参照图 3-29,关闭 kdump。

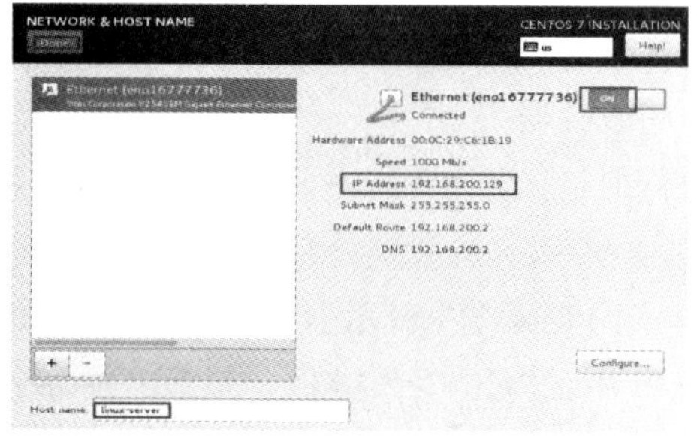


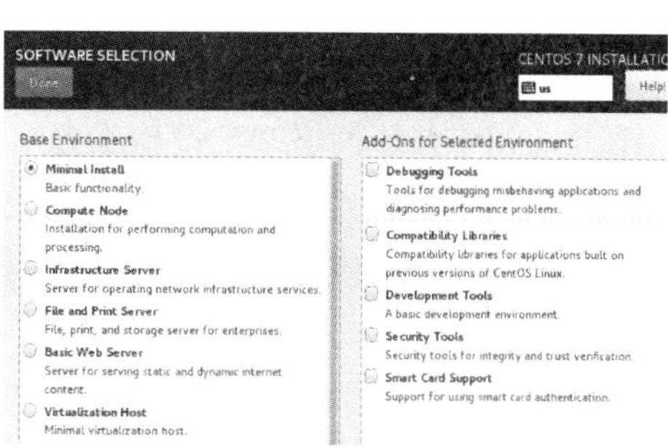


图 3-27　配置网络和主机名　　　图 3-28　选择预安装的软件

6)设置根用户的口令。在图3-26中单击“Begin Installation”,在图3-30中选择设置根用户和普通用户的口令。在图3-31中输入两次根口令,即Linux系统的超级用户root的口令。注意字符区分大小写。以根账号登录,用户对系统有完全的控制权。

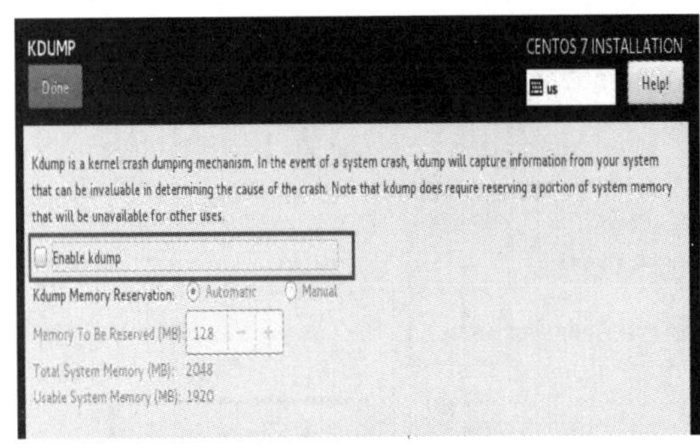


图3-29 配置KDUMP

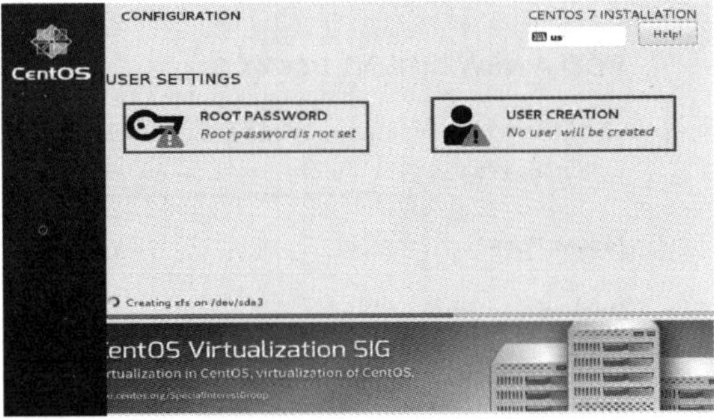


图3-30 系统安装界面

**提示:**Linux系统与Windows系统不同,Linux系统区分大小写。

可以选择创建一个普通用户并设置密码。等待一段时间后单击右下角的“Finish configuration”,最后单击右下角的“Reboot”,这样CentOS 7系统就安装完成了。使用root及其口令登录,会出现图3-32。

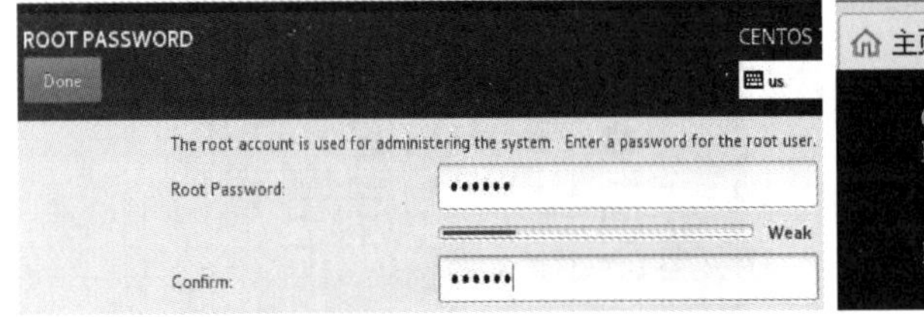


图3-31 设置root用户的口令

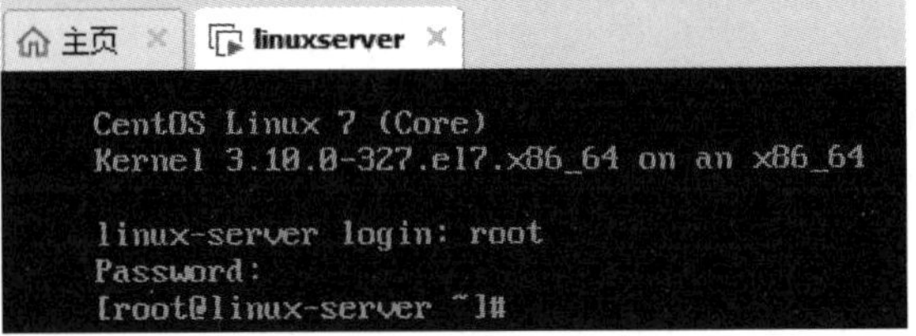


图3-32 root用户登录系统

5. Linux的界面

Linux作为一种类UNIX操作系统,它继承了UNIX强大的字符工作模式,不仅可以高效地完成所有的任务,还可以大大节省系统资源开销。因此使用字符界面时不用启动图形工作模式,而图形模式是很耗费系统资源的。

如果需要使用图形界面,安装过程与字符界面基本相同,只需在图3-32中选择GNOME桌面(GNOME Desktop,一个非常直观且用户友好的桌面环境)或带GUI的服务器(Server with GUI,带有用于操作网络基础设施服务GUI的服务器)。

图形界面下可以通过“打开终端”来实现命令行的输入。如图3-33所示,我们学习第一条命令“ip a”来查询网卡地址。

窗口中会出现“[root@hll-linuxserver～]#”的提示符,表示“root”用户在主机名为“hll-linuxserver”中登录到自己的宿主目录,和DOS中的“C:\>”类似。最后一个字符用于标识用户类型。“#”字符对应root用户,“$”字符对应普通用户。

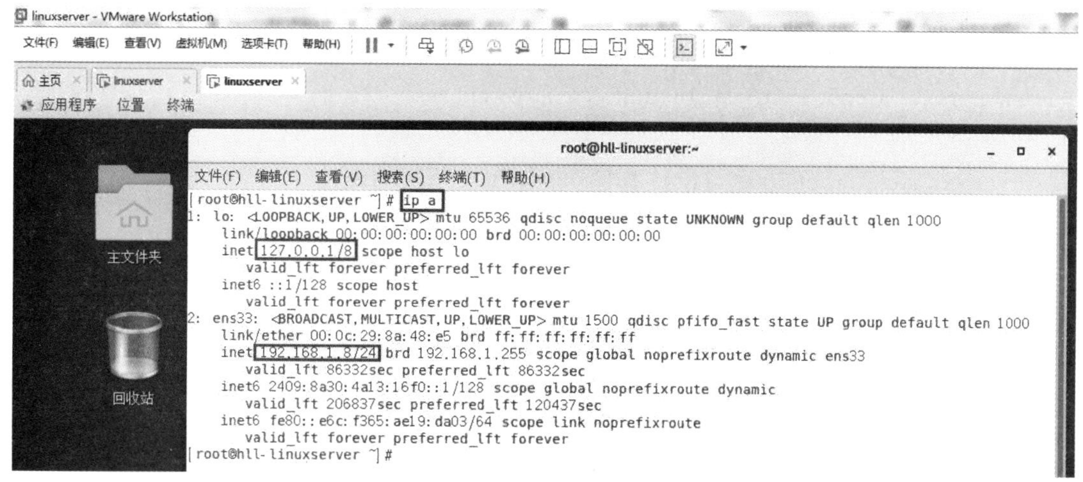


图 3-33　Linux 图形界面及终端窗口

### 3.1.3　Linux 常用命令

1. Linux 命令格式

Linux 命令的基本格式为：

命令字　[命令选项]　[命令参数]

其中，命令字即命令的名称。命令选项用于调节命令的具体功能。命令参数是命令的处理对象。Linux 以回车符作为命令的结束。

**例 3.1**　查看版本号

[root@linux-server ~]# unamer-r

3.10.0-327.el7.x86_64　　　　//查看当前使用的 Linux 的发行版本号

[root@linux-server ~]# cat /etc/redhat-release

CentOS Linux release 7.2.1511 (Core)　　　　//查看当前使用的 Linux 的内核版本号

Linux 中，命令区分大小写。用户在命令行中输入命令或文件名时，可以输入部分内容后，使用[Tab]键让 Shell 程序自动对名称进行补全。这样可以减少输入字符数且保证输入的资料是正确的。

**例 3.2**　补全功能测试

[root@linux-server ~]# ca[Tab] [Tab]　　//显示以 ca 开头的命令

cacertdir_rehash　caller　case　catman

cal　capsh　cat

ca-legacy　captoinfo　catchsegv

**例 3.3**　"ls"命令

(1)[root@linux-server ~]# ls -a

.　..　anaconda-ks.cfg　.bash_logout　.bash_profile　.bashrc　.cshrc　.tcshrc

//显示当前目录中的所有文件目录，包括以"."开头的隐藏文件。

(2)[root@linux-server ~]# ls -l /etc

```
total 1112
-rw-r--r--.  1 root root      16 Jul   7 18:36 adjtime
-rw-r--r--.  1 root root    1518 Jun   7  2013 aliases
……
drwxr-xr-x.  2 root root    4096 Jul   7 18:31 alternatives
……
lrwxrwxrwx.  1 root root      11 Jul   7 18:30 init.d -> rc.d/init.d
……
```

//以长格式显示“/etc”目录中文件的详细信息。

ls-1 命令后显示的信息中，第 1 列为文件类型和权限，第 2 列为文件的链接数，第 3 列为文件的所有者，第 4 列为文件的用户组名（群组），第 5 列为文件的大小（所占的字节数），第 6 到 8 列为文件上一次的修改日期，第 9 列为文件名。

多种文件类型。每一类用一个字符表示。具体意义见表 3-2。

**表 3-2 Linux 支持的文件类型**

| 字符 | 文件类型 | 字符 | 文件类型 | 字符 | 文件类型 | 字符 | 文件类型 |
|---|---|---|---|---|---|---|---|
| — | 普通文件 | s | 信号灯 | d | 目录文件 | p | 有名管道 |
| b | 块设备文件 | c | 字符设备文件 | m | 共享存储器 | l | 链接文件 |

权限由 3 个字符串组成。第 1 个字符串表示文件所有者的权限，第 2 个字符串表示组中其他人的权限（文件所属组用户），第 3 个字符串表示系统中其他人的权限（其他用户）。每个字符串由 3 个字符组成，依次是对文件读（r）、写（w）和执行（x）的权限。当用户没有相应权限时，该位置用“—”表示。

2. Linux 常用命令

1）ls：显示文件或目录的信息。

2）pwd：显示当前工作目录，即当前用户所处的工作目录的绝对路径。

3）cd：目录更改命令。

4）mkdir：新建空目录。

5）touch：新建空文件、更改文件时间。

6）rmdir：删除空目录

7）rm：删除文件或目录。

8）cp：复制文件或目录。

**例 3.4** 有关目录和文件的创建、删除、复制命令

```
[root@linux-server ~]# mkdir test1        //新建空目录 test1
[root@linux-server ~]# touch test2        //新建空文件 test2
[root@linux-server ~]# ls -l
total 4
-rw-------. 1 root root 960 Jul  7 18:37 anaconda-ks.cfg
drwxr-xr-x. 2 root root   6 Jul  8 00:00 test1
```

-rw-r--r--. 1 root root　0 Jul　8 00:00 test2

[root@linux-server ~]# cp test2 ./test1　　//将 test2 文件复制到当前目录中的 test1 目录中

[root@linux-server ~]# ll | tail -2　　　　//以长格式显示当前目录结构中的最后两行

drwxr-xr-x. 2 root root　18 Jul　8 00:01 test1

-rw-r--r--. 1 root root　0 Jul　8 00:00 test2

[root@linux-server ~]# ls test1

test2　　　//查看 test1 目录中的内容

**提示:**

①创建目录时默认权限为 755(rwxr-xr-x)。

②创建文件时默认权限为 644(rw-r—r--)。

③ll 命令是 ls-l 命令的别名,功能相同。

④同一目录下,文件与文件、目录不能重名。

[root@linux-server ~]# rmdir test1

rmdir: failed to remove 'test1': Directory not empty　　　//不能删除非空目录

[root@linux-server ~]# rm test1/test2　　//删除目录中的文件后可以删除已经空的目录

rm: remove regular empty file 'test1/test2'? y

[root@linux-server ~]# rmdir test1　　　//删除成功

[root@linux-server ~]# mkdir test1

[root@linux-server ~]# cp test2 test1/test3

//复制 test2 到当前目录中的 test1 目录中并重新命令为 test3

[root@linux-server ~]# rm test1

rm: cannot remove 'test1': Is a directory　　//删除失败

[root@linux-server ~]# rm -r test1　　　　//确认后可以删除成功

rm: descend into directory 'test1'? y

rm: remove regular empty file 'test1/test3'? y

rm: remove directory 'test1'? y

**提示:**

①rmdir 不能用于删除非空目录,可以先删除目录中的内容,然后再使用该命令。也可以直接使用 rm-r 将指定目录中的目录和文件递归地删除。如果无须确认直接删除,则可以使用 rm-rf。

②在复制时可以对文件直接改名。如 cp test2　test1/newname。

9)mv:文件和目录移动或重命名。

10)wc 命令:统计文件字节数、字数、行数,并将统计结果显示输出。

11)文本文件查看命令:

①cat 命令:最简单的文本文件查看,文件较大时,自动翻页,显示最后一页。

②more 命令:分页显示文件内容,但只能向后翻。

③less 命令:对 more 命令的扩展,回卷分页显示文件内容,阅读环境中的最后一行显示被

显示文件的名称。可向前向后翻,适用于较大文件的阅读。

④head 命令:head [-n] 目录或文件名

显示文件的头部指定 n 行。默认显示最前 10 行。

⑤tail 命令:tail [-n] 目录或文件名

显示文件的尾部指定 n 行。默认显示最后 10 行。

12)help 命令。Shell 是 Linux 系统中的命令解释程序,Linux 启动后 Shell 会常驻内存,执行 Shell 命令时会直接从内存读取,因此执行速度较快。默认情况下,Linux 系统使用 Bash Shell。可通过 help 命令查看提供 Bash 中所有 Shell 命令的帮助信息。

**补充:Linux 中的 Shell**

Shell 是一个命令解释程序,它是用户和 Linux 操作系统核心程序(kernel)间的一个接口。Shell 类似于 Windows 中的 cmd. exe,是一种行命令的操作界面。它接收用户输入的命令并把命令送入内核去执行。Shell 除了可作命令编辑器外也可以用于编程,是系统管理维护时的重要工具。学习它的基本知识,可以帮助我们更好地学习命令。

CentOS 7 系统对常用 Shell 都提供支持,通过“ cat/etc/shells”可查看当前系统可使用的 Shell。其中最常用的是 bash shell。

13)history:Linux 系统中历史命令会记录在用户宿主目录的“. bash_history”文件中,预设可保存 1000 条命令。用户可通过 history 命令快速查询或重复执行已经输入过的命令。

14)free:查看系统内存、虚拟内存大小及占用情况。

15)ps:查看系统的进程。

16)kill:前台进程运行时,可以用“Ctrl+C”组合键终止执行。后台进程则使用 kill 命令向进程发送强制终止信号。

17)wget:在终端下载网络文件。

18)echo:在终端输出字符串或变量提取后的值。可以结合重定向写入文件中。

### 3.1.4 Linux 中的 yum 软件仓库

在安装 Linux 之后,主机就拥有了一些基础的软件和网络服务功能,当然这些自带的软件功能毕竟是少数。因此当我们需要一些扩展的功能时,就需要 rpm 或者 yum 来下载其他软件服务来实现了。

1. rpm

rpm(Red-Hat Package Manager 软件管理器),类似 Windows 中的控制面板,安装应用程序时会建立统一的数据库文件,详细记录软件信息并自动分析依赖关系。但是依赖关系的问题 rpm 不能自动解决,还是要运维人员自己去解决。

2. yum

yum(Yellow dog Updater, Modified)是一个在 Fedora 和 RedHat 以及 SUSE 中的 Shell 前端软件包管理器。基于 rpm 包管理,能够从指定的服务器自动下载 rpm 包并且安装,可以自动处理依赖性关系,并且一次安装所有依赖的软件包。yum 提供了查找、安装、删除某一个、一组甚至全部软件包的命令,而且命令简洁而又好记。Linux 中常见的 yum 命令见表 3-3。

表 3-3 Linux 中常见的 yum 命令

| 命令 | 作 用 |
| --- | --- |
| yum -y install 软件名 | 安装、升级软件包，“-y”选项表示自动确认 |
| yum -y remove 软件名 | 卸载软件包，可自动解决其依赖关系 |
| yum -y update 软件名 | 升级软件包 |
| yum list | 查询软件包列表 |
| yum info 软件名 | 查询软件包的描述信息 |
| yum search [all] 关键词 | 根据某个关键词来查找相关的软件包 |
| yum clean all | 清除所有仓库缓存 |
| yum repolist all | 列出所有仓库 |
| yum grouplist | 查看系统中已经安装的软件包组 |

**例 3.5** yum 本地源仓库的配置

以系统安装盘为例配置本地源仓库。如图 3-34 所示，首先要在虚拟机设置中连接 ISO 映像文件。

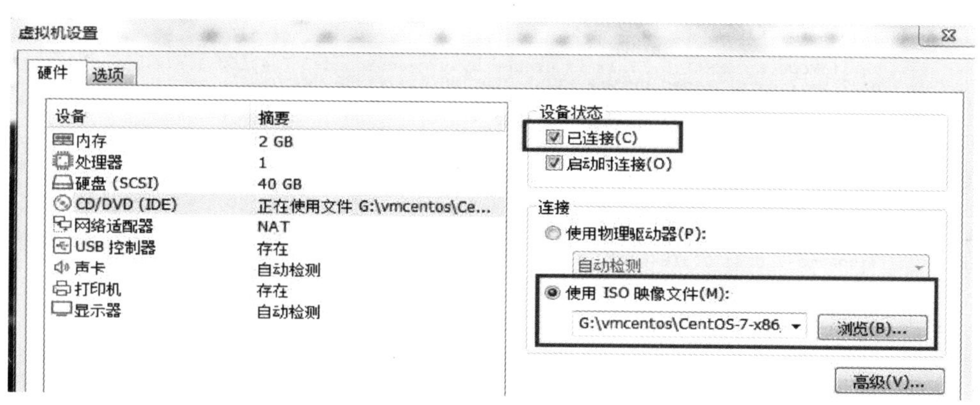


图 3-34 虚拟机中设置连接 ISO 映像文件

```
[root@linux-server ~]mkdir /aa
[root@linux-server ~]# mount  /dev/cdrom  /aa
[root@linux-server ~]# ls /aa
CentOS_BuildTag  GPL       LiveOS    RPM-GPG-KEY-CentOS-7
EFI              images    Packages  RPM-GPG-KEY-CentOS-Testing-7
EULA             isolinux  repodata  TRANS.TBL
//挂载并查看是否成功
[root@linux-server ~]# mkdir /yumbak
[root@linux-server ~]# mv /etc/yum.repos.d/*  /yumbak/
//新建一个文件夹，再将自带的仓库移走
[root@linux-server ~]# vi /etc/yum.repos.d/local.repo
//此时进入 vi 文本编辑器，按“i”键进入插入模式，输入如下内容：
```

[centos7]

name=CentOS7-Myrepo

baseurl=file:///aa

gpgcheck=0

enabled=1

//输入完成后，按"Esc"键退出插入模式，按"：wq"保存退出。

[root@linux-server ~]# yum clean all

[root@linux-server ~]# yum repolist

结果如下：

```
[root@linux-server ~]# yum repolist
Loaded plugins: fastestmirror
centos7                                                  | 3.6 kB     00:00
(1/2): centos7/group_gz                                  | 155 kB     00:00
(2/2): centos7/primary_db                                | 2.8 MB     00:01
Determining fastest mirrors
repo id                      repo name                              status
centos7                      CentOS7-Myrepo                          3,723
repolist: 3,723
```

**例 3.6**　通过安装 vim 软件包比较 rpm 与 yum 的不同。

(1)rmp 命令进行 vim 相关包的安装

```
[root@linux-server ~]# rpm -ivh /aa/Packages/vim-*
warning: /aa/Packages/vim-common-7.4.160-1.el7.x86_64.rpm: Header V3 RSA/SHA256 Signature,
 key ID f4a80eb5: NOKEY
error: Failed dependencies:
        libgpm.so.2()(64bit) is needed by vim-enhanced-2:7.4.160-1.el7.x86_64
        libperl.so()(64bit) is needed by vim-enhanced-2:7.4.160-1.el7.x86_64
        perl(:MODULE_COMPAT_5.16.3) is needed by vim-enhanced-2:7.4.160-1.el7.x86_64
        gtk2 >= 2.6 is needed by vim-X11-2:7.4.160-1.el7.x86_64
        hicolor-icon-theme is needed by vim-X11-2:7.4.160-1.el7.x86_64
        libICE.so.6()(64bit) is needed by vim-X11-2:7.4.160-1.el7.x86_64
        libSM.so.6()(64bit) is needed by vim-X11-2:7.4.160-1.el7.x86_64
        libX11.so.6()(64bit) is needed by vim-X11-2:7.4.160-1.el7.x86_64
        libXt.so.6()(64bit) is needed by vim-X11-2:7.4.160-1.el7.x86_64
        libgdk-x11-2.0.so.0()(64bit) is needed by vim-X11-2:7.4.160-1.el7.x86_64
        libgdk_pixbuf-2.0.so.0()(64bit) is needed by vim-X11-2:7.4.160-1.el7.x86_64
        libgpm.so.2()(64bit) is needed by vim-X11-2:7.4.160-1.el7.x86_64
        libgtk-x11-2.0.so.0()(64bit) is needed by vim-X11-2:7.4.160-1.el7.x86_64
        libpango-1.0.so.0()(64bit) is needed by vim-X11-2:7.4.160-1.el7.x86_64
        libperl.so()(64bit) is needed by vim-X11-2:7.4.160-1.el7.x86_64
        perl(:MODULE_COMPAT_5.16.3) is needed by vim-X11-2:7.4.160-1.el7.x86_64
```

安装失败原因？——包之间的依赖关系不能自动解决。

(2)yum 命令进行 vim 相关包的安装

[root@linux-server ~]#  yum -y install vim-*

……

Installed：

vim-X11. x86_64 2:7. 4. 160-1. el7　　　　vim-common. x86_64 2:7. 4. 160-1. el7

vim-enhanced. x86_64 2:7. 4. 160-1. el7　　　　vim-filesystem. x86_64 2:7. 4. 160-1. el7

……

Complete!

安装成功——自动解决了包之间的依赖关系。

### 3.1.5　文本编辑工具 vi

1. Linux 中的文本编辑器

vi(visual interface)是 Linux 下默认的工作在字符模式下的全屏幕文本编辑器。虽然字符界面存在界面不够友好、操作不够简单等缺点,但因其占用系统资源少、运行效率高、适用范围广等优点仍被广泛采用。vim 是 vi 的改进版,目前大多数 Linux 中使用 vim 代替 vi 编辑器。为保持对 vi 的兼容,通常也将 vim 编辑器称为 vi 编辑器。

2. vi 的工作模式

(1)命令行模式

该模式是进入 vi 编辑器后的默认模式。任何时候,不管用户处于何种模式,按下 Esc 键即可进入命令模式。该模式下,输入的字符被解释为 vi 命令。

(2)文本输入模式

在命令行模式下输入插入命令 i、附加命令 a、打开命令 o、修改命令 c、取代命令 r 或替换命令 s 都可以进入文本输入模式。在该模式下,用户输入的任何字符都被 vi 当作文件内容保存起来,并将其显示在屏幕上。

(3)末行模式

在命令行模式下,用户按":"键即可进入末行模式,此时 vi 会在显示窗口的最后一行(通常也是屏幕的最后一行)显示一个":"作为末行模式的说明符,等待用户输入命令。多数文件管理命令都是在此模式下执行的(如把编辑缓冲区的内容写到文件中等)。末行命令执行完后,vi 自动回到命令行模式。

## 3.2 配置网络和远程控制服务

### 3.2.1 配置网络

Linux 主机要与网络中的其他主机进行通信,首先要进行网络配置。网络配置通常包括主机名、IP 地址、子网掩码、网关、DNS 服务器等。

1. 网络信息查看与配置

"/etc/sysconfig/network-scripts"目录:系统网络设备的配置文件保存在目录中。ifcfg-lo 对应回路 IP 地址(固定为 127.0.0.1)。ifcfg-eno16777736对应网卡信息,安装版本不同,对应的网卡名称也会有所不同。

```
[root@linux-server ~]# ls /etc/sysconfig/network-scripts/
[root@linux-server ~]# cat /etc/sysconfig/network-scripts/ifcfg-eno16777736
TYPE="Ethernet"
BOOTPROTO="dhcp"        //网卡配置默认为动态"dhcp",可使得"static"设置为静态 IP
DEFROUTE="yes"
PEERDNS="yes"
PEERROUTES="yes"
IPV4_FAILURE_FATAL="no"
IPV6INIT="yes"
IPV6_AUTOCONF="yes"
IPV6_DEFROUTE="yes"
```

```
IPV6_PEERDNS="yes"
IPV6_PEERROUTES="yes"
IPV6_FAILURE_FATAL="no"
NAME="eno16777736"
UUID="2021c9cf-11f2-4497-9f68-b5e0f0303dfc"
DEVICE="eno16777736"                //物理设备名
ONBOOT="yes"                        //启动系统时激活该网卡
```

网卡配置静态时需要修改和添加的内容如下：

```
BOOTPROTO=static                    //将"dhcp"修改为"static"
IPADDR=192.168.18.1                 //添加该行，即配置网卡的 IP 地址
NETMASK=255.255.255.0               //添加该行，即配置网卡的子网掩码
GATEWAY=192.168.18.2                //添加该行，即配置网关
```

修改后要重新启用网络服务或重启系统才能生效。

```
[root@linux-server ~]# systemctl restart netwok
```

由于后面学习仍需使用动态 IP 地址，试着重新恢复为 DHCP 方式，并查看获得的 IP 地址。

2. ping 命令

ping 命令用于测试与其他主机的网络连接。后面可直接接目的主机的地址。如果不需要持续观察连接状态，可设置数据包的数量。

格式为：

ping - c 测试数据包数量 目的主机地址

```
[root@linux-server ~]# ping 192.168.200.2
//使用"Ctrl+c"组合键可结束发送测试包。
--- 192.168.200.2 ping statistics ---          //ping 命令结束执行后，显示统计信息
5 packets transmitted, 5 received, 0% packet loss, time 4002ms
rtt min/avg/max/mdev = 0.118/0.455/1.583/0.565 ms
```

试试 #ping - c 4 192.168.200.1 测试时的显示内容。

3. 设置主机名命令：hostname 和 hostnamectl

```
[root@linux-server ~]# hostname                //查看当前主机名
linux-server
[root@linux-server ~]# hostname centos         //临时修改主机名
[root@linux-server ~]# hostname
centos
[root@linux-server ~]# hostnamectl set-hostname master
//设置永久主机名，是对/etc/hostname 文件的内容进行修改
[root@linux-server ~]# cat /etc/hostname
master
[root@linux-server ~]# bash       //执行 bash 后主机名会立即生效，注意提示符的变化
[root@master ~]#                  //试着重新设置主机名，恢复为 linux-server
```

4. **路由配置命令**：route

route命令用于IP路由表的显示和操作。

如果route命令不能被识别，那么需要安装“net-tools”包。

[root@linux-server ～]＃ route

bash：route：command not found

[root@linux-server ～]＃ yum -y install net-tools

[root@linux-server ～]＃ route

```
Kernel IP routing table
Destination     Gateway         Genmask         Flags Metric Ref    Use Iface
default         192.168.200.2   0.0.0.0         UG    100    0        0 eno16777736
192.168.200.0   0.0.0.0         255.255.255.0   U     100    0        0 eno16777736
```

route命令的常用参数有：

1)add：添加一条新路由。

2)del：删除一条路由。

3)-net：目标地址是一个网络。

4)-host：目标地址是一个主机。

5)netmask：当添加一个网络路由时，需要使用网络掩码。

6)gw：路由数据包通过网关。注意，你指定的网关必须能够达到。

7)metric：设置路由跳数。

下面举例说明。

(1)添加一条指向某个网络的路由

＃ route add -net 10.0.0.0 netmask 255.255.255.0 dev eno16777736

//-net 10.0.0.0 netmask 255.255.255.0为指定目标网络的参数，需要IP地址或地址范围、子网掩码用于确定网络范围。route添加路由都是需要指定目标网络和路由出口这两个参数。记住加上-p选项能永久添加。

(2)添加到某一个IP的路由

＃ route add -host 192.168.18.100 dev eno16777736

(3)屏蔽某一路由

当不想让系统到达某个子网范围或者某个主机时，可以手动进行屏蔽，这相当于指定的出口是reject(拒绝)。

＃route add -net 10.10.10.128 netmask 255.255.255.128 reject

此时查看路由表如下：

```
[root@linux-server ~]# route
Kernel IP routing table
Destination     Gateway         Genmask         Flags Metric Ref    Use Iface
default         192.168.200.2   0.0.0.0         UG    100    0        0 eno16777736
10.0.0.0        0.0.0.0         255.255.255.0   U     0      0        0 eno16777736
10.10.10.128    -               255.255.255.128 !     0      -        0 -
192.168.18.100  0.0.0.0         255.255.255.255 UH    0      0        0 eno16777736
192.168.200.0   0.0.0.0         255.255.255.0   U     100    0        0 eno16777736
```

Flags标志说明如下：

1)U，Up，表示此路由当前为启动状态。

2)H，Host，表示此网关为一主机。

3)G，Gateway，表示此网关为一路由器。

4)R,Reinstate Route,使用动态路由重新初始化的路由。

5)D,Dynamically,此路由是动态性地写入。

6)M,Modified,此路由是由路由守护程序或导向器动态修改。

(4)删除路由

```
#route del -net 10.10.10.128 netmask 255.255.255.128 reject
```

**注意:**删除路由时,最好对照路由表上进行,以防错删。

(5)添加/删除默认网关

```
#route del default gw 192.168.200.2        //删除默认网关
#route
#route add default gw 192.168.200.2        //添加默认网关
#route                                     //比较两次 route 命令显示结果的不同
```

5.域名服务器配置文件

“/etc/resolv.conf”文件保存了系统使用 DNS 服务器的 IP 地址。一行定义一个 nameserver 项,最多可以设置三个。系统优先选择第一行指定的 DNS 服务器,若无效则使用后面的 DNS 服务器。

```
[root@linux-server ~]# cat /etc/resolv.conf
# Generated by NetworkManager
search localdomain
nameserver 192.168.200.2
nameserver 192.168.200.129
```

查询本机域名解析情况的常用命令是 nslookup。如果该命令不能被识别,则需要安装 bind-utils 包。

```
[root@linux-server ~]# nslookup      //测试 DNS 域名解析
> server                             //显示当前 DNS 服务器
Default server: 192.168.200.2
Address: 192.168.200.2#53
> www.baidu.com                      //测试百度域名解析
Server:         192.168.200.2
Address:        192.168.200.2#53
Non-authoritative answer:
www.baidu.com   canonical name = www.a.shifen.com.
Name:   www.a.shifen.com
Address: 36.152.44.95
Name:   www.a.shifen.com
Address: 36.152.44.96
> www.aaammm.net                     //测试某一非法域名解析
Server:         192.168.200.2
Address:        192.168.200.2#53
** server can't find www.aaammm.net: NXDOMAIN
```

//这里显示 DNS 服务器不能进行正确解析
>exit　　　　　　　　　　　//退出 nslookup 交互环境，该命令结束

### 3.2.2　配置远程控制服务

实际工作中，公司一般都会有机房，机房里放有很多服务器，运维人员坐在办公室通过配置远程控制服务就可以远程操作这些服务器，简单又便捷。当需要从一个工作站管理数以百计的服务器主机时，远程维护的方式将更占优势。

为了测试完成，现将 Linux 虚拟机进行克隆，并设置该虚拟机为客户端，主机名为"linux-client"，与原虚拟机一致，网卡连接方式为 NAT 方式，IP 地址为 DHCP 方式。

关闭当前虚拟机，在"虚拟机"菜单中找到"管理"，在子菜单中选择"克隆"，进行虚拟机制克隆。根据需要选择"链接克隆"(建议使用)或"完整克隆"。

完成后开启两台虚拟机，此时的环境如下：

1)计算机名 linux-server，服务器，IP：192.168.200.129/24。

2)计算机名 linux-client，客户端，IP：192.168.200.130/24。

3)宿主机，Windows 系统，IP：192.168.200.1/24。

1. SSH(Secure SHell)远程管理

SSH 是一种安全通道协议，主要用来实现字符界面的远程登录、远程复制等功能。SSH 协议对通信双方的数据传输进行了加密处理，其中包括用户登录时输入的用户口令。与早期的 Telent，RSH，RCP 等应用相比，SSH 协议提供了更好的安全性。

(1)配置 OpenSSH 服务并检测

在 CentOS 7 系统中，OpenSSH 服务器由 openssh，openssh-server 等软件包提供(默认已安装)，并已将 sshd 添加为标准的系统服务，默认开启。

OpenSSH 客户端由 openssh-clients 软件包提供(默认已安装)，其中包括 SSH 远程登录命令、scp 远程复制命令、sftp 文件传输命令等。

通过 SSH 命令可以远程登录 sshd 服务，为用户提供一个安全的 Shell 环境，以便对服务器进行管理和维护。使用时应指定登录用户、目标主机地址作为参数。示例如下：

```
[root@linux-client ~]# ssh 192.168.200.129
The authenticity of host '192.168.200.129 (192.168.200.129)' can't be established.
ECDSA key fingerprint is 4f:5c:64:ba:4e:72:0c:7b:e8:ec:6e:8e:b6:eb:03:9a.
Are you sure you want to continue connecting (yes/no)? yes
Warning: Permanently added '192.168.200.129' (ECDSA) to the list of known hosts.
root@192.168.200.129's password:
```

输入"yes"和 root 用户的密码即可远程连接服务器端。

```
[root@linux-client ~]# ip a
```

此时可以查看到的 IP 地址是 192.168.200.129/24。

**注意：**sshd 服务的安全问题。

默认允许 root 用户登录，但在 Internet 中使用时是非常不安全的。关于 sshd 服务的用户登录控制，通常应禁止 root 用户或密码为空的用户登录。sshd 服务使用的默认端口号为 22，必要时建议修改此端口号，并指定监听服务的具体 IP 地址，以提高在网络中的隐蔽性。V2 版

本(#Protocol 2)要比 V1 版本的安全性更好,禁用 DNS 反向解析可以提高服务器的响应速度。另外,可以限制登录验证的时间(默认为 2 min)及最大重试次数,若超过限制后仍未能登录则断开连接。

[root@linux-server ~]# vi /etc/ssh/sshd_config

使用"/PermitRootLogin"从上到下查找该字符串,会找到

#PermitRootLogin yes　改为 PermitRootLogin no　//禁止 root 管事员远程登录

同样的查找方法,找到下面三行进行修改

#Port 22　改为 Port 5309　//使用非默认的端口(如 5309)

#LoginGraceTime 2m　改为 LoginGraceTime 1m　// 限制登录验证的时间为 1 min

#MaxAuthTries 6　改为 MaxAuthTries 6　//最大重试次数为 3 次

可以根据需要自定义时间长短和重试次数。

**注意:**要保存退出同时重启 sshd 服务。

[root@linux-server ~]# systemctl restart sshd

由于禁用了 root 用户,这里添加一个名为"aa"的普通用户并设置密码。

Linux 操作系统是一个多用户多任务的操作系统,任何一个用户要使用系统资源首先必须申请一个账号,然后用这个账号进行系统登录。

Linux 系统中有 root 用户、虚拟用户和普通用户三类用户。root 用户是超级管理用户,权限最高。虚拟用户是 Linux 操作系统正常工作所必需的内建用户,通常是在安装相关软件包时自动创建的,一般不需要改变其默认设置。这类用户是系统自身拥有的,不能登录系统,但却是系统运行不可缺少的用户,比如 bin,daemon,adm,ftp 等。普通用户由系统管理员创建,能够登录系统,但只能操作自己的内容,权限受限。

```
[root@linux-server ~]# useradd aa && passwd aa
Changing password for user aa.
New password:
BAD PASSWORD: The password is shorter than 8 characters
Retype new password:
passwd: all authentication tokens updated successfully.
```

在客户端检测效果如下:

```
[root@linux-client ~]# ssh -p 5309 aa@192.168.200.129
aa@192.168.200.129's password:
[aa@linux-client ~]$ su - root    从普通用户aa切换到root用户
Password:          输入root的密码
Last login: Thu Jul 14 16:51:01 CST 2022 from 192.168.200.130 on pts/1
[root@linux-client ~]# exit
logout
[aa@linux-client ~]$ exit
logout
Connection to 192.168.200.129 closed.
[root@linux-client ~]# ssh -p 5309 root@192.168.200.129
root@192.168.200.129's password:
Permission denied, please try again. root用户被禁止直接远程登录
root@192.168.200.129's password:
Connection closed by 192.168.200.129
[root@linux-client ~]#
```

SSH 命令中,使用"-p"指定端口号,IP 地址前指定用户名。

注意:如果出现"ssh: connect to host 192.168.200.129 port 5309: No route to host",则考虑是防火墙的原因。可以使用"systemctl stop firewalld"临时关闭两端的防火墙。

(2)登录验证方式

从上例中可以看出,在登录验证时使用的是密码验证。

对于服务器的远程管理，除了用户账户的安全控制以外，登录验证的方式也非常重要。sshd 服务支持两种验证方式——密码验证、密钥对验证，可以设置只使用其中一种方式，也可以两种方式都启用。

1）密码验证：对服务器中本地系统用户的登录名称、密码进行验证。

配置文件中默认选项为：

＃PasswordAuthentication yes

这种方式使用最为简便，但从客户端角度来看，正在连接的服务器有可能被假冒；从服务器角度来看，当遭遇密码穷举第三者时防御能力比较弱。

2）密钥对验证：要求提供相匹配的密钥信息才能通过验证。

配置文件中默认选项为：

＃RSAAuthentication yes

＃PubkeyAuthentication yes

通常先在客户端中创建一对密钥文件（公钥、私钥），然后将公钥文件放到服务器中的指定位置。远程登录时，系统将使用公钥、私钥进行加密/解密关联验证，大大增强了远程管理的安全性。该方式不易被假冒，且可以免交互登录，在 Shell 中被广泛使用。

当密码验证、密钥对验证都启用时，服务器将优先使用密钥对验证。对于安全性要求较高的服务器，建议将密码验证方式禁用，只允许启用密钥对验证方式；若没有特殊要求，则两种方式都可以启用。其中，公钥文件用来保存多个客户端上传的公钥文本，以便与客户端本地的私钥文件进行匹配。

**注意：**为了不影响案例，请将/etc/ssh/sshd_config 配置文件恢复到初始状态。

**项目案例：**构建密钥对验证的 SSH 体系——以 stu 用户身份登录 ssh 服务器

1）服务器端创建用户 stu。

[root@linux-server ～]＃ useradd stu && passwd stu

2）客户端生成密钥对。

```
[root@linux-client ~]# ssh-keygen
Generating public/private rsa key pair.
Enter file in which to save the key (/root/.ssh/id_rsa): 回车或重新设置密钥的存储路径
Enter passphrase (empty for no passphrase):
Enter same passphrase again:          设置密钥的密码，两次要一致
Your identification has been saved in /root/.ssh/id_rsa.
Your public key has been saved in /root/.ssh/id_rsa.pub.
The key fingerprint is:
65:09:5c:dc:ea:2b:1e:24:0c:d2:f3:7e:2c:23:47:cc root@linux-client
The key's randomart image is:
+--[ RSA 2048]----+
|        ..o..    |
|   .    .....    |
|  . +      +.    |
|   . B    o.     |
|      E S.       |
|     o +  .      |
|    . = +  .     |
|     o +...      |
|        ...      |
+-----------------+

[root@linux-client ~]# ll /root/.ssh
total 12
-rw-------. 1 root root 1766 Jul 14 17:18 id_rsa
-rw-r--r--. 1 root root  399 Jul 14 17:18 id_rsa.pub
-rw-r--r--. 1 root root  177 Jul 14 16:13 known_hosts
```

3)客户端将生成的公钥传送给服务器端。

```
[root@linux-client ~]# ssh-copy-id stu@192.168.200.129
/usr/bin/ssh-copy-id: INFO: attempting to log in with the new key(s), to filter out any th
at are already installed
/usr/bin/ssh-copy-id: INFO: 1 key(s) remain to be installed -- if you are prompted now it
is to install the new keys
stu@192.168.200.129's password: 输入stu的密码

Number of key(s) added: 1

Now try logging into the machine, with:   "ssh 'stu@192.168.200.129'"
and check to make sure that only the key(s) you wanted were added.
```

4)服务器端设置只允许密钥验证。

在“/etc/ssh/sshd_config”中设置 PasswordAuthentication no 后重启服务。

5)客户端检测:使用 aa 用户远程登录到服务器端。

```
[root@linux-client ~]# ssh stu@192.168.200.129
Enter passphrase for key '/root/.ssh/id_rsa':  输入前面设置的密钥
[stu@linux-client ~]$ ip a
1: lo: <LOOPBACK,UP,LOWER_UP> mtu 65536 qdisc noqueue state UNKNOWN
    link/loopback 00:00:00:00:00:00 brd 00:00:00:00:00:00
    inet 127.0.0.1/8 scope host lo
       valid_lft forever preferred_lft forever
    inet6 ::1/128 scope host
       valid_lft forever preferred_lft forever
2: eno16777736: <BROADCAST,MULTICAST,UP,LOWER_UP> mtu 1500 qdisc pfifo_fast state UP qlen
1000
    link/ether 00:0c:29:c6:1b:19 brd ff:ff:ff:ff:ff:ff
    inet 192.168.200.129/24 brd 192.168.200.255 scope global dynamic eno16777736
       valid_lft 1007sec preferred_lft 1007sec
    inet6 fe80::20c:29ff:fec6:1b19/64 scope link
       valid_lft forever preferred_lft forever
[stu@linux-client ~]$
```

(3)scp 远程复制

通过 scp 命令可以利用 SSH 安全连接与远程主机相互复制文件,使用 scp 命令时,除了必须指定复制源、目标之外,还应指定目标主机地址、登录用户,执行后根据提示输入验证口令即可。示例如下:

```
[root@linux-client ~]# ls
anaconda-ks.cfg   a.txt   test2
[root@linux-client ~]# scp root@192.168.200.129:/etc/ssh/sshd_config ./
root@192.168.200.129's password:   //输入 root 的密码
sshd_config                              100% 4358    4.3KB/s   00:00
//将远程主机数据复制到本地数据,保存在当前位置
[root@linux-client ~]# scp -r ./a.txt root@192.168.200.129:/tmp/
root@192.168.200.129's password:   //输入 root 的密码
a.txt                                    100%   14    0.0KB/s   00:00
//将本地数据上传到远程主机目录的/tmp 目录中
```

2. SecureCRT 工具的使用

安全远程登录(SecureCRT)和安全传输(SecureFX)都是由 VanDyke 出品的安全外壳(Secure Shell,SSH)传输工具。

下载 SecureCRT 工具,实现远程操作虚拟机中的 Linux 服务器,方法如下。

(1)IP 地址的配置

在图 3-7 中选择网络连接方式,这里以 NAT 方式讲解。在虚拟机选择“编辑”,打开“虚拟网络编辑器”,如图 3-35 所示,找到 VMnet8 对应的网络,单击“NAT 设置”,默认 DHCP

服务器会为当前的虚拟机自动分配该地址池中的一个 IP 地址。使用“ip a”命令查询当前的 IP 地址。

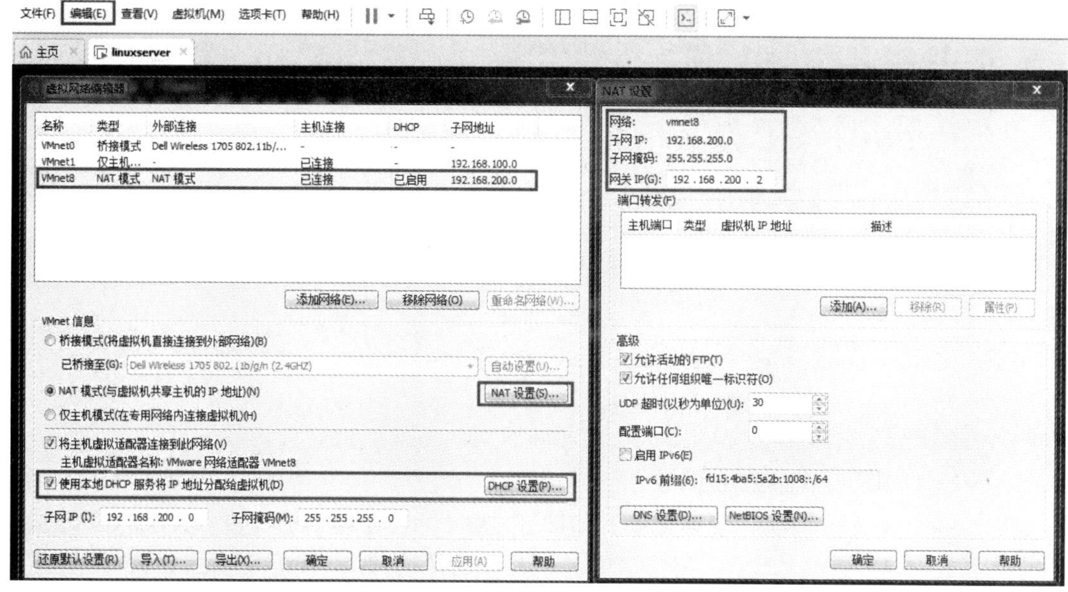


图 3－35　虚拟网络编辑器中的设置

如图 3－36 所示，启用宿主机的“网络连接”中的“VMware Network Adapter VMnet8”，并查看 IP 地址是否与虚拟机在同一网段。

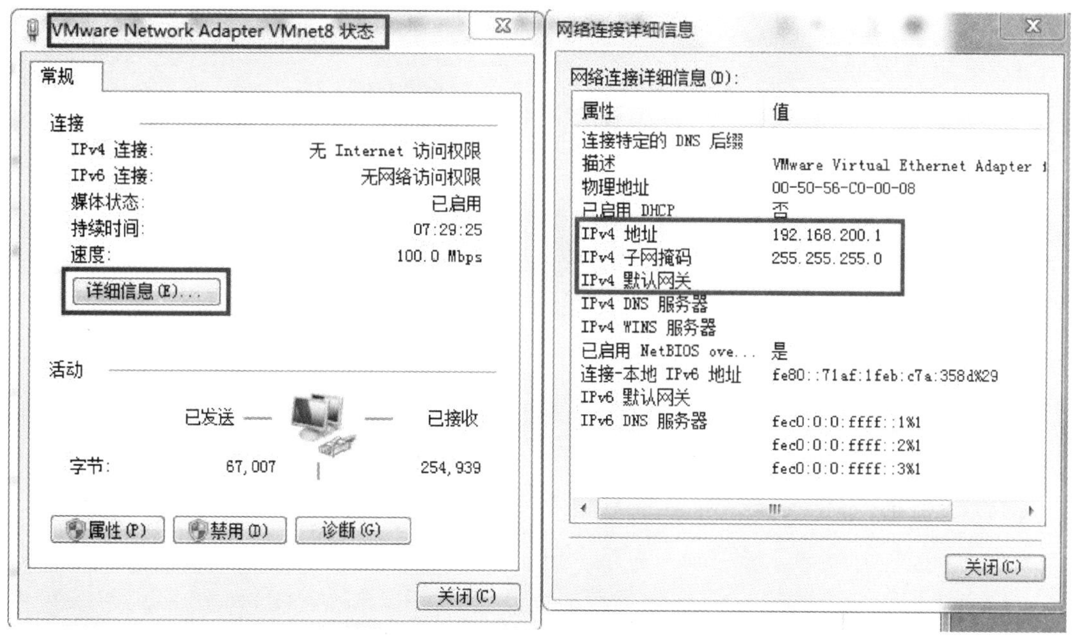


图 3－36　宿主机中的虚拟网卡及 IP 地址

使用 ping 命令测试宿主机与虚拟机的连通性，如图 3-37 所示。

```
[root@linux-server ~]# ip a
1: lo: <LOOPBACK,UP,LOWER_UP> mtu 65536 qdisc noqueue state UNKNOWN
    link/loopback 00:00:00:00:00:00 brd 00:00:00:00:00:00
    inet 127.0.0.1/8 scope host lo
       valid_lft forever preferred_lft forever
    inet6 ::1/128 scope host
       valid_lft forever preferred_lft forever
2: eno16777736: <BROADCAST,MULTICAST,UP,LOWER_UP> mtu 1500 qdisc pfifo_fast state UP qlen
1000
    link/ether 00:0c:29:c6:1b:19 brd ff:ff:ff:ff:ff:ff
    inet 192.168.200.129/24 brd 192.168.200.255 scope global dynamic eno16777736
       valid_lft 1577sec preferred_lft 1577sec
    inet6 fe80::20c:29ff:fec6:1b19/64 scope link
       valid_lft forever preferred_lft forever
[root@linux-server ~]# ping 192.168.200.1
PING 192.168.200.1 (192.168.200.1) 56(84) bytes of data.
64 bytes from 192.168.200.1: icmp_seq=1 ttl=128 time=0.302 ms
64 bytes from 192.168.200.1: icmp_seq=2 ttl=128 time=0.239 ms
64 bytes from 192.168.200.1: icmp_seq=3 ttl=128 time=0.239 ms
64 bytes from 192.168.200.1: icmp_seq=4 ttl=128 time=0.260 ms
^C
--- 192.168.200.1 ping statistics ---
4 packets transmitted, 4 received, 0% packet loss, time 3002ms
```

图 3-37　宿主机与虚拟机的连通性测试

(2)SecureCRT 的连接方法

打开 SecureCRT 并点击“快速连接”，如图 3-38 所示，选择 SSH2 协议并输入要连接的主机 IP 地址、端口(默认 22 号)、用户名“root”后，单击“连接”。接下来输入密码并单击“确定”按钮。

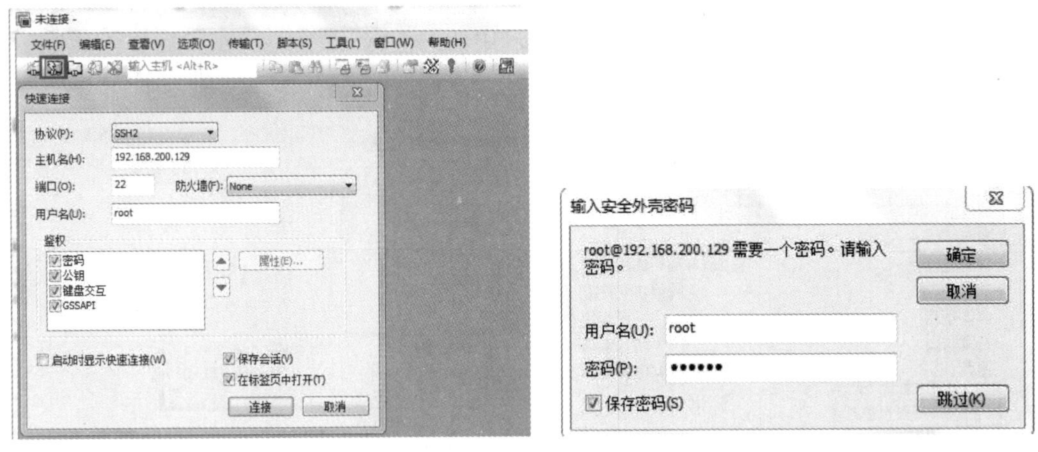


图 3-38　SecureCRT 的连接

参照图 3-39，单击“SecureFX”，在打开的窗口(见图 3-40)中可以在 Windows 和 Linux 系统之间进行文件的安全传输。

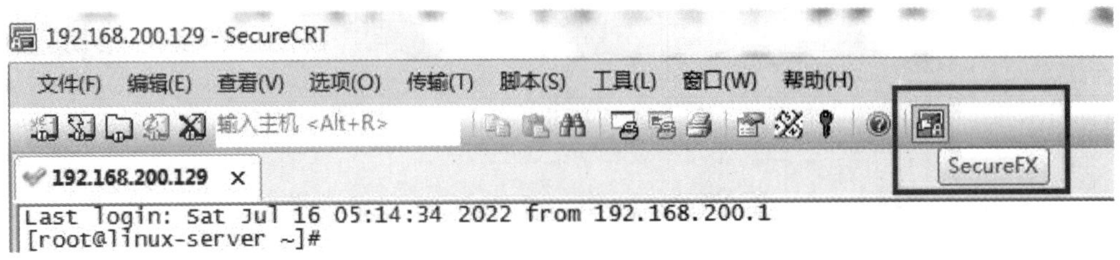


图 3-39　SecureCRT 中打开 SecureFX

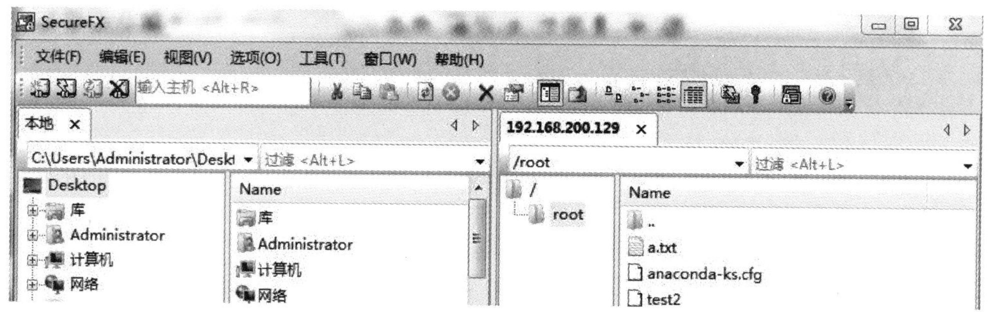


图 3-40　使用 SecureFX 传输文件

## 3.3　配置与管理 Samba 服务器

在 Linux 系统下有很多工具可以实现文件共享。Linux 中配置 NFS 可用于实现 Linux (UNIX)之间文件共享。但如果客户端是 Windows 系统，则还需要借助其他软件。不同系统间的文件共享，一般采用 Samba 和 FTP。本节先来学习 Samba 服务器。

### 3.3.1　Samba 服务器配置

1. Samba 的概念和功能

Samba 是一个能让 Linux 系统应用 Microsoft 网络通信协议(Server Message Block, SMB 协议)的软件。Samba 最大的功能是实现 Linux 系统和 Windows 系统之间的数据共享和打印共享。

2. Samba 服务器的安装与配置

系统环境如下：

1)Samba 服务器的地址：192.168.200.129/24。

2)Samba 服务器的操作系统：CentOS Linux release 7.2.1511。

(1)Samba 软件包的安装

在使用之前首先要登录系统检查是否安装了 Samba 软件包，方法如下：

```
[root@linux-server ~]# rpm -q samba
package samba is not installed
```

如果没有安装，那么可以使用 yum 命令安装。

```
[root@linux-server ~]# yum -y install samba samba-client smaba-common
[root@linux-server ~]# rpm -qa |grep samba   //再次检查是否安装了 Samba 软件包
```

(2)核心配置文件——smb.conf

默认的核心配置文件是/etc/samba/smb.conf，主要由三部分组成：注释和范例部分、Global Settings 和 Share Definitions。

1)注释部分以“#”开头，范例部分以“;”开头，分别提供说明和参考，并不生效。

2)Global Settings 部分以[global]开始，设置的是全局变量。Samba 提供五种安全模式(share，user，server，domain 和 ads)。这里重点讲解 share 和 user 模式。share 模式中，共享目

录一般只给予较低权限,客户端可实现匿名访问。user 模式要求客户端提交合法的账号和密码,这也是默认的级别。

3)Share Definitions 部分设置共享对象和共享的权限。查看有效内容时,可以忽略注释(grep -v "^#")和示例(grep -v "^;")以及空格(grep -v "^$")部分。

```
[root@linux-server ~]# cat /etc/samba/smb.conf |grep -v "^#"|grep -v "^;"|grep -v "^$"
[global]
        workgroup = MYGROUP
        server string = Samba Server Version %v
        # log files split per-machine:
        log file = /var/log/samba/log.%m
        # maximum size of 50KB per log file, then rotate:
        max log size = 50
        security = user
        passdb backend = tdbsam
        # the following login script name is determined by the machine name
        # (%m):
        # the following login script name is determined by the UNIX user used:
        # use an empty path to disable profile support:
        # various scripts can be used on a domain controller or a stand-alone
        # machine to add or delete corresponding UNIX accounts:
        load printers = yes
        cups options = raw
        # obtain a list of printers automatically on UNIX System V systems:
[homes]
        comment = Home Directories
        browseable = no
        writable = yes
[printers]
        comment = All Printers
        path = /var/spool/samba
        browseable = no
        guest ok = no
        writable = no
        printable = yes
```

默认的文件比较烦琐。这里建议先备份这个文件,然后重新建立一个 smb.conf 文件。

备份文件:[root@linux-server ~]# cp /etc/samba/smb.conf /smb.conf.bak

在接下来的文件编写中,设置允许匿名用户对共享目录可以进行下载或上传文件。

[root@linux-server ~]# vi /etc/samba/smb.conf

[global]　　　　　　　　　　　　//表示以下内容为全局配置

workgroup = hbvtc.net　　　　　//定义工作组,即 Windows 中的工作组概念

netbios name = hbvtc　　　　　//定义 Windows 中显示出来的计算机名称

server string = my linux samba server　//定义 Samba 服务器的说明信息

log file = /var/log/samba/%m.log　　//定义 Samba 用户的日志文件,%m 代表客户端主机名

security = user

//定义数据共享的方式,常用的有 user,share,server,domain。user 表示需要进行密码验证。share 表示直接可共享数据,但在 Samba4 中 share 和 server 两个选项已经被禁用,如果要实现无密码登录,需要添加 security = user 和 map to guest = Bad User 两行。

map to guest = Bad User

[linuxshare]　　　　　　　　　　//设定在 Windows 中显示出来的共享目录名

　　path = /hbvtc/linuxshare　　　//指定共享的目录

　　writeable = yes　　　　　　//设置对共享目录是否有写权限,也可以写为 readonly = no

　　browseable = yes　　　　　//设置是否可以在 Windows 工作组中看到共享目录

　　guest ok = yes　　　　　　//定义匿名用户是否可以登录

(3)建立共享目录

```
[root@linux-server ~]# mkdir -p /hbvtc/linuxshare
[root@linux-server ~]# chown -R nobody:nobody /hbvtc/linuxshare/
```

(4)启动或重启 SMB 服务

```
[root@linux-server ~]# systemctl restart smb
[root@linux-server ~]# ps -ef |grep smb
root      1636     1   0 17:02 ?        00:00:00 /usr/sbin/smbd
root      1638  1636   0 17:02 ?        00:00:00 /usr/sbin/smbd
root      1664  1438   0 17:05 pts/0    00:00:00 grep --color=auto smb
```

### 3.3.2 Samba 客户端配置与检测

1. Samba 客户端的配置

对于客户端，首先要保证与 Samba 服务器在同一 LAN，相互能 ping 通并有相关的防火墙规则不阻止客户端的访问（我们这里可以直接关闭防火墙）。

系统环境如下：

1)Samba 客户端 1(Linux 系统)的地址：192.168.200.130/24。

2)Samba 客户端 2(Windows 系统)的地址：192.168.200.1/24。

2. Samba 客户端测试

(1)Samba 客户端 1(Linux 系统)

1)安装 samba-client 和 cifs-utils 软件包：

```
[root@linux-client ~]# yum -y install samba-client cifs-utils
```

2)查看 Samba 服务器的共享资料。

命令格式：

smbclient　-L　//Samba 服务器的 IP 地址　-U　Samba 用户名

```
[root@linux-client ~]# smbclient -L 192.168.200.129
Enter root's password:
Connection to 192.168.200.129 failed (Error NT_STATUS_HOST_UNREACHABLE)
```

显示失败，考虑关闭两端的防火墙。

```
[root@linux-server~]# systemctl stop firewalld
[root@linux-client ~]# systemctl stop firewalld
[root@linux-client ~]# smbclient -L 192.168.200.129
Enter root's password:
protocol negotiation failed: NT_STATUS_IO_TIMEOUT
```

显示失败，考虑解析问题。在服务器上添加主机记录。

```
[root@linux-server ~]# vi /etc/hosts
……
192.168.200.129 linux-server
192.168.200.130 linux-client
```

```
[root@linux-client ~]# smbclient -U root -L 192.168.200.129
Enter root's password:
Domain=[HBVTC.NET] OS=[Windows 6.1] Server=[Samba 4.2.3]

        Sharename       Type      Comment
        ---------       ----      -------
        linuxshare      Disk
        IPC$            IPC       IPC Service (my linux samba server)
Domain=[HBVTC.NET] OS=[Windows 6.1] Server=[Samba 4.2.3]

        Server               Comment
        ---------            -------

        Workgroup            Master
        ---------            -------
```

不同用户浏览的结果可能是不一样的，这要根据服务器设置的访问控制权限而定。

3)访问共享目录。

命令格式：

smbclient //目标 IP 地址或主机名/共享目录 [-U 登录用户名[%密码]]

成功后，提示符是：smb:\>，使用？或 help 可获取在线帮助。

```
[root@linux-client ~]# smbclient //192.168.200.129/linuxshare
Enter root's password:
Domain=[HBVTC.NET] OS=[Windows 6.1] Server=[Samba 4.2.3]
smb: \> ?
?              allinfo        altname        archive        backup
blocksize      cancel         case_sensitive cd             chmod
chown          close          del            dir            du
echo           exit           get            getfacl        geteas
hardlink       help           history        iosize         lcd
link           lock           lowercase      ls             l
mask           md             mget           mkdir          more
mput           newer          notify         open           posix
posix_encrypt  posix_open     posix_mkdir    posix_rmdir    posix_unlink
print          prompt         put            pwd            q
queue          quit           readlink       rd             recurse
reget          rename         reput          rm             rmdir
showacls       setea          setmode        stat           symlink
tar            tarmode        timeout        translate      unlock
volume         vuid           wdel           logon          listconnect
showconnect    tcon           tdis           tid            logoff
..             !
smb: \> pwd
Current directory is \\192.168.200.129\linuxshare\
smb: \> ls
NT_STATUS_ACCESS_DENIED listing \*
```

遇到“NT_STATUS_ACCESS_DENIED listing \ * ”时，考虑是没有关闭 selinux。

[root@linux-server ～]＃ setenforce 0

[root@linux-client ～]＃ setenforce 0

再次测试即可。

```
[root@linux-client ~]# smbclient //192.168.200.129/linuxshare
Enter root's password:
Domain=[HBVTC.NET] OS=[Windows 6.1] Server=[Samba 4.2.3]
smb: \> ls
  .                                   D        0  Fri Jul 15 17:02:25 2022
  ..                                  D        0  Fri Jul 15 17:02:25 2022

                36681220 blocks of size 1024. 35648368 blocks available
smb: \> mkdir writetest
smb: \> ls                  测试写权限
  .                                   D        0  Fri Jul 15 21:23:08 2022
  ..                                  D        0  Fri Jul 15 17:02:25 2022
  writetest                           D        0  Fri Jul 15 21:23:08 2022

                36681220 blocks of size 1024. 35648304 blocks available
smb: \> quit
```

4)挂载共享目录。Samba 服务器共享出来的文件还可以在 Linux 客户端进行挂载。

命令格式：

mount -t cifs //目标 IP 地址或主机名/共享目录名称 挂载点 -o username=用户名

挂载成功后，对共享目录就可以像本地目录一样操作了。

[root@linux-client ~]# mount -t cifs //192.168.200.129/linuxshare /sambaserver -o username=root

Password for root@//192.168.200.129/linuxshare:　******　　　//输入 root 的密码

[root@linux-client ~]# ll /sambaserver/

total 0

drwxr-xr-x. 2 nobody nobody 0 Jul 15　2022 writetest

[root@linux-client ~]# mkdir /sambaserver/mounttest

[root@linux-client ~]# ll /sambaserver/

total 0

drwxr-xr-x. 2 nobody nobody 0 Jul 15　2022 mounttest

drwxr-xr-x. 2 nobody nobody 0 Jul 15　2022 writetest

(2)Samba 客户端 2(Windows 系统)

对于 Windows 客户端，可在运行中输入:\\服务器名称或\\IP 地址(如:\\192.168.200.129)。如果知道共享目录，也可以加上目录名(如:\\192.168.200.129\ linuxshare)。Windows客户端访问 Samba 服务器如图 3－41 所示。

图 3－41　Windows 客户端访问 Samba 服务器

此时不需要输入密码即可访问成功，测试写操作也是允许的。从安全角度考虑，访问服务器时需要用户名和密码验证的才更安全。

在 Samba 服务器的 smb.conf 文件中注释或删除 map to guest = Bad User，并重启 Samba 服务。

重新在运行中输入“\\192.168.200.129”，会进行用户名和密码的验证。

在切换用户时，要去除 Windows 中的 IPC $ (Internet Process Connection)才能重新登录。方法是:命令提示符(cmd)下，输入 net use * /delete 或 net use \\IP 地址\IPC $ /delete。

项目案例：配置 user 级别的 Samba 服务器，共享目录为“/mp3”，权限为允许 stu1 读写，stu2 可读，用户组 vip(包含用户 vip1～vip10 等)可读，其他用户不能访问。在客户端使用上述用户检测权限。

1)设置共享目录。

[root@linux-server ~]# mkdir /mp3

[root@linux-server ~]# chmod 777 /mp3

[root@linux-server ～]＃ touch /mp3/m1.mp3 //目录中创建文件，用于测试

2)编辑/etc/samba/smb.conf 文件。

①在[global]部分确认安全模式的级别：

security = user

②添加共享目录：

```
[music]
        path = /mp3
        public = no
             valid users = stu1 stu2 @vip
             write list = stu1 @vip
```

3)创建 samba 用户。

[root@linux-server ～]＃useradd stu1 && passwd stu1

[root@linux-server ～]＃useradd stu2 && passwd stu2

[root@linux-server ～]＃groupadd vip

[root@linux-server ～]＃useradd -g vip vip1&& passwd vip1 //创建 vip 组中的 10 个用户

……

[root@linux-server ～]＃useradd -g vip vip10&& passwd vip10

[root@linux-server ～]＃ smbpasswd -a stu1

[root@linux-server ～]＃ smbpasswd -a stu2

[root@linux-server ～]＃ smbpasswd -avip1

……

[root@linux-server ～]＃ smbpasswd -avip10

这里要注意，passwd 和 smbpasswd 两个命令给用户设置的密码作用不同。

4)启动 samba 服务。

5)关闭防火墙和 selinux。

6)Linux 客户端的检测。

[root@linux-client ～]＃ smbclient -L //192.168.200.129

Enter root's password:

session setup failed: NT_STATUS_LOGON_FAILURE //root 用户不能查看

[root@linux-client ～]＃ smbclient -L //192.168.200.129 -U stu1

Enter stu1's password: //输入 smbpasswd 命令中给 stu1 用户的设置密码

```
Domain=[HBVTC.NET] OS=[Windows 6.1] Server=[Samba 4.2.3]

        Sharename       Type      Comment
        ---------       ----      -------
        linuxshare      Disk
        music           Disk
        IPC$            IPC       IPC Service (my linux samba server)
Domain=[HBVTC.NET] OS=[Windows 6.1] Server=[Samba 4.2.3]

        Server               Comment
        ---------            -------

        Workgroup            Master
        ---------            -------
```

测试权限的方法如下：

```
[root@linux-client ~]# smbclient //192.168.200.129/music -U stu1
Enter stu1's password:
Domain=[HBVTC.NET] OS=[Windows 6.1] Server=[Samba 4.2.3]
smb: \> ls
  .                                   D        0  Fri Jul 15 22:33:38 2022
  ..                                 DR        0  Fri Jul 15 22:32:53 2022
  m1.mp3                              N        0  Fri Jul 15 22:33:38 2022

                36681220 blocks of size 1024. 35648408 blocks available
smb: \> mkdir stu1
smb: \> ls          stu1用户有写权限
  .                                   D        0  Fri Jul 15 22:55:32 2022
  ..                                 DR        0  Fri Jul 15 22:32:53 2022
  m1.mp3                              N        0  Fri Jul 15 22:33:38 2022
  stu1                                D        0  Fri Jul 15 22:55:32 2022

                36681220 blocks of size 1024. 35648388 blocks available
smb: \> quit
[root@linux-client ~]# smbclient //192.168.200.129/music -U stu2
Enter stu2's password:
Domain=[HBVTC.NET] OS=[Windows 6.1] Server=[Samba 4.2.3]
smb: \> ls
  .                                   D        0  Fri Jul 15 22:55:32 2022
  ..                                 DR        0  Fri Jul 15 22:32:53 2022
  m1.mp3                              N        0  Fri Jul 15 22:33:38 2022
  stu1                                D        0  Fri Jul 15 22:55:32 2022

                36681220 blocks of size 1024. 35648368 blocks available
smb: \> mkdir stu2
NT_STATUS_MEDIA_WRITE_PROTECTED making remote directory \stu2   stu2用户无写权限
smb: \> quit
```

下面选取 vip 组的一个用户 vip3 进行检测，方法如下：

```
[root@linux-client ~]# smbclient //192.168.200.129/music -U vip3
Enter vip3's password:
Domain=[HBVTC.NET] OS=[Windows 6.1] Server=[Samba 4.2.3]
smb: \> ls
  .                                   D        0  Fri Jul 15 22:55:32 2022
  ..                                 DR        0  Fri Jul 15 22:32:53 2022
  m1.mp3                              N        0  Fri Jul 15 22:33:38 2022
  stu1                                D        0  Fri Jul 15 22:55:32 2022

                36681220 blocks of size 1024. 35648368 blocks available
smb: \> mkdir vip3
smb: \> ls
  .                                   D        0  Fri Jul 15 23:00:47 2022
  ..                                 DR        0  Fri Jul 15 22:32:53 2022
  m1.mp3                              N        0  Fri Jul 15 22:33:38 2022
  stu1                                D        0  Fri Jul 15 22:55:32 2022
  vip3                                D        0  Fri Jul 15 23:00:47 2022

                36681220 blocks of size 1024. 35648368 blocks available
smb: \> quit
```

7）Windows 客户端的检测。在 Windows 客户端进行检测时，要求输入用户名和密码，这里使用 vip 组的 vip2，在 music 目录中检测是否能够进行写的操作（建立文件 vip3. mp3）。参照图 3－42，写操作成功。

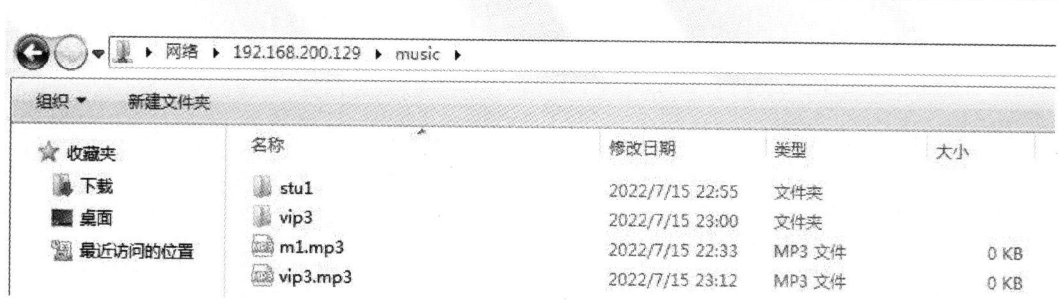


图 3－42　Windows 客户端访问 Samba 服务器并测试写操作

## 3.4 配置与管理 FTP 服务器

### 3.4.1 FTP 服务器安装与配置

项目环境如下：

1)FTP 服务器端(Linux 系统)的地址:192.168.200.129/24。

2)FTP 客户端 1(Windows 系统)的地址:192.168.200.1/24。

3)FTP 客户端 2(Linux 系统)的地址:192.168.200.130/24。

1. 安装 vsftpd 软件包

[root@linux-server ~]# yum -y install vsftpd*

[root@linux-server ~]# systemctl start|restart vsftpd　　//启动或重启 vsftpd 服务

[root@linux-server ~]# systemctl enable vsftpd　　//开机自启动 vsftpd 服务

[root@linux-server ~]# netstat -anpt | grep ftp　　//查看 FTP 服务监听的端口

tcp6　　0　　0 :::21　　:::*　　LISTEN　　9373/vsftpd

此时表示 FTP 服务已启动，监听的端口号为 21。

为了实验的方便，这里建议先关闭 selinux 和防火墙。

[root@linux-server ~]# setenforce 0

[root@linux-server ~]# systemctl stop firewalld

2. 测试匿名用户访问 FTP 服务器

vsftpd 默认已开启匿名访问功能，无须输入用户名、密码即可登录 FTP 服务器，但没有修改或上传文件的权限。

匿名用户的用户名为 anonymous 或 ftp，密码可以为空(直接回车)，如图 3-43 所示。

1)Linux 客户端，需要先安装 ftp 包，再使用 ftp 命令测试。

[root@linux-client ~]# yum -y install ftp*

2)Windows 客户端，在 cmd 窗口中使用“ftp 192.168.200.129”命令。

```
[root@linux-client ~]# ftp 192.168.200.129
Connected to 192.168.200.129 (192.168.200.129).
220 (vsFTPd 3.0.2)
Name (192.168.200.129:root): ftp
331 Please specify the password.
Password:
230 Login successful.
Remote system type is UNIX.
Using binary mode to transfer files.
ftp> ls
227 Entering Passive Mode (192,168,200,129,119,51).
150 Here comes the directory listing.
drwxr-xr-x    2 0        0            6 Nov 20  2015 pub
226 Directory send OK.
ftp> put a.txt
local: a.txt remote: a.txt
227 Entering Passive Mode (192,168,200,129,226,192).
550 Permission denied.
ftp> quit
221 Goodbye.
```

```
C:\Users\Administrator>ftp 192.168.200.129
连接到 192.168.200.129。
220 (vsFTPd 3.0.2)
用户(192.168.200.129:(none)): anonymous
331 Please specify the password.
密码:
230 Login successful.
ftp> ls
200 PORT command successful. Consider using PASV.
150 Here comes the directory listing.
pub
226 Directory send OK.
ftp: 收到 5 字节，用时 0.00秒 5.00千字节/秒。
ftp> quit
221 Goodbye.
```

图 3-43　不同客户端匿名访问 FTP 服务器并测试写操作

3. vsftpd 相关文档

[root@linux-server ~]# ls /etc/vsftpd/

ftpusers　user_list　vsftpd.conf　vsftpd_conf_migrate.sh

vsftpd. conf 是 vsftpd 的主配置文件，ftpusers 用于指定哪些用户不能访问 FTP 服务器，user_list 指定允许使用 vsftpd 的用户列表文件，vsftpd_conf_migrate. sh 是 vsftpd 操作的一些变量和设置脚本。

```
[root@linux-server ~]# ls /var/ftp/          //默认情况下匿名用户的根目录
pub
```

4. 主配置文件 vsftpd. conf

该文件的主要配置项包括：

1)全局配置项。

2)匿名 FTP 配置项：以“anon”开头。

3)本地用户 FTP 配置项：包含“local_”字串。

```
[root@linux-server ~]# cat /etc/vsftpd/vsftpd. conf  |grep -v "^#"
anonymous_enable=YES      //允许匿名访问
local_enable=YES          //允许本地系统用户访问
write_enable=YES          //可写
local_umask=022           //设置本地用户所上传文件的默认权限掩码值
……
connect_from_port_20=YES  //允许服务器主动模式(从 20 端口建立数据连接)
xferlog_std_format=YES
//启用标准的 xferlog 日志格式，若禁用此项，将使用 vsftpd 自己的格式
listen=NO
……
pam_service_name=vsftpd
//设置用于用户认证的 PAM 文件位置(/etc/pam. d 目录中对应的文件名)
userlist_enable=YES       //启用 user_list 用户列表文件
tcp_wrappers=YES          //启用 TCP_Wrappers 主机访问控制
```

### 3. 4. 2　FTP 服务器配置实例

**实例 3-1**　某公司搭建 FTP 服务器，允许所有员工上传和下载文件，并允许用户创建自己的目录。构建可匿名上传的 vsftpd 服务器。匿名用户访问 FTP 服务器时，不需要密码验证，非常方便。

**分析**：允许所有员工上传和下载文件，需要设置成允许匿名用户登录并且需要将允许匿名用户上传功能开启，最后 anon_mkdir_write_enable 字段可以控制是否允许匿名用户创建目录。一般不建议赋予匿名用户修改和删除的权限。

**解决方案**：

(1)配置 vsftpd. conf 文件(服务器配置支持上传)

```
[root@hll ~]# vi /etc/vsftpd/vsftpd. conf
```

在该文件中确定有如下设置，如果前面有“#”则要去除“#”，否则不生效。

```
anonymous_enable=YES          //允许匿名用户访问
anon_upload_enable=YES        //允许匿名用户上传文件
```

anon_mkdir_write_enable=YES　//允许匿名用户创建目录

保存退出。

(2)建立允许上传的目录,并赋予匿名用户写入权限

[root@linux-server ~]# cat /etc/passwd |grep ftp

ftp:x:14:50:FTP User:/var/ftp:/sbin/nologin

查看匿名用户对应系统账户名 ftp,宿主目录/var/ftp/。

[root@linux-server ~]# ll -d /var/ftp

drwxr-xr-x. 3 root root 16 Jul 16 04:51 /var/ftp

即默认匿名用户宿主目录是/var/ftp,其权限是 755,这个权限是不能改变的,否则 ftp 将无法访问。切记!

下面创建一个公司允许上传用的目录 companyshare,将属主设置为 FTP,目录权限是 755。

[root@linux-server ~]# mkdir /var/ftp/companyshare

[root@linux-server ~]# ll -d /var/ftp/companyshare

drwxr-xr-x. 2 root root 6 Jul 16 10:33 /var/ftp/companyshare

[root@linux-server ~]# chown ftp /var/ftp/companyshare/

[root@linux-server ~]# ll -d /var/ftp/companyshare/

drwxr-xr-x. 2 ftp root 6 Jul 16 10:33 /var/ftp/companyshare/

[root@linux-server ~]# echo "123" > /var/ftp/companyshare/svr.txt

//创建一个文件以检测下载

[root@linux-server ~]#systemctl restart vsftpd　//重启 vsftpd 服务

(3)客户端检测

1)Linux 客户端。

[root@linux-client ~]# ftp 192.168.200.129

Connected to 192.168.200.129 (192.168.200.129).

220 (vsFTPd 3.0.2)

Name (192.168.200.129:root): ftp　　//anonymous 或 ftp

331 Please specify the password.

Password:　　//可以不用输入密码,直接回车

230 Login successful.

Remote system type is UNIX.

Using binary mode to transfer files.

ftp> ls

227 Entering Passive Mode (192,168,200,129,47,74).

150 Here comes the directory listing.

drwxr-xr-x　　2 14　　0　　42 Jul 16 06:39 companyshare

drwxr-xr-x　　2 0　　0　　6 Nov 20　2015 pub

226 Directory send OK.

```
ftp> cd companyshare
250 Directory successfully changed.
ftp> ls
227 Entering Passive Mode (192,168,200,129,57,27).
150 Here comes the directory listing.
-rw-------    1 14       50              0 Jul 16 06:39 Windowstest.txt
-rw-r--r--    1 0        0               4 Jul 16 02:35 svr.txt
226 Directory send OK.
ftp> ! ls                                          //显示本机当前目录中内容
anaconda-ks.cfg  a.txt  sshd_config  test1  test2
ftp> put a.txt                                     //上传文件测试
local: a.txt remote: a.txt
227 Entering Passive Mode (192,168,200,129,186,199).
150 Ok to send data.
226 Transfer complete.
14 bytes sent in 0.000142 secs (98.59 Kbytes/sec)  //上传测试成功
ftp> get svr.txt                                   //下载文件测试
local: svr.txt remote: svr.txt
227 Entering Passive Mode (192,168,200,129,233,77).
150 Opening BINARY mode data connection for svr.txt (4 bytes).
226 Transfer complete.                             //下载测试成功
ftp> get Windowstest.txt                           //下载文件测试
local: Windowstest.txt remote: Windowstest.txt
227 Entering Passive Mode (192,168,200,129,132,90).
150 Opening BINARY mode data connection for Windowstest.txt (3 bytes).
226 Transfer complete.
3 bytes received in 0.000265 secs (11.32 Kbytes/sec)  //下载测试成功
```

2)Windows 客户端。打开窗口，如图 3－44 所示，输入“ftp://192.168.200.129”，可查看到共享的 pub 目录和 companyshare 目录。尝试往 companyshare 目录中上传文件，会发现匿名上传可以成功。但匿名上传的文件是禁止修改和删除的。下载权限检测不再附图，自己完成。

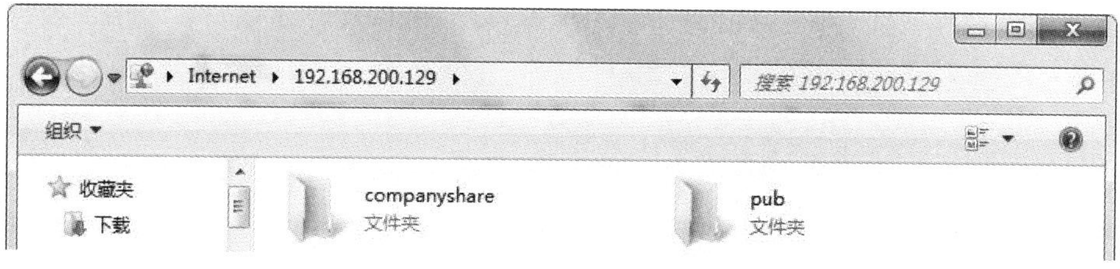


图 3－44　Windows 客户端对 vsftpd 服务器检测(匿名用户)

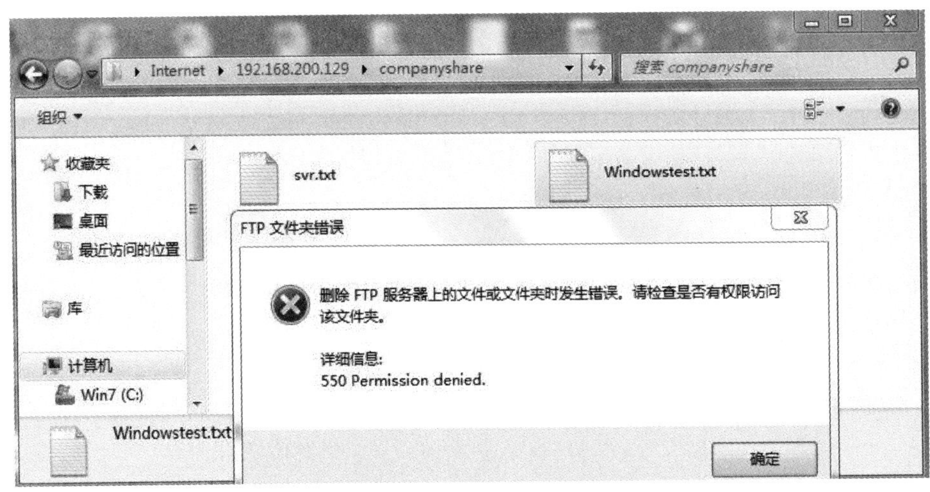


续图 3－44　Windows 客户端对 vsftpd 服务器检测(匿名用户)

**实例 3－2**　构建本地用户验证的 vsftpd 服务器。

使用 Linux 主机的系统用户作为 FTP 账号，提供基于用户名/密码的登录验证。用户使用系统用户登录 FTP 服务器后，将默认位于其宿主目录中，对该宿主目录有读和写的权限。

在实例 3－1 的基础上，修改为不允许匿名访问，只能使用本地账号 team1 和 team2 登录，并拥有读写权限。但出于安全考虑，不允许这两个用户登录本地系统，并将它们的根目录限制为/var/ftp/ftptest，不能进入其他目录。

**解决方案：**

1)修改主配置文件。

```
[root@linux-server ～]# vi /etc/vsftpd/vsftpd.conf
anonymous_enable=NO            //禁止匿名用户登录
local_enable=YES               //允许本地用户登录
write_enable=YES               //允许写操作
```

添加配置项

```
local_root=/var/ftp/ftptest        //设置本地用户的根目录
chroot_local_user=YES         //所有用户都没有 chroot 权限，都限制在指定目录
chroot_list_enable=YES          //启动限制用户的名单
chroot_list_file=/etc/vsftpd/chroot_list   //是否限制在主目录下的用户名单
```

从安全角度考虑，需要禁锢用户的目录中，不能任意切换到服务器的其他目录中。

将下面两条删除或注释(建议前面加＃注释掉，以后可以随时还原)：

```
#anon_upload_enable=YES
#anon_mkdir_write_enable=YES
```

2)建立/etc/vsftpd/chroot_list 文件，添加 team1 和 team2 两个账户。

```
[root@linux-server ～]# vi /etc/vsftpd/chroot_list
team1
team2
```

3)创建 team1 和 team2 两个用户并设置不允许登录及密码。

[root@linux-server ~]# useradd -s /sbin/nologin team1 && passwd team1

[root@linux-server ~]# useradd -s /sbin/nologin team2 && passwd team2

4)创建本地目录和权限。

[root@linux-server ~]# mkdir - p /var/ftp/ftptest

[root@linux-server ~]# ll /var/ftp/ftptest/

-rw-r--r--. 1 root root 8 Jul 16 15:55 test1

[root@linux-server ~]# chmod -R o+w /var/ftp/ftptest/

赋予其他用户对/var/ftp/ftptest 目录的写权限。

[root@linux-server ~]# echo "ftptest" >> /var/ftp/ftptest/test1　　　//创建文件以用于检测

5)重启 vsftpd 服务。

[root@linux-server ~]# systemctl restart vsftpd

6)客户端检测。

①Linux 客户端。

[root@linux-client ~]# ftp 192.168.200.129

……

Name (192.168.200.129:root): ftp

331 Please specify the password.

Password:

530 Login incorrect.

Login failed.　　　　　　　　　//匿名用户访问失败

[root@linux-client ~]# ftp 192.168.200.129

Connected to 192.168.200.129 (192.168.200.129).

220 (vsFTPd 3.0.2)

Name (192.168.200.129:root): team1　　　　　//输入用户名 team1

331 Please specify the password.

Password:　　　　　　　　　　　　//输入 team1 的密码

230 Login successful.

Remote system type is UNIX.

Using binary mode to transfer files.

ftp> pwd

257 "/"　　　　　　//当前目录即为根目录,不能任意切换到服务器的其他目录中

ftp> ls

227 Entering Passive Mode (192,168,200,129,96,205).

150 Here comes the directory listing.

-rw-r--rw-　　1 0　　　0　　　　　8 Jul 16 07:55 test1

226 Directory send OK.

ftp> ! ls

```
1. txt    anaconda-ks. cfg    a. txt    sshd _ config    svr. txt    test1    test2
Windowstest. txt
ftp> putsvr. txt                         //上传文件测试
local: svr. txt remote: svr. txt
227 Entering Passive Mode (192,168,200,129,39,149).
150 Ok to send data.
226 Transfer complete.
4 bytes sent in 7. 7e-05 secs (51. 95 Kbytes/sec)    //上传文件测试成功
ftp> ls
227 Entering Passive Mode (192,168,200,129,222,161).
150 Here comes the directory listing.
-rw-r--r--    1 1010    1010          4 Jul 16 08:10 svr. txt
-rw-r--rw-    1 0       0             8 Jul 16 07:55 test1
226 Directory send OK.
ftp> del svr. txt                                //删除文件测试成功
250 Delete operation successful.
ftp> quit
221 Goodbye.
```

②Windows 客户端。如图 3－45 所示，输入 FTP 地址后，输入用户名和密码。登录成功后可以检测读写权限。

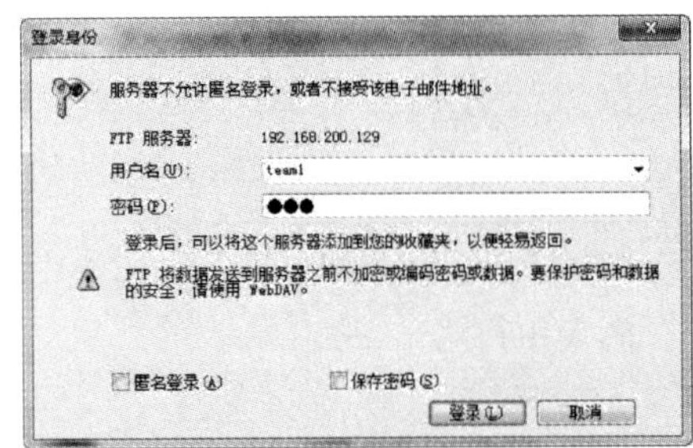


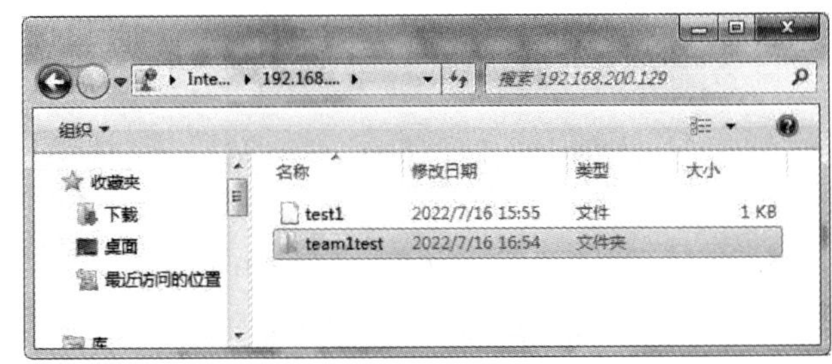


图 3－45 Windows 客户端对 vsftpd 服务器检测(本地账户)

**实例 3－3** 构建基于虚拟用户的 vsftpd 服务器。

使用虚拟用户可以与系统登录的账号分开，用户名和密码都不相同，可以增强 FTP 服务器的安全。设置为不允许匿名访问，不允许使用本地账户登录访问，只能使用虚拟账户登录访问。

基本的搭建过程如下：

1)建立虚拟 FTP 用户的账号数据库文件。

2)配置支持虚拟用户的 PAM 认证文件。

3)创建虚拟账户对应系统用户。

4)在主配置文件中添加支持配置。

5)重新加载 vsftpd 配置。

6)使用虚拟 FTP 账户访问测试。

可以将一个真实的系统用户映射为多个虚拟用户。本例中使用虚拟用户名“normal”或“guest”,对应系统账号 vuser,主目录是/var/ftp/vuser,允许用户查看、下载,但不允许上传、修改等操作。

**解决方案:**

1)创建文本格式的虚拟账号文件。

奇数行为用户名,偶数行为口令(密码),每行只能放一个用户或密码。

```
[root@linux-server ~]# mkdir /vftp
[root@linux-server ~]# vi /vftp/account.txt
normal
p@ssword1
guest
p@ssword2
```

2)将虚拟账号加入数据库,生成 db 文件。

```
[root@linux-server ~]# db_load -T -t hash -f /vftp/account.txt /vftp/vuser.db
[root@linux-server ~]# chmod700 /vftp/vuser.db        //去除其他用户的读权限
[root@linux-server ~]# chmod 700 /vftp/account.txt   //去除其他用户的读权限
```

3)配置 pam 认证文件。

```
[root@linux-server ~]# vi /etc/pam.d/vsftpd
```

将默认配置使用“#”全部注释,在最后添加下面两行

```
auth    required    pam_userdb.so    db=/vftp/vuser
account    required    pam_userdb.so    db=/vftp/vuser
```

**说明:**PAM 是 Pluggable Authentication Modules(可插入验证模块)。

/etc/pam.d 目录中的文件,每行都有四栏。第一栏是验证类型,第二栏是验证控制类型,第三栏是调用的 PAM 模块,第四栏是使用的参数。

4)创建虚拟账号对应的系统用户。

```
[root@linux-server ~]# useradd -d /var/ftp/vuser vuser
//用 useradd 命令添加系统账户 vuser,并将其根目录指定为/var/ftp/vuser。
[root@linux-server ~]# chown vuser.vuser /var/ftp/vuser
//设置/var/ftp/vuser 目录所属的用户和组。
[root@linux-server ~]# chmod 555 /var/ftp/vuser
//设置/var/ftp/vuser 对所有用户有读和执行的权限。
[root@linux-server ~]# ll -ld /var/ftp/vuser
dr-xr-xr-x. 2 vuser vuser 59 Jul 16 18:02 /var/ftp/vuser
[root@linux-server ~]# echo "111">/var/ftp/vuser/vtest1
```

5)配置主配置文件。参照下面的内容进行配置,注意语句前后不要加空格。

```
[root@linux-server ~]# cat /etc/vsftpd/vsftpd.conf |grep -v "^#"
anonymous_enable=NO
local_enable=YES
```

```
write_enable=NO
guest_enable=YES
guest_username=vuser
local_umask=022
dirmessage_enable=YES
xferlog_enable=YES
connect_from_port_20=YES
xferlog_std_format=YES
chroot_local_user=YES
allow_writeable_chroot=YES
listen=NO
listen_ipv6=YES
pam_service_name=vsftpd
userlist_enable=YES
tcp_wrappers=YES
```

其中，anonymous_enable=NO 用于关闭匿名访问，可以设成 YES，表示同时允许匿名用户登录；local_enable=YES 用于开启本地账号访问，必须置 YES，因为虚拟用户是映射到 vuser 这个本地用户来访问的；write_enable=NO 用于关闭用户的写权限；guest_enable=YES 用于开启虚拟账号访问功能；guest_username=vuser 将虚拟用户映射为本地 vuser 用户；chroot_local_user=YES 用于锁定账户的根目录；pam_service_name=vsftpd 用于指定 PAM 配置文件，文件已经在/etc/pam.d/存在。

6)重启 vsftpd 服务。

```
[root@linux-server ~]# systemctl restart httpd
```

7)客户端的检测。

①Linux 客户端。

```
[root@linux-client ~]# ftp 192.168.200.129
……
Name (192.168.200.129:root): normal                // normal 用户测试
331 Please specify the password.
Password:
230 Login successful.
……
ftp> ls
227 Entering Passive Mode (192,168,200,129,94,119).
150 Here comes the directory listing.
-rw-r--r--    1 0         0                  4 Jul 15 21:28 vtest1
226 Directory send OK.
ftp> get vtest1
local: vtest1 remote: vtest1
```

```
227 Entering Passive Mode (192,168,200,129,195,249).
150 Opening BINARY mode data connection for vtest1 (4 bytes).
226 Transfer complete.
4 bytes received in 5.1e-05 secs (78.43 Kbytes/sec)
ftp> ! ls
1.txt   anaconda-ks.cfg   a.txt   sshd_config   svr.txt   test1   test2   vtest1
ftp> put a.txt
local: a.txt remote: a.txt
227 Entering Passive Mode (192,168,200,129,75,252).
550 Permission denied.
ftp>quit
```

normal 用户可读可下载，但不允许上传。

②Windows 客户端。

使用 normal 检测：可以下载，但不能新建和上传。

Windows 客户端对 vsftpd 服务器检测(虚拟账户 normal)如图 3－46 所示。

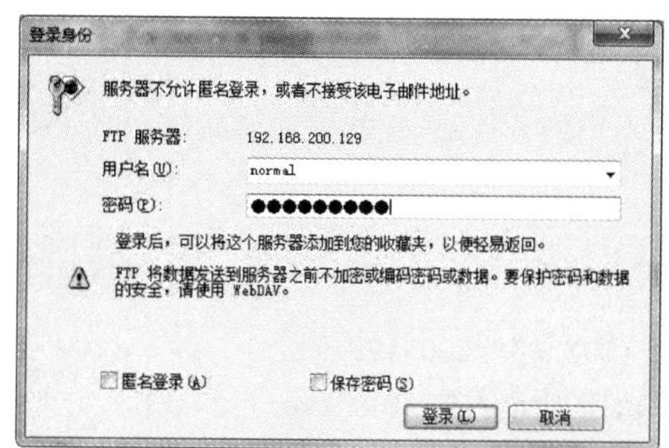


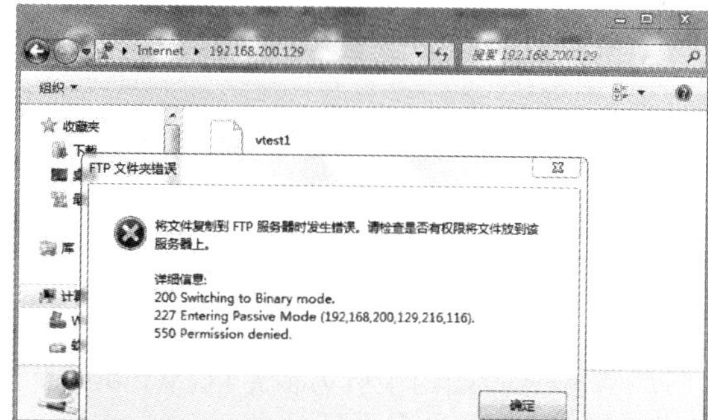


图 3－46　Windows 客户端对 vsftpd 服务器检测(虚拟账户 normal)

**说明**：针对不同的虚拟账户可以设置不同的权限，这就需要为不同的虚拟账户创建虚拟账户权限文件。同时在主配置文件中添加“user_config_dir=/etc/vsftpd/user_conf”，“=”后指定具体的账户权限文件位置。这里不再展开讲解，有兴趣的读者可自己尝试编写测试。

## 3.5　配置与管理 Web 服务器

### 3.5.1　Web 服务器简介

WWW(World Wide Web)是 Internet 上被广泛应用的一种信息服务技术。Web 服务通常分为两种：静态 Web 服务和动态 Web 服务。

1. Apache 简介

Apache 是 Linux 中最常用的 Web 服务器，其功能强大，配置简单，处理静态页面文件效率非常高，可以应对大并发和高负荷访问请示。其缺点是只支持静态页面，不太适合用于处理器环境。

2. Tomcat 简介

Tomcat 是 Apache 软件基金会 Jakarta 项目中的一个核心项目，是一个免费且开放源代码的 Web 应用服务器，跨平台性好，在中小型系统和并发用户不是很多的场合下普遍使用。它是 Java 程序，支持 Servlet 和 JSP，可以很好地处理动态网页，是开发和调试 JSP 程序的首选。它的缺点在于处理静态页面效率不高，可配置性不强。

3. Apache 和 Tomcat 的连接器

通过上面的分析，在实际应用中，建议将 Apache 和 Tomcat 整合。当客户端请求静态页面时，由 Apache 服务器响应请求；当客户端请求动态页面时，由 Tomcat 服务器响应请求；通过 Apache 进行信息过滤，实现网站的动静页面分离，保证应用的可扩展性和安全性。

Apache 是模块化的 Web 服务器，其核心只包含实现最基本功能的模块。扩展功能可以作为模块动态加载来实现。为了让 Apache 和 Tomcat 协调工作，需要使用连接器。比较常用的连接器是 mod_jk。

4. Nginx 简介

Nginx 是一款轻量级的 Web 服务器/反向代理服务器及电子邮件(IMAP/POP3)代理服务器，在 BSD-like 协议下发行。其特点是占有内存少，并发能力强。Nginx 可以在大多数 Unix Linux OS 上编译运行，并有 Windows 移植版。一般情况下，对于新建站点，建议使用最新稳定版作为生产版本，已有站点的升级急迫性不高。

在高连接并发的情况下，Nginx 是 Apache 服务不错的替代品，它能够支持高达 50 000 个并发连接数的响应，受到虚拟主机提供商的欢迎。

下面讲解常用 Web 服务器的安装与测试。

具体环境如下：

1)Web 服务器的主机名为 linux-server，IP 地址：192.168.200.129/24。

2)Web 客户端的主机为宿主机(Windows 系统)，IP 地址：192.168.200.1/24。

为了方便客户端测试，需要在系统中配置防火墙和 selinux。默认情况下，selinux 是强制的，防火墙是开启的。这里为了快速测试，采用直接关闭的方法。

(1)关闭 selinux

临时关闭：

```
[root@linux-server ~]# setenforce 0
```

永久关闭：

```
[root@linux-server ~]# vi /etc/selinux/config
```

修改其中的 SELINUX=enforcing 为 SELINUX=disabled，重启系统生效。

(2)关闭防火墙

临时关闭：

```
[root@linux-server ~]# systemctl stop firewalld
```

再查看：

```
[root@linux-server ~]# systemctl status firewalld
```

如果出现“Active: inactive (dead)”，则表示已经关闭。

设置开机自动关闭：

```
[root@linux-server ~]# systemctl disable firewalld
```

### 3.5.2　Apache 的安装和测试

1. 安装 Apache

配置 yum 源后直接安装系统盘上的 httpd。完成后直接启动服务并测试。

[root@linux-server ～]＃yum-y install httpd

完成后直接启动服务并测试。

[root@linux-server ～]＃systemctl start httpd

在 Windows 客户端的浏览器上输入 Apache 服务器的 IP 地址，如图 3－47 所示即可访问成功。

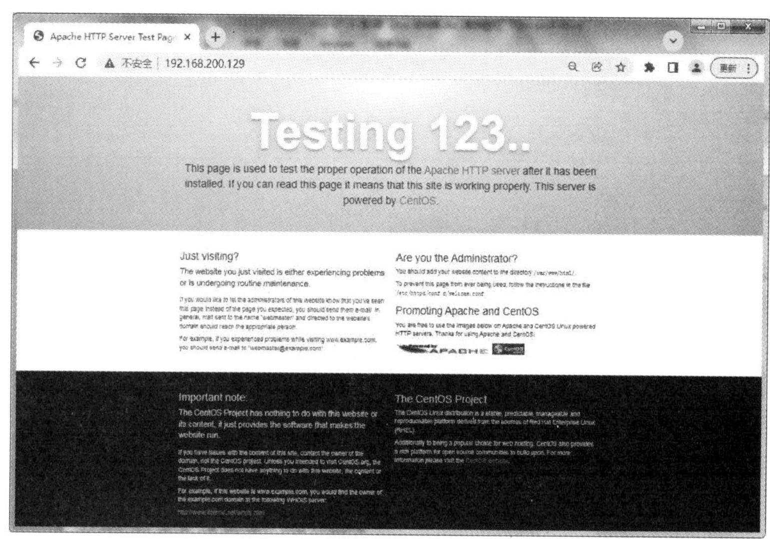


图 3－47　Windows 客户端检测 Apache 服务器运行正常

2. Apache 服务器的配置文件(见表 3－4)

表 3－4　Linux 系统中 Apache 服务器的配置文件

| 配置文件名称 | 存放位置 |
|---|---|
| 服务目录 | /etc/httpd |
| 主配置文件 | /etc/httpd/conf/httpd.conf |
| 网站数据目录 | /var/www/html |
| 访问日志 | /var/log/httpd/access_log |
| 错误日志 | /var/log/httpd/erro_log |

在 httpd 服务程序的主配置文件中，存在 3 种类型的信息：

1)注释行信息。

2)全局配置。

3)区域配置。

主配置文件中常用的参数及作用见表 3－5。

**表 3-5 配置文件 httpd.conf 中常用参数及作用**

| 参数 | 作 用 |
|---|---|
| ServerRoot | 服务目录 |
| ServerName | 网站服务器的域名 |
| DocumentRoot | 文档根目录(网站数据目录),默认为/var/www/html |
| User | 运行服务的用户,默认为用户 daemon |
| Group | 运行服务的用户组,默认为用户组 daemon |
| Directory | 设置指定目录的访问权限<Directory>...</Directory> |
| Listen | 监听的 IP 地址与端口号,默认为 80 端口 |
| DirectoryIndex | 默认的索引页页面 |
| Timeout | 网页超时时间,默认为 300 s |

替换 httpd 服务程序的默认首页面并测试。

```
[root@linux-server ~]# echo "Welcome Apache test1" > /var/www/html/index.html
```

在 Windows 客户端的浏览器上测试结果如下,首页内容已经发生了变化。

← → C ▲ 不安全 | 192.168.200.129

Welcome Apache test1

3. Apache 服务器设置实例

**实例 3-4** 修改网站的文档根目录为/wwwroot,并将首页文件修改为 mywebtest.html。

```
[root@linux-server ~]# mkdir /wwwroot
[root@linux-server ~]#echo "Welcome Apache test2">/wwwroot/mywebtest.html
[root@linux-server ~]#vi /etc/httpd/conf/httpd.conf
……
#DocumentRoot "/var/www/html"      //注释或删除原目录
DocumentRoot "/wwwroot"
<Directory "/wwwroot">
   AllowOverride None
   Require all granted
</Directory>
……
<IfModule dir_module>
     DirectoryIndex index.htmlmywebtest.html          //添加索引页面
</IfModule>
……
[root@linux-server ~]#systemctl restart httpd
```

在 Windows 客户端的浏览器上测试结果如下,首页内容已经发生了变化。

← → C ▲ 不安全 | 192.168.200.129

Welcome Apache test2

**实例 3-5**　为系统中的某用户(例如“mm”)设置个人主页空间。

个人主页所在的目录为/home/mm/public_html,首页内容为“This is mm's website”。

```
[root@linux-server ~]# useradd mm && passwd mm
[root@linux-server ~]# mkdir /home/mm/public_html
[root@linux-server ~]# echo "This is mm's website" > /home/mm/public_html/index.html
```

httpd 服务程序中,默认没有开启个人用户主页功能。需要编辑/etc/httpd/conf.d/userdir.conf 文件。

```
[root@linux-server ~]# vi /etc/httpd/conf.d/userdir.conf
……
# UserDir disabled          //注释或删除该行
UserDir public_html
……
[root@linux-server ~]#systemctl restart httpd
```

客户端在浏览器浏览个人主页的 URL 地址格式为:http://IP 地址或域名/~用户名

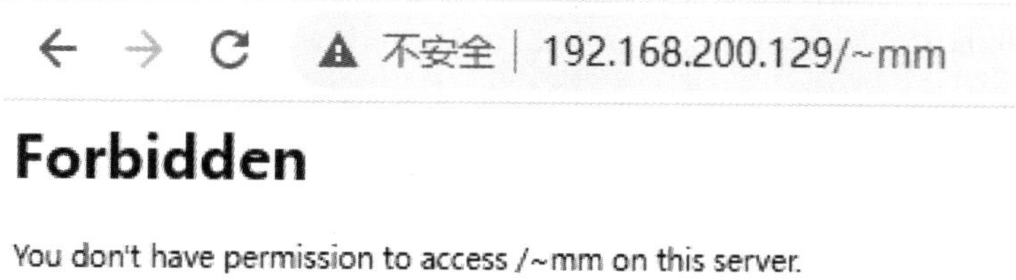

← → C ▲ 不安全 | 192.168.200.129/~mm

**Forbidden**

You don't have permission to access /~mm on this server.

出现无法访问的原因考虑是因为该用户的根目录权限没有放开读取和执行的权限。

```
[root@linux-server ~]# chmod 705 /home/mm
```

在 Windows 客户端的浏览器上测试结果如下。

← → C ▲ 不安全 | 192.168.200.129/~mm/

This is mm' s website

虚拟目录一般是不包含在 Apache 服务器的主目录中,但对于 Web 站点的用户没什么不同。每一个虚拟目录对应一个别名,客户端可以通过这个别名来访问虚拟目录。它的优势在于适合不同用户对不同目录拥有不同权限的需求,因为每个虚拟目录可分别设置不同的访问权限。

**注意:**只有知道虚拟目录名的用户才可以访问此虚拟目录。

**实例 3-6**　设置虚拟用户对应的虚拟访问目录实例。

Apache 服务器上创建 “/virtual”目录,对应虚拟目录名为“/virtualtest”。

```
[root@linux-server ~]# mkdir/virtual
[root@linux-server ~]# echo "This is virtualdir test" >>/virtual/index.html
```

```
[root@linux-server ~]# chmod 705 -R/virtual
[root@linux-server ~]# vi /etc/httpd/conf/httpd.conf
……
Alias /virtualtest "/virtual"
<Directory "/virtual">
    AllowOverride None
    Require all granted
</Directory>
[root@linux-server ~]# systemctl restart httpd
```

在 Windows 客户端的浏览器上测试结果如下。

### 3.5.3 Tomcat 的安装与测试

从 http://tomcat.apache.org/下载对应的 Tomcat 版本。这里以 Tomcat9 为例，对应的文件为 apache-tomcat-9.0.52.tar.gz，保存在/usr/java 目录中，通过解压即可完成安装。

```
[root@linux-server~]# mkdir /usr/java/  && cd /usr/java
[root@linux-server java]# tar zxvf apache-tomcat-9.0.52.tar.gz
```

为便于记忆，将解压后的目录名改为 tomcat9。

```
[root@linux-server java]# mv apache-tomcat-9.0.52 tomcat9
```

创建 tomcat 开机启动文件并进行相关配置：

```
[root@linux-server java]# vi /usr/lib/systemd/system/tomcat9.service
[Unit]
Description=tomcat9
After=syslog.target network.target remote-fs.target nss-lookup.target
[Service]
Type=oneshot
ExecStart=/usr/java/tomcat9/bin/startup.sh
ExecStop=/usr/java/tomcat9/bin/shutdown.sh
ExecReload=/bin/kill -s HUP $MAINPID
RemainAfterExit=yes
[Install]
WantedBy=multi-user.target
```

启动 tomcat：

```
[root@linux-server java]# systemctl restart tomcat9
```

这时会出现错误，查看方法：

```
[root@linux-server java]# systemctl status tomcat9.service
……
Neither the JAVA_HOME nor the JRE_HOME environment variable is defined
```

设置开机启动时的 Java 环境变量(开机启动 tomcat 时，系统环境变量还未加载，需要在 tomcat 中单独配置 Java 环境变量)。

这里需要安装 JDK。

从 https://www.oracle.com/java/technologies/downloads/下载对应的 JDK 版本。这里下载 JDK1.8，对应文件为 jdk-8u162-linux-x64.tar.gz。下载时将所需软件包文件保存在/usr/java目录中。

```
[root@linux-server ~]# cd /usr/java/
[root@linux-server java]# tar zxvf jdk-8u162-linux-x64.tar.gz
```

接下来配置 Java 环境变量。

```
[root@linux-server ~]# vi /etc/profile
```

在文件末尾添加：

```
#set java jdk1.8.0_162 environment
JAVA_HOME=/usr/java/jdk1.8.0_162
JRE_HOME=/usr/java/jdk1.8.0_162/jre
CLASS_PATH=.:$JAVA_HOME/lib/dt.jar:$JAVA_HOME/lib/tools.jar:$JRE_HOME/lib
PATH=$JAVA_HOME/bin:$JRE_HOME/bin:$PATH
export JAVA_HOME JRE_HOME CLASS_PATH PATH
[root@linux-server ~]# source /etc/profile      //刷新环境变量
[root@linux-server ~]# java -version            //查看 Java 的版本信息
java version "1.8.0_162"
Java(TM) SE Runtime Environment (build 1.8.0_162-b12)
Java HotSpot(TM) 64-Bit Server VM (build 25.162-b12, mixed mode)
[root@linux-server java]# vi /usr/java/tomcat9/bin/catalina.sh
```

添加以下内容：

```
JAVA_HOME=/usr/java/jdk1.8.0_162
JRE_HOME=/usr/java/jdk1.8.0_162/jre
#注意，位置一定要在"# OS specific support.……"这一行之前
# OS specific support.   $var _must_ be set to either true or false.
```

再次测试开启 tomcat：

```
[root@linux-server java]# systemctl restart tomcat9
```

可设置开机自启动：[root@linux-server java]# systemctl enable tomcat9

在 Windows 客户端的浏览器上输入 Apache 服务器的 IP 地址加 8080 端口，如图 3-48 所示，即可访问成功。

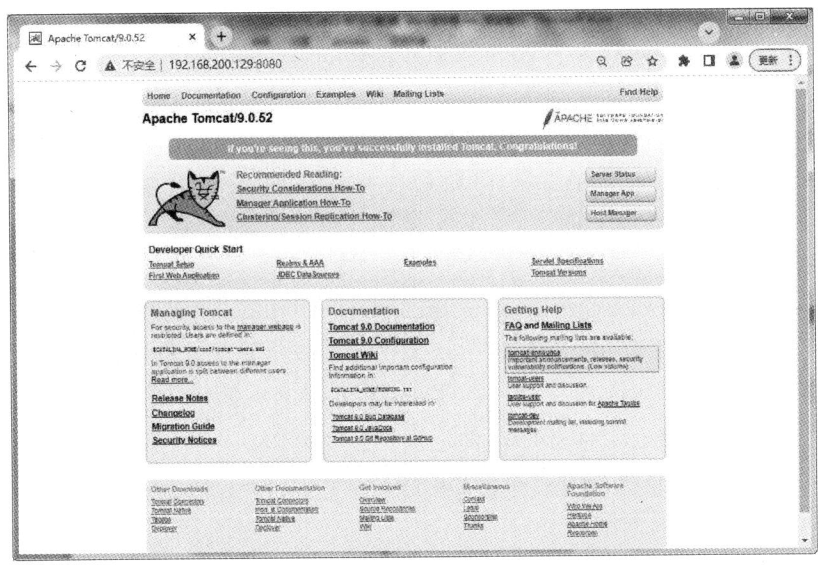


图 3-48 Windows 客户端对检测 tomcat

### 3.5.4 nginx 的安装与测试

1. 环境准备

(1)安装所需插件

gcc 是 Linux 下的编译器。

[root@linux-server ~]# yum -y install gcc

pcre 是一个 perl 库,包括 perl 兼容的正则表达式库,nginx 的 http 模块使用 pcre 来解析正则表达式。

[root@linux-server ~]# yum install -y pcre pcre-devel

zlib 库提供了很多种压缩和解压缩方式,nginx 使用 zlib 对 http 包的内容进行 gzip。

[root@linux-server ~]# yum install -y zlib zlib-devel

openssl 是 Web 安全通信的基石。

[root@linux-server ~]# yum install -y openssl openssl-devel

(2)关闭防火墙和 selinux

参照前面的讲解。

2. 下载安装 nginx

从 http://nginx.org/download/里下载需要的版本,这里以 nginx-1.20.2 为例讲解,下载 nginx-1.20.2.tar.gz 到/usr/local 目录中。

如果可以连接到 Internet 上,也可以直接使用 wget 命令下载。

[root@linux-server ~]# wget http://nginx.org/download/nginx-1.20.2.tar.gz/usr/local/

[root@linux-server ~]# cd /usr/local

[root@linux-server local]# tar zxvf nginx-1.20.2.tar.gz

[root@linux-server local]# cd /usr/local/nginx-1.20.2
[root@linux-server nginx-1.20.2]# ./configure --prefix=/usr/local/nginx

其中,--prefix 是编译的时候用来指定程序存放路径。

[root@linux-server nginx-1.20.2]# make && make install
[root@linux-server nginx-1.20.2]# ls /usr/local/nginx
conf　html　logs　sbin

进入 conf 配置 nginx 的配置文件 nginx.conf 文件,修改端口。

[root@linux-server nginx-1.20.2]# vi /usr/local/nginx/conf/nginx.conf

在其中修改

```
……
server {
        listen 8081;        //将默认的 80 修改为需要指定的端口,注意不要冲突
        server_name   localhost;
……
```

[root@linux-server nginx-1.20.2]#cd /usr/local/nginx/sbin/nginx
[root@linux-server sbin]# ./nginx -t

检测一下配置文件是否有误。

[root@linux-server sbin]#./nginx　　　　//启动 nginx

如果修改了配置文件需要重新加载 nginx。

[root@linux-server sbin]# ./nginx -s reload　//重新加载 nginx
[root@linux-server sbin]# pkill -9 nginx　　//强制停止 nginx

在 Windows 客户端的浏览器上输入 nginx 服务器的 IP 地址加 8081 端口,如图 3-49 所示,即可访问成功。

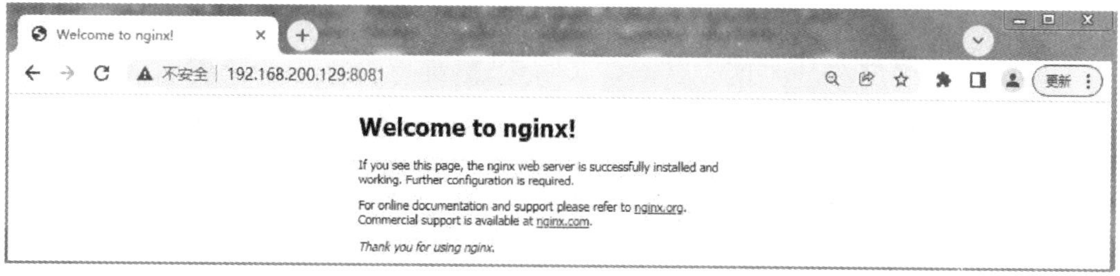


图 3-49　Windows 客户端检测 nginx

# 实　　训

## 实训一　CentOS 7 的安装和基本操作

1. 实训目的

(1)掌握虚拟机软件的安装和使用。

(2)掌握 CentOS 7 的安装。

(3)掌握终端连接工具的使用。

2. 实训内容

(1)安装配置虚拟机软件 VMware。

(2)CentOS 7 的安装过程。

(3)SecureCRT 连接到 CentOS 7。

3. 实验主要步骤(主要操作过程截图)

(1)虚拟机软件 VMware 的安装配置。

(2)在 VMware 软件中安装 CentOS 7。

参照图 3-3～图 3-37,进行最小化安装。

在图 3-36 部分添加一个自己姓名拼音缩写的普通用户。

使用“root”用户名登录,输入密码后进入字符界面。

(3)参照图形界面的说明,安装 CentOS 7 图形界面并使用 root 用户登录。

(4)打开 Linux 的终端,并了解其中提示符的含义。

(5)在图形界面和文本界面之间切换。

Linux 提供了 7 个虚拟终端,可同时使用系统,可进行切换。

从图形界面通过 Ctrl+Alt+F$n$($n$ 为 2～6)来切换终端。尝试从图形界面先进入 tty3 中,再进入 tty5 中,最后回到图形界面。

**提示:**

(1)使用虚拟终端可以支持多用户操作(Linux 是支持多用户多任务的操作系统)。

(2)已经进入某虚拟终端后,如果想进入另一个虚拟终端,只需要使用 Alt+功能键(F1～F6)。

(3)在虚拟终端上,可使用命令 tty 查看当前所处的虚拟终端名,如图 3-50 所示。

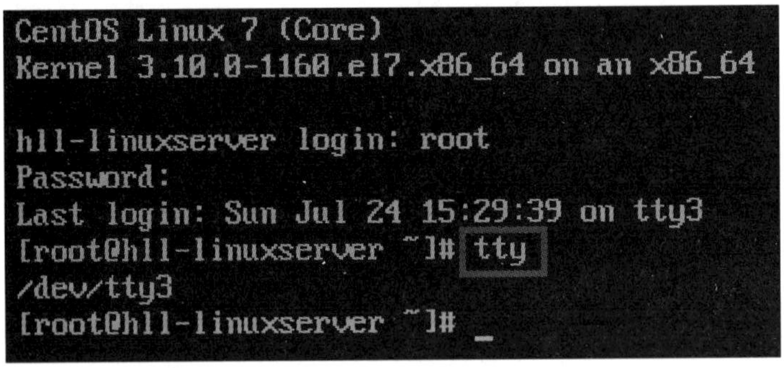

```
CentOS Linux 7 (Core)
Kernel 3.10.0-1160.el7.x86_64 on an x86_64

hll-linuxserver login: root
Password:
Last login: Sun Jul 24 15:29:39 on tty3
[root@hll-linuxserver ~]# tty
/dev/tty3
[root@hll-linuxserver ~]# _
```

图 3-50　Linux 中的虚拟终端

(4)不使用某虚拟终端时,要使用 logout 或 exit 退出登录。

(5)从虚拟终端切换到图形界面,使用 Alt+F1(功能键)。

(6)SecureCRT 连接到 CentOS 7。

参照图 3-35～图 3-40,实现 SecureCRT 远程连接到 CentOS 7 虚拟机。

## 实训二　CentOS 7 基本命令练习

1. 实训目的

(1)掌握 Linux 命令的格式。

(2)掌握常用的 Linux 命令。

(3)能够灵活使用 Linux 中的命令解决具体问题。

2. 实训内容

Linux 常用命令练习。

3. 实验主要步骤(主要操作过程截图)

使用 root 用户登录系统。

(1)查看当前路径。

(2)查看当前目录下的文件(所有文件)。

(3)创建一个普通用户,名为“mytest”。

(4)在普通用户“mytest”的根目录下建立一个名为“tmp”的目录。

(5)在“/home/mytest/tmp”目录下建立“test/subtest”目录。

(6)复制“/etc/rc. d/rc. local”文件到上一步中创建的 test 目录中。

(7)将上一步复制后的文件改名为“test. file”。

(8)查看“test. file”的内容。

(9)删除“/home/mytest/tmp/test”目录下的“subtest”目录。

(10)使用 find 命令,查找“/root”目录中所有以“. ”开头的隐藏文件(不包括目录)。

(11)使用 find 命令,查找“/”目录的“. conf”(配置)文件,统计出一共有多少个。

(12)使用 mytest 用户名在其他 tty 终端登录。回到 root 登录的“tty1”,查看当前有哪些用户登录了系统。

## 实训三　CentOS 7 网络基本配置

1. 实训目的

(1)掌握 CentOS 7 中基本的网络信息查看命令。

(2)掌握 CentOS 7 中网络基本配置命令。

2. 实训内容

(1)克隆虚拟机。

(2)配置虚拟机的 IP 地址。

3. 实验主要步骤(主要操作过程截图)

(1)设置当前 CentOS 系统的主机名为“linux-server”。

(2)通过克隆的方法,克隆出另一个虚拟 Linux 系统,主机名为“linux-client”。

(3)查看虚拟机的 selinux 状态、防火墙状态。关闭 selinux 和防火墙,并设置为开机自动关闭。

(4)在两台虚拟机上设置网络连接方式,使它们在一个网络中,这里规定都采用 NAT 模式(VMnet8 中)。重启网络服务,查看获得的 IP 地址,并使用 ping 命令测试是否能够 ping 通。

(5)为两台虚拟机设置静态 IP 地址,具体如下:

服务器 linux-server:192.168.18.10/24

客户端 linux-client:192.168.18.20/24

测试两台虚拟机的连通情况,要求能够 ping 通。

(6)分别重启 svr 和 pc1,再次查询它们的 IP 地址并测试连通情况。

## 实训四 CentOS 7 中的 Samba 服务器

1. 实训目的

(1)掌握 yum 源配置方法。

(2)掌握 Samba 服务器的安装、配置。

(3)掌握 Samba 客户端检测的方法。

2. 实训内容

练习利用 Samba 服务实现文件共享及权限设置。

具体要求如下:

(1)修改工作组为 WORKGROUP。

(2)注释[homes]和[printers]的内容。

(3)设置共享目录为/data/homework_file,共享名为 homework。该目录可读可写。

3. 实验主要步骤(主要操作过程截图)

环境准备:

(1)服务器 linux-server:192.168.18.10/24。

(2)客户端 linux-client:192.168.18.20/24。

(3)客户端 Windows(宿主机):VMware Network Adapter VMnet8—192.168.18.30/24。

参照 3.3 节中的案例讲解。

(1)配置 yum 源并安装 Samba 软件。

(2)创建共享目录并修改目录权限。

(3)配置 Samba 的主配置文件。

(4)重启 Samba 服务。

(5)Linux 客户端检测 Samba 服务及权限。

(6)Windows 客户端检测 Samba 服务及权限。

## 实训五 CentOS 7 中的 FTP 服务器

1. 实训目的

(1)掌握 FTP 服务器的安装与配置。

(2)掌握 FTP 客户端检测的方法。

(3)理解 FTP 支持的三种用户账号类型和不同之处。

2. 实训内容

FTP服务器的安装与配置。

3. 实验主要步骤(主要操作过程截图)

环境准备:

(1)服务器linux-server:192.168.18.10/24。

(2)客户端linux-client:192.168.18.20/24。

(3)客户端Windows(宿主机):VMware Network Adapter VMnet8—192.168.18.30/24。

参照3.4中的案例讲解。

(1)完成3.4.2中的实例3-1。

(2)完成3.4.2中的实例3-2。

(3)完成3.4.2中的实例3-3。

## 实训六　CentOS 7中的Web服务器

1. 实训目的

(1)掌握httpd,tomcat,nginx服务器的安装。

(2)掌握httpd,tomcat,nginx服务器的配置。

(3)掌握不同Web服务器的检测方法。

2. 实训内容

Web服务器的安装和配置。

3. 实验主要步骤(主要操作过程截图)

环境准备:

(1)服务器linux-server:192.168.18.10/24。

(2)客户端linux-client:192.168.18.20/24。

(3)客户端Windows(宿主机):VMware Network Adapter VMnet8—192.168.18.30/24。

参照3.5中的案例讲解。

(1)完成3.5.2中的Apache服务器对应的实例3-4、实例3-5、实例3-6。

(2)完成3.5.3中的Tomcat的安装与测试。

(3)完成3.5.4中的Nginx的安装与测试。

## 习　题

一、选择题

1. 在Linux系统中,(　)用户对整个系统拥有完全权限。

A. root　　B. guest　　C. Administrator　　D. Admin

2. 默认情况下,超级用户和普通用户的登录提示符分别是(　　)。

A. "#"和"$"　　B. "#"和"%"　　C. "$"和"#"　　D. "$"和"%"

3. 存放Linux基本命令的目录是(　　)。

A. /bin　　B. /tmp　　C. /lib　　D. /root

4. 在CentOS 7和大多数Linux发行版本中,使用(　　)作为缺省的Shell程序。

A. bsh　　B. ksh　　C. csh　　D. bash

5. 在 vi 编辑器中对文件的内容进行了错误的修改，如果想放弃对文件进行的修改并退出 vi 编辑器，应输入(　　)命令。

A. :w　　B :q　　C. :q!　　D. :wq

6. yum 源的配置文件中，指定源位置的行是(　　)。

A. name　　B. baseurl　　C. gpgcheck　　D. enabled

7. 在 Linux 系统中可以使用命令对目录进行建立、改名和删除等维护操作，下列命令中具有目录删除功能的是(　　)。

A. mkdir　　B. rmdir　　C. mv　　D. rm

8. VMware 虚拟机软件为用户提供了多种网络模式，不包括下面的(　　)。

A. NAT 模式　　B. 仅主机模式　　C. 桥接模式　　D. 直连模式

9. 使用(　　)命令可以重启 Samba 服务。

A. systemctl start smb　　B. systemctl restart smb

C. systemctl reload smb　　D. systemctl status smb

10. 以下(　　)是 Apache 的主配置文件。

A. http. conf　　B. web. conf　　C. httpd. conf　　D. apache. conf

11. Linux 系统中，文件或目录的权限包括读、写、执行，对应 3 种权限的字母标志依次是(　　)。

A. rws　　B. rwx　　C. wrx　　D. wrs

12. 用源代码编译安装 prozilla 软件时，在编译成功后，执行安装的命令为(　　)。

A. install　　B. make　　C. ./configure　　D. make install

13. 有两台运行 Linux 系统的计算机，主机 A 的用户能够通过 ping 命令测试到主机 B 的连接，但主机 B 的用户不能通过 ping 命令测试到与主机 A 的连接，可能的原因是(　　)。

A. 主机 A 的网络设置有问题

B. 主机 B 的网络设置有问题

C. 主机 A 与主机 B 的物理网络连接有问题

D. 主机 A 有相应的防火墙设置阻止了来自主机 B 的 ping 命令测试

14. 若要连接 Samba 服务器的共享目录 normal，并以账号 aa 的身份登录，可以使用下面的(　　)命令。

A. smbclient　//192.168.18.1/normal -U aa

B. smbclient　\\192.168.18.1/normal -U aa

C. smbclient　//192.168.18.1/normal -u aa

D. smbclient　\\192.168.18.1/normal -u aa

15. vsftpd 服务器支持三种类型的用户账号，不包括下面的(　　)。

A. 匿名用户　　B. 超级用户　　C. 本地用户　　D. 虚拟用户

二、简答题

1. Linux 系统中，如何通过命令行完成添加、删除用户的操作？

2. vi 编辑器有哪几种工作模式？如何在这几种模式之间转换？

3. 测试 Samba 服务器的方法有哪些？

4. 在 Linux 中 vsftpd 服务器支持哪些类型的用户账号？试说明这些类型各自的特点。

5. 常用的 Web 服务器有哪些？试说明它们的各自的特点。

# 第 4 章　网络互联技术

**本章导读**

本章主要讲解华为数通设备的平台基础、登录管理以及交换机路由器的基本配置。

通过本章学习，我们应该知道 VRP 是什么，设备常见的登录管理方式，了解并掌握通过不同的方式对设备进行登录管理的方法。能够将交换机接入局域网，完成交换机的主机名、密码和 IP 地址等的基本配置。通过 VLAN 的划分，不但能实现不同交换机的同种 VLAN 的通信，而且能够在交换机上配置跨 VLAN 的通信，从而完成局域网中交换机的搭建与维护工作。掌握路由器的基础配置，并在理解静态路由、动态路由协议(RIP，OSPF)、ACL 及 NAT 等技术原理的基础上，掌握它们在路由器上的基础配置。

**本章要点**

- VRP 基本配置
- 常见设备登录管理方式
- 设备网络系统的基本配置命令
- 交换机的数据转发原理
- 交换机的 VLAN 划分
- VLAN Trunk 的配置
- 静态路由和默认路由的应用
- 动态路由协议的特点
- RIP 路由信息协议的配置
- OSPF 单区域的配置
- ACL 访问控制列表的配置方法
- NAT 的配置

## 4.1　VRP 基础

### 4.1.1　VRP 平台介绍

1. VRP 概述

VRP 是华为公司路由器、交换机等数据通信产品的通用网络操作系统，它可以运行在多种硬件平台之上，并拥有一致的网络界面、用户界面和管理界面，可为用户提供灵活而丰富的应用解决方案。华为数据通信产品上所搭载的 VRP 就相当于 PC 上所搭载的 Windows 操作系统，或 iPhone 上所搭载的 iOS 操作系统，是设备能够正常工作的关键。

2. VRP 特点

VRP以TCP/IP模型为参考，通过完善的体系架构设计，将路由技术、MPLS技术、VPN技术、安全技术等数据通信技术，以及实时操作系统、设备和网络管理、网络应用等多项技术完美地集成在一起，满足了运营商和企业用户的各种网络应用场景的需求。

VRP包含多个不同的版本，不同版本之间存在功能特性上的差异，以目前在各行业广泛部署的AR路由器为例，主要使用的是VRP 5.X版本。

### 4.1.2 命令行简介

1. 命令行

网络管理员可以通过多种方式对华为数据通信设备进行管理，例如使用设备自带的WEB管理界面对其进行管理，或者使用网络管理软件，通过SNMP(Simple Network Management Protocol)对设备进行管理等。当然，在多数情况下，我们会通过命令行界面(Command-Line Interface，CLI)，使用命令行对设备进行管理，这也是入门数据通信必须掌握的技能。命令行是在设备内部注册的、具有一定格式和功能的字符串。一条命令行由关键字和参数组成，关键字是一组与命令行功能相关的单词或词组，通过关键字可以唯一确定一条命令行。参数是为了完善命令行的格式或指示命令的作用对象而指定的相关单词或数字等，包括整数、字符串、枚举值等数据类型。例如，测试设备间连通性的命令行“ping ip-address”中，“ping”为命令行的关键字，“ip-address”为参数(取值为一个IP地址)。

新购买的华为网络设备，初始配置为空，若希望它能够具有诸如文件传输、网络互通等功能，则需要首先进入设备的命令行界面，并使用相应的命令进行配置。

2. 命令行界面

命令行界面是用户与设备之间的文本类指令交互的界面，就如同Windows操作系统中的DOS(Disk Operation System)窗口一样。VRP命令行界面如图4-1所示。

图4-1 VRP命令行界面

设备提供丰富的功能，相应地也提供了多样的配置和查询命令。为便于用户使用这些命令，华为交换机按功能分类将命令分别注册在不同的命令行视图下。

命令行界面分成了若干种命令行视图，使用某个命令行时，需要先进入该命令行所在的视图。最常用的命令行视图有用户视图、系统视图和接口视图，三者之间既有联系，又有一定的区别。

进入命令行视图界面后，首先进入的就是用户视图。提示符“＜Huawei＞”中，“＜＞”表示是用户视图，“Huawei”是设备缺省的主机名。

在用户视图下，用户可以了解设备的基本信息、查询设备状态，但不能进行与业务功能相关的配置。如果需要对设备进行业务功能配置，则需要进入系统视图。

如图 4－2 所示，在用户视图下使用 system－view 命令，便可进入系统视图，此时的提示符中使用了方括号“[]”。系统视图下可以使用绝大部分的基础功能配置命令。另外，系统视图还提供可进入其他视图的入口；若希望进入其他视图，则必须先进入系统视图。

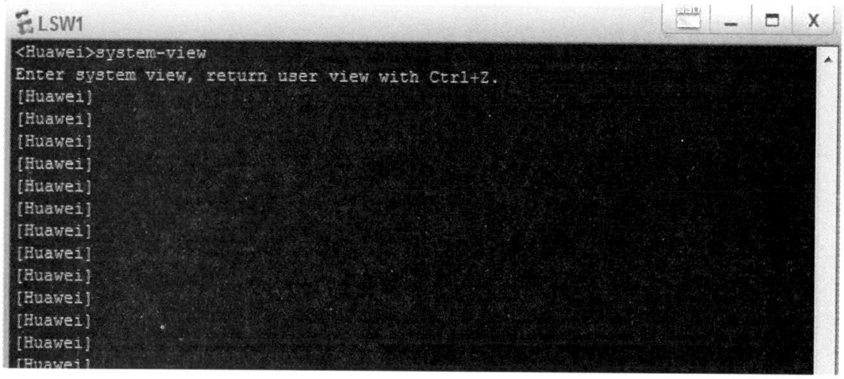

```
LSW1
<Huawei>system-view
Enter system view, return user view with Ctrl+Z.
[Huawei]
[Huawei]
[Huawei]
[Huawei]
[Huawei]
[Huawei]
[Huawei]
[Huawei]
[Huawei]
[Huawei]
[Huawei]
[Huawei]
```

图 4－2　系统视图

如图 4－3 所示，如果要对设备的具体接口进行业务或参数配置，则需要进入接口视图。进入接口视图后，提示符会发生变化，在主机名后会追加接口类型和接口编号信息。图 4－3 显示的是如何进入接口 GigabitEthernet0/0/0 的接口视图。在接口视图下，可以完成对应接口的配置操作，例如配置接口的 ip 地址等。接口视图下，主机名外的符号仍然是“[]”。事实上，除用户视图外，其他任何视图下主机名外的符号都是“[]”。

VRP 系统命令和用户进行了分级，每条命令都有相应的级别，每个用户也都有自己的权限级别，并且用户权限级别与命令级别具有一定的对应关系。具有一定权限级别的用户登录以后，只能执行等于或低于自己级别的命令。

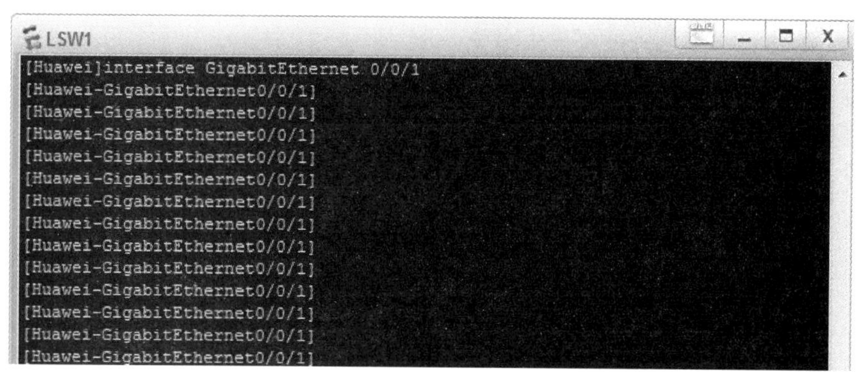


图 4－3　对设备接口进行配置

### 3. 命令级别与用户权限级别

VRP 命令级别分为 0 级（参观级）、1 级（监控级）、2 级（配置级）、3 级（管理级）。网络诊断类命令属于参观级命令，用于测试网络是否连通等。监控级命令用于查看网络状态和设备基本信息。对设备进行业务配置时，需要用到配置级命令。对于一些特殊的功能，如上传或下载配置文件，则需要用到管理级命令。

### 4.1.3 基本配置

用户权限分为0～15共16级。默认情况下，3级用户就可以操作VRP系统的所有命令。也就是说4～15级的用户权限在默认情况下是与3级用户权限一致的。4～15级的用户权限一般与提升命令级别的功能一起使用。例如当设备管理员较多时，需要在管理员中再进行权限细分，这时可以将某条关键命令所对应的用户级别提高，如提高到15级，这样一来，缺省3级管理员便不能再使用该关键命令。命令级别与用户权限级别的对应关系见表4-1。

**表4-1 命令级别与用户权限级别的对应关系**

| 用户级别 | 命令级别 | 说 明 |
|---|---|---|
| 0 | 0 | 网络诊断类命令(ping, tracert)从本设备访问其他设备的命令(telnet)等 |
| 1 | 0,1 | 系统维护的命令，包括display等。但并不是所有的display命令都是监控级的，例如display current-configuration和display saved-configuration都是管理级命令 |
| 2 | 0,1,2 | 业务配置命令，包括路由、各个网络层次的命令等 |
| 3～15 | 0,1,2,3 | 涉及系统基本运行的命令，如文件系统、FTP下载、配置文件切换命令、用户管理命令、命令级别设置命令、系统内部参数设置命令等，还包括故障诊断的debugging命令 |

用户登录到路由器出现命令行提示符后，即进入命令行接口。命令行接口是用户与路由器进行交互的常用工具。用户可以通过命令行输入命令，对路由器进行配置管理。

命令行有如下特性：

1)允许通过AUX口进行本地或远程配置。

2)允许通过console口进行本地配置。

3)允许通过Telnet、SSH进行远程配置。

4)允许通过Modem拨号登录到路由器异步串口进行远程配置。

5)提供User-interface视图，管理各种终端用户的特定配置。

6)命令行分级保护，不同级别的用户只能执行相应级别的命令。

7)通过不认证、password、AAA三种验证方式，确保未授权用户无法入侵路由器，保证系统安全。

8)用户可以随时键入“?”而获得在线帮助。

9)提供网络测试命令，如tracert、ping，迅速诊断网络是否正常。

10)提供种类丰富、内容详尽的调试信息，帮助诊断网络故障。

11)用telnet命令直接登录并管理其他路由器。

1. 配置方式

目前系统支持的一般配置方式有三种：

1)通过Console口进行本地配置。

2)通过AUX口进行本地或远程配置。

3)通过 Telnet 或 SSH 进行本地或远程配置。

(1)通过 Console 口配置路由器

**第一步：**建立本地配置环境，只需将电脑(或终端)的串口通过标准 RS-232 电缆与路由器的 Console 口(见图 4-4)连接(见图 4-5)：

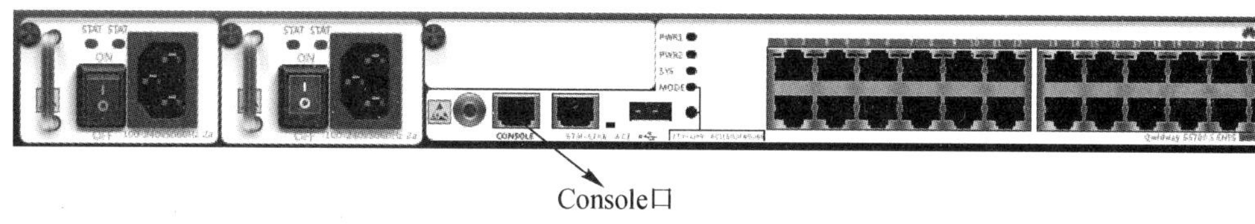


图 4-4　Console 口

图 4-5　终端的串口与 Console 口连接

**第二步：**创建超级终端，设置终端通信参数为 9 600 b/s、8 位数据位、1 位停止位、无奇偶校验和无流量控制，并选择终端类型为 VT100。

**第三步：**路由器上电自检，系统自动进行配置，自检结束后提示用户键入回车，直到出现命令行提示符(如<Router>)。

**第四步：**键入命令，配置路由器或查看路由器运行状态，如需要帮助可以随时键入"?"。

(2)通过 AUX 口远程配置路由器

通过 Modem 拨号与路由器 AUX 口连接搭建配置环境，需要在微机串口和路由器的 AUX 口分别挂接 Modem。

**第一步：**AUX 接口外接 Modem。

**第二步：**在接口上对 Modem 进行相应的初始化及配置。

**第三步：**在远端通过终端仿真程序和 Modem 向路由器拨号，与路由器建立连接。

**第四步：**在远端的终端仿真程序上输入用户名和口令，验证通过后，出现命令行提示符(如<Huawei>)。

(3)通过 Telnet 配置路由器

**第一步：**建立 Telnet 配置环境，只需微机的以太网接口 IP 地址和路由器的接口 IP 地址有路由可达即可。

**第二步：**在微机上运行 Telnet 程序，并设置其终端类型为 vt100(见图 4-6)。

**第三步：**在本地微机上远程路由器接口的 IP 地址，与路由器建立 Telnet 连接，如果路由器配置了用户名和口令，需要输入正确的用户名和口令，然后出现命令行提示符(如<Huawei>)。

2. 命令行使用方法

(1)进入命令视图

用户进入 VRP 系统后，首先进入的就是用户视图。如果出现<Huawei>，并有光标在"<>"右边闪动，则表明用户已成功进入了用户视图，如图 4-7 所示。在用户视图下，可以通过命令来了解设备的基本信息、查询设备状态等。

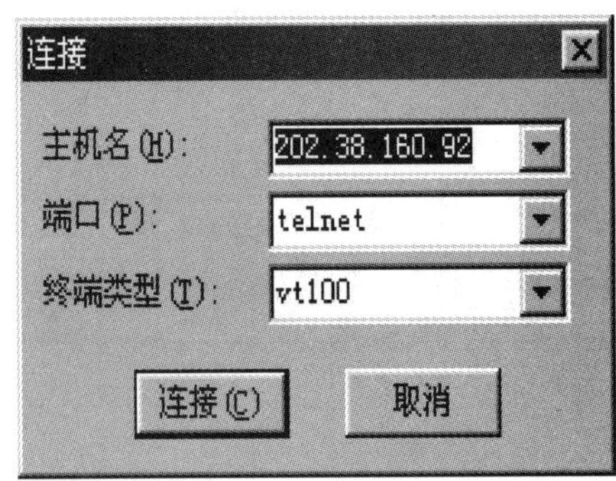


图 4-6　在微机上运行 Telnet 程序

图 4-7　用户视图

如果需要对 GigabitEthernet0/0/0 接口进行配置，则需先使用 system-view 命令进入系统视图，再使用 interface interface-type interface-number 命令进入相应的接口视图。

<Huawei>system-view
[Huawei]　　　　(已进入系统视图)
[Huawei]interface GigabitEthernet 0/0/0
[Huawei-GigabitEthernet0/0/0]　　　(已进入接口视图)

(2)退出命令视图

quit 命令的功能是从任何一个视图退出到上一层视图。例如，接口视图是从系统视图进入的，所以系统视图是接口视图的上一层视图。

[Huawei-GigabitEthernet0/0/0]quit
[Huawei]　　　　　　　　　(已退出到系统视图)

如果要从系统视图继续退出到用户视图，可以再次执行 quit 命令。

[Huawei]quit
<Huawei>　　　　(已退出到用户视图)

有些命令视图的层级很深，从当前视图退出到用户视图，需要多次执行 quit 命令，使用 return 命令，可以直接从当前视图退出到用户视图。

[Huawei-GigabitEthernet0/0/0]return
<Huawei>　　　(已退出到用户视图)

另外，在任意视图下，使用快捷键 Ctrl+Z 可以达到与使用 return 命令相同的效果。

(3)输入命令行

VRP 系统提供了丰富的命令行输入方法，支持多行输入，每条命令最大长度为 510 个字符，命令关键字不区分大小写，同时支持不完整关键字输入。表 4-2 列出了命令行输入过程中常用的一些功能键。

**表 4-2　命令行输入功能键**

| 功能键 | 功　能 |
| --- | --- |
| 退格键 BackSpace | 删除光标位置的前一个字符，光标左移；若已经到达命令起始位置，则停止 |
| 左光标键或 Ctrl+B | 光标向左移动一个字符位置；若已经到达命令行起始位置，则停止 |
| 右光标键或 Ctrl+F | 光标向右移动一个字符位置；若已经到达命令尾部，则停止 |
| 删除键 Delete | 删除光标所在位置的一个字符；光标位置保持不动，光标后方字符向左移动一个字符位置；若已经到达命令尾部，则停止 |
| 上光标键或 Ctrl+P | 显示上一条历史命令，如果需要显示更早的历史命令，可以重复使用该功能键 |
| 下光标键或 Ctrl+N | 显示下一条历史命令，可重复使用该功能键 |

为了提高命令行输入的效率和准确性，VRP 系统支持不完整的关键字输入功能，即在当前视图下，当输入的字符能够匹配唯一的关键字时，可以不必输入完成的关键字。例如：当需要输入命令 display current-configuration 时，可以通过输入“d cu、di cu 或 dis cu、dis cur”来实现，但不能输入“d c 或 dis c”等，因为系统有多条以 d c、dis c 开头的命令，如 display cpu-defend 等。

(4)在线帮助

在线帮助是 VRP 系统提供的一种实时帮助功能。在命令行输入过程中，用户可以随时输入“?”以获得在线帮助信息。命令行在线帮助可分为完全帮助和部分帮助。

例如我们希望查看设备的当前配置情况，但在进入用户视图后不知道下一步该如何操作，这时就可以键入“?”得到如图 4-8 的回显帮助信息。

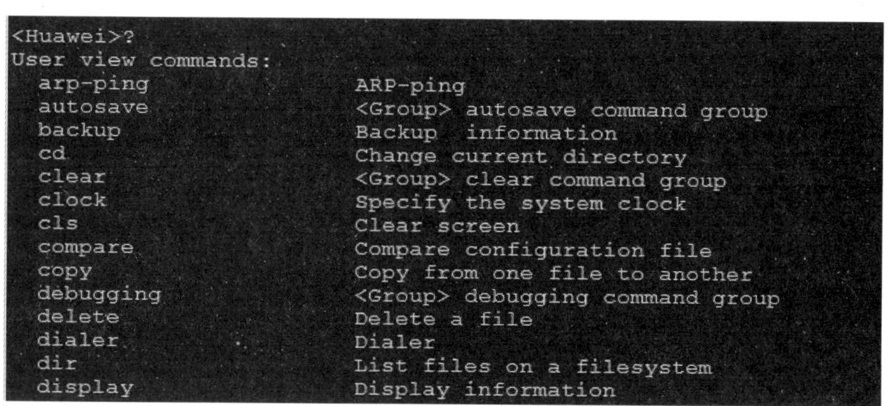


图 4-8　帮助信息

从显示的关键字中可以看到“display”，对此关键字的解释为 display information，通过英文解释，我们会了解到，要查看设备的当前配置情况，很可能会用到“display”这个关键字。于是，按任意字母键退出帮助后，键入“display”和空格，再键入“?”，得到如图 4-9 所示的回显帮助信息。

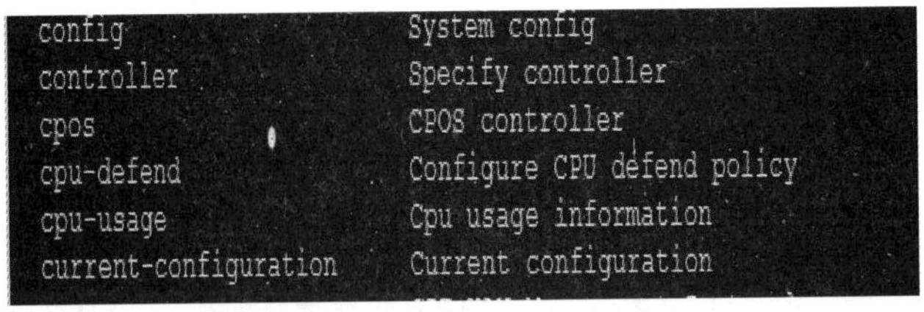

```
config                      System config
controller                  Specify controller
cpos                        CPOS controller
cpu-defend                  Configure CPU defend policy
cpu-usage                   Cpu usage information
current-configuration       Current configuration
```

图 4－9　帮助信息

从回显信息中，我们发现了"current-configuration"，通过简单分析和推理，我们便知道，要查看设备的当前配置情况，应该输入"display current-configuration"命令。

3. 基本配置

进入和退出系统视图：

<huawei>system-view ；从用户视图进入系统视图

[huawei]quit ；从系统视图返回到用户视图

[huawei-GigabitEthernet0/0/0]return；从任意的非用户视图返回到用户视图

切换语言模式(用户视图)：

<huawei>language-mode english ；切换为英文模式

<huawei>language-mode chinese ；切换为中文模式

设置路由器名称[系统视图]：

[huawei]sysname host-name

设置系统时钟[系统视图]：

[huawei]Clock datetime HH:MM:SS YYYY/MM/DD ；设置 UTC 标准时间

[huawei]clock timezone time-zone-name { add | minus } offset ；设置所在的时区

[huawei]undo clock timezone ；取消时区设置

[huawei] clock summer-time time-zone-name { one-off | repeating } start-time end-time add-time ；设置采用夏时制

[huawei]undo clock summer-time ；取消夏时制

配置切换用户级别的口令[系统视图]：

[huawei]super password [ level user-level ] { simple | cipher } password ；配置切换用户级别的口令

[huawei]undo super password [ level user-level ] ；取消配置的口令

系统状态信息查询：

<huawei>display version [ slot-id ] ；显示系统版本

<huawei>display clock ；显示系统时钟

<huawei>display users [ all ] ；显示终端用户

<huawei>display saved-configuration ；显示起始配置信息

<huawei>display current-configuration ；显示当前配置信息

<huawei> display debugging [ interface { interface-type interface-number } ] [ module-name ] ；显示调试开关状态

```
<huawei>display this {huawei 特性} ;显示当前视图的运行配置
<huawei>display diagnostic-information ;显示技术支持信息
```

保存操作和重启：

```
<huawei>save ;保存配置信息
<huawei>reboot  [fast] ;重新启动设备
```

## 4.2　网络设备登录管理

与计算机、手机等终端不同，交换机、路由器、防火墙等网络通信设备没有专属的输入/输出设备。因此，为了能够使用网络设备的操作系统，需要将网络操作系统通过特定的方式连接到计算机上，借助计算机的 I/O 设备，即键盘、鼠标和显示设备，使设备的网络操作系统对设备进行管理与维护。将网络设备的操作系统通过特定的方式连接到计算机上的过程叫作设备的登录管理。

### 4.2.1　常见设备登录管理方式

用户通过对网络设备的操作管理叫作网络管理，简称网管。按照用户的配置管理方式，常见的网管方式可分为 CLI 方式和 Web 方式。其中，通过 CLI 方式管理设备指的是用户通过 Console 口(也称串口)、Telnet 或 Stelnet 方式登录设备，使用设备提供的命令行对设备进行管理和配置。下面介绍如何通过两种方式登录管理设备。

1. 通过 Console 口登录

通过 Console 口进行本地登录是登录设备的最基本的方式，也是配置通过其他方式登录设备的基础之一，如图 4-10 所示。

图 4-10　终端和设备 Console 口连接

在缺省情况下，设备可以通过 Console 口或 Web 方式进行本地登录，用户登录到设备上后，即可以对各种登录方式进行配置。缺省配置下通过 Console 口登录设备见表 4-3。

**表 4-3　缺省情况下 Console 口登录**

| 对象 | 需要具备的条件 |
|---|---|
| 设备 | 缺省情况下，设备侧不需要任何配置 |
| Console 口登录设备 | 运行超级终端程序 |
| | 配置超级终端属性 |

当用户使用 Console 口登录设备时，用户终端的通信参数配置要和设备 Console 口的缺省配置保持一致，才能通过 Console 口登录到设备上。设备 Console 口的缺省配置见表 4-4。

表 4－4　Console 口的缺省配置

| 属性 | 缺省配置 |
| --- | --- |
| 传输速率 | 9 600 b/s |
| 流控方式 | 不进行流控 |
| 校验方式 | 不进行校验 |
| 停止位 | 1 |
| 数据位 | 8 |

1)使用产品随机附带的配置口电缆连接 PC 和设备。先将配置电缆的 DB-9(孔)插头插入 PC 的 9 芯(针)串口插座,再将 RJ-45 插头端插入设备的 Console 口中。

将设备与 PC 通过配置口电缆进行连接(连接时请认准接口上的标识,以免误插入其他接口)。由于 PC 串口不支持热插拔,请不要在设备带电的情况下,将串口插入或者拔出 PC。当连接 PC 和设备时,请先安装配置电缆的 DB-9 端到 PC,再连接 RJ-45 到设备;在拆下时,先拔出 RJ-45 端,再拔下 DB-9 端。

2)在 PC 机上运行终端仿真程序(以下配置以 Windows 7 和第三方控制软件选择 SecureCRTPortable 为例),选择与设备相连的串口,设置终端通信参数:传输速率为 9 600 b/s、8 位数据位、1 位停止位、无校验和无流控,如图 4－11 所示。

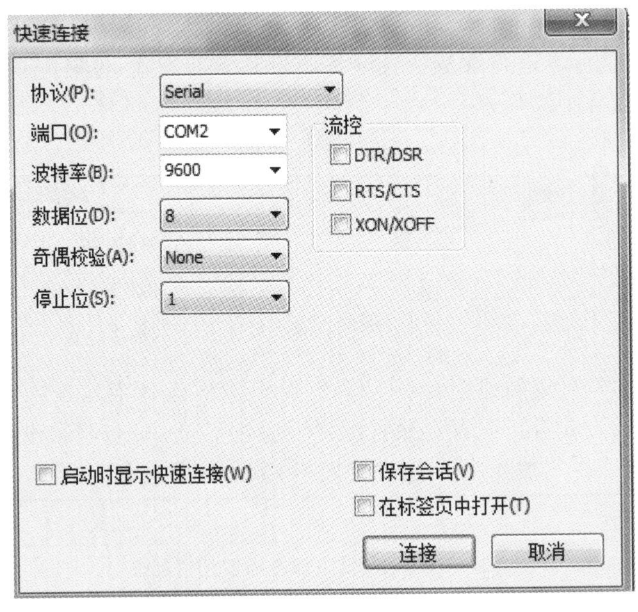


图 4－11　仿真程序参数设置

3)设备上电,终端上显示设备自检信息,自检结束后提示用户键入回车,之后将出现命令行提示符(如<huawei>),如图 4－12 所示。

4)键入命令,配置设备或查看设备运行状态。需要帮助可以随时键入“?”,具体的配置命令可参考手册中相关部分的内容。

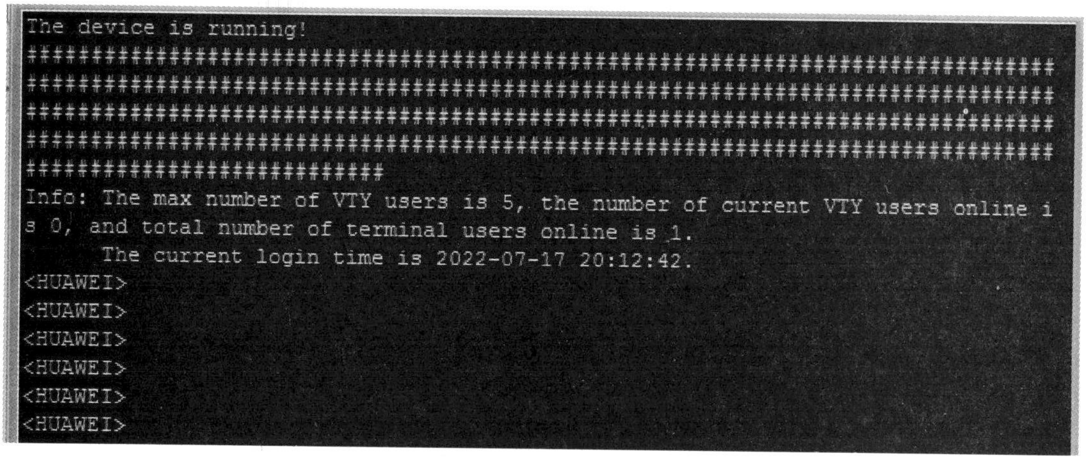

```
The device is running!
############################################################
############################################################
############################################################
############################################################
###########################
Info: The max number of VTY users is 5, the number of current VTY users online i
s 0, and total number of terminal users online is 1.
      The current login time is 2022-07-17 20:12:42.
<HUAWEI>
<HUAWEI>
<HUAWEI>
<HUAWEI>
<HUAWEI>
<HUAWEI>
```

图4-12　设备上电启动过程

2. 通过Telnet方式登录

Telnet的应用场景有很多,所有的应用场景使用Telnet都是为了远程登录连接。Telnet协议是TCP/IP协议族中的一员,基于TCP协议端号23进行操作,是Internet远程登录服务的标准协议和主要形式,Telnet可以通过终端对本地或者远程的网络设备进行集中管理。Telnet以客户端/服务器模式运行,可以在服务器端建立用户和密码进行认证,通过了认证的客户机才可以远程登录进来。

Telnet操作过程如下:

1)本地与远程主机建立连接。该过程实际上是建立一个TCP连接,用户必须知道远程主机的IP地址或域名。

2)远程主机对本地主机进行身份认证。在该过程中,用户在本地主机的Telnet客户端软件上输入用户名及密码,远程主机进行身份认证,认证成功后,用户才能从本地主机登录至远程主机。在此期间涉及本地主机与远程主机的一系列报文交互,并且用户所输入的用户名与密码是以明文方式在报文中体现的,一旦报文被截获,则网络将受到威胁。

3)将远程主机输出的数据转化为本地所接受的格式送回本地终端,包括输入命令回显和命令执行结果。

4)本地终端对远程主机进行撤销连接。该过程是断开一个TCP连接。

安全隐患如下:Telnet虽然比较实用也很方便,但是在格外注重安全的现代网络技术中并不被重视,原因是它是一个明文传输的协议,也就是说数据在发送过程中是不加密的,包括用户名和密码,所以有很多服务器一般会禁用Telnet服务。

3. 通过Stelnet方式登录

Telnet缺少安全的认证方式,而且传输过程采用TCP明文传输,存在很大的安全隐患。单纯提供Telnet服务容易招致拒绝服务(Deny of Service,DoS)、主机IP地址欺骗、路由欺骗等恶意攻击。Stelnet是Secure Telnet的简称,能使用户从远程安全登录设备,提供交互式配置页面,所有交互数据均经过加密,实现安全的会话。华为网络设备支持Stelnet的客户端和服务器端，支持 SSH1(SSH 1.5)协议和 SSH2(SSH 2.0)协议。

SSH 是 Secure Shell(安全外壳)的简称，标准协议端口号为 22。SSH 是一个网络安全协议，通过对网络数据的加密，在一个不安全的网络环境中，提供了安全的远程登录和其他安全网络服务，解决了远程 Telnet 的安全性问题。SSH 通过 TCP 进行数据交互，它在 TCP 之上构建了一个安全通道。另外，SSH 除了支持标准端口 22 外，还支持其他服务端口，以提高安全性，防止受到非法攻击。

SSH 支持 password 认证和 RSA 认证，对数据进行 DES、3DES、AES 等加密，有效地防止了对密码的窃听，保护了数据的完整性和可靠性，保证了数据安全传输。特别是对于 RSA 认证的支持，对称加密和非对称加密的混合应用，密匙的安全交换，SSH 最终实现了安全的会话过程。由于数据加密传输，认证机制更加安全，SSH 已经越来越被广泛应用，成为当前最重要的网络协议之一。

SSH 协议有两个版本——SSH1(SSH 1.5)协议和 SSH2(SSH 2.0)协议，两者是不同的协议，互不兼容。SSH 2.0 在安全、功能和性能上均比 SSH 1.5 有优势。

4. 通过 Web 方式登录

利用设备内置的 Web 服务器，为用户提供图形化的操作界面。用户需要从终端通过 HTTPS 登录到设备，才能利用 Web 网管对设备进行管理和维护。

HTTP 的工作原理包括以下两个过程。

1)用户在 PC 的 Web 浏览器上输入 Web 服务器的 IP 地址(或域名)及端口号，这将触发 PC 与 Web 服务器建立 TCP 连接，HTTP 所使用的 TCP 为 80。建立连接后，客户机发送一个请求给服务器，请求方式的格式如下：统一资源标识符(Uniform Resoure Locstor，URL)、协议版本号，其后是 MIME 信息，包括请求修饰符、客户机信息和许可内容。

2) 服务器接到请求后，给予相应的响应信息，其格式为一个状态行，包括信息的协议版本号、一个成功或错误的代码，其后是 MIME 信息，包括服务器信息、实体信息和其他可能的内容(见图 4－13)。

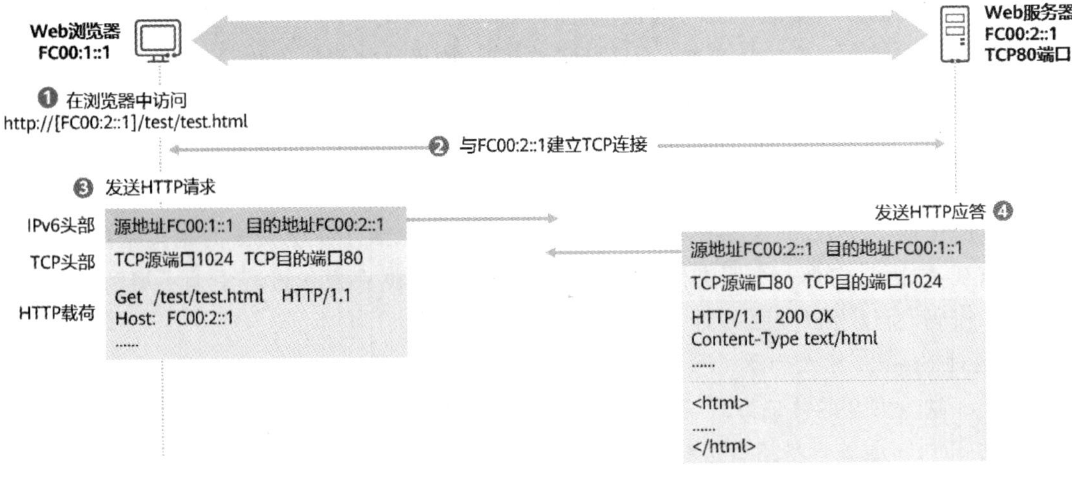


图 4－13 HTTP 工作流程

HTTP 是以明文方式发送信息的，如果黑客截取了 Web 浏览器和服务器之间的传输报文，就可以直接获得其中的信息。鉴于 HTTP 的安全隐患，以安全为目标的 HTTP 通道 HTTPS 应运而生，HTTPS 在 HTTP 的基础上通过传输加密和身份认证保障了传输过程的安全性。HTTPS 在 HTTP 的基础上加入安全套接字层（Secure Socket Layer，SSL），HTTPS 的安全基础是 SSL。HTTPS 使用不同于 HTTP 的默认端口（默认端口 443）及一个加密/身份认证层（在 HTTP 与 TCP 之间），来提供身份认证与加密通信功能。它被广泛应用于互联网上对安全敏感的通信，如交易、支付等。图 4－14 为 HTTPS 数据传输过程。

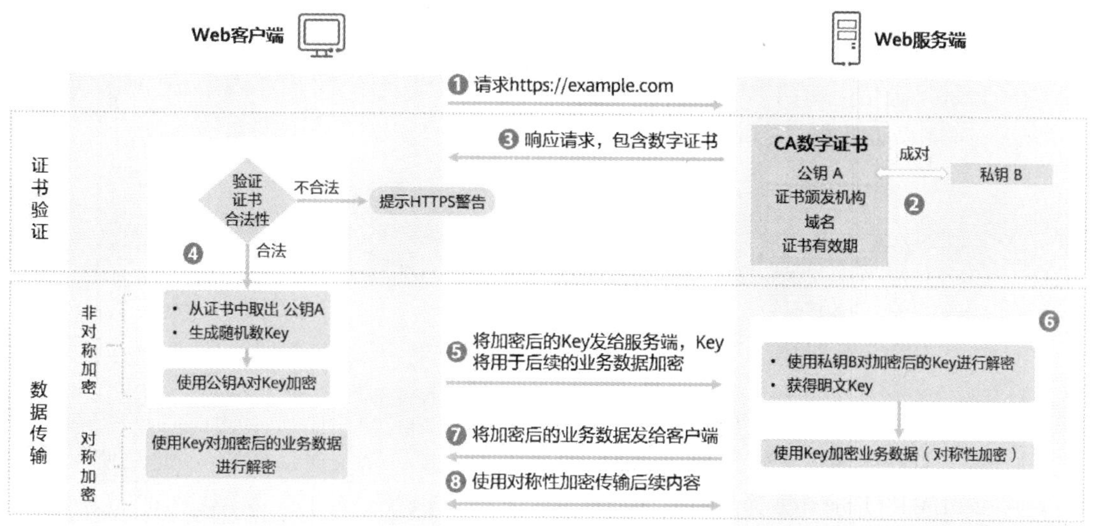


图 4－14　HTTPS 数据传输过程

HTTPS 在安全性设计上注重以下三点。

1）数据保密性：保证数据内容在传输的过程中不会被第三方查看。

2）数据完整性：及时发现被第三方篡改的传输内容。这就像快递员虽然不知道包裹里装了什么东西，但他有可能在中途进行调包，数据完整性就是指如果被调包，用户能够轻松发现并拒收。

3）身份校验安全性：保证数据到达用户期望的目的地。这就像邮寄包裹时，虽然是一个封装好的未调包的包裹，但必须确定这个包裹不会送错地方，而身份校验正是用来确保送对了地方。

与 HTTP 相比，HTTPS 有以下 3 个优点。

1）使用 HTTPS 可认证用户和服务器，确保数据发送到正确的客户端和服务器。

2）HTTPS 是由 SSL＋HTTP 构建的可进行加密传输、身份认证的网络协议，比 HTTP 安全，可防止数据在传输过程中被窃取、篡改，确保数据的完整性。

3）HTTPS 是现行架构下较为安全的解决方案，虽然不是绝对安全，但是它大幅增加了中间人攻击的成本。

当然，在提高了安全性的同时，采用 HTTPS 也有一些缺点。相同网络环境下，HTTPS 会使页面的加载时间延长近 50％，增加 10％～ 20％的耗电；HTTPS 会影响缓存，增加数据开销和功耗。此外,HTTPS 会增加额外的计算资源消耗,例如,SSL 协议加密算法和 SSL 交互次数将占用一定的计算资源和服务器成本。在大规模用户访问应用的场景下,服务器需要频繁地进行加密和解密操作,几乎每一字节都需要做加/解密,这就增加了服务器成本。

华为的数据通信设备支持以 HTTP/HTTPS 方式登录管理设备,不过这种 Web 方式仅可实现对设备部分功能的管理与维护,如果需要对设备进行较复杂或精细的管理,则仍然需要使用 CLI 方式。

### 4.2.2 常见设备登录方式案例

1. Console 口登录管理

将 Console 通信电缆的 DB9(孔)插头插入 PC 的 COM 口中,再将 RJ-45 插头端插入设备的 Console 口中,如图 4-15 所示。

图 4-15 通过 Console 口连接设备

在 PC 上打开终端仿真软件,新建连接,设置连接的接口以及通信参数。(此处使用第三方软件 SecureCRTPortable 为例进行介绍)

如图 4-16 所示,单击"",新建连接。

图 4-16 仿真软件连接示意图

连接的接口根据实际情况进行选择。例如,在 Windows 系统中,可以通过在"设备管理器"中查看端口信息,选择连接的接口。

设置终端软件的通信参数需与设备的缺省值保持一致，分别为：传输速率为 9 600 b/s、8 位数据位、1 位停止位、无校验和无流控，如图 4－17 所示。

在缺省情况下，设备没有流控方式。RTS/CTS 缺省情况下处于使能状态，因此需要将该选项勾选掉，否则终端界面中无法输入命令行。

若修改了设备的串口通信参数值，则需按照设备的串口通信参数值同步修改 PC 端的通信参数值后，再重新连接。

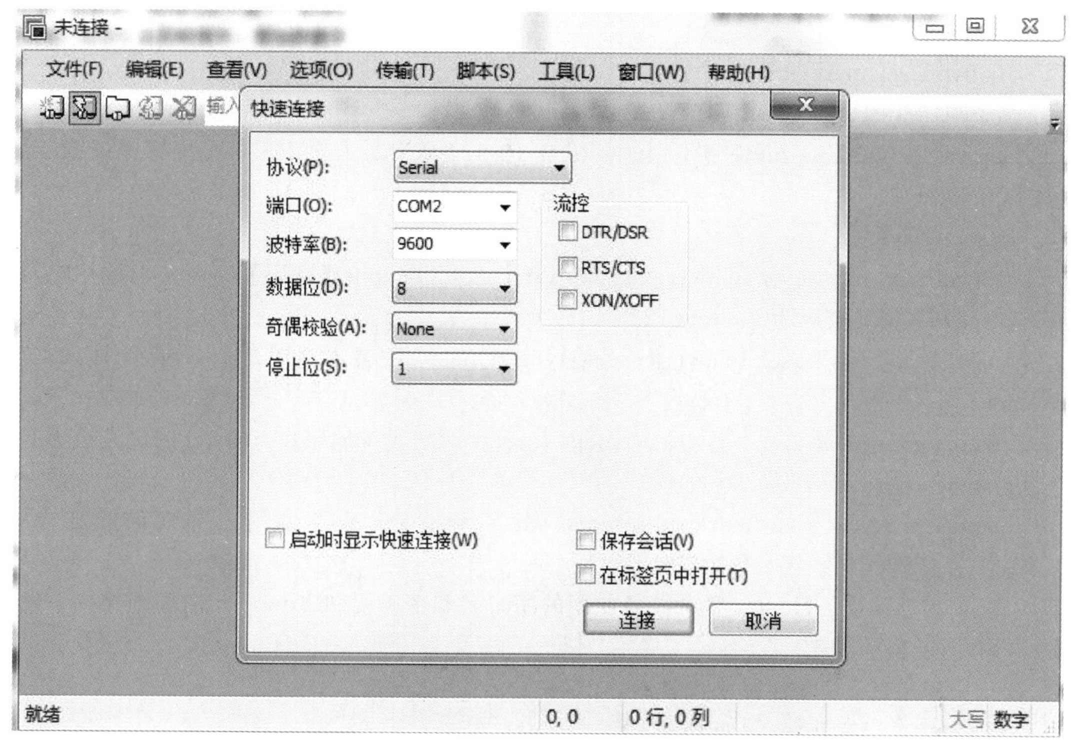


图 4－17　设置连接的接口以及通信参数

单击“连接”，直至系统出现如下显示，提示用户输入密码（AAA 认证时，提示输入用户名和密码）。

```
Login authentication
Password:
<Huawei>
```

进入设备后，用户可以键入命令，对设备进行配置，需要帮助可以随时键入“?”。

检查配置结果如下：

1）执行 display users [all]命令，查看用户界面的用户登录信息。

2）执行 display user-interface console 0 命令，查看用户界面信息。

3）执行 display local-user 命令，查看本地用户的属性信息。

4）执行 display access-user 命令，查看在线连接的用户信息。

2. Telnet 口登录管理

配置用户通过 Telnet 登录设备，以图 4－18 为例。

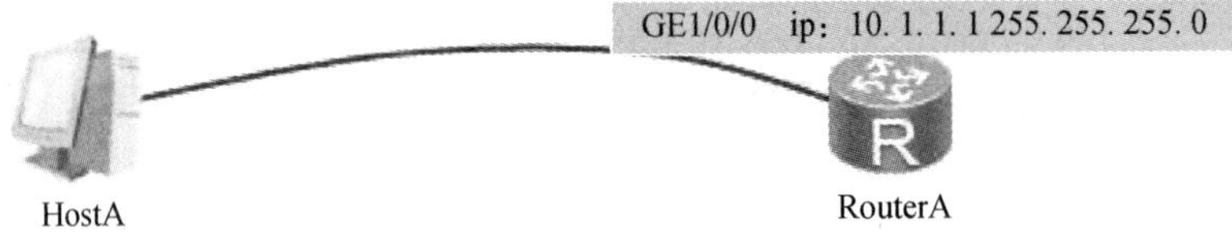


图 4－18 Telnet 登录设备组网

操作步骤如下：

1)RouterA 的配置。

<hauwei>system-view

[huawei]interface GigabitEthernet1/0/0

[huawei-GigabitEthernet1/0/0] ip address 10.1.1.1 255.255.255.0 //配置连接 HostA 接口的 IP 地址

[huawei] aaa

[huawei-aaa] local-user huawei password irreversible-cipher【密码】//创建本地用户，用户名为 huawei、密文密码为 Hello@123

[huawei-aaa] local-user huawei service-type telnet //配置本地用户 huawei 的接入类型为 telnet

[huawei-aaa] local-user huawei privilege level 3 //配置本地用户 huawei 的优先级为 3

[huawei] user-interface vty 0 4

[huawei-ui-vty0-4] authentication-mode aaa //配置 VTY 类型用户界面的验证方式为 AAA

2)配置注意事项。HostA 登录设备使用的用户名和密码要和 RouterA 的配置保持一致。

3. Stelnet 登录管理

配置用户通过 STelnet 登录设备：

1)Stelnet 客户端软件，例如 PuTTY。

2)在 SSH 服务器端生成本地密钥对，实现在服务器端和客户端进行安全地数据交互。

3)在 SSH 服务器端配置 SSH 用户 Client001。

4)在 SSH 服务器端开启 STelnet 服务功能。

5)在 SSH 服务器端配置 SSH 用户 Client001 服务方式为 STelnet。

6)用户 Client001 以 STelnet 方式登录 SSH 服务器。

具体配置(以图 4－19 为例)如下：

(1)在服务器端生成本地密钥对

<sw> system-view

[sw]sysname huawei

[huawei]dsa local-key-pair create

```
Info: The key name will be: HUAWEI_Host_DSA
Info: The key modulus can be any one of the following : 2048.
Info: Key pair generation will take a short while.
Info: Generating keys...
Info: Succeeded in creating the DSA host keys.
```

//配置 VTY 用户界面。

```
[huawei] user-interface vty 0 14
[huawei-ui-vty0-14] authentication-mode aaa
[huawei-ui-vty0-14] protocol inbound ssh
[huawei-ui-vty0-14] quit
```

新建用户名为 client001 的 SSH 用户，且认证方式为 Password。

```
[huawei] aaa
[huawei-aaa] local-user client001 password irreversible-cipher Huawei@123
[huawei-aaa] local-user client001 privilege level 3
[huawei-aaa] local-user client001 service-type ssh
[huawei-aaa] quit
[huawei] ssh user client001 authentication-type password
```

SSH 服务器端开启 STelnet 服务功能

```
[huawei] stelnet server enable
```

配置 SSH 用户 client001 的服务方式为 STelnet

```
[SSH_Server] ssh user client001 service-type stelnet
```

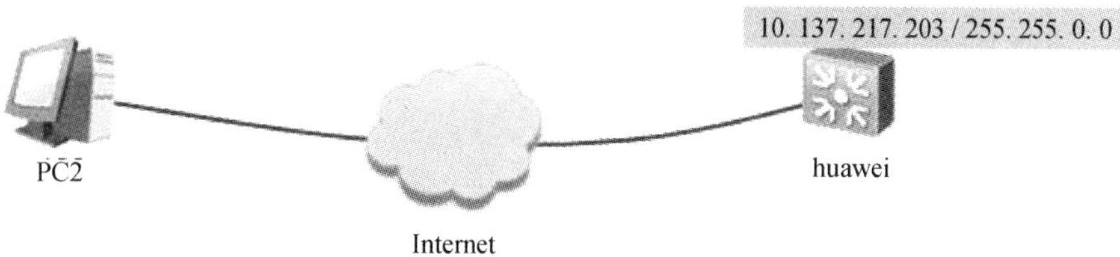


图 4－19　stelnet 登录设备组网图

（2）验证配置结果

PC 端 client001 用 password 认证方式连接 SSH 服务器。通过 PuTTY 软件登录设备，输入设备的 IP 地址，选择协议类型为 SSH。输入用户名和密码，并按 Enter 键，至此已登录到 SSH 服务器。

```
login as: client001
Sent username "client001"
```

```
client001@10.137.217.203's password:
```

```
Info: The max number of VTY users is 8, and the number
of current VTY users on line is 5.
The current login time is 2022-08-06 09:35:28+00:00.
```

4. Web 登录管理

组网需求如图 4－20 所示，设备与用户 PC 之间路由可达。用户希望通过 Web 网管对设备进行管理与维护。

图 4-20　配置通过 Web 网管登录设备组网图

采用如下的思路进行配置：

1)通过 Console 口登录设备。

2)配置设备的管理 IP 地址。

3)配置 Web 网管账号。

4)开启 Web 网管功能。

5)进入 Web 网管登录界面。

操作步骤如下：

1)通过 Console 口登录设备。具体操作请参见配置用户通过 Console 口首次登录设备的示例。

2)配置设备的管理 IP 地址。

```
<Huawei> system-view
[Huawei] interface gigabitethernet 0/0/0
[Huawei-GigabitEthernet0/0/0] ip address 10.1.1.1 24
[Huawei-GigabitEthernet0/0/0] quit
```

3)配置 Web 用户。

```
[Huawei] aaa
[Huawei-aaa] local-user admin password irreversible-cipher Helloworld@6789
[Huawei-aaa] local-user admin privilege level 15
[Huawei-aaa] local-user admin service-type http
[Huawei-aaa] quit
```

4)配置 Web 用户之前，用户可以在 AAA 视图下执行命令 display this 查看本地用户的用户名。配置 Web 用户时请注意不要与已存在的本地用户名冲突，否则新的 Web 用户可能会覆盖已经存在的本地用户。

5)配置 Web 网管，使能设备的 Web 网管功能。

```
[Huawei] http server enable
  This operation will take several minutes, please
wait............................................................
Info: Succeeded in starting the HTTP server
[Huawei] quit
```

6)进入 Web 网管界面。在 PC 上打开浏览器，在地址栏中输入"https://10.1.1.1"，按下回车键，进入 Web 网管登录界面，如图 4-21 所示。

7)输入 Web 用户名和密码，单击登录或直接按回车键即可进入 Web 网管系统主页面。

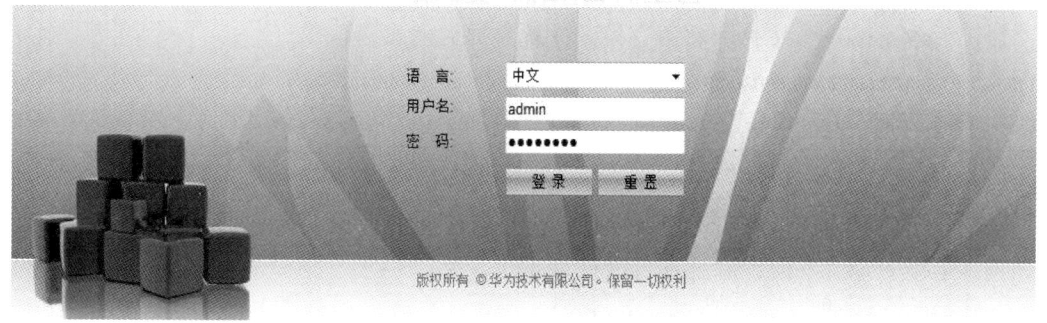


图 4－21　Web 网管登录界面示意图

8)验证配置结果。

配置完成后，用户可以通过 Web 网管成功登录到设备。

在设备上执行命令 display http server，可以看到 SSL 策略名称、HTTPS 服务器的状态。

```
<Huawei> display http server
  HTTP server status       : Enabled        (default: disable)
  HTTP server port         : 80             (default: 80)
  HTTP timeout interval    : 10             (default: 10 minutes)
  Current online users     : 0
  Maximum users allowed    : 5
  HTTPS server status      : Enabled        (default: disable)
  HTTPS server port        : 443            (default: 443)
  HTTPS SSL Policy         :
```

## 4.3　网络系统基本配置

为了方便对网络进行日常维护，通常需要对网络设备进行必要的配置，包含设备环境配置、设备配置文件管理、基础网络配置及设备登录相关的配置等。

设备环境配置可以分为系统环境配置和用户环境配置。在一般情况下，设备环境配置是基于用户的使用习惯和具体使用环境来决定的。

1. 系统环境配置

系统环境的配置主要包含语言模式、设备名称、系统时钟、标题文字、命令级别等，其中比较常见的是语言模式、设备名称和系统时钟。

(1)语言模式

华为设备根据用户的语言习惯同时支持中文及英文模式，用户可以根据需要自行切换，下面针对语言模式的切换进行举例。

例如：通过 Language-mode 命令将语言模式设置为中文模式。

<hauwei>language-mode Chinese

| Change language mode, confirm? [Y/N]Y//改变语言模式成功 |
|---|

通过 Language-mode 命令将语言模式设置为英文模式。

<hauwei>language-mode English

| 改变当前语言环境,确认切换?[Y/N] y//改变语言模式成功 |
|---|

(2)设备名称设置

基于设备的具体用途、设备型号、设备的位置等信息进行命名,改变设备名称的初衷就是方便网络运维管理。下面针对设备名称更改进行举例。

例如,在系统视图下,使用 sysname host-name 命令可以更改设备的主机名称,以下配置将设备的主机名称从缺省的“huawei”修改为“hexin 1”,如此一来,当网络管理员登录本设备时,可以从设备的主机名直观地了解到本设备是一台核心设备,并且编号为 1。

<hauwei>system-view//进入系统视图

[huawei]sysname hexin 1

[hexin 1]//更改名称完成

(3)系统时钟设置

系统时钟设置主要是为了网络设备之间能够协同工作,系统时钟的设置应该在用户视图下进行。系统的时钟信息包括设备所在地区及其对应的时区、当前时间和日期,设备在运行过程中所产生的日志或告警信息等都与系统时钟息息相关,因此需保证系统时钟信息的正确性。

系统时钟设置相关参数。

设置当前时区:

<huawei>clock timezone

设置当前时间和日期:

<huawei>clock datetime

设置采用夏时令:

<huawei>clock daylight-saving-time

下面针对网络设备时钟设置进行举例。

例如,时钟设置(不采用夏令时),假定设备在中国(东 8 时区)使用,当前北京日期时间为 2022 年 6 月 21 日 13:44:00,中国目前无夏令时。

<huawei>clock datetime 13:44:00 2022-06-21

```
<huawei>dis clock
2022-06-21 13:44:13
Tuesday
Time Zone(DefaultZoneName) : UTC
```

例如,时钟设置(夏令时)。假定设备在澳大利亚悉尼(东 10 时区)使用,当前日期时间为 2022 年 6 月 21 日 13:44:00(未使用夏令时),澳大利亚的夏令时时间比原系统时间提早一个小时,从每年 10 月的第一个星期天凌晨 2 点开始到次年 4 月的第一个星期天凌晨 3 点结束。

<huawei>clock timezone Sydney minus 10:00:00

<huawei>clock daylight-saving-time Australia repeating 02:00 first Sun Oct 03:00 first sun Apr 1

```
<huawei>dis clock
2022-06-21 13:49:20
Tuesday
Time Zone(DefaultZoneName) : UTC
Daylight saving time:
    Name            :  Australia
    Repeat mode     :  repeat
    Start year      :  2000
    End year        :  2037
    Start time      :  first Sun Oct 02:00:00
    End time        :  first Sun Apr 03:00:00
    Saving time     :  01:00:00
```

2. 用户环境配置

在华为网络设备中，用户可以通过切换用户级别、锁定用户界面来配置用户环境，并对设备进行文件管理。用户从高级别到低级别切换时不需要密码，用户由低级别向高级别切换时需输入正确的用户名和密码。切换用户级别的环境配置包含切换用户级别的密码和切换用户级别。

下面针对用户环境配置进行举例。

例如，用户级别切换示例。假定 Telnet 用户默认用户级别是 level 0，则用户使用 Telnet 方式登录设备后，默认只能执行 level 0 的命令，但允许用户通过 super 命令切换到 level 3。

高级别用户配置切换密码为“Huawei”。

使用低级别用户 telnet 后，进行用户级别切换，并测试能否使用高级别指令，如 system-view。

```
<huawei>super
  Password:
  Now user privilege is level 3, and only those commands whose level is
  equal to or less than this level can be used.
  Privilege note: 0-VISIT, 1-MONITOR, 2-SYSTEM, 3-MANAGE
<huawei>system-view
Enter system view, return user view with Ctrl+Z.
[huawei]
```

3. 配置文件管理

VRP 通过文件系统来管理程序和配置文件。文件系统是指对存储设备中的文件、目录的管理，包括创建文件系统，创建、删除、修改、更名文件和目录，以及显示文件的内容。文件系统可实现两类功能：管理存储设备、管理保存在存储设备中的文件。存储设备是存储信息的硬件设备，路由器目前支持的存储设备包括闪存、硬盘、内存卡，不同产品实际支持的设备种类有所不同；文件是系统存储信息，并对信息进行管理的一种机制；系统目录是一种对整个文件集合进行组织的机制；目录是文件在逻辑上的容器。接下来将介绍目录与文件操作、存储设备管理及配置文件管理。

对于文件系统，常用的目录与文件操作见表4-5，包括对文件的显示、复制、移动、删除等操作。假定设备已做保存操作，即设备中存在配置文件“rplgzipp”，接下来详细说明常用的目录及文件操作。

**表4-5　常用的目录与文件操作**

| 操　作 | 命　令 |
| --- | --- |
| 显示当前目录 | pwd |
| 改变当前目录 | cd |
| 显示目录下的文件列表 | dir |
| 创建目录 | mkdir |
| 删除目录 | rmdir |
| 压缩文件 | zip |
| 解压缩文件 | unzip |
| 显示文件的内容 | more |
| 拷贝文件 | copy |
| 移动文件 | move |
| 重新命名文件 | rename |
| 删除文件 | delete |
| 彻底删除回收站中的文件 | reset recycle-bin |
| 恢复删除文件 | undelete |

例如，目录文件与操作。

(1)显示当前目录

<huawei>pwd

```
cfcard:/
```

(2)创建目录，目录命名为“byce”

<huawei>mkdir byce

```
Info: Create directory cfcard:/byce/......Done.
```

(3)删除目录“byce”

<huawei>rmdir byce

```
Info: Remove directory cfcard:/byce/? [Y/N]:y
Info: Removing directory cfcard:/byce/.......Done!
```

(4)显示当前目录下的文件列表

<huawei>dir

```
Directory of cfcard:/

  Idx  Attr      Size(Byte)  Date          Time         FileName
    0  dr-x               -  Jul 20 2022 09:47:27  $_autobackup
    1  dr-x               -  Jun 21 2022 13:48:37  $_checkpoint
    2  dr-x               -  Jul 20 2022 09:47:18  $_install_hpg
    3  dr-x               -  Jul 20 2022 09:47:18  $_install_mod
    4  dr-x               -  Jul 20 2022 09:49:44  $_license
    5  dr-x               -  Jul 20 2022 09:49:51  $_security_info
    6  dr-x               -  Jul 20 2022 09:49:47  $_system
    7  dr-x               -  Jul 20 2022 09:49:46  $_user
    8    -rw-                             104  Jul  20  2022  09:47:18
VRPV800R011C00SPC607B607D0213
_ne9000.cc
    9  -rw-             251  Jul 20 2022 09:48:20  device.sys
   10  -rw-               0  Jul 20 2022 09:48:20  vrpcfg.cfg

8,388,608 KB total (6,518,460 KB free)
```

## 4.4　交换机配置

### 4.4.1　数据链路层

数据链路层负责网络中相邻节点之间可靠的数据通信，并进行有效的流量控制。在局域网中，数据链路层使用帧完成主机对等层之间数据的可靠传输。数据链路层的作用包括数据链路的建立、维护与拆除，帧包装、帧传输、帧同步、帧的差错控制和流量控制等。

数据链路层为网络层提供数据传输服务，这种服务是依靠本层所具备的功能来实现的。数据链路层应具备如下功能：

1)链路连接的建立、拆除和分离。

2)帧定界和帧同步。

3)顺序控制。

4)数据协商。

5)差错检测和恢复，还有链路标识、流量控制等。

### 4.4.2　以太网

以太网(Ethernet)指的是由 Xerox(施乐)公司创建并由 Xerox，Intel 和 DEC 公司联合开发的基带局域网规范，它是局域网采用的最通用的通信协议标准，以太网使用 CSMA/CD(载波监听多路访问及冲突检测)技术。

以太网是目前应用最为广泛的局域网，包括标准以太网(10 Mb/s)、快速以太网(100 Mb/s)、千兆以太网(1 000 Mb/s)和万兆以太网(10 Gb/s)等,它们都符合 IEEE 802.3 标准。

IEEE 802.3 标准是由 IEEE 标准委员会于 1983 年 6 月通过的第一个 802.3 标准。IEEE 于 1990 年 9 月通过了使用双绞线介质的以太网标准(10 Base/T),1995 年 3 月 IEEE 宣布了 IEEE 802.3u 100BASE－T 快速以太网标准(Fast Ethernet)。千兆以太网技术有两个标准:IEEE 802.3z 和 IEEE802.3ab,IEEE802.3z 制定了光纤和短程铜线连接方案的标准,IEEE802.3ab 制定了五类双绞线上较长距离连接方案的标准。万兆以太网规范包含在 IEEE 802.3 标准的补充标准 IEEE 802.3ae 中,它扩展了 IEEE 802.3 协议和 MAC 规范使其支持 10 Gb/s 的传输速率。

1. CSMA/CD

以太网使用共享介质来传输数据,CSMA/CD 是一种使用争用的方法来决定介质访问权的协议,以太网使用 CSMA/CD 算法来决定站点对共享介质的使用权。

CSMA/CD 的工作原理:发送前先监听信道是否空闲,若空闲则立即发送数据。在发送时,边发送边继续监听。若监听到冲突,则立即停止发送。等待一段随机时间后,再重新尝试发送。

2. 以太网帧格式

(1)MAC 地址

计算机通信需要的硬件是安装在计算机内的网卡,在通信中,用来标识主机身份的地址是网卡的硬件地址。每一块网卡都有一个全球唯一的编号来标识自己,这个地址就是 MAC 地址,即网卡的物理地址。MAC 地址由 48 位二进制数组成,通常分为 6 段,用十六进制表示,如 00—19—21—07—5D—20。其中前 24 位是生产厂商向 IEEE 申请的厂商编号,后 24 位是网络接口卡序列号。MAC 地址图如图 4－22 所示。

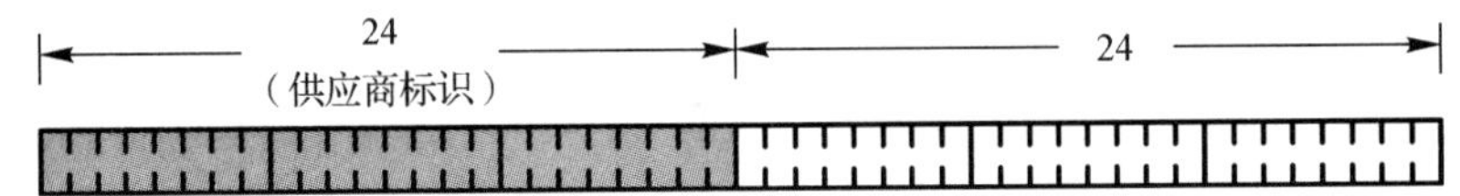


图 4－22　MAC 地址图

(2)802.3 以太网帧格式

802.3 以太网帧格式如图 4－23 所示,该帧包含 6 个域。

1)前导码(preamble)包含 9 个字节,前 7 个字节的值为 0XAA,最后一个字节的值为 0xAB。前导码被认为是物理层封装的一部分,而不是数据链路层的封装。

2)目的地址(DA)包含 6 个字节,DA 标识了帧的目的站点的 MAC 地址。

3)源地址(SA)包含 6 个字节,SA 标识了发送帧的站点的 MAC 地址。

4)类型/长度域(TYPE)包含 2 个字节,用来标识上层协议的类型或后续数据的字节长度。当此字段的数据大于 0600H 时,表示类型,否则表示长度。

5)数据域(DATA)包含 46～1 500 个字节,数据域封装了通过以太网传输的高层协议信息。

6)帧校验序列(FCS)包含 4 个字节,FCS 是从 DA 开始到数据域结束这部分的校验和。校验和的算法是 32 位的循环冗余校验法(CRC)。

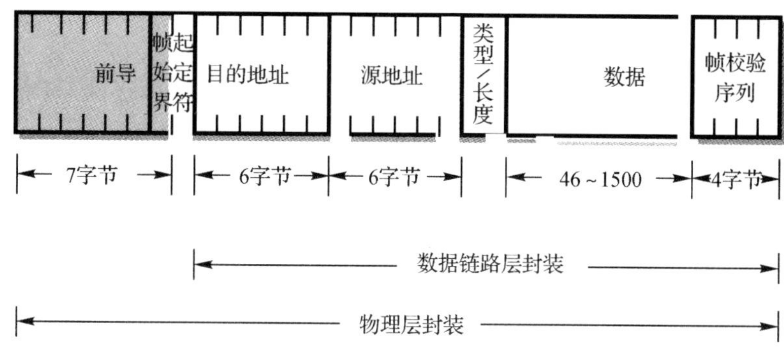


图4-23　以太网帧格式

3. 以太网标准

数据链路层包括两个子层：MAC（介质访问控制）和LLC（逻辑链路控制）子层。其中，MAC子层在LLC子层的下层，它的功能主要有以下几方面：

1)将上层交下来的数据封装成帧进行发送(接收时进行相反的过程，将帧解封装)。

2)实现和维护介质访问控制协议。

3)比特差错检测。

4)MAC帧的寻址，即MAC帧由哪个站点发出，被哪个站点或哪些站点接收。

LLC子层的主要功能有以下几方面：

1)建立和释放数据链路层的逻辑连接。

2)提供与上层的接口。

3)给帧加上序号。

IEEE定义了以太网标准，MAC子层的规范称为IEEE 802.3，LLC子层的规范称为IEEE 802.2。以太网标准中几个主要的标准见表4-6。

**表4-6　以太网标准**

| 名称 | 运行速率/(Mb·$s^{-1}$) | 含　义 |
|---|---|---|
| 10BASE-T | 10 | 运行在双绞线上的基本以太网 |
| 100BASE-TX | 100 | 运行在两对五类双绞线上的快速以太网 |
| 100BASE-T2 | 100 | 运行在2对三类双绞线上的快速以太网 |
| 100BASE-T4 | 100 | 运行在四对三类双绞线上的快速以太网 |
| 100BASE-FX | 100 | 运行在光纤上的快速以太网 光纤类型可以光纤类型可以是单模也可以是多模 |
| 1000BASE-SX | 1 000 | 运行在多模光纤上的1 000 Mb/s以太网，S是指发出的光信号是长波长的形式。 |
| 1000BASE-LX | 1 000 | 运行在单模光纤上的1 000 Mb/s以太网，L是指发出的光信号是短波长的形式。 |
| 1000BASE-CX | 1 000 | 运行在同轴电缆上的1 000 Mb/s以太网 |

注：BASE指传输的信号是基带方式。

### 4.4.3 以太网交换机

网桥的功能是连接两个物理拓扑不同的网络，比如以太网和令牌环网，网桥在这两个网络中完成地址翻译、通信中继等功能，使得从网络层看来，物理上不同的两个网络是一个逻辑的网络。其实网桥也是工作在数据链路层的。随着以太网技术的发展，连接两个异种网络的机会越来越少，于是，网桥正被以太网交换机所替代。

1. 交换机数据转发工作原理

交换机是用来连接局域网的主要设备，工作在数据链路层，根据以太网帧中目的地址转发数据。交换机能够分隔冲突域，实现全双工通信。

交换机能根据以太网帧中的目标 MAC 地址信息转发数据帧。如图 4－24 所示，交换机在 RAM 中保存一张 MAC 地址表，MAC 地址表为 MAC 地址与端口号对应的一张表。表中的 MAC 地址为交换机连接的主机或交换机端口的 MAC 地址，端口号为交换机本身的端口号。交换机的 MAC 地址表的形成与作用主要包含以下几方面：

(1)转发

交换机根据 MAC 地址表转发数据帧。交换机转发数据帧时，查看帧中的目标 MAC 地址，查表，根据表中对应的端口号，将数据转发到对应的端口去。

(2)学习

MAC 地址表是交换机通过学习接收的数据帧的源 MAC 地址来形成的。当交换机收到一个数据帧时，首先查看帧中的源 MAC 地址，查 MAC 地址表，如果表中没有这个 MAC 地址，则添加这个条目。

(3)广播

如果目标地址在 MAC 地址表中没有，交换机就向除接收到该数据帧的端口外的其他所有端口广播该数据帧。

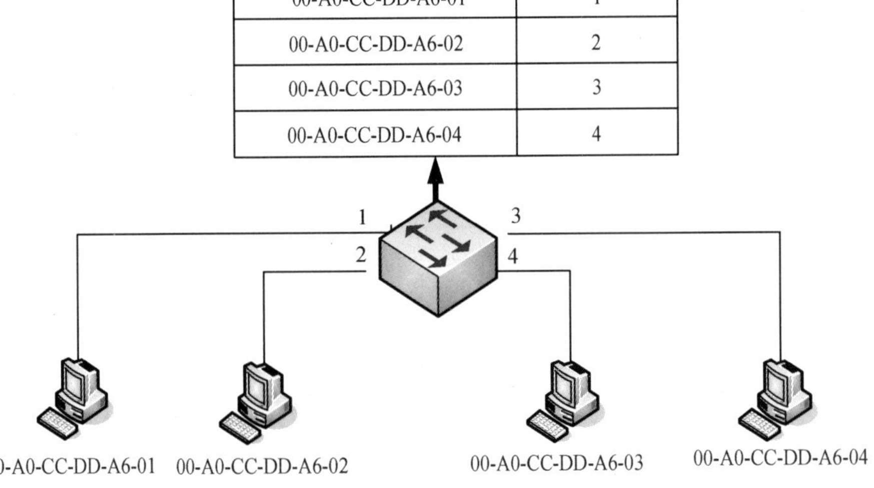

| MAC地址 | 端口 |
|---|---|
| 00-A0-CC-DD-A6-01 | 1 |
| 00-A0-CC-DD-A6-02 | 2 |
| 00-A0-CC-DD-A6-03 | 3 |
| 00-A0-CC-DD-A6-04 | 4 |



图 4－24　交换机数据转发工作原理

(4)更新

交换机 MAC 地址表的老化时间是 300 s,如果 MAC 地址表中的条目 300 s 没有更新,交换机就删除此条目。

交换机如果发现一个帧的入端口和 MAC 地址表中源 MAC 地址的所在端口不同,交换机将 MAC 地址重新学习到新的端口。

2. 交换机全双工原理

(1)单工、半双工和全双工

按信息传输的方向和时间把传输方式分为单工、半双工、全双工三种。

1)单工数据传输是两个信息点之间只能沿一个指定的方向进行数据传输。

2)半双工数据传输是两个信息点之间可以在两个方向上进行数据传输,但不能同时进行。

3)全双工数据传输是两个信息点之间可以在两个方向同时进行数据传输。

(2)冲突域与广播域

冲突域指以太网上竞争同一带宽的节点集合。冲突域是基于第一层的。

广播域指接收同样广播消息的节点的集合,广播域是基于第二层的。

一个 HUB 就是一个冲突域。交换机的每个端口都是一个冲突域。HUB 中所有的端口都在同一个广播域,冲突域内。交换机所有端口都在同一个广播域内,而每一个端口就是一个冲突域。

### 4.4.4　交换机的操作与维护

1. 正确接入交换机

交换机是专门为计算机之间能够相互高速通信且独享带宽而设计的一种包交换的网络设备,主要有 4 种类型的内存,即只读内存(ROM)、内存(FLASH)、随机内存(RAM)和非易失性的内存(NVRAM)。

ROM 中保存着交换机的启动软件。这是交换机运行的第一个软件,负责让交换机进入正常的工作状态。

FLASH 主要用于保存 IOS 软件,维护交换机的正常工作。

RAM 主要存放 IOS 系统路由表和缓冲,即运行配置,IOS 通过 RAM 满足其所有的常规存储的需要。

NVRAM 的主要作用是保存 IOS 在交换机启动时读入的配置文件,即启动配置或备份配置。交换机掉电时配置文件不会丢失。

(1)配置(Console)电缆连接

访问交换机的主要方法是通过 Console(控制台)端口、TELNET 和浏览器等几种方式,下面主要介绍 Console 端口的访问方式。

Console 口是交换机的基本接口,也是我们对于一台新交换机进行配置时必须使用的接口。通过终端配置交换机时,配置电缆的连接步骤如下:

1)将配置电缆的 DB－9(或 DB－25)孔或插头接到要对交换机进行配置的微机的串口。

2)将配置电缆的 RJ45 一端连到交换机的配置口(Console)上。

说明:由于主机的 COM 口不支持热插拔。主机和交换机连接时,应先配置电缆的 DB9/

DB25 端到主机，再连接 RJ45 到交换机；拆下时，先拔 RJ45 端，再拔 DB9/DB25 端。

（2）启动交换机

1）搭建配置环境。PC 通过配置电缆与交换机的 Console 口相连。连接方法如图 4－25 所示。

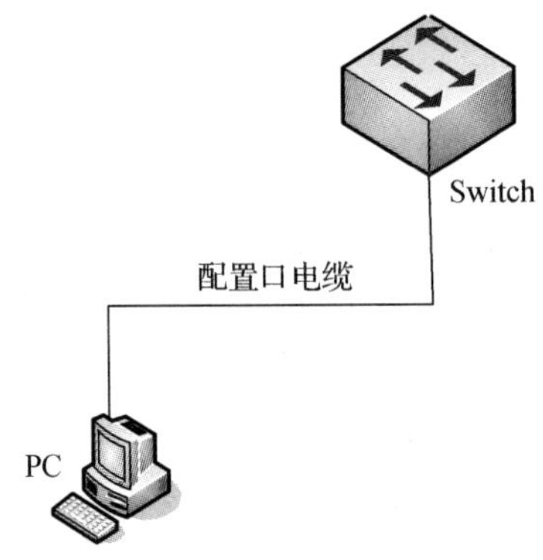


图 4－25　交换机的配置环境

2）设置终端参数。打开计算机，并在计算机上运行终端仿真程序。

①设置终端参数：波特率为 9 600 b/s，数据位为 8，奇偶校验为无，停止位为 1，流量控制为无，选择终端仿真为 VT100。

②点击“开始”→“程序”→“附件”→“通信”→“超级终端”，进入“超级终端”窗口，进行参数设置。

3）在超级终端界面中，选择“属性”→“设置”→“VT100（终端仿真）”。

4）启动。上电启动后，先运行 BootROM 程序，出现自检信息，等待 5 s 时间，系统进入自动启动状态，当屏幕上出现提示符时，就可以对交换机进行访问控制了。

2. 交换机的启动信息

当计算机启动正常，交换机与计算机 Console 电缆连接好并且已经进入超级终端的时候，接通交换机电源。

3. 交换机的配置方式

（1）用户模式

交换机正常启动以后，将进入用户模式。

<huawei>

该模式下，用户的权限较低，只能进行少量的查看操作，不能对交换机进行参数设置。

（2）全局配置模式

在全局配置模式下，可以对交换机进行参数配置。

[Huawei]

（3）接口配置模式

如果需要对交换机的接口进行配置时，就要进入接口状态，例如：

[Huawei]interface GigabitEthernet0/0/1 //进入 g0/0/1 端口

[Huawei-GigabitEthernet0/0/1]

### 4.4.5　交换机的基本配置

(1)设置主机名

命令为:[huawei]sysname 主机名

例如:将交换机名称改为【jifang】。

[huawei]sysname jifang

[jifang]

交换机的主机名设置好后,立即生效。

(2)返回命令

. quit:返回上一层。

例如:由接口模式退回到全局配置模式。

[Huawei-GigabitEthernet0/0/1]quit

[Huawei]

(3)查看交换机的配置

命令为:<huawei>displaycurrent-configuration　(简写为 dis cu)

如:<Huawei>dis current-configuration

```
#
sysname Huawei
#
cluster enable
ntdp enable
ndp enable
#
drop illegal-mac alarm
#
diffserv domain default
#
drop-profile default
#
aaa
authentication-scheme default
authorization-scheme default
accounting-scheme default
domain default
domain default_admin
local-user admin password simple admin
local-user admin service-type http
```

```
#
interface Vlanif1
#
interface MEth0/0/1
#
interface GigabitEthernet0/0/1
#
interface GigabitEthernet0/0/2
#
interface GigabitEthernet0/0/3
#
return
```

(4)设置 IP 地址

命令为:[huawei]interface vlanif 1

[huawei-vlanif-id]ip address <IP> <MASK>

例如:设置 IP 地址为 192.168.4.25 子网掩码为 255.255.255.0

[Huawei]interface vlan 1

[Huawei-Vlanif1]ip address 192.168.4.25 255.255.255.0

其中,IP 代表 IP 地址,MASK 代表子网掩码。为交换机配置 IP 地址。

交换机的管理接口缺省一般是开启的。

(5)设置远程登录口令

命令为:[huawei]user-interface  vty 0 4

远程登录口令指的是 TELNET 口令。命令中 vty 表示虚拟终端,"0 4"表示同时允许 5 个虚拟终端。

(6)保存交换机的配置

命令为:<huawei>save

(7)恢复交换机出厂配置

命令为:<huawei> reset factory-configuration

```
Warning: The action will delete the saved configuration in the device.
The configuration will be erased to reconfigure. Continue? [Y/N]
```

<huawei>Y

```
Jul 20 2022 10:49:58-08:00 Huawei %%01CFM/4/RST_CFG(l)[0]:The user
chose Y when
deciding whether to reset the saved configuration.
```

### 4.4.6 虚拟局域网

虚拟局域网(Virtual LAN,VLAN)是对连接到第二层交换机端口的网络用户的逻辑分段,不受网络用户物理位置的限制,是根据用户需求进行网络分段。

1. VLAN 概述

VLAN 逻辑上把网络资源和网络用户按照一定的原则进行划分，把一个物理上实际的网络划分成多个小的逻辑的网络。这些小的逻辑的网络形成各自的广播域，也就是 VLAN。VLAN 将一组位于不同物理网段上的用户在逻辑上划分成一个局域网内，在功能和操作上与传统 LAN 基本相同，可以提供一定范围内终端系统的互联。

VLAN 的产生主要是为了给局域网的设计增加灵活性，VLAN 的主要作用有以下几点：

(1)提高网络的安全性

设置 VLAN 后，不同 VLAN 中的主机不能互相通信，只有 VLAN 内的用户才能通信，这样就限制了网络中计算机的相互访问权限。

(2)有效控制网络广播

一个 VLAN 就是一个逻辑广播域，通过对 VLAN 的创建，隔离了广播，缩小了广播范围，可以控制广播风暴的产生。

(3)灵活的管理

即所谓的动态管理网络，就是当用户从一个位置移动到另一个位置时，他的网络属性不需要重新设置，而是动态地完成，这种动态管理网络给网络管理员和用户都带来好处。

2. VLAN 的类型

(1)基于端口划分的 VLAN

根据端口划分 VLAN 是目前定义 VLAN 的最常用的方法。

端口划分方法的优点是，定义 VLAN 用户很简单，只需指定端口属于哪个 VLAN。它的缺点是如果 VLAN 的用户离开了原来的端口，到了另一个端口，那么就必须重新定义。

(2)基于 MAC 地址划分的 VLAN

根据 MAC 地址划分 VLAN 的方法是根据每个主机的 MAC 地址来划分，即对所有的主机都根据它的 MAC 地址配置 VLAN。交换机维护一张 VLAN 映射表，这个 VLAN 表记录了 MAC 地址和 VLAN 的对应关系。

MAC 地址划分方法的优点是，当用户物理位置移动时，即从一个交换机换到其他的交换机时，VLAN 不用重新配置，所以，可以认为这种根据 MAC 地址的划分方法是基于用户的 VLAN。这种方法的缺点是初始化时，所有的用户都必须进行配置，如果用户很多，配置的工作量是很大的。

(3)基于协议划分的 VLAN

这种方法是根据二层数据帧中协议字段进行 VLAN 的划分。通过二层数据中协议字段，可以判断出上层运行的网络协议。如果一个物理网络中既有 IP 网络又有 IPX 等多种协议运行的时候，可以采用这种 VLAN 的划分方法。这种类型的 VLAN 在实际中用得很少。

(4)基于子网划分的 VLAN

基于 IP 子网的 VLAN 根据报文中的 IP 地址决定报文属于哪个 VLAN，同一个 IP 子网的所有报文属于同一个 VLAN。这样，可以将同一个 IP 子网中的用户划分在一个 VLAN 内。

利用 IP 子网定义 VLAN 的优点是，可以按传输协议划分网段，用户可以在网络内部自由移动而不用重新配置自己的终端，尤其是使用 TCP/IP 的用户。这种方法的缺点是效率较低，因为检查每一个数据包的网络层地址是很费时的，同时由于一个端口可能存在多个 VLAN 的成员，对广播报文也无法有效抑制。

3. 交换机 VLAN 的配置

在这里只介绍基于端口划分的 VLAN,划分的步骤如下:

1)VLAN 的创建。

2)把交换机的端口加入相应的 VLAN 中。

3)验证。

(1)VLAN 的创建

在全局配置模式下创建 VLAN 的命令为:

＜huawei＞ system-view

[huawei]vlan vlan-id(vlan-id 为 vlan 号)

[huawei-vlan-id]description vlan-name(vlan-name 为 vlan 名)

(2)VLAN 的删除

全局配置模式下删除 VLAN 的命令为:

＜huawei＞system-view

[huawei]undo vlan vlan-id

(3)把交换机的端口加入相应的 VLAN 中

把交换机的端口分配到相应 VLAN 中的命令为:

＜huawei＞system-view

[huawei]interface interface-id(interface-id 为端口号)

[huawei-interface-id]port link-type  access ;定义二层端口为 access 模式

[huawei-interface-id]port default vlan vlan-id ;将端口分配给 VLAN

(4)查看 VLAN 的配置

查看 VLAN 信息的命令为:

＜huawei＞display vlan summary

查看某个 VLAN 信息的命令为:

＜huawei＞display vlan vlan-id

(5)VLAN 配置实例

如图 4-26 所示,交换机连接 3 台电脑,分别连接到 g0/0/1,g0/0/2 和 g0/0/3 三个端口上,分别属于 vlan1,vlan2,vlan3,配置命令如下:

＜huawei＞system-view

[huawei]vlan 1 //创建 vlan 1

[huawei-vlan1] description lt1 //d 端口描述为 lt1

[huawei-vlan1]quit

[huawei]vlan 2

[huawei-vlan2] description lt2

[huawei-vlan2]quit

[huawei]vlan 3

[huawei-vlan3] description lt3

[huawei-vlan3]quit

[huawei]interface g0/0/1

```
[huawei-g0/0/1]port link-type  access //设置端口连接类型为 access
[huawei-g0/0/1]port default vlan 1 //设置端口 vlan 为 vlan 1
[huawei-g0/0/1]quit
[huawei]interface g0/0/2
[huawei-g0/0/2]port link-type  access
[huawei-g0/0/2]port default vlan 2
[huawei-g0/0/2]quit
[huawei]interface g0/0/3
[huawei-g0/0/3]port link-type  access
[huawei-g0/0/3]port default vlan 2
[huawei-g0/0/3]quit
[huawei]quit
<huawei>save
<huawei>display vlan summary
```

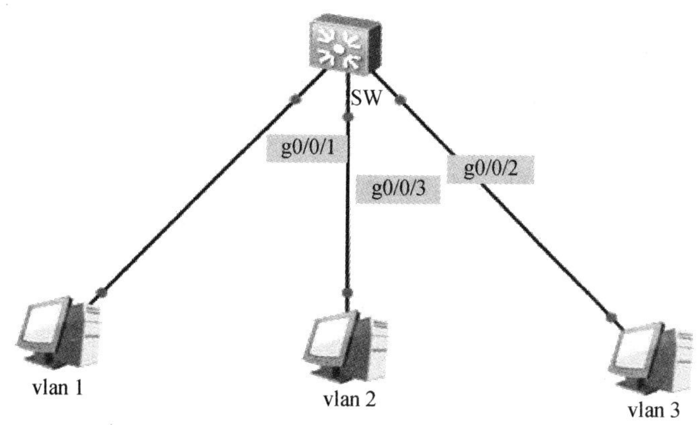


图 4－26　VLAN 配置组网图

(6)命令行使用技巧

为了方便用户使用，下面介绍几种使用技巧。

1)“?”的使用。

①查找命令时：

[huawei]?

②提示某个命令的全名时：

例如[huawei]y?

③提示某个命令的用法时：

例如 [huawei]diaplay ?

2)Tab 键的使用。Tab 键的作用是补齐命令，该键非常有用。输入命令的某个关键字的前几个字母，按下<tab>键，可以显示出完整的关键字，前提是这几个字母可以唯一标示出该关键字，否则，连续按下<tab>键，可出现不同的关键字，用户可以从中选择所需要的关键字。

3)命令历史缓存。命令历史缓存可以帮助用户记录以前输入过的命令，如果以后还要使用该命令，只要将命令从缓存中调用就可以了。

命令 display history-commond 是用来查看命令历史缓存区。默认情况下命令缓存区中只记录 10 条命令。

### 4.4.7 VLAN Trunk

1. Trunk 的作用

VLAN Trunk 是虚拟局域网中继技术，它的作用是让连接在不同交换机上的相同 VLAN 中的主机互通。

假设有两台交换机相连，如果交换机 1 的 VLAN10 中的机器要访问交换机 2 的 VLAN20 中的机器，我们把两台交换机的级联端口设置为 Trunk 端口，这样，当交换机把数据包从级联口发出去时，会在数据包中做一个标记（Tag），以使其他交换机识别该数据包属于哪一个 VLAN，这样，其他交换机收到这样一个数据包后，只会将该数据包转发到标记中指定的 VLAN，从而完成了跨越交换机的 VLAN 内部数据传输。

VLAN Trunk 目前有两种封装标准：ISL 和 802.1Q。ISL 是 Cisco 私有的标记方法，802.1Q 则是 IEEE 的国际标准，为公有的标记方法，其他厂商的产品也支持。

2. IEEE 802.1Q 工作原理和帧格式

1996 年 3 月，IEEE 802.1Q Internet Working 委员会制定了 802.1Q VLAN 标准。802.1Q 使用 4 字节的标记头定义 Tag，最多支持 250 个 VLAN，其中 VLAN 1 是不可删除的默认 VLAN。

采用的帧标识是在标准以太网帧上添加了 4 个字节 Tag，如图 4－27 所示。它包含以下内容：

1）TPID 为 2 字节标记协议标识符，它包含一个 0X8100 的固定值。这个值指明了该帧带有 802.1Q/802.1P（802.1P 是 IEEE 802.1Q 标准的扩充协议）标记信息。

2）TCI 为 2 字节标记控制信息，它由以下三个部分组成：

① Priority 为 3 位的用户优先级。

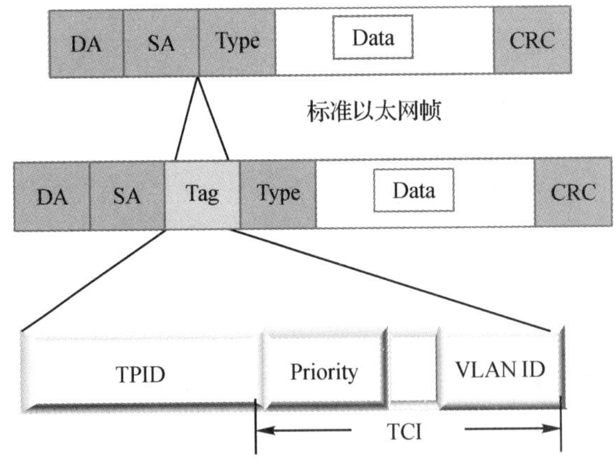


图 4－27　802.1Q 的帧标识

② CFI 为 1 位的规范格式指示符。值为 1 时，说明是非规范格式；值为 0 时，说明是规范格式。

③ VLAN ID 是 12 位 VLAN 标识符，VLAN ID 可以唯一地标识 4 096 个 VLAN，但是 VLAN 0 和 VLAN 4095 是被保留的。

### 4.4.8　交换机上配置 VLAN Trunk

1. 配置 VLAN Trunk

(1)配置接口为 Trunk 模式

[huawei]interface interface-id

[huawei-interface-id]port link-type trunk

interface-id 为端口 ID。

接口的模式有以下三种：

1)Access 接口模式。Access 接口必须加入某一 VLAN(这也是默认所有接口都属于 VLAN1 的原因),对交换机而言,该接口只能允许一个 VLAN 流量通行,且不打 VLAN 标签,用于连接 PC、服务器、路由器(非单臂路由)等设备。

2)Trunk 接口模式。该接口默认允许所有 VLAN 通行(用于承载多个 VLAN 通行),且对每个 VLAN 通过打不同标识加以区分,主要用于连接交换机等设备。

3)Hybrid 接口模式。华为交换机接口默认为 Hybrid 模式(Cisco 交换机默认为 Access 模式),既可以实现 Access 接口的功能,也可以实现 Trunk 接口的功能,可以在没有三层网络设备(路由器、三层交换机)的情况下实现跨 VLAN 通信和访问控制。相对于 Access 接口和 Trunk 接口具有更高的灵活性与可控性。

(2)查看接口模式

<huawei>display interface interface-id

(3)从 Trunk 中添加、删除 VLAN

1)去除 VLAN。

[huawei-interface-id]undo port trunk allow-pass vlan vlan-id

2)添加 VLAN。

[huawei-interface-id]port trunk allow-pass vlan vlan-id

3)检查 Trunk 端口允许 VLAN 的列表。

[huawei-interface-id] display this

2. 配置 VLAN Trunk 实例

VLAN Trunk 实例如图 4-28 所示。

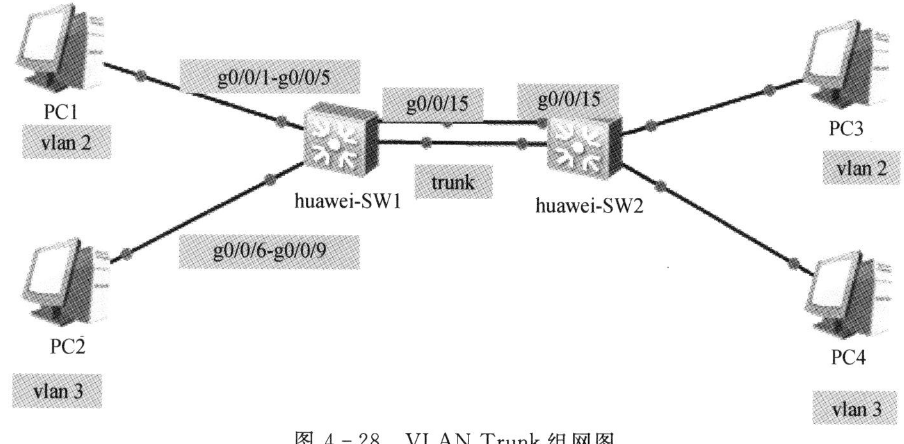


图 4-28　VLAN Trunk 组网图

**第一步：**在交换机上添加 VLAN。

```
[huawei-SW1]vlan 2
[[huawei-SW1-vlan2] description VLAN0002
[[huawei-SW1-vlan2]quit
[huawei-SW1]vlan 3
[[huawei-SW1-vlan3] description VLAN0003
[[huawei-SW1-vlan3]quit
```

**第二步：**将接口添加到相应的 VLAN 中。

```
[[huawei-SW1]port-group 1    ;创建接口组
[[huawei-SW1-port-group-1]group-member g0/0/1 to g0/0/5;将端口加入端口组
[[huawei-SW1-port-group-1] port link-type access ;将端口组内的接口模式改为 access
[[huawei-SW1-port-group-1]port default vlan 2;将 vlan2 加入端口组中
[[huawei-SW1]port-group 2
[[huawei-SW1-port-group-2]group-member g0/0/6 to g0/0/9
[[huawei-SW1-port-group-2]port link-type access
[[huawei-SW1-port-group-2]port default vlan 3
```

**第三步：**配置交换机之间互联的端口为 Trunk 验证配置是否正确（hauwei-SW2 与 hauwei-SW2 配置相同）。

```
[[huawei-SW1]interface g/0/15
[[huawei-SW1-g0/0/15]port link-type trunk
[[huawei-SW1-g0/0/15]port trunk allow-pass vlan 2 to 3;端口允许 vlan2 和 vlan3 通过
[[huawei-SW1]display interface g0/0/15
GigabitEthernet0/0/15 current state: up
Line protocol current state: up
Description:
Switch Port, Link-type : trunk(configured),
PVID: 1, TPID : 8100(Hex), The Maximum Frame Length is 1600
IP Sending Frames' Format is PKTFMT_ETHNT_2, Hardware address is c8a7-7674-d6e0
Port Mode: COMMON COPPER
```

从上面命令可以看出：

1）接口 g0/0/15 管理模式为 Trunk。

2）工作模式也是 Trunk。

3）默认情况下，Trunk 可以传送所有的 VLAN 数据。

**第四步：**如果不需要在 Trunk 上传输 VLAN 2 的数据，可以在 Trunk 上移去 VLAN2。

```
[huawei]interface g/0/15
[huawei-g0/0/15]undo port trunk allow-pass vlan 2
```

### 4.4.9　生成树协议

1. STP 简介

为了提高网络可靠性，交换网络中通常会使用一些冗余链路。然而，冗余链路会给交换网络带来环路风险，并导致广播风暴以及 MAC 地址表不稳定等问题，进而会影响到用户的通信质量。生成树协议(Spanning Tree Protocol，STP)可以在提高可靠性的同时又能避免环路带来的各种问题。

2. STP 出现的背景

环路会引起广播风暴，网络中的主机会收到重复数据帧。

根据交换机的转发原则，如果交换机从一个端口上接收到的是一个广播帧，或者是一个目的 MAC 地址未知的单播帧，则会将这个帧向除源端口之外的所有其他端口转发。如果交换网络中有环路，则这个帧会被无限转发，此时便会形成广播风暴，网络中也会充斥着重复的数据帧。

3. STP 基本概念

STP 可以消除网络中的环路。其基本理论依据是根据网络拓扑构建(生成)无环路的连通图(就是树)，从而保证数据传输路径的唯一性，避免出现环路导致报文流量的增加和循环。STP 是工作在 OSI 第二层(数据链路层)的协议。

STP 协议通过在交换机之间传递特殊的消息并进行分布式的计算，来决定在一个有环路的网络中，某台交换机的某个端口应该被阻塞，用这种方法来避免掉环路。

4. STP 基本参数

根桥(Root Bridge，RB)：根桥就是网桥 ID 最小的桥，由优先级和 MAC 地址组成。华为交换机默认优先级为 32 768。

根端口 RP(Root Port)：所谓根端口就是去往根桥路径开销最小的端口，根端口负责向根桥方向转发数据，这个端口的选择标准是依据根路径开销判定。在一台设备上所有使能 STP 的端口中，根路径开销最小者，就是根端口。很显然，在一个运行 STP 协议的设备上根端口有且只有一个，根桥上没有根端口。

指定端口(DP)和指定桥：每一个链路选择到根桥最近的网桥作为指定桥，该网桥到这个网段的端口为指定端口。指定桥通过指定端口负责向本网段转发流量和发送配置消息。

替代端口(Alternate Port，AP)：既不是根端口，又不是指定端口。

配置 BPDU：

1)传递根桥 ID，累计根路径开销，发送设备 BID，发送端口 PID 等参数。

2)由根桥周期(hello time)发送。

3)发送目的为组播 MAC 地址 01-80-C2-00-00-00。

4)老化时间为 Max Age。

5)配置 BPDU 在以下 3 种情况下会产生：

①只要端口使能 STP，则配置 BPDU 就会按照 Hello Time 定时器规定的时间间隔从指定端口发出。

②当根端口收到配置 BPDU 时，根端口所在的设备会向自己的每一个指定端口复制一份配置 BPDU。

③当指定端口收到比自己差的配置 BPDU 时，会立刻向下游设备发送自己的 BPDU。

根路径开销(Root Path Cost)：从发送该 BPDU 的网桥到根桥的最小路径开销，即到根桥的最短路径上所有链路开销的和。

桥 ID(Bridge Identifier)：发送 BPDU 的桥 ID，对于 LAN 来说，就是指定桥 ID(Designated Bridge ID)。

发送端口 ID(Port Identifier)：发送 BPDU 的端口 ID，端口 ID 由端口优先级和端口号组成。对于 LAN 来说，就是指定端口 ID(Designated Port ID)。

Hello Time 特点：

1)运行 STP 协议的设备发送配置消息 BPDU 的时间间隔，用于检测链路是否存在故障。

2)当网络拓扑稳定之后，该计时器只有在根桥上进行修改才有效。

3)当拓扑发生变化时，变更消息不受 Hello Time 影响。

4)缺省为 2 s。

运行 STP 协议的网络中，非根桥设备收到配置 BPDU 报文后，报文中的 Message Age 和 Max Age 会进行比较：如果 Message Age 小于或等于 Max Age，则该非根桥设备继续转发配置 BPDU 报文；如果 Message Age 大于 Max Age，则该配置 BPDU 报文将被老化，该非根桥设备直接丢弃该配置 BPDU，可认为网络直径过大，导致根桥连接失败。实际实现中，配置 BPDU 报文经过一个桥，Message Age 增加 1，缺省为 20，配置 BPDU 传播到全网的最大延迟，默认为 15 s。

5. STP 拓扑计算

计算流程如下：

1)选举一个根桥。

2)每个非根交换机选举一个根端口。

3)每个链路选举一个指定端口。

4)阻塞非根、非指定端口。

(1)选举根桥

STP 中根桥的选举依据的是桥 ID(Bridge ID)，STP 中的每个交换机都会有一个桥 ID。桥 ID 由 16 位的桥优先级(Bridge Priority)和 48 位的 MAC 地址构成。在 STP 网络中，桥优先级是可以配置的，取值范围是 0～65 535，默认值为 32 768。优先级最高的设备(数值越小越优先)会被选举为根桥。如果优先级相同，则会比较 MAC 地址，MAC 地址越小则越优先。

(2)选举根端口

非根交换机在选举根端口时分别依据该端口的根路径开销、对端 BID(Bridge ID)、对端 PID(Port ID)和本端 PID。交换机的每个端口都有一个端口开销(Port Cost)参数，此参数表示该端口在 STP 中的开销值。默认情况下端口的开销和端口的带宽有关，带宽越高，开销越小。从一个非根桥到达根桥的路径可能有多条，每一条路径都有一个总的开销值，此开销值是该路径上所有接收 BPDU 端口的端口开销总和(即 BPDU 的入方向端口)，称为路径开销。非根桥通过对比多条路径的路径开销，选出到达根桥的最短路径，这条最短路径的路径开销被称为 RPC(Root Path Cost，根路径开销)，并生成无环树状网络。根桥的根路径开销是 0。

(3)选举指定端口

非根交换机在选举指定端口时分别依据根路径开销、BID、PID。未被选举为根端口或指定端口的端口为预备端口，将会被阻塞。在网段上抑制其他端口(无论是自己的还是其他设备的)发送 BPDU 报文的端口，就是该网段的指定端口。每个网段都应该有一个指定端口，根桥的所有端口都是指定端口(根桥在物理上存在环路例外)。指定端口的选举也是首先比较累计路径开销，累计路径开销最小的端口就是指定端口。如果累计路径开销相同，则比较端口所在交换机的桥 ID，所在桥 ID 最小的端口被选举为指定端口。如果通过累计路径开销和所在桥 ID 选举不出来，则比较端口 ID，端口 ID 最小的被选举为指定端口。

网络收敛后，只有指定端口和根端口可以转发数据。其他端口为预备端口，被阻塞，不能转发数据，只能够从所连网段的指定交换机接收到 BPDU 报文，并以此来监视链路的状态。STP 端口状态(见表 4－7)。

**表 4－7　STP 端口状态**

| 端口状态 | 是否发送/接收配置 BPDU | 是否 MAC 地址学习 | 是否转发数据 | 作　用 |
|---|---|---|---|---|
| Disable | 否/否 | 否 | 否 | 端口状态为 down |
| Blocking | 否/是 | 否 | 否 | 堵塞端口 |
| Listening | 是/是 | 否 | 否 | 过渡状态，选举根桥、确定端口状态 |
| Learning | 是/是 | 是 | 否 | 过渡状态，构建 MAC 地址表 |
| Forwarding | 是/是 | 是 | 是 | 只有根端口和指定端口才能进入此状态 |

在端口正常启用之后，端口首先进入 Listening 状态，开始生成树的计算过程。如果经过计算，端口角色需要设置为预备端口(Alternate Port)，则端口状态立即进入 Blocking；如果经过计算，端口角色需要设置为根端口(Root Port)或指定端口(Designated Port)，则端口状态在等待 Forward Delay 之后，从 Listening 状态进入 Learning 状态，然后继续等待 Forward Delay 之后，从 Learning 状态进入 Forwarding 状态，正常转发数据帧。华为端口状态见表 4－8。

**表 4－8　华为端口状态**

| 端口状态 | 说　明 |
|---|---|
| Discarding | 此状态下的端口只接收 BPDU 报文 |
| Learning | 处理 BPDU、构建 MAC 地址表，但不转发数据 |
| Forwarding | 既转发数据又处理 BPDU 报文 |

华为技术有限公司数据通信设备缺省情况处于 MSTP 模式，当从 MSTP 模式切换到 STP 模式时，运行 STP 协议的设备上端口支持的端口状态仍然保持和 MSTP 支持的端口状态一样，支持的状态仅包括 Forwarding、Learning 和 Discarding。

6. STP 拓扑变化

TCN 消息的内容如下：

(1) TCN BPDU

TCN BPDU 指在下游拓扑发生变化时向上游发送拓扑变化通知，直到根节点。

(2) TCN 消息处理

在网络拓扑发生变化后，由端口转为转发状态的下游设备会不间断地向上游设备发送

TCN BPDU 报文,上游设备收到下游设备发来的 TCN BPDU 报文后,只有指定端口处理 TCN BPDU 报文。其他端口也有可能收到 TCN BPDU 报文,但不会处理。

1)收敛时长:STP 时长最长可达 30 s 或者 50 s。

2)根桥失效:当根桥交换机出现故障,其他交换机都不能收到来自根桥的 BPDU 报文时,它们在等待最长 max age 时间后,才能发现根桥失效,进而进行新的根桥选举、根端口和指定端口的确定。所以到达最终的拓扑稳定需要经历 BPDU 的老化、2 个 forwarding delay (listening+learning)时长,即 50 s。

3)链路失效:当链路失效时,重新进行根桥选举。端口状态要经历 listening、learning 再到 forwarding,即经历 30 s。

4)根桥故障:非根桥会在 BPDU 老化之后开始根桥的重新选举,在稳定的 STP 拓扑里,非根桥会定期收到来自根桥的 BPDU 报文。如果根桥发生了故障,停止发送 BPDU 报文,下游交换机就无法收到来自根桥的 BPDU 报文。如果下游交换机一直收不到 BPDU 报文,Max Age 定时器就会超时(Max Age 的默认值为 20 s),从而导致已经收到的 BPDU 报文失效,此时,非根交换机会互相发送配置 BPDU 报文,重新选举新的根桥。根桥故障会导致 50 s 左右的恢复时间,恢复时间约等于 Max Age 加上两倍的 Forward Delay 收敛时间。

7. STP 配置实例

如图 4-29 所示,当前网络中存在环路,huawei-SW1,huawe-SW2,huawei-SW3 和 huawei-SW4 都运行 STP,配置根桥和备份根桥设备,配置端口的路径开销值,实现将该端口阻塞,使能 STP,实现破除环路。

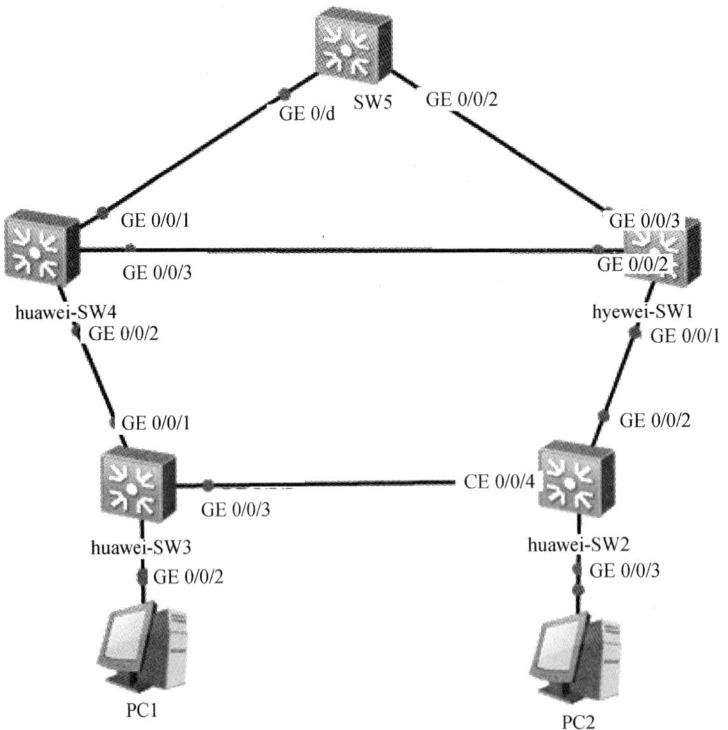


图 4-29　STP 配置组网图

相关配置如下：

[huawei-SW1] stp mode stp//使能 STP。huawei-SW2、huawei-SW3 和 huawei-SW4 的配置与 huawei-SW1 类似

[huawei-SW1] stp root primary //配置 hauwei-SW1 为根桥

[huawei-SW2] stp root secondary// 配置 huawei-SW2 为备份根桥

[huawei-SW1] stp pathcost-standard legacy//配置 huawei-SW1 的路径开销计算方法为华为私有计算方法

[huawei-SW2] stp pathcost-standard legacy//配置 huawei-SW2 的路径开销计算方法为华为私有计算方法

[huawei-SW3] stp pathcost-standard legacy

[huawei-SW3] interface GigabitEthernet 0/0/3

[huawei-SW3-GigabitEthernet0/0/3] stp cost 20000//huawei-SW3 端口 Gigabit Ethernet 0/0/3路径开销值为 20000

[huawei-SW3-GigabitEthernet0/0/3] quit

[huawei-SW4] stp pathcost-standard legacy

[huawei-SW2] interface GigabitEthernet 0/0/3

[huawei-SW2-GigabitEthernet0/0/3] stp disable //huawei-SW2 端口 g0/0/3 的 STP 去使能

[huawei-SW2-GigabitEthernet0/0/3] quit

[huawei-SW3] interface GigabitEthernet 0/0/2

[huawei-SW3-GigabitEthernet0/0/2] stp disable //huawei-SW3 端口 g0/0/2 的 STP 去使能

[huawei-SW3-GigabitEthernet0/0/2] quit

## 4.5　路由器配置

### 4.5.1　路由

路由是指寻找一条将数据包从源主机传送到目的主机的传输路径的过程。当一台主机要和非本网段的主机进行通信时，数据包可能要经过许多路由器，如何选择到达目的主机的路径就是一个问题。为了解决这个问题，就需要用一种方法来判断从源主机到达目的主机所经过的最佳路径，从而进行数据转发，这就是路由技术。

1. 路由器工作原理

路由器是用于连接多个逻辑上分开的网络。所谓逻辑网络是代表一个单独的网络或者一个子网。当数据从一个子网传输到另一个子网时，可通过路由器来完成。因此，路由器具有判断网络地址和选择路径的功能，属网络层的一种互联设备。它不关心各子网使用的硬件设备，但要求运行协议相同且协议相关字域取值相同或兼容的软件。

路由器是能够将数据包转发到正确的目的地，并在转发过程中选择最佳路径的设备。这个最佳路径指的是路由器的某个接口或下一跳路由器的地址，如图 4 - 30 所示。

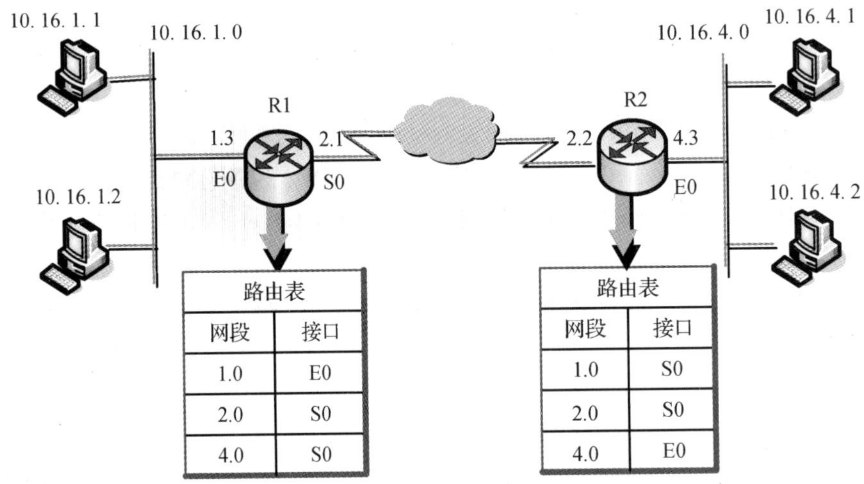


| 路由表 | |
|---|---|
| 网段 | 接口 |
| 1.0 | E0 |
| 2.0 | S0 |
| 4.0 | S0 |

| 路由表 | |
|---|---|
| 网段 | 接口 |
| 1.0 | S0 |
| 2.0 | S0 |
| 4.0 | E0 |

图 4－30　路由器工作原理

1）主机 10.16.1.2 发送数据包给主机 10.16.4.1，它们不在同一个网段，主机会将数据包发送给本网段的网关 R1。

2）R1 收到数据包后，在其路由表中查询该数据包的目的 IP 地址 10.16.4.1，发现该地址匹配 10.16.4.0/24 路由表项，该表项对应的出接口是 S0 接口，于是 R1 将数据包从 S0 接口转发出去。

3）网络中的其他路由器也采用相同的转发方式处理数据包。数据包到达 R2 后，R2 将数据包从 E0 接口转发出去，报文最终到达 10.16.4.1 对应的主机。

4）路由器收到数据包后，在其路由表中查询不到与数据包的目的 IP 地址相匹配的具体路由时，如果路由表中存在默认路由，则按照默认路由的指示转发数据包，否则将数据包丢弃并向源设备发送差错消息。

2. 路由表

任何一台支持路由功能的设备要想正确地执行路由查询及数据转发的操作，就必须维护路由表。路由表可以理解为是设备将报文转发到特定目的地所依据的一张“地图”。路由表中的每一行就是一个路由条目（或者路由表项）。在一个实际的网络中，路由器的路由表可能包含多个路由条目。在一个大型的网络中，路由器的路由表可能包含大量的路由条目。每个路由条目都采用目的网络地址（Destination Network Address）及网络掩码（Netmask）进行标识。

在一个实际的网络中，一台路由器的路由表往往包含多条路由，这些路由可能从不同的来源获取。路由表中路由信息的来源可归为四类，分别是直连路由、静态路由、默认路由及动态路由协议。

1）直连路由。当在路由器上配置了接口的 IP 地址，并且接口状态为 UP 时，路由表中就出现直连路由项。而对于不直连的网段，需要静态路由或动态路由，将网段添加到路由表中。

2）静态路由。网络管理员使用手工配置的方式为路由器添加的路由。

3）默认路由。当路由器在路由表中找不到目标网络的路由条目时，路由器把请求送到默认路由接口。

4）动态路由。它是网络中的路由器间相互通信，传递路由信息，利用收到的路由信息更新路由表的过程。

### 4.5.2　静态路由与默认路由

1. 静态路由

静态路由是由管理员手动配置的路由。除非网络管理员干预，否则静态路由不会发生变化。由于静态路由不能对网络的改变做出反映，因此一般用于网络规模不大、拓扑结构固定的网络中。

2. 默认路由

默认路由是一种特殊的静态路由，当路由器在路由表中找不到目标网络的路由条目时，路由器把请求送到默认路由接口。如果没有默认路由，目的地址在路由表找不到匹配项时，数据包将被丢弃。

末梢网络指这个网络只有一个唯一的路径能够到达其他的网络。在末梢网络中，可以配置一条默认路由，使数据包按照默认路由来转发。在所有路由类型中，默认路由的优先级最低，一般应用在只有一个出口的末端网络中或作为其他路由的补充。在路由器上只能配置一条默认路由。

### 4.5.3　路由器的基本操作

1. 路由器概述

路由器和计算机一样，也有处理器和内存。下面来了解路由器的硬件结构。

(1)处理器

处理器也就是中央处理器(CPU)，路由器的 CPU 负责执行处理数据包所需的工作，处理数据包的速度和 CPU 的类型有关。

(2)存储器

路由器中主要有四种类型的存储器。

1)RAM：随机存取内存，存放 IOS 映像、配置文件(running-config)、路由表和数据缓冲区。RAM 具有易失性，掉电后存储的内容就会丢失。

2)NVRAM：非易失性 RAM，存放启动配置文件(startup-config)。NVRAM 中的内容掉电不丢失。

3)ROM：只读内存，ROM 中主要包含系统加电自检代码(POST)，用于检测路由器中各硬件部分是否完好；系统引导区代码(BootStrap)，用于启动路由器并载入 IOS 操作系统；备份的 IOS 操作系统，以便在原有 IOS 操作系统被删除或破坏时使用。ROM 具有非易失性，掉电后存储的内容不丢失。

4)Flash：闪存，存放着当前使用中的 IOS。事实上，如果 Flash 容量足够大，可以存放多个 IOS 映像，以提供多重启动选项。Flash 具有非易失性，掉电后存储的内容不丢失。

2. 华为设备的配置方式

华为设备的配置方式主要有下面几种：

(1)Console 口配置

Console 口配置方式很简单，但是不能进行远程配置。通过此方式配置路由器的方法和配置交换机的方法相同。

(2)AUX 口配置

路由器的背面有一个 AUX 口,通过该口可以进行远程配置。把该口与 Modem 相连,管理中可以通过远程拨号到这个 Modem 进行远程控制。AUX 指异步通信口,可接 Modem 做远程拨入。

(3)虚拟终端(Virtual Terminal)配置

Cisco 设备的常用配置方法,通过在某个终端设备上运行 TELNET 来进行远程控制。

(4)TFTP Server 配置

通过从 TFTP 服务器上下载配置文件来配置设备。

3. 路由器的配置模式

(1)调试模式

<huawei>

(2)全局配置模式

[huawei]

(3)接口配置模式

例如:

[huawei]interface 接口

[huawei-gigabitethernet-id]

例如:

[huawei]interface g0/0/1

[huawei-gigabitethernet0/0/1]

(4)子接口配置模式

[huawei]interface 子接口

[huawei-gigabitethernet-id]

例如:

[huawei]interface g0/0/1.1

[huawei-gigabitethernet0/0/1.1]

(5)路由模式

[huawei] 路由协议 进程号

[huawei-路由协议-进程号]

例如:

[huawei] rip 1

[huawei-rip-1]

### 4.5.4 路由器的基本配置

1. 静态路由与默认路由的配置

(1)静态路由与默认路由的配置命令

1)静态路由的配置命令。

[huawei]ip router-static <目的网段> <目的网段掩码><下一跳>

其中，目的网段是指要到达的对方网段，目的网段掩码就是该目的网段的子网掩码，下一跳的根本含义就是下一个路由器的接口地址。

2)默认路由的配置命令。

[huawei]ip route 0.0.0.0 0.0.0.0 address

其中，"0.0.0.0 0.0.0.0"代表任意网络，就是说发往任何网络的数据包都转发到命令指定的下一个路由器接口地址。Address 指到达目的网段所经过的下一跳路由器的接口地址。

(2)静态路由与默认路由的配置实例

如图 4-31 所示，路由器 A 连接的网络想要访问 172.16.1.0 网段的主机，需要配置静态路由。

配置步骤如下：

1)连接路由器 A 的 Console 到主机的 COM 口。

2)配置路由器 A 的 Ethernet0/0/0 接口的 IP 地址：

[huawei-RA]interface Ethernet0/0/0

[huawei-RA-Ethernet0/0/0]ip address 10.1.2.1 255.255.255.0 //配置接口的 IP 地址

[huawei]ip route-static 172.16.1.0 255.255.255.0 10.1.2.2 //配置路由

3)配置路由器 B 的默认路由。172.16.1.0 网段的主机需要访问外部的网络，路由器 B 是这个网段唯一的出口，可以在路由器 B 上配置默认路由。

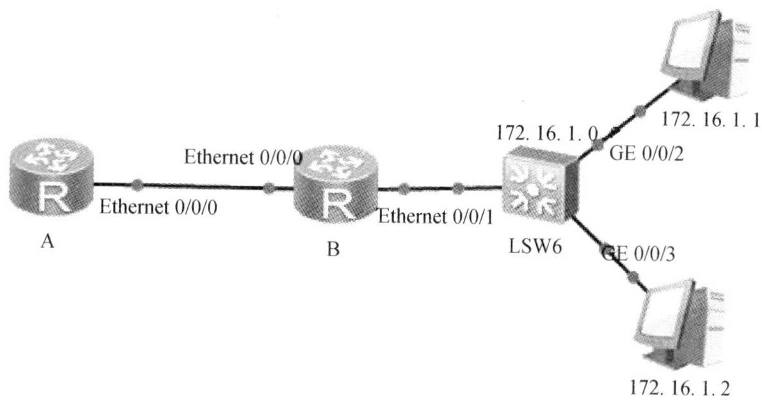


图 4-31　静态路由配置组网图

[huawei-RB]interface Ethernet0/0/0

[huawei-RB-Ethernet0/0/0]ip address 10.1.2.2 255.255.255.0

[huawei-RB]interface g0/0/1

[huawei-RB-Ethernet0/0/1]ip address 172.16.1.10 255.255.255.0

[huawei-RB]ip route-static 0.0.0.0 0.0.0.0 10.1.2.1

其中，"0.0.0.0 0.0.0.0"表示任何网络，"10.1.2.1"是下一跳地址。

4)查看路由表：

<huawei-RA>display ip routing-table

| Destination/Mask | Proto | Pre | Cost | Flags | NextHop | Interface |
|---|---|---|---|---|---|---|
| 10.1.2.0/24 | Direct | 0 | 0 | D | 10.1.2.1 | Ethernet1/0/0 |
| 10.1.2.1/32 | Direct | 0 | 0 | D | 127.0.0.1 | Ethernet1/0/0 |
| 10.1.2.255/32 | Direct | 0 | 0 | D | 127.0.0.1 | Ethernet1/0/0 |
| 127.0.0.0/8 | Direct | 0 | 0 | D | 127.0.0.1 | InLoopBack0 |
| 127.0.0.1/32 | Direct | 0 | 0 | D | 127.0.0.1 | InLoopBack0 |
| 127.255.255.255/32 | Direct | 0 | 0 | D | 127.0.0.1 | InLoopBack0 |
| 172.16.1.0/24 | Static | 60 | 0 | RD | 10.1.2.2 | Ethernet1/0/0 |
| 255.255.255.255/32 | Direct | 0 | 0 | D | 127.0.0.1 | InLoopBack0 |

“R”表示该路由是迭代路由，“D”表示该路由下发到 FIB 表。

5)验证。在路由器 A 上，使用 ping 命令检查与 172.16.1.0 网段的主机是否连通：

<huaweiA> ping 172.16.1.1

如果 ping 通，此时在路由器 A 上显示：

```
ping 172.16.1.1 (172.16.1.1): 56 data bytes, press CTRL_C to break
56 bytes from 172.16.1.1: icmp_seq=0 ttl=255 time=9.136 ms
56 bytes from 172.16.1.1: icmp_seq=1 ttl=255 time=2.973 ms
56 bytes from 172.16.1.1: icmp_seq=2 ttl=255 time=3.671 ms
56 bytes from 172.16.1.1: icmp_seq=3 ttl=255 time=2.975 ms
56 bytes from 172.16.1.1: icmp_seq=4 ttl=255 time=3.368 ms
---ping statistics for 172.16.1.1---
5 packet(s) transmitted, 5 packet(s) received, 0.0% packet loss
round-trip min/avg/max/std-dev = 2.973/4.425/9.136/2.370 ms
```

如果 ping 不通，此时在路由器 A 上显示：

```
Ping 172.16.1.1 (172.16.1.1): 56 data bytes, press CTRL_C to break
Request time out
Request time out
Request time out
Request time out
Request time out

---ping statistics for 172.16.1.1---
5 packet(s) transmitted, 0 packet(s) received, 100.0% packet loss
```

不通的原因很多，可能是：

①连接线缆的问题。

②接口还是 shutdown 的状态。

③IP 地址配置的问题。

④静态路由配置不正确。

6）检查方法：将网络划分为多个小的段进行分段检查，定位故障的位置，逐段排除错误。

2. 单臂路由的配置

交换机上划分 VLAN 的目的是位于同一 VLAN 的主机之间可以互通，位于不同 VLAN 的主机之间不能互通。对于不同 VLAN 之间的通信通过路由器和交换机连接并配置单臂路由来完成。

1）单臂路由的配置命令。

[huawei] interface 子接口

[huawei-gigabitethernet-id] dot1q termination vid vlan-id；封装 dot1q 协议，子接口对应的 vlan

[huawei-gigabitethernet-id] ip address ip_address mask

其中，ip_address 表示 IP 地址，mask 表示子网掩码。

2）单臂路由的配置实例，如图 4－32 所示。

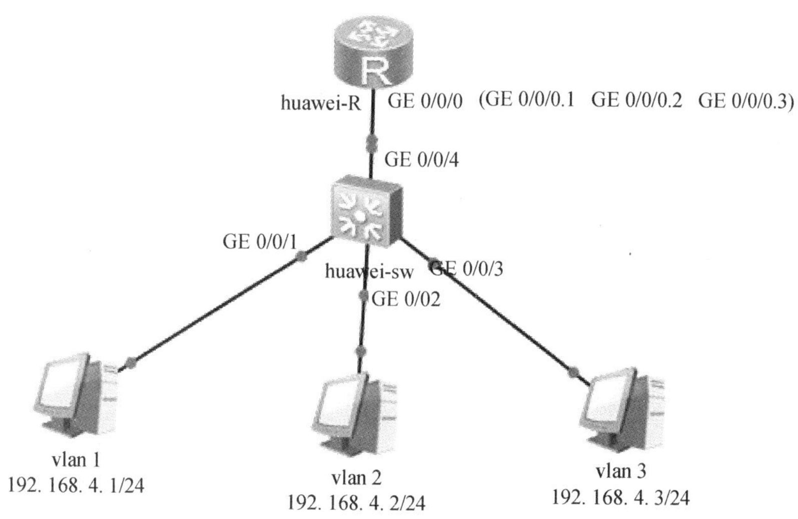


图 4－32　单臂路由配置组网图

① 配置路由器子接口。在路由器与交换机连接的端口上配置子接口，每个子接口的 IP 地址是每个 VLAN 的网关地址，并在子接口上封装 dot1q。

[huawei-R] interface g0/0/0. 1

[huawei-R-gigabitethernet0/0/0. 1] dot1q termination vid 1

[huawei-R-gigabitethernet0/0/0. 1] ip address 192. 168. 1. 1 255. 255. 255. 0

[huawei-R] interface g0/0/0. 2

[huawei-R-gigabitethernet0/0/0. 2] dot1q termination vid 2

```
[huawei-R-gigabitethernet0/0/0.2] ip address 192.168.2.1 255.255.255.0
[huawei-R] interface g0/0/0.3
[huawei-R-gigabitethernet0/0/0.3] dot1q termination vid 3
[huawei-R-gigabitethernet0/0/0.3] ip address 192.168.3.1 255.255.255.0
```

② 配置交换机。

```
[huawei]vlan batch 1 2 3;创建 vlan1 2 3
[huawei]interfacegigabitethernet0/0/1
[huawei-gigabitethernet0/0/1]port link-type access      //设置端口类型为 access
[huawei-gigabitethernet0/0/1]port default vlan 1        //将接口划分到 vlan 2
[huawei-gigabitethernet0/0/1]quit
[huawei]interfacegigabitethernet0/0/2
[huawei-gigabitethernet0/0/2]port link-type access
[huawei-gigabitethernet0/0/2]port default vlan 2
[huawei-gigabitethernet0/0/2]quit
[huawei]interfacegigabitethernet0/0/3
[huawei-gigabitethernet0/0/3]port link-type access
[huawei-gigabitethernet0/0/3]port default vlan 3
[huawei-gigabitethernet0/0/3]quit
[huawei]interfacegigabitethernet0/0/4
[huawei-gigabitethernet0/0/4]port link-type trunk  //设置端口类型为 trunk
[huawei-gigabitethernet0/0/4]port trunk allow-pass vlan  2 3  //华为交换机默认不支持其他 vlan 通过,除去 vlan 1,允许 trunk 端口通过 vlan 2 3
[huawei]display vlan          //显示 vlan
[huawei]display interface brief
```

③ 验证。配置各主机 IP 地址、子网掩码和网关地址后验证 VLAN 1,VLAN 2 的 VLAN 3 之间的连通性。

### 4.5.5 RIP 路由协议

4.5.4 节学习了静态路由和默认路由,静态路由是管理手动配置的路由,只能适合规模不大、网络拓扑结构比较固定的环境。在大型的网络中,由管理员手动配置路由条目是不可行的。如何让路由器知道非直连的网段呢?

本节学习 RIP(Routing Information Protocol,路由信息协议),在路由器上配置 RIP 协议,可以实现路由器间自动学习路由信息的目的。

1. 动态路由

(1)动态路由概述

动态路由是网络中的路由器之间相互通信,传递路由信息,利用收到的路由信息更新和维护路由表的过程。动态路由是基于某种路由协议实现的。

动态路由适用网络规模大、网络拓扑结构复杂的网络。动态路由的特点如下:

1)减少管理任务。动态路由根据网络拓扑结构的变化而更新路由表,不需要重新配置。管理员的管理任务减轻了。

2)占用网络带宽。动态路由是通过和其他路由器通信的方式了解网络的,每个路由器都要告诉其他路由器自身所知道的网络信息,同时还要从其他路由器学习自身不知道的网络信息,这就需要发送数据包,这些包会占用一定的网络流量。

静态路由和动态路由都有各自的特点和适用范围。静态路由的优点是简单、高效、可靠。在所有的路由中,静态路由优先级最高。当动态路由与静态路由发生冲突时,以静态路由为准。

(2)动态路由协议

1)动态路由协议概述。动态路由是基于某种路由协议来实现的,路由协议定义了路由器在和其他路由器通信时的一些规则。动态路由协议不局限于路径的选择和路由表更新,当到达目的网络的最佳路径有问题时,动态路由协议可以在余下的可用路径中选择下一个最佳路径进行替代。

2)度量值。度量值(Metric)是路由算法用以确定到达目的地最佳路径的计量标准。不同的路由选择协议采用不同的指标作为度量值,这些指标包括跳数、带宽、成本或更复杂的度量值。大多数路由协议都维护一个数据库,其中包含所有已获悉的网络以及到每个网络的所有路径。路由器发现多条到某个网络的路径后,对它们的度量值进行比较,并选择度量值最小的路径。一些常用的度量值有:

① 跳数(Hop Count)。跳数是指从源端口到达目的端口所经过的路由器个数,经过一个路由器跳数加一。RIP 把跳数作为度量值。

② 带宽(Bandwidth)。带宽是指源端到目的端之间最小的带宽值。

③ 代价(Cost)。代价可以是一个任意值,根据带宽、费用或者其他网络管理者定义的计算方法得到。

④ 时延(Delay)。时延指报文从源端传到目的地的时间长短。

⑤ 负载(Load)。负载指网络资源或链路已被占用的流量大小。

⑥ 可靠性(Reliability)。可靠性指网络链路的错误比特的比率,即链路在某种情况下发生故障的可能性。可靠性可以是变化的或固定的。

⑦ 最大传输单元(MTU)。最大传输单元指在一条路径上所有链接可接受的最大消息长度(单位为字节)。

(3)动态路由协议的分类

一般地,动态路由协议分为两类,即距离矢量路由协议和链路状态路由协议。其中,距离矢量路由协议依据从源端到目的地所经过的路由器的个数来选择路由。链路状态路由协议会综合考虑从源端到目的地的各条路径的情况来选择路由。

1)距离矢量路由协议。距离矢量意味着用距离和方向矢量通告路由。距离使用如跳数这样的度量确定,而方向则是下一跳路由器或送出接口。使用距离矢量路由协议的路由器并不了解到达目的网络的整条路径。该路由器只知道应该往哪个方向或使用哪个接口转发数据包,以及自身与目的网络之间的距离。距离矢量路由协议包括 RIP,IGRP 和 EIGRP。

① RIP。RIP(路由信息协议)最初在 RFC 1059 中定义。RIP 主要有以下特点:

- 使用跳数作为选择路径的度量。
- 跳数 16,RIP 为网络不可达。
- 默认情况下,每 30 s 通过广播或组播发送一次路由更新。

② IGRP。IGRP(内部网关路由协议)是由 Cisco 开发的专有协议。IGRP 的主要有以下特点:

a. 使用基于带宽、延迟、负载和可靠性的多个度量。

b. 默认情况下,每 90 s 通过广播发送一次路由更新。

c. IGRP 是 EIGRP 的前身,现在已不再使用。

③ EIGRP。EIGRP(增强型 IGRP)是 Cisco 专用的距离矢量路由协议。EIGRP 主要有以下特点:

a. 能够执行不等价负载均衡。

b. 使用扩散更新算法 (DUAL) 计算最短路径。

c. 不需要像 RIP 和 IGRP 一样进行定期更新。只有当拓扑结构发生变化时才会发送路由更新。

2)链路状态路由协议。链路状态路由协议是目前使用最广的一类域内路由协议。它采用一种"拼图"的设计策略,即每个路由器将它到其周围邻居的链路状态向全网的其他路由器进行组播。这样,一个路由器收到从网络中其他路由器发送过来的路由信息后,它对这些链路状态进行拼装,最终生成一个全网的拓扑视图,近而可以通过最短路径算法来计算它到别的路由器的最短路径。典型的协议有 OSPF 和 IS-IS。

① OSPF。OSPF(Open Shortest Path First,开放式最短路径优先)是一个内部网关协议(Interior Gateway Protocol,IGP),用于在单一自治系统(Autonomous System,AS)内决策路由。与 RIP 相对,OSPF 是链路状态路由协议,而 RIP 是距离矢量路由协议。

② IS-IS(Intermediate System to Intermediate System Routing Protocol,中间系统到中间系统的路由选择协议)。IS-IS 是由 ISO 提出的一种路由选择协议,它是一种链路状态协议。在该协议中,IS(路由器)负责交换基于链路开销的路由信息并决定网络拓扑结构。IS-IS 类似于 TCP/IP 网络的开放最短路径优先(OSPF)协议。

2. RIP 路由协议

RIP(路由信息协议)是为 TCP/IP 环境中开发的第一个路由选择协议标准。RIP 是应用较早、使用较普遍的内部网关协议(Interior Gateway Protocol,IGP),适用于小型同类网络,是典型的距离向量(distance-vector)协议。

RIP 通过广播 UDP 报文来交换路由信息,每 30 s 发送一次路由更新。RIP 最多支持的跳数为 15,即在源和目的网络之间所要经过的最大路由器数目是 15,跳数 16 为不可达。

(1)RIP 路由协议的工作原理

1)路由表的产生。

① 路由器学习到直连网段,如图 4-33 所示。

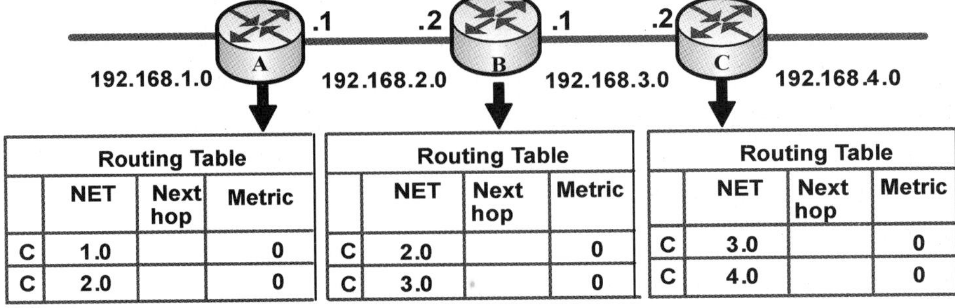


图 4-33 直连网段的学习

② 到了路由器的更新周期 30s 以后，会向邻居发送路由表，如图 4－34 所示。

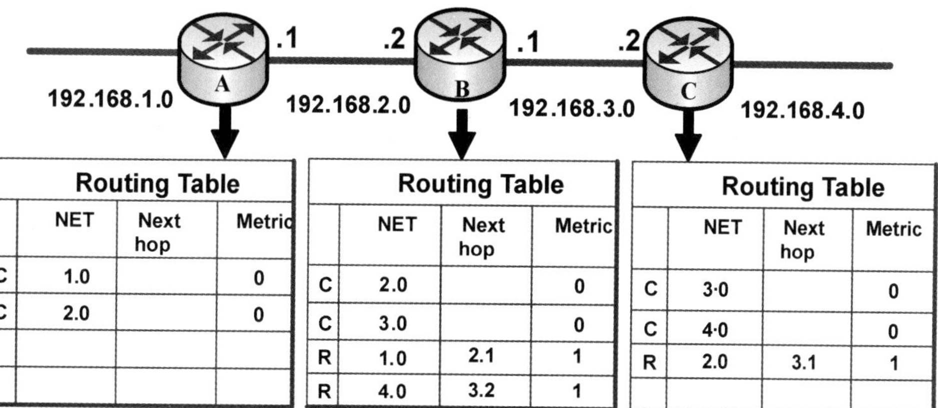


图 4－34　向邻居发送路由表

③ 再过 30 s，路由器的第二个更新周期到了，再次发送路由表，如图 4－35 所示。

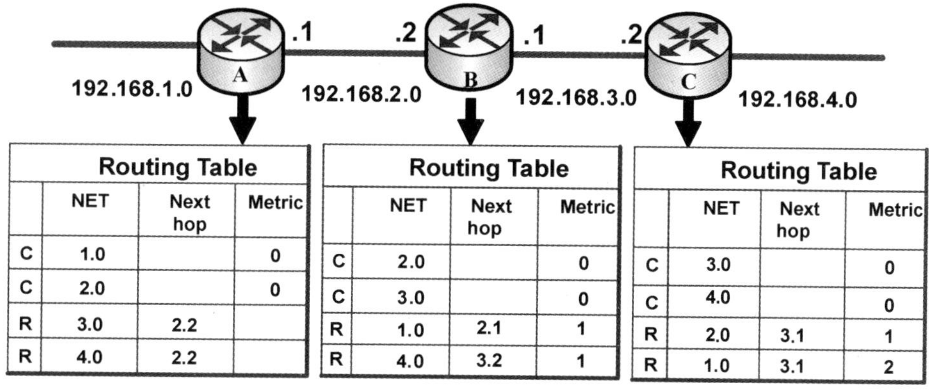


图 4－35　RIP 学习

2)RIP 的工作原理。

①RIP 路由协议向邻居发送整个路由表信息。

②RIP 路由协议以跳数作为度量值根据跳数的多少来选择最佳路由。

③最大跳数为 15 跳，16 跳为不可达。

④经过一系列路由更新，网络中的每个路由器都具有一张完整的路由表的过程，称为收敛。

3)RIP 计时器。

①无效计时器。如果 180 s(默认值)后还未收到可刷新现有路由的更新，则将该路由的度量设置为 16，从而将其标记为无效路由。在清除计时器超时以前，该路由仍将保留在路由表中。

②清除计时器。默认情况下，清除计时器设置为 240 s，比无效计时器长 120 s。当清除计时器超时后，该路由将从路由表中删除。

③抑制计时器。该计时器用于稳定路由信息，并有助于在拓扑结构根据新信息收敛的过程

中防止路由环路。在某条路由被标记为不可达后，它处于抑制状态的时间必须足够长，以便拓扑结构中所有路由器能在此期间获知该不可达网络。默认情况下，抑制计时器设置为 120 s。

4)水平分割(Split Horizon)。路由环路是指数据包在一系列路由器之间不断传输却始终无法到达其预期目的网络的一种现象。当两台或多台路由器的路由信息中存在错误地指向不可达目的网络的有效路径时，就可能发生路由环路。

造成环路的可能原因有：

①静态路由配置错误。

②路由重分布配置错误。

③发生了改变的网络中收敛速度缓慢，不一致的路由表未能得到更新。

④错误配置或添加了丢弃的路由。

距离矢量路由协议的工作方式比较简单。其简单性导致它容易存在诸如路由环路之类的缺陷。在链路状态路由协议中，路由环路较为少见，但在某些情况下也会发生。

路由环路会对网络造成严重影响，导致网络性能降低，甚至使网络瘫痪。水平分割是防止由于距离矢量路由协议收敛缓慢而导致路由环路的一种方法。水平分割规则规定，从一个接口上学习到的路由信息，不再从这个接口发送出去。

(2)RIP V1 和 RIP V2

1)有类路由与无类路由。根据路由协议在进行路由信息宣告时，是否包含网络掩码，可以把路由协议分为两种：

①有类路由(Classful)协议，在宣告路由信息时不携带网络掩码。

②无类路由(Classless)协议，在宣告路由信息时携带网络掩码。

2)RIP V1 和 RIP V2。RIP 路由协议的版本有两个，即 RIP V1 和 RIP V2，它们最主要的区别是，V1 是有类路由协议，V2 是无类路由协议。

①RIP V1：

a. 发送路由更新时不携带子网掩码。

b. 发送路由更新时，目标地址为广播地址：255.255.255.255。

c. 支持不连续子网。

②RIP V2：

a. 发送路由更新时携带子网掩码。

b. 发送路由更新时，目标地址为组播地址：224.0.0.9。

c. 发送路由更新时，携带子网掩码，因此支持不连续子网。

3. RIP 路由协议的配置

(1)RIP V1 路由协议的配置命令

1)启动 RIP 进程：

```
[huawei]  rip process-id
```

2)宣告主网络号：

```
[huawei-rip-id] network network-number
```

把路由器上所有启动 RIP 的接口的主网络号宣告出去。network-number 为网络号。

3)验证配置：

①查看路由表：

<huawei> display ip routing-table protocol rip

查看路由器是否通过 RIP 学习到正确的路由。

②打开 RIP 协议调试命令：

<huawei> debugging rip process-id

(2)RIP 路由协议配置实例

1)RIP V1 的配置，如图 4－36 所示。

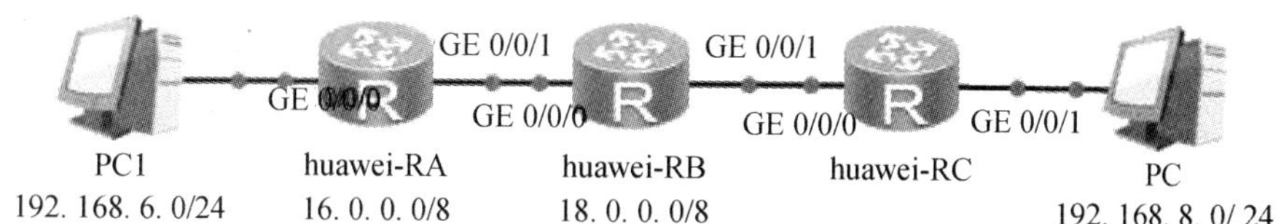


图 4－36　RIP 配置组网图

① 路由器 A 的配置。配置接口 g0/0/0 的 IP 地址：

[huawei-RA]interface g0/0/0　//进入接口

[huawei-RA-gigabitethernet0/0/0]ip address 192.168.6.1 255.255.255.0　//为接口配置 IP 地址

配置接口 g0/0/1 的 IP 地址：

[huawei-RA]interface g0/0/1

[huawei-RA-gigabitethernet0/0/1]ip address 16.0.0.2 255.0.0.0

RIP 的配置：

[huawei-RA] rip 1

[huawei-RA-rip-1]network 16.0.0.0　//在 RIP 1 中宣告网段

[huawei-RA-rip-1]network 192.168.6.0

② 路由器 B 的配置。配置接口 g0/0/0 的 IP 地址：

[huawei-RB]interface g0/0/0

[huawei-RB-gigabitethernet0/0/0]ip address 18.0.0.1 255.0.0.0

配置接口 g0/0/1 的 IP 地址：

[huawei-RB]interface g0/0/1

[huawei-RB-gigabitethernet0/0/1]ip address 18.0.0.2 255.0.0.0

RIP 的配置：

[huawei-RB] rip 1

[huawei-RB-rip-1]network 18.0.0.0

路由器 C 的配置和 A，B 类同，在此不再详述。

③ 查看路由器 A 的路由表。

[huawei-RouterA]display ip routing-table

其中 R 表示 RIP 协议学到的路由，1 为 Metric，RIP 中为跳数。

2)RIP V2 配置。配置 RIP 协议使用版本 2：

[huawei]　rip process-id

[huawei-rip-id] version 2

[huawei-rip-id]undo summary

版本 2 默认情况下边界自动汇总，如果需要支持可变长子网，需要配置为不进行自动汇总。

### 4.5.6 OSPF 路由协议配置

OSPF(Open Shortest Path First，开放式最短路径优先协议)是基于开放标准的链路状态路由协议。上节学习的 RIP 协议，它的最大跳数是 15 跳，这就限制了网络的规模；每当网络拓扑结构发生变化，RIP 都要广播路由表出去，因此收敛慢，而且它选择跳数作为度量值。与 RIP 相比，OSPF 收敛更快，适合于规模大的网络，应用也更为广泛。本节主要讲述单区域 OSF 的配置。

1. OSPF 内部网关路由协议

内部网关路由协议用于在单一自治系统(AS)内决策路由。AS 是指执行统一路由策略的一组网络设备的组合。目前最常用的两种内部网关协议是路由信息协议(RIP)和最短路径优先路由协议(OSPF)。

外部网关路由协议用于在多个自治系统之间执行路由。BGP 协议是外部网关路由协议。

2. OSPF 区域

OSPF 将自治系统 AS 划分为不同的区域 Area，区域 Area 是由管理员手动划分的。如图 4-37 所示，Area 0 为骨干区域，是用来连接自治系统内部的所有其他区域。边界路由器是用来连接骨干区域和其他区域的路由器。

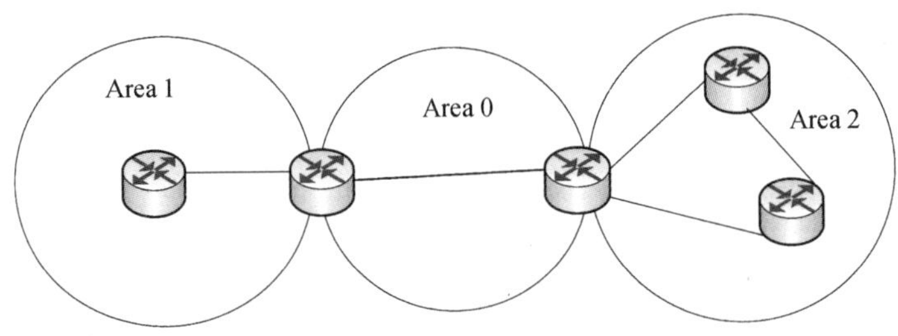


图 4-37　OSPF 的区域

3. 路由器的类型

OSPF 路由器根据在 AS 中的不同位置，可以分为以下四类：

(1) 区域内路由器(Internal Router)

该类路由器的所有接口都属于同一个 OSPF 区域。

(2) 区域边界路由器 ABR(Area Border Router)

该类路由器可以同时属于两个以上的区域，但其中一个必须是骨干区域。ABR 用来连接骨干区域和非骨干区域。

(3) 骨干路由器(Backbone Router)

该类路由器至少有一个接口属于骨干区域。因此，所有的 ABR 和位于 Area 0 的内部路由器都是骨干路由器。

(4) 自治系统边界路由器 ASBR

与其他 AS 交换路由信息的路由器称为 ASBR。

4. OSPF 链路状态路由协议

OSPF 路由协议是一种典型的链路状态(Link-state)路由协议,一般用于同一个路由域内,路由域是指一个自治系统 AS,指一组通过统一的路由策略或路由协议互相交换路由信息的网络,所有的 OSPF 路由器都维护一个相同的描述这个 AS 结构的数据库,该数据库中存放的是路由域中相应链路的状态信息,OSPF 路由器正是通过这个数据库计算出其 OSPF 路由表的。

OSPF 作为一种链路状态的路由协议,OSPF 将链路状态通告(Link State Advertisement, LSA)传送给在某一区域内的所有路由器,这一点与距离矢量路由协议不同。运行距离矢量路由协议的路由器是将部分或全部的路由表传递给与其相邻的路由器。

5. Router ID

Router ID 是在 OSPF 区域内唯一标识一台路由器的 IP 地址。Router ID 选取规则:

1)路由器选取它所有 loopback 接口上数值最高的 IP 地址。

2)如果没有 loopback 接口,就在所有物理端口中选取一个数值最高的 IP 地址。

3)Router ID 不具备强占性,Router ID 只要选定就不会改变,即使是物理接口关闭,Router ID 也不会变,除非重启路由器或进程。

Loopback 接口称作路由器的环回接口,它比其他接口更加稳定。

6. OSPF 度量值

OSPF 用来度量路径优劣的度量值称为 Cost(开销),是指从该接口发送出去的数据包的出站口代价。用 16 位无符号的整数表示,范围在 1～65 535 之间。默认代价是 10 $BW^{-1}$,表示为一个整数,BW 是指在接口上配置的带宽。接口的代价值可以通过命令 ip ospf cost 来改变。

7. OSPF 的工作过程

OSPF 路由协议的路由器中有如下三张表:

(1)邻居列表

邻居列表包含每台路由器全部已经建立邻接关系的邻居路由器。

(2)链路状态数据库(LSDB)

链路状态数据库包含网络中其他路由器的信息,由此显示了全网的网络拓扑。

(3)路由表

路由表包含通过 SPF 算法计算出的到达每个相连网络的最佳路径。

这三张表的关系和作用如图 4－38 所示, OSPF 与相邻的路由器建立邻接关系在邻居之间相互同步链路状态数据库,再使用 SPF 最短路径算法从链路状态信息计算得到最短路径树,最后每一台路由器都从最短路径树中构建自己的路由表。OSPF 的路由器进行数据转发也是依据路由表的。

SPF 算法也称为 Dijkstra 算法,因为最短路径优先算法 SPF 是 Dijkstra 发明的。SPF 算法使每台路由器都以自己为根,计算到达邻居路由器所用的开销,每一个路由器根据一个统一的数据库计算出路由域的拓扑结构图,该结构图类似于一棵树,在 SPF 算法中,被称为最短路径树。

8. OSPF 邻接关系的建立过程

如图 4－39 所示,路由器 A 和 B 相连,并运行 OSPF 协议。路由器 A 和 B 要建立邻接关系,建立的主要过程如下:

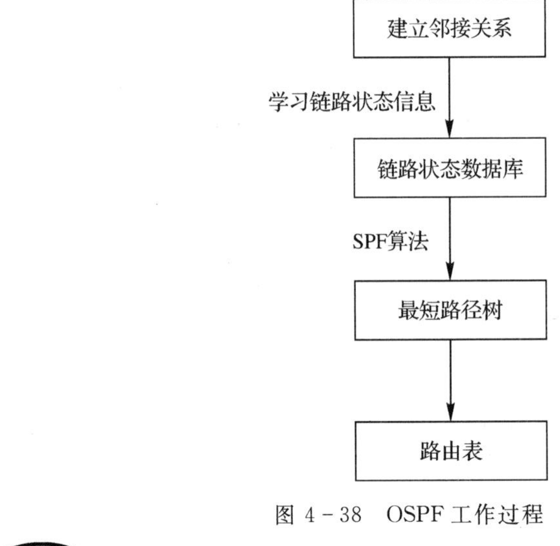


图 4-38　OSPF 工作过程

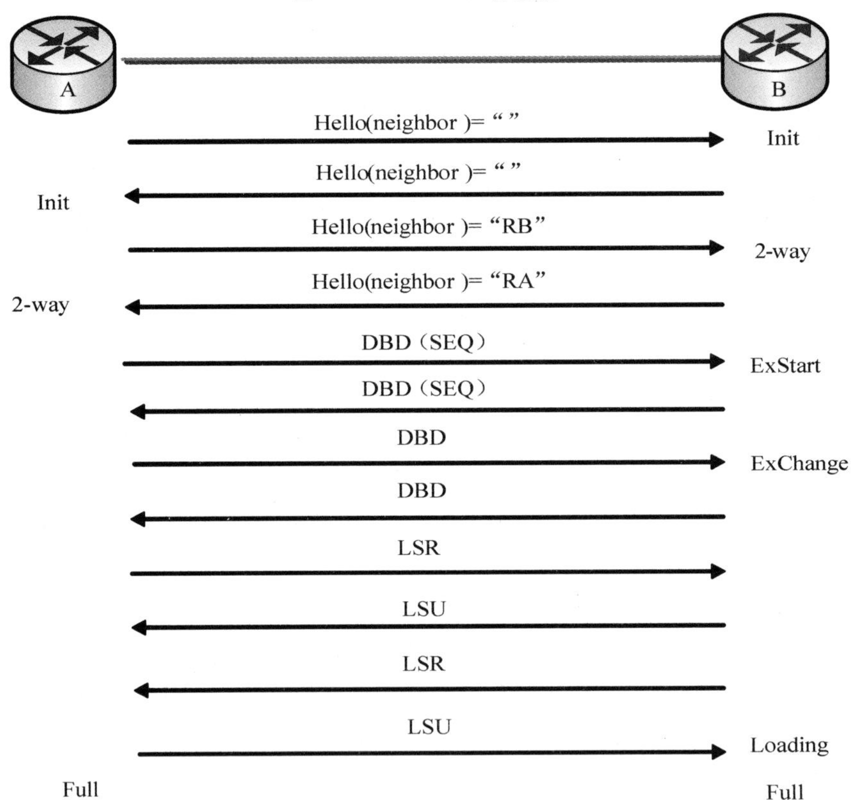


图 4-39　OSPF 邻接关系的建立过程

1)路由器 A 发送 Hello 报文，Hello 为建立和维护邻居路由器的邻接关系。

2)路由器 B 接收到对方的 Hello 报文，转换为初始状态 Init。发送 Hello 消息就像双方互相打个招呼。

3)在对方发来的 Hello 报文中看到自己的 Router ID，转换为双向状态 2-way。

4)确定数据库描述报文的序列号 DBD(Seq)，转换为信息交换初始状态(Exstart)。

5)发送数据库描述报文,转换为信息交换状态(Exchange)。DBD类似于一个目录。

6)发送链路状态信息请求报文LSR,获取未知的链路状态信息。

7)发送链路状态信息更新报文LSU,同步链路状态数据库。

8)互相发送对方未知的链路状态信息,直到两台路由器的链路状态数据库完全一致,形成邻接关系。Full为完全邻接状态。

建立邻接关系需要满足一定的条件,否则路由器之间就不能成为邻居。

(1)Area-id

两个路由器必须在共同的网段上,它们的端口必须属于该网段上的同一个区域,且属于同一个子网。

(2)验证(Authentication OSPF)

同一区域路由器必须交换相同的验证密码,才能成为邻居。

(3)Hello Interval和Dead Interval

OSPF路由协议中最重要的两个定时器是Hello Interval和Dead Interval。Hello Interval是路由器发送Hello报文的时间间隔。如果相邻两台路由器的Hello间隔时间不同,则不能建立邻居关系。Dead Interval是路由器OSPF邻居失效时间。如果在此时间内未收到邻居发来的Hello报文,则认为邻居失效。如果相邻两台路由器的失效时间不同,则不能建立邻居关系。

(4)Stub区域标记

两个路由器可以在Hello报文中通过协商Stub区域(末梢区域)的标记来成为邻居。

9. OSPF单区域配置

单区域是指每个区域维护它自己的链路状态数据库。属于单个区域的网络连到单个区域的路由器接口,每个路由器的邻接关系也都属于单个区域。

(1)区域ID(Area ID)

区域ID可以表示成一个十进制的数字。骨干区域(Area 0)的任务是汇总每一个区域的网络拓扑路由到其他所有的区域,因此,所有的域间通信量都需要通过骨干区域,非骨干区域之间不能直接交换数据包。

(2)连接到区域的路由器接口

一个路由器的接口属于且仅属于一个区域。

(3)路由器链路状态通告列表

该列表指区域内的每台路由器产生的链路状态通告LSA,它描述连接到该区域的路由器的接口状态。

(4)网络链路状态通告列表

该列表是由DR/BDR产生的链路状态通告,它描述连接到该区域的路由器。DR是指定路由器,BDR是备份指定路由器。

(5)汇总链路状态通告列表

该列表是由ABR发起的链路状态通告,用于描述区域间的或者到达AS外部的路径信息。ABR是区域边界路由器。

(6)最短路径树

每一台路由器都以自身作为树的根利用SPF算法来计算到达目的网络的最短路径。

10. OSPF 单域的基本配置命令

(1)配置 loopback 环回接口地址,作为路由器的 router id

[huawei] interface loopback 0

[huawei-loopback0] ip address IP 地址 掩码

(2)配置 OSPF 路由进程

[huawei] ospf process-id(1～65 535)

进程号指本地路由器的进程号,用于标识一台路由器上的多个 OSPF 进程。

[huawei-ospf-process-id]area 区域号(0～4 294 967 295)

(3)使用 Network 命令在路由器上启动 OSPF 进程

[huawei-ospf-process-id] network 网络号 反向掩码

其中,网络号可以是网段地址、子网地址或一个路由器的接口地址,用于指明路由器所要通告的链路。反向掩码是用于匹配所通告的网络 ID。"0"为完全匹配,"1"为不匹配。子网掩码为 1 的位,在反向掩码中为 0;子网掩码为 0 的位,在反向掩码中为 1。例如,255.255.255.0 的反向掩码为 0.0.0.255。区域号指明同网络号相关的区域,一般为数字 0,1,2 等。

(4)查看命令

1)查看运行的 OSPF 摘要信息:

[huawei]display ospf brief

2)查看运行的 OSPF 邻居摘要信息:

[huawei]display ospf peer brief

3)查看 OSPF 链路状态数据库信息:

[huawei]display ospf lsdb

4)显示 OSPF 路由表信息:

[huawei]display ip routing-table protocol ospf

5)重置 ospf 进程(会重新选举 DR 和 BDR):

<huawei>reset ospf process

6)查看 OSPF 进程在 loopback0 下的详细信息:

[huawei]display ospf interface loopback 0 verbose

11. OSPF 单区域配置实例

配置如图 4-40 所示,完成各个路由器的 OSPF 配置,实现网络的连通。

(1)路由器 A 的配置

```
<huawei-RA>system-view
[huawei-RA]interface loopback 0    //进入 loopback 接口
[huawei-RA-loopback0]ip address 10.0.0.1 255.0.0.0    //配置接口地址
[huawei-RA-loopback0]quit
[huawei-RA]interface Ethernet0/0/0
[huawei-RA-Ethernet0/0/0]ip address 192.168.1.1 255.255.255.0
[huawei-RA-Ethernet0/0/0]quit
[huawei-RA] ospf 10
[huawei-RA-ospf-10]area 0
```

```
[huawei-RA-ospf-10-area-0.0.0.0]network 192.168.1.0 0.0.0.255   //宣告网段
[huawei-RA-ospf-10-area-0.0.0.0]network 10.0.0.0 0.255.255.255
```

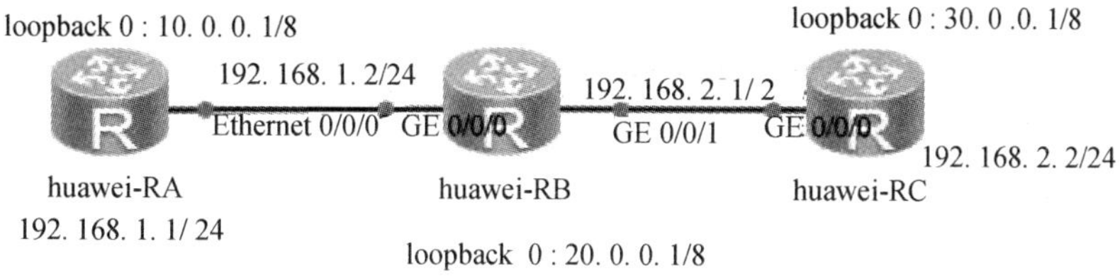

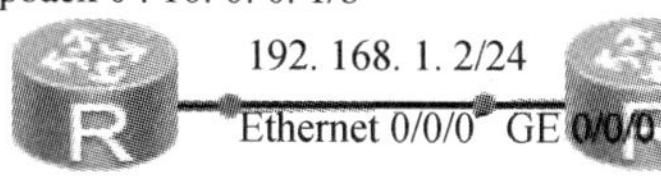


图 4－40　OSPF 单区域配置组网图

(2)路由器 B 的配置

```
[huawei-RB]interface loopback 0
[huawei-RB-loopback0]ip address 20.0.0.1 255.0.0.0
[huawei-RB-loopback0]quit
[huawei-RB]interface g0/0/0
[huawei-RB-gigabitethernet0/0/0]ip address 192.168.1.2 255.255.255.0
[huawei-RB-gigabitethernet0/0/0]quit
[huawei-RB]interface g0/0/1
[huawei-RB-gigabitethernet0/0/1]ip address 192.168.2.1 255.255.255.0
[huawei-RB-gigabitethernet0/0/1]quit
[huawei-RB] ospf 20
[huawei-RB-ospf-20]area 0
[huawei-RB-ospf-10-area-0.0.0.0]network 192.168.1.0 0.0.0.255
[huawei-RB-ospf-10-area-0.0.0.0]network 192.168.2.0 0.0.0.255
[huawei-RB-ospf-10-area-0.0.0.0]network 20.0.0.0 0.255.255.255
```

路由器 C 的配置和 A、B 类同，在此不再详述。

(3)查看配置

配置后需要验证，查看配置是否正确。

### 4.5.7　访问控制列表

访问控制列表(Access Control List，ACL) 是路由器和交换机接口的指令列表，用来控制端口进出的数据包。ACL 适用于所有的被路由协议，如 IP，IPX，AppleTalk 等，这张表中包含了匹配关系、条件和查询语句，表只是一个框架结构，其目的是为了对某种访问进行控制。

企业网络为了保证内网的安全性，需要通过安全策略来保障非授权用户只能访问特定的网络资源，从而达到对访问进行控制的目的。简而言之，ACL 可以过滤网络中的流量和控制访问的资源。

1. ACL 的作用

1)ACL 可以限制网络流量，提高网络性能。例如，ACL 可以根据数据包的协议，指定数据包的优先级。

2)ACL 提供对通信流量的控制手段。例如,ACL 可以限定或简化路由更新信息的长度,从而限制通过路由器某一网段的通信流量。

3)ACL 是提供网络安全访问的基本手段。例如,ACL 允许某主机访问销售科网络,而拒绝另一主机访问。

4)ACL 可以在路由器端口处决定哪种类型的通信流量被转发或被阻塞。例如,用户可以允许 E-mail 通信流量被路由,拒绝所有的 Telnet 通信流量。

2. ACL 的工作过程

ACL 的工作过程如图 4-41 所示,一个端口执行哪条 ACL,这需要按照列表中的条件语句执行顺序来判断。如果一个数据包的报头跟表中某个条件判断语句相匹配,那么后面的语句就将被忽略,不再进行检查。

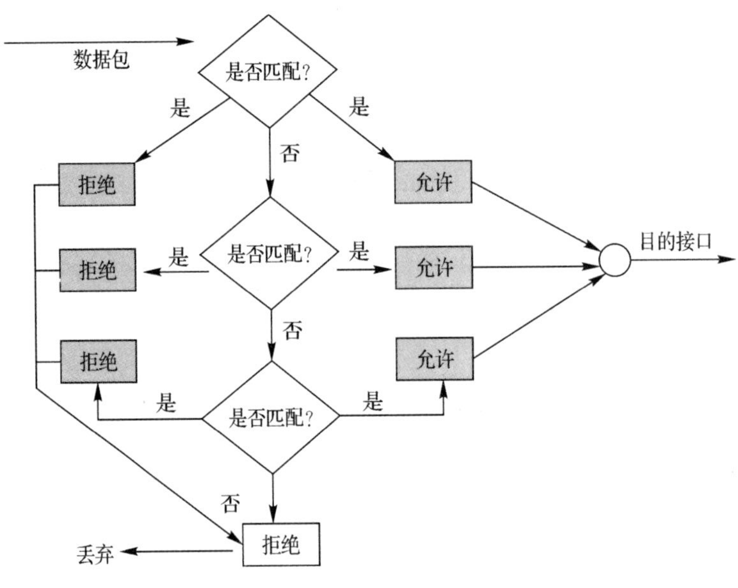


图 4-41　ACL 工作过程

数据包只有在跟第一个判断条件不匹配时,它才被交给 ACL 中的下一条条件判断语句进行比较。如果匹配(假设为允许发送),则不管是第一条还是最后一条语句,数据都会立即发送到目的接口。如果所有的 ACL 判断语句都检测完毕,仍没有匹配的语句出口,则该数据包将视为被拒绝而被丢弃。注意:ACL 不能对本路由器产生的数据包进行控制。

3. ACL 分类

(1)基本 ACL

基本 ACL 编号范围为 2 000~2 999,规则中只包含源 IP 地址,对设备的 CPU 消耗较少,可用于简单的部署,但是使用场景有限,不能提供强大的安全保障。

(2)高级 ACL

高级 ACL 编号范围为 3 000~3 999,相较于基本 ACL,高级 ACL 提供更高的扩展性,可以对流量进行更精细的匹配,通过配置高级 ACL,可以阻止特定主机或者整个网段的源或者目标,除此之外,还可以使用协议信息(IP,ICMP,TCP,UDP)去过滤相应的流量(表 4-9 介绍了部分端口号的描述和使用的协议)。

(3)二层 ACL

二层 ACL 编号范围为 4 000～4 999,可根据报文的以太网帧头信息来定义规则。在公司的内部网络中,想对特定的终端进行访问权限控制,这时就需要二层 ACL 使用二层 ACL,可以根据源 MAC 地址、目的 MAC 地址、802.1p 优先级、二层协议类型等二层信息对流量进行管控。

(4)用户自定义 ACL

用户自定义 ACL 编号范围为 5 000～5 999,可根据偏移位置和偏移量从报文中提取出一段内容进行匹配。

(5)用户 ACL

用户 ACL 编号范围为 6 000～9 999,由于企业内部同部门的工作人员的终端不在同一个网段难以管理,需要将其纳入一个用户组,并对其用户组进行访问权限管理,这时候就需要用户 ACL。用户 ACL 在高级 ACL 的基础上增加了用户组的配置项,可以实现对不同用户组的流量管控。

**表 4－9　部分端口号的描述和使用的协议**

| 端口号 | 关键字 | 描述 | TCP/UDP |
|---|---|---|---|
| 20 | FTP-DATA | (文件传输协议)FTP 数据 | TCP |
| 21 | FTP | (文件传输协议)FTP 控制 | TCP |
| 23 | TELNET | 终端连接 | TCP |
| 25 | SMTP | 简单邮件传输协议 | TCP |
| 42 | NameServer | 主机名字服务器 | UDP |
| 53 | Domain | 域名服务器(DNS) | TCP/UDP |
| 69 | TFTP | 普通文件传输协议(TFTP) | UDP |
| 80 | WWW | 万维网 | TCP |

4. ACL 配置

(1)创建基本 ACL

[huawei]acl acl-number

(2)制定 ACL 规则

[huawei-acl-adv-acl-number] rule rule-id {permit | deny} protocol [source source-wildcard destination destination-wildcard]

命令中,permit | deny 用来表示在满足测试条件的情况下,该入口是允许还是拒绝后面指定地址的通信流量。

protocol 用来指定协议类型,如 IP,TCP,UDP,ICMP 等。

source 与 destination 分别指源地址和目的地址。

source-wildcard 与 destination-wildcard 分别指源反码和目的反码。

将扩展访问控制列表应用到某接口:[huawei-GigabitEthernet-number] traffic-filter inbound/outbound acl acl-number.

inbound/outbound 用来表示该 ACL 是对进来还是对出去的数据包进行控制(以接口为参考点)。入访问控制列表不处理从该接口离开路由器的数据包;而对于出访问控制列表来说,它不处理从该接口进入路由器的数据包。

5. ACL 的配置实例

(1)要求

按照图 4-42 所示拓扑,实现全网互通;huawei-R1 只允许 huawei-R4 访问;huawei-R6 和 huawei-R7 之间不能互通,但可以和 huawei-R4 互通;WG(huawei-R6)和 YF(huawei-R4)可以访问 Client1(huawei-R5);CW(huawei-R7)不能访问 Client1(huawei-R5);YF(huawei-R4)和 WG(huawei-R6)只能访问 Server1(huawei-R8)的 WWW 服务;只有 WG(huawei-R6)才能访问 Server1(huawei-R8)的所有服务。

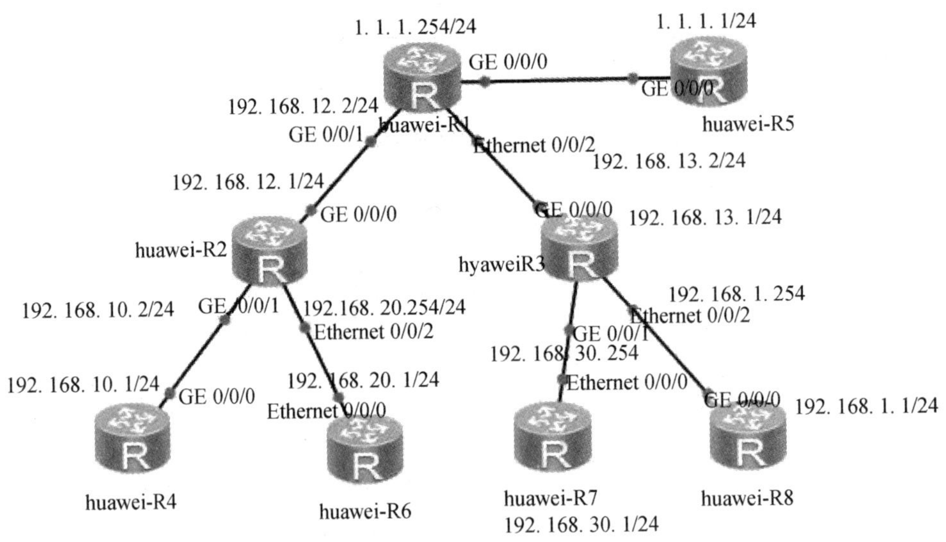


图 4-42　ACL 配置组网图

(2)实现过程

```
[huawei-R6]interface GigabitEthernet0/0/0    //进入交换机接口
[huawei-R6-GigabitEthernet0/0/0]ip address 192.168.10.1 24   //设置接口 IP 地址
[huawei-R6-GigabitEthernet0/0/0]undo shutdown   //使能端口
[huawei-R6]rip 1   //配置 rip 进程
[huawei-R6-rip-1]version 2   //选择版本 2
[huawei-R6-rip-1]network 192.168.10.0   //宣告网段
[huawei-R2]interface GigabitEthernet0/0/1
[huawei-R2-GigabitEthernet0/0/1]ip address 192.168.10.2 24
[huawei-R2-GigabitEthernet0/0/1]undo shutdown
[huawei-R2]interface GigabitEthernet0/0/0
[huawei-R2-GigabitEthernet0/0/0]ip address 192.168.12.1 24
[huawei-R2-GigabitEthernet0/0/0]undo shutdown
[huawei-R2]interface GigabitEthernet0/0/2
```

```
[huawei-R2-GigabitEthernet0/0/2]ip address 192.168.20.254 24
[huawei-R2-GigabitEthernet0/0/2]undo shutdown
[huawei-R2]rip 1
[huawei-R2-rip-1]version 2
[huawei-R2-rip-1]network 192.168.10.0
[huawei-R2-rip-1]network 192.168.12.0
[huawei-R2-rip-1]network 192.168.20.0
[huawei-R1]interface GigabitEthernet0/0/1
[huawei-R1-GigabitEthernet0/0/1]ip address 192.168.12.2 24
[huawei-R1-GigabitEthernet0/0/1]undo shutdown
[huawei-R1]interface GigabitEthernet0/0/0
[huawei-R1-GigabitEthernet0/0/0]ip address 1.1.1.254 24
[huawei-R1-GigabitEthernet0/0/0]undo shutdown
[huawei-R1]interface GigabitEthernet0/0/2
[huawei-R1-GigabitEthernet0/0/2]ip address 192.168.13.2 24
[huawei-R1-GigabitEthernet0/0/2]undo shutdown
[huawei-R1]rip 1
[huawei-R1-rip-1]version 2
[huawei-R1-rip-1]network 192.168.12.0
[huawei-R1-rip-1]network 1.0.0.0
[huawei-R1-rip-1]network 192.168.13.0
[huawei-R3]interface GigabitEthernet0/0/0
[huawei-R3-GigabitEthernet0/0/0]ip address 192.168.13.1 24
[huawei-R3-GigabitEthernet0/0/0]undo shutdown
[huawei-R3]interface GigabitEthernet0/0/1
[huawei-R3-GigabitEthernet0/0/1]ip address 192.168.30.254 24
[huawei-R3-GigabitEthernet0/0/1]undo shutdown
[huawei-R3]interface GigabitEthernet0/0/2
[huawei-R3-GigabitEthernet0/0/2]ip address 192.168.1.254 24
[huawei-R3-GigabitEthernet0/0/2]undo shutdown
[huawei-R3]rip
[huawei-R3-rip-1]version 2
[huawei-R3-rip-1]network 192.168.13.0
[huawei-R3-rip-1]network 192.168.30.0
[huawei-R3-rip-1]network 192.168.1.0
```

(3)设备访问控制

huawei-R1 只能允许 huawei-R4 访问

```
[huawei-R1]acl 2000  //配置 acl 进程
[huawei-R1-acl-basic-2000]rule 5 permit source 192.168.10.1 0  //设置匹配规则
```

```
[huawei-R1-acl-basic-2000]rule 10 deny source any   //设置匹配规则
[huawei-R1]user-interface vty 0 4
[huawei-R1-ui-vty0-4]acl 2000 inbound   //在进口匹配 acl 2000
[huawei-R1-ui-vty0-4]authentication-mode aaa   //设置认证方式为 aaa
[huawei-R1-ui-vty0-4]aaa   //设置 aaa 认证
[huawei-R1-aaa]local-user 77 password cipher 77   //设置密码
[huawei-R1-aaa]local-user 77 service-type telnet   //设置登录方式为 telnet
```

huawei-R4 访问控制
huawei-R4 和 huawei-R7 之间不能互通
huawei-R4 可以和 huawei-R6、huawei-R5 互通
huawei-R4 只能访问 huawei-R8 的 WWW 服务

```
[huawei-R2]acl 3000
[huawei-R2-acl-adv-3000]rule 5 permit ip source 192.168.20.1 0 destination 192.168.10.1 0
[huawei-R2-acl-adv-3000]rule 10 permit ip source 192.168.20.1 0 destination 1.1.1.1 0
[huawei-R2-acl-adv-3000]rule 15 permit tcp source 192.168.20.1 0 destination 192.168.1
.1 0 destination-port eq 80
[huawei-R2-acl-adv-3000]rule 20 deny ip source any
[huawei-R2]interface GigabitEthernet0/0/2
[huawei-R2-GigabitEthernet0/0/2]traffic-filter inbound acl 3000
```

huawei-R7 主机访问控制
huawei-R7 和 huawei-R4、huawei-R5 之间不能互通
huawei-R7 可以和 huawei-R6 通
huawei-R7 只能访问 huawei-R8 的 WWW 服务

```
[huawei-R3]acl 3000
[huawei-R3-acl-adv-3000]rule 5 permit ip source 192.168.30.1 0 destination 192.168.10.1 0
[huawei-R3-acl-adv-3000]rule 10 permit tcp source 192.168.30.1 0 destination 192.168.1
.10 destination-port eq 80
[huawei-R3-acl-adv-3000]rule 15 deny ip source any
[huawei-R3]interface GigabitEthernet0/0/1
[huawei-R3-GigabitEthernet0/0/1]traffic-filter inbound acl 3000
```

---

(4)查看命令

```
<huawei-R3>display acl 3000
<huawei-R2>display acl 3000
<huawei-R1>display acl 2000
```

### 4.5.8 网络地址转换

网络地址转换(Network Address Translation,NAT)是一种将私有(保留)地址转换为合

法 IP 地址的转换技术，它被广泛应用于各种类型 Internet 接入方式和各种类型的网络中。NAT 不仅解决了 IP 地址不足的问题，而且还能够有效地避免来自网络外部的攻击，隐藏并保护网络内部的计算机。

虽然 NAT 可以借助于某些代理服务器来实现，但考虑到运算成本和网络性能，很多时候都是在路由器上来实现的。

随着接入 Internet 的计算机数量的不断增加，合法的 IP 地址资源日益短缺。一般用户几乎申请不到整段的 C 类 IP 地址，IP 地址根本无法满足网络用户的需求，于是也就产生了 NAT 技术。

1. NAT 简介

NAT 工作原理如图 4－43 所示。

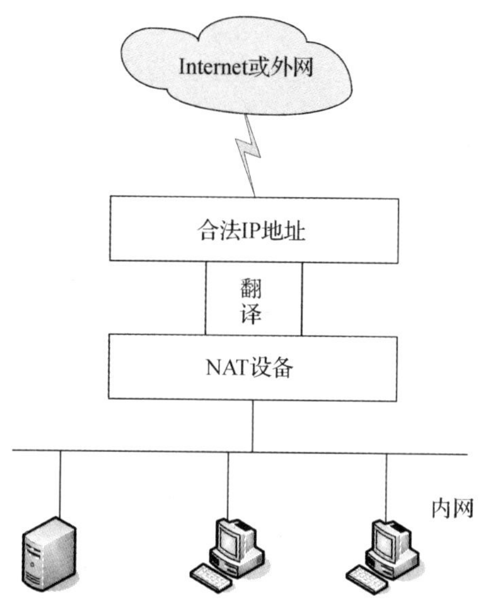


图 4－43　NAT 工作原理

借助于 NAT，私有保留地址的内部网络通过路由器发送数据包时，私有地址被转换成合法的 IP 地址，一个局域网只需要少量地址，即可实现使用了私有地址的网络内所有计算机与因特网的通信需求。

NAT 将自动修改 IP 包头中的源 IP 地址和目的 IP 地址，IP 地址校验则在 NAT 处理过程中自动完成。有一些应用程序将源 IP 地址嵌入 IP 数据包的数据部分，所以还需要同时对数据部分进行修改，以匹配 IP 头中已经修改过的源 IP 地址。否则，在包的数据部分嵌入了 IP 地址的应用程序不能正常工作。

2. NAT 术语

NAT 功能可以让使用私有地址的网络与公用网络进行连接，使用私有地址的内部网络通过 NAT 路由器发送数据包时，私有地址被转换成合法的 IP 地址。因此，这些数据包可以发送到公用网络上。NAT 常用的术语如下：

(1)内部局部 IP 地址

内部局部 IP 地址(inside local IP address)是在内部网络中分配给主机的私有 IP 地址。

(2)内部全局 IP 地址

内部全局 IP 地址(inside global IP address)是一个合法的 IP 地址,一般由 ISP 提供,它对外代表一个或多个内部局部 IP 地址。

(3)外部局部 IP 地址

外部局部 IP 地址(outside local IP address)是外部主机表现在内部网络的 IP 地址。

(4)外部全局 IP 地址

外部全局 IP 地址(outside global IP address)是由其所有者给外部的主机分配的 IP 地址,一般是从全球统一可寻址的地址空间中分配的。

3. NAT 实现方式

NAT 的实现方式有三种:

(1)静态转换(Static Translation)

静态转换是指将内部网络的私有 IP 地址转换为公有 IP 地址,IP 地址的对应关系是一对一的,是一成不变的,即某个私有 IP 地址只转换为某个公有 IP 地址。借助于静态转换,可以实现外部网络对内部网络中某些特定设备(如服务器)的访问。

(2)动态转换(Dynamic Translation)

动态转换是指将内部网络的私有 IP 地址转换为公用 IP 地址时,IP 地址对应关系是不确定的,是随机的,所有被授权访问 Internet 的私有 IP 地址可随机转换为任何指定的合法 IP 地址。也就是说,只要指定哪些内部地址可以进行转换,以及用哪些合法地址作为外部地址,就可以进行动态转换。动态转换可以使用多个合法外部地址集。当 ISP 提供的合法 IP 地址略少于网络内部的计算机数量时,可以采用动态转换的方式。

(3)端口多路复用(Port Address Translation,PAT)

端口多路复用是指改变外出数据包的源端口并进行端口转换,即端口地址转换采用端口多路复用方式。内部网络的所有主机均可共享一个合法外部 IP 地址实现对 Internet 的访问,从而可以最大限度地节约 IP 地址资源。同时,又可隐藏网络内部的所有主机,有效地避免来自 Internet 的攻击。因此,目前网络中应用最多的就是端口多路复用方式。

4. NAT 的特点

(1)NAT 的优点

1)节省公有合法 IP 地址。NAT 允许企业内部网络使用私有地址,并通过设置合法地址集,使内部网络可以与 Internet 进行通信,从而达到节省合法注册地址的目的。

2)处理地址交叉。NAT 可以减少规划地址集时地址重叠情况的发生。

3)增强灵活性。NAT 可以通过使用多地址集、备份地址集和负载分担/均衡地址集,来确保可靠的公用网络连接。

4) 安全性。NAT 能有效地避免来自网络外部的攻击,隐藏并保护网络内部的计算机。

(2)NAT 的缺点

1)延迟增大。NAT 要转换每个数据包报头中的 IP 地址,所以会增加包转发时延。

2)配置和维护的复杂性。使用和实施 NAT 时,无法实现对 IP 包端到端的路径跟踪。

3)不支持某些应用。NAT 隐藏了端到端的 IP 地址,某些直接使用 IP 地址而不通过合法域名进行寻址的应用,可能也无法与外部网络资源进行通信。

5. NAT 配置

(1)静态网络地址转换 (NAT) 的配置

1)在 NAT 路由器配置好静态 NAT 转化映射表。

[huawei]nat static global 公有 ip inside 私有 ip

2)在公网接口启用静态 NAT 配置。

[huawei]interface GigabitEthernet-id

[huawei-GigabitEthernet-id]nat static enable

3)在接口下配置。

[huawei]interface GigabitEthernet-id

[huawei-GigabitEthernet-id]nat static global 公有 ip inside 私有 ip

(2)动态网络地址转换（NAT）的配置

1)在 NAT 路由器配置动态公网地址池。

[huawei]nat address-group group-number 地址池

2)用 ACL 匹配待转换的内网地址。

[huawei]acl acl-number

[huawei-acl-basic-acl-number]rule rule-number permit source ip

3)在外网出口配置动态 NAT,实现公网地址池和内网地址的挂接,只转换 IP 地址不进行端口转化。

[huawei]int GigabitEthernet-id

[huawei-GigabitEthernet-id]nat outbound acl-number address-group 1 no-pat

(3)动态 NPAT 的配置

1)在 NAT 路由器配置动态公网地址池。

[huawei]nat address-group group-number 地址池

2)用 ACL 匹配待转换的内网地址。

[huawei]acl acl-number

[huawei-acl-basic-acl-number]rule 1 permit source　ip

3)在外网出口配置动态 NAPT,实现公网地址池和内网地址的挂接(默认的动态 NAT 是动态 PAT)。

[huawei]int G0/0/1

[huawei-GigabitEthernet-id]nat outbound acl-number address-group group-number

6. 配置实例

下面通过实例来说明 NAT 的配置,图 4-44 为拓扑图,具体步骤如下:

(1)配置 R1 接口和默认路由(基础配置)

[huawei-R1]interface GigabitEthernet 0/0/1

[huawei-R1-GigabitEthernet0/0/1]ip address 10.1.1.2 24

[huawei-R1]interface GigabitEthernet 0/0/2

[huawei-R1-GigabitEthernet0/0/2]ip address 192.168.11.254 24

[huawei-R1]ip route-static 0.0.0.0 0 10.1.1.1//添加默认路由,下一跳指向 10.1.1.1

(2)配置外网 huawei-R2 路由器

[huawei-R2]interface GigabitEthernet 0/0/1

[huawei-R2-GigabitEthernet0/0/1]ip add 10.1.1.1 24

(3)配置本地环回接口,模拟互联网站

```
[huawei-R2]interface LoopBack 0
[huawei-R2-LoopBack0]ip address 8.8.8.8 32
```

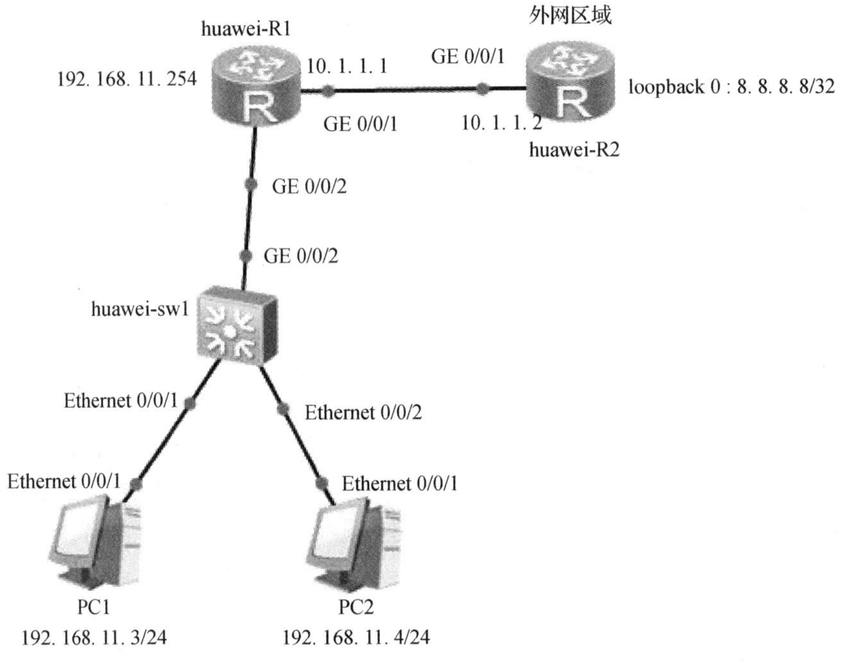


图 4-44　NAT 配置组网图

(4)配置静态 NAT

配置静态 NAT,做一对一的地址转换。假设分给内网两个电脑两个公网 IP 地址 10.1.1.3 和 10.1.1.4 用来上网。

在 huawei-R1 出口 GE0/0/0 接口上配置静态 NAT,与内网电脑一一对应。

```
[huawei-R1]interface GigabitEthernet 0/0/1
[huawei-R1-GigabitEthernet0/0/1] nat static global 10.1.1.3 inside 192.168.11.3 netmask 255.255.255.255
[huawei-R1-GigabitEthernet0/0/1] nat static global 10.1.1.4 inside 192.168.11.4 netmask 255.255.255.255
```

使用公网地址池,为内网用户做 NAT 转换(no-pat)。

如图 4-44 不变,假设分给公司 A 部分 10.1.1.10-10.1.1.20 为内网 192.168.11.0/24 的员工上网所用。

(5)在 huawei-R1 上配置地址池

```
[huawei-R1]nat address-group 1 10.1.1.10 10.1.1.20//创建 acl,匹配需要上网的内网段
[huawei-R1]acl 2000
[huawei-R1-acl-basic-2000]rule permit source 192.168.11.0 0.0.0.255
```

在路由出口引用 acl 2000,使匹配的网段中的地址可以使用地址池中地址进行 NAT 转换。

[huawei-R1-GigabitEthernet0/0/1]nat outbound 2000 address-group 1 no-pat

(6)使用 Easy-IP 配置 NAT 实现上网(端口转换)

拓扑和网段不变,假设私网地址需求越来越多,公网地址紧张,于是使用 Easy IP 的方式满足上网的需求。

(7)配置 acl 2001 匹配内网需要上网的网段

[huawei-R1]acl 2001

[huawei-R1-acl-basic-2001]rule permit source 192.168.11.0 0.0.0.255

到路由出口 GE0/0/1 口调用 acl 2001

[huawei-R1]interface GigabitEthernet 0/0/1

[huawei-R1-GigabitEthernet0/0/1]nat outbound 2001

配置使用公网地址池的 NAT 端口地址转换。

如图 4-44 不变,假设 10.1.1.30-10.1.1.40 为内网 192.168.11.0/24 的员工上网所用,要求利用端口转换实现内网上网。

(8)创建可用的公网地址池

[huawei-R1]nat address-group 2 10.1.1.30 10.1.1.40 //配置公网地址池

(9)配置匹配的内网段

[huawei-R1]acl 2002 rule

[huawei-R1-acl-basic-2002]rule permit source 192.168.11.0 0.0.0.255

[huawei-R1]interface GigabitEthernet 0/0/1

[huawei-R1-GigabitEthernet0/0/1]nat outbound 2002 address-group 2//配置要上网的内网段,把 acl 绑定到路由器出口。

# 实　　训

## 实训一　交换机的 VLAN 配置

实训图如图 4-45 所示。

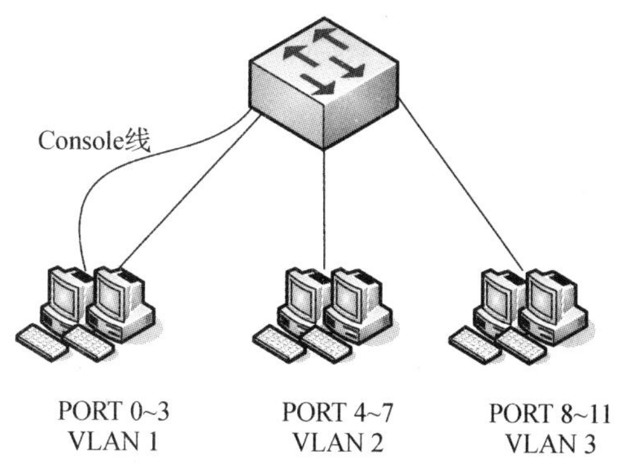


图 4-45　VLAN 配置组网图

### 1. 实训目的

掌握基于端口划分的 VLAN 配置方法。

### 2. 实训环境

实训分组，主机若干台，并用交换机和双绞线将主机连接成网络环境。

### 3. 实训内容

为单位的交换机配置 VLAN，端口划分如图 4-46 所示，目的是位于同一 VLAN 的主机之间可以互通，位于不同 VLAN 的主机之间不能互通。

### 4. 实训操作步骤

(1)交换机主机名的配置：

1)Console 口连接交换机，进入交换机的全局配置模式。

2)配置交换机的主机名为 hbvtc。

3)查看交换机的提示符。

(2)交换机密码的配置：

配置交换机的 Console 密码为 hljs。

(3)交换机 IP 地址和网关的配置：

1)配置交换机的 IP 地址为 192.169.1.1，子网掩码为 255.255.255.0。

2)配置交换机的网关为 192.169.1.10。

3)查看交换机的 IP 地址和网关的配置。

4)把 IP 地址为 192.169.1.2、子网掩码为 255.255.255.0 的主机连接到 VLAN 1 的接口上，ping 主机和交换机是否连通。

(4)为交换机添加 VLAN：

1)添加 VLAN 2，VLAN 3。

2)查看 VLAN 信息，看是否添加新的 VLAN。

(5)分配交换机的端口给相应的 VLAN：

1)把交换机接口 4～7 分给 VLAN 2，把交换机接口 9～11 分给 VLAN 3。

2)查看 VLAN 信息，接口是否已经分给 VLAN 2 和 VLAN 3。

(6)验证：

1)在 VLAN 2 的接口范围内连接两台主机，IP 地址分别为 192.169.1.3 和 192.169.1.4，测试两台主机能否 ping 通。

2)把 IP 地址为 192.169.1.5 的主机连接到 VLAN 3 的接口上，测试是否能 ping 通 192.169.1.4 的主机。

# 实训二　交换机的 VLAN Trunk 和 stp 配置

实训图如图 4－46 所示。

## 1. 实训目的

使连接在两台交换机上的主机能够访问相同 VLAN 的主机；在 Trunk 上移去 VLAN 2 后，VLAN 2 的主机不能跨交换机通信，能够配置基本的 stp。

## 2. 实训环境

实训分组，主机若干台，并用交换机和双绞线将主机连接成网络环境。

## 3. 实验内容

某单位使用两台交换机级联，现在需要各个部门使用单独的 VLAN。使同部门的主机可以访问，不同部门的主机不能访问。

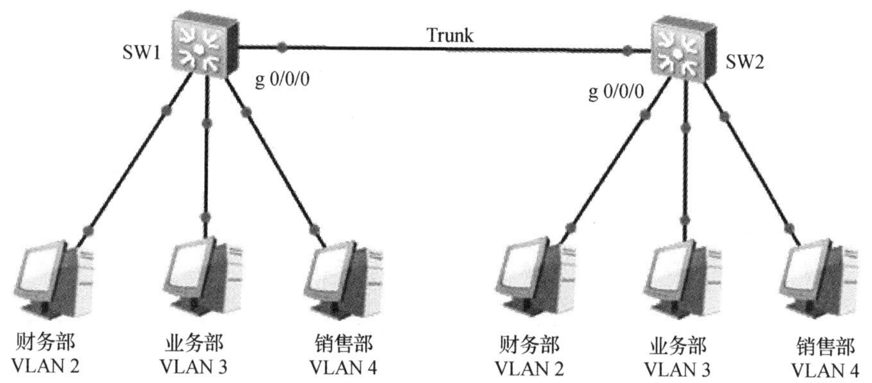


图 4－46　VLAN Trunk 配置组网图

## 4. 实训操作步骤

(1)将交换机和主机连接，查看交换机的指示灯是否亮。

(2)交换机主机名的配置。配置两台交换机的名称分别为 huawei-sw1，huawei-sw2，并查看交换机的提示符是否已经改变。

(3)添加 VLAN。

1)添加相应的 VLAN，名称分别为 VLAN 2——caiwu，VLAN 3——yewu，VLAN4——xiaoshou 。

2)在 huawei-sw1 上添加 VLAN 2，VLAN 3，VLAN 4。

3)在 huawei-sw2 上添加 VLAN 2，VLAN 3，VLAN 4。

4)查看 VLAN 信息。

(4)分配交换机的端口给相应的 VLAN。

1)把交换机接口 4～7 分给 VLAN 2。

2)交换机接口 9～11 分给 VLAN 3。

3)交换机接口 12～14 分给 VLAN 3。

4)查看 VLAN 信息,看是否添加新的 VLAN。

5)查看接口是否已经分给相应的 VLAN。

(5)Trunk 端口的配置。

1)把 huawei-sw1 和 huawei-sw2 的 15 端口配置成 Trunk 模式。

2)查看 huawei-sw1 和 huawei-sw2 的管理模式和工作模式是否是 Trunk。

(6)验证。

1)测试连接在 huawei-sw1 上的主机能否 ping 通连接在 huawei-sw2 上相同 VLAN 的主机。

2)测试连接在 huawei-sw1 上的主机能否 ping 通连接在 huawei-sw2 上不同 VLAN 的主机。

(7)Trunk 上移去 VLAN 2。

1)分别在 huawei-sw1,huawei-sw2 的 Trunk 端口上移去 VLAN 2。

2)查看 Trunk 端口信息。

3)查看 Trunk 接口中允许的 VLAN。

4)主机间 ping 测试。

(8)在两台交换机上运行 stp,选举根桥之后,断开根桥端口,查看根桥变化情况。

## 实训三　静态路由的配置

实训图如图 4-47 所示。

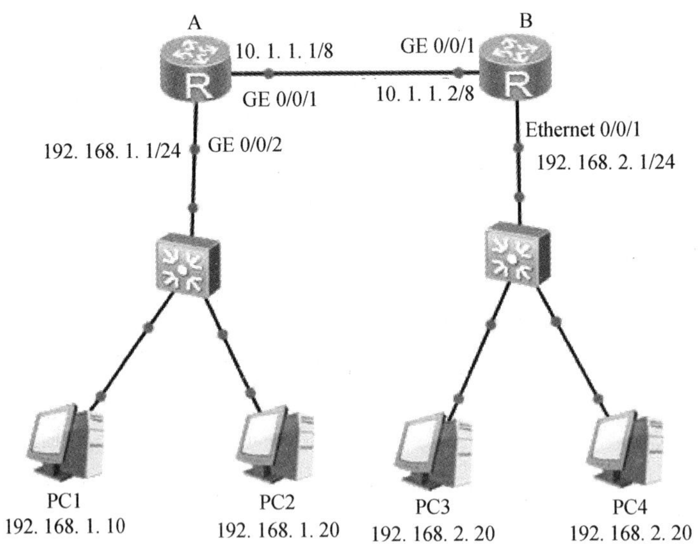


图 4-47　静态路由配置组网图

### 1. 实训目的

学会路由器静态或默认路由的配置方法。

### 2. 实训环境

实训分组，主机若干台，并用路由器和双绞线将主机连接成网络环境。

### 3. 实训内容

在路由器上配置静态或默认路由，使网络能正常通信。

### 4. 实训操作步骤

(1)配置路由器：
1)配置路由器的主机名。
2)配置 Console 密码。
3)配置特权模式密码。
(2)配置路由器接口的 IP 地址：
1)配置路由器 A 的接口 IP 地址。
2)配置路由器 B 的接口 IP 地址。
3)使用 ping 验证路由器 A 和 B 是否连通。
(3)在路由器上配置静态或默认路由：
1)配置路由器 A 的静态或默认路由。
2)配置路由器 B 的静态或默认路由。
3)查看路由表的内容。
(4)配置主机的 IP 地址、子网掩码和默认网关：
按照实验拓扑图配置主机的 IP 地址、子网掩码和默认网关地址。
(5) 验证：
使用 ping 命令验证配置是否正确，各主机之间是否连通。

## 实训四　RIP 的配置

实训图如图 4 - 48 所示。

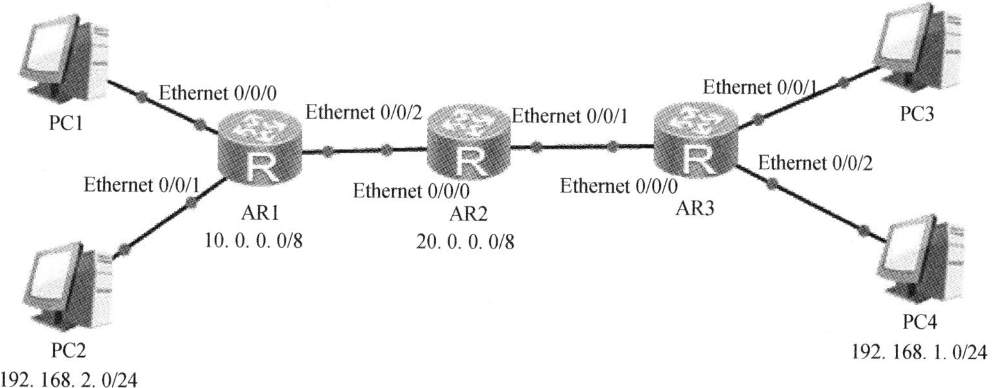


图 4 - 48　RIP 配置组网图

### 1. 实训目的

学会组建 RIP V2 路由网络。

### 2. 实训环境

实验分组，主机若干台，并用路由器和双绞线将主机连接成网络环境。

### 3. 实训内容

在路由器上配置 RIP V2 路由协议，使网络能正常通信。

### 4. 实训操作步骤

(1)配置路由器：

1)配置路由器的主机名。

2)配置 Console 密码。

3)配置特权模式密码。

(2)配置路由器接口的 IP 地址：

配置路由器接口的 IP 地址并使用 ping 验证路由器之间是否连通。

(3)在路由器上配置 RIP V2 路由协议：

1)配置路由器 RIP V2 路由协议。

2)查看路由表的内容。

(4)配置主机的 IP 地址、子网掩码和默认网关：

按照实验拓扑图配置主机的 IP 地址、子网掩码和默认网关地址。

(5)验证：

使用 ping 命令验证配置是否正确，各主机之间是否连通。

## 实训五　OSPF 的单区域配置

实训图如图 4－49 所示。

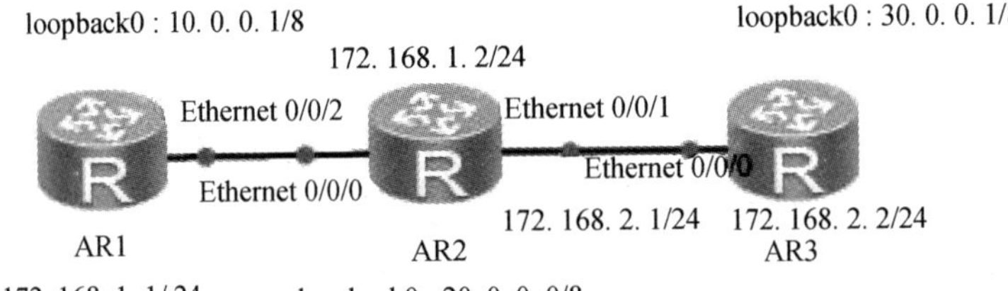


图 4－49　OSPF 单区域配置组网图

### 1. 实训目的

学会 OSPF 的单区域配置。

### 2. 实训环境

实训分组，主机若干台，并用路由器和双绞线将主机连接成网络环境。

### 3. 实训内容

在路由器上配置 OSPF 路由协议，使网络能正常通信。

### 4. 实训操作步骤

(1)配置 loopback 地址作为路由器的 ID：
1)正确连接三台路由器。
2)完成 loopback 地址的配置。
3)查看路由器接口的地址。
(2)在路由器上配置 OSPF 路由协议：
1)启动 OSPF 进程。
2)发布网段。
3)查看路由器的 OSPF 配置是否成功。

## 实训六　访问控制列表 ACL 的配置

实训图如图 4－50 所示。

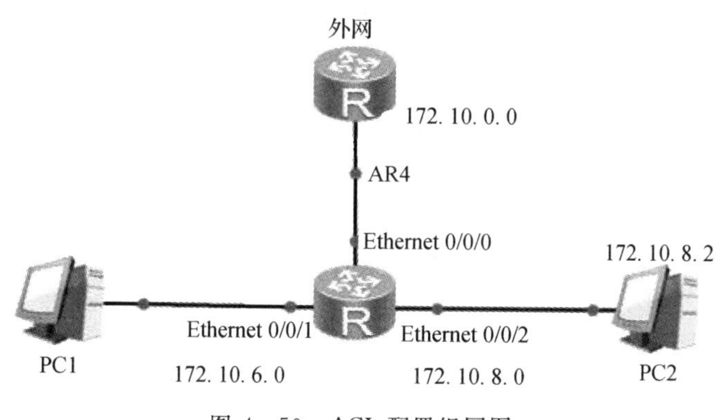


图 4－50　ACL 配置组网图

### 1. 实训目的

掌握访问控制列表 ACL 的配置。

### 2. 实训环境

实训分组，主机若干台，并用路由器和双绞线将主机连接成网络环境。

### 3. 实训内容

在路由器上配置访问控制列表 ACL，使网络能正常通信。

#### 4. 实训操作步骤

(1)标准访问控制列表的配置：

1)拒绝源地址为 172.10.8.2 的通信流量，允许所有其他的通信流量。

2)正确连接设备。

3)创建访问控制列表。

4)完成标准 ACL 配置，最后进行验证。

(2)扩展访问控制列表的配置：

1)只拒绝 Telnet 通信流量经过 f0/0，而允许其他所有流量通过 f0/0。

2)创建访问控制列表。

3)完成扩展 ACL 配置，最后进行验证。

## 实训七　网络地址转换 NAT 的配置

实训图如图 4-51 所示。

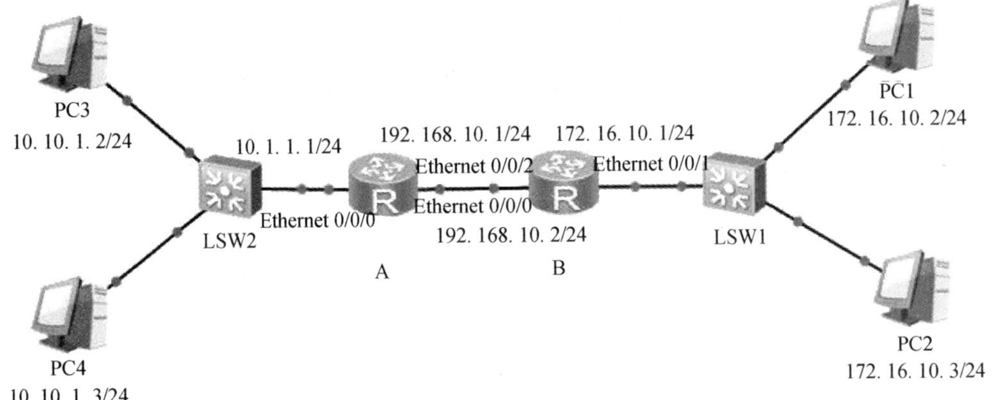


图 4-51　NAT 配置组网图

#### 1. 实训目的

掌握 NAT 的配置。完成标准：网络正确连通，内部网络经过 NAT 后，每个小组的内部 PC 能与外部地址通信。使用 show ip nat translations 可以查看到相应的地址转换。

#### 2. 实训环境

实训分组，主机若干台，并用路由器和双绞线将主机连接成网络环境。

#### 3. 实训内容

在路由器上配置 NAT，10.10.1.0 和 172.16.10.0 子网作为内部网络通过网络地址转换访问外部网络。

### 4. 实训操作步骤

(1)静态 NAT 的配置：

1)在路由器 A 上配置，将内部主机 10.10.1.2/24 转换成 192.168.10.10/24。

2)在路由器 B 上配置，将内部主机 172.16.10.2/24 转换成 192.168.10.20/24；内部主机 172.16.10.3/24 转换成 192.168.10.21/24。

3)创建静态 NAT，完成静态 NAT 配置，最后进行验证。

(2)动态 NAT 的配置：

1)在路由器 A 上配置，将内部主机 10.10.1.0/24 转换成 192.168.10.100～192.168.10.150/24。

2)在路由器 B 上配置，将内部主机 172.16.10.0/24 转换成 192.168.10.151～192.168.10.200/24。

3)创建动态 NAT，完成动态 NAT 配置，最后进行验证。

(3)PAT 的配置：

1)在路由器 A 上配置，将内部主机 10.10.1.0/24 转换成 192.168.10.20/24。

2)在路由器 B 上配置，将内部主机 172.16.10.0/24 转换成路由器 B 的外部接口地址 192.168.10.2/24。

3)创建 PAT，完成 PAT 配置，最后进行验证。

## 习　　题

### 一、选择题

1. 通过 Console 口配置网络设备时，终端仿真程序的流量正确设置是(　　)。

   A. 9 600 b/s　　B. 4 800 b/s

   C. 2 400 b/s　　D. 1 024 b/s

2. 使用 telnet 的主要目的是(　　)。

   A. 远程登录主机　　B. 下载文件

   C. 引入网络虚拟终端　　D. 发送邮件

3. 访问网络设备的方式有以下几种(　　)(多选)。

   A. 通过 Console 口进行　　B. 通过 telnet 方式

   C. 通过 Web 方式　　D. 通过网络设备任意网络接口

4. 常用于检查网络是否正常的命令是(　　)。

   A. Check　　B. Test

   C. ping　　D. Telnet

5. 显示当前目录的命令是(　　)。

   A. Show　　B. ping

   C. Display　　D. Pwd

6. 改变网络设备名称的命令是(　　)。

A. Language-mode　　B. Chinese-mode

C. Change-mode　　D. Describe

7. 数据链路层分成的两个子层以及它们代表的意思分别是(　　)。

A. MAC 和 LLC,逻辑链路控制子层和媒体访问控制子层

B. LLA 和 MMC，逻辑链路访问子层和媒体管理控制子层

C. LLA 和 MAC，逻辑链路访问子层和媒体访问控制子层

D. LLC 和 MAC，逻辑链路控制子层和媒体访问控制子层

8. 以太网二层交换机在进行数据帧转发时,首先查找交换机 RAM 中的(　　)表来决定如何转发。

A. 路由表　　B. MAC 地址表

C. ARP 表　　D. 访问控制列表

9. VLAN 的产生,主要是为了给局域网的设计增加灵活性,下面关于 VLAN 作用的描述中,不正确的有(　　)。

A. VLAN 可以提高网络的安全性

B. VLAN 增加了广播域的数量但降低了广播的规模

C. VLAN 增大了冲突域

D. VLAN 可以根据人们的需要划分物理网段,非常灵活

10. 要设置华为交换机 5700 的管理 IP 为 192.169.0.1/24,以下正确的命令为(　　)。

A. [SW]interface vlan1　　[SW-vlanif]ip address 192.169.0.1

B. [SW]interface vlan1　　[SW-vlanif]ip 192.169.0.1 255.225.225.0

C. [SW]ip address 192.169.0.1 255.225.225.0

D. [SW]interface vlan1　　[SW-vlanif]ip address 192.169.0.1 255.225.225.0

11. 在一台华为 s5700 交换机上,要将端口 g0/0/1 设置为 Trunk 模式,需要使用(　　)配置命令。

A. [SW-g0/0/1]port mode trunk　　B. [SW-g0/0/1]port link-type trunk

C. [SW]port link-type trunk　　D. [SW]port mode trunk

12. 交换机可以分割(　　)域,VLAN 可以分割(　　)域。

A. 广播,冲突　　B. 冲突,广播

C. 冲突,冲突　　D. 以上都不正确

13. 在一台华为路由器上使用命令 display ip routing-table 查看到一条路由条目为：127.0.0.1/32　Direct　0　0　D　127.0.0.1　InLoopBack0,据此信息能够得出(　　)结论(选择两项)。

A. 该路由器运行的是 RIPv1 路由协议

B. 网络 127.0.0.1 的子网掩码是 255.255.255.255

C. 该路由器地址接口为 loopback 0

D. 路由协议的管理距离为 120

14. 关于静态路由和动态路由的描述中，正确的是(　　)。

A. 动态路由是由管理员手动配置的，静态路由是路由协议自动学习的。

B. 静态路由是由管理员手动配置的，动态路由是路由协议自动学习的。

C. 静态路由指示路由器转发那些与路由器不直接相连的数据包，动态路由指示路由器转发那些与路由器直接相连的数据包。

D. 动态路由指示路由器转发那些与路由器不直接相连的数据包，静态路由指示路由器转发那些与路由器直接相连的数据包。

15. 路由协议依据路由算法可以分为(　　)(选择两项)。

A. 主动路由协议(Routing Protocol)

B. 被动路由协议(Routed Protocol)

C. 距离矢量(Distance Vector)路由协议

D. 链路状态(Link State)路由协议

16. 在 RIP 协议中，若目的网络度量标为 16 跳，则表示(　　)。

A. 抵达目的网络需要经过 16 台路由器

B. 抵达目的网络需要经过 15 台路由器

C. 目的网络在其他自治系统中(AS)

D. 目的网络不可到达

17. OSPF 的区域 0 是(　　)区域。

A. 骨干　　　　B. 非骨干

C. 必须要有的　　　　D. 不必存在的

18. 与 RIP 相比，OSPF 最大的优点是(　　)。

A. 适用于小型网络　　　　B. 跳数是 30

C. 收敛速度快　　　　D. 广播整个路由表

19. 下面的哪个命令正确地在路由出口引用 acl 2000，使匹配的网段中的地址可以使用地址池中地址进行 NAT 转换？(　　)

A. [huawei-R1-GigabitEthernet0/0/1]nat outbound 2000 address-group 1 no-pat

B. [huawei-R1-GigabitEthernet0/0/1]ip nat s0

C. [huawei-R1-GigabitEthernet0/0/1]ip nat outside

D. [huawei-R1]nat outbound 2000 address-group 1 no-pat

**二、简答题**

1. 什么是冲突域？什么是广播域？

2. 简述交换机的启动过程。

3. 交换机有哪几种配置模式？进入配置模式的命令是什么？

4. 配置特权口令和加密的特权口令的方法是什么？如果两个口令都配置，在登录的时候哪一个有效？
5. 划分 VLAN 的作用是什么？
6. 交换网络中为何要使用中继 Trunk？
7. 如果需要与其他厂家的交换机连接配置 VLAN Trunk，需要使用哪种封装类型？
8. 简述路由器的启动过程。
9. OSPF 有几种网络类型？
10. 简述 RIP 和 OSPF 的异同。
11 . 标准 ACL 和扩展 ACL 有何区别？分别应用在什么环境？
12. ACL 的作用是什么？
13. NAT 有几种实现方式？

# 第 5 章　网络安全技术

**本章导读**

随着5G技术的迅速发展,数字化为人类社会带来了更多的机遇和挑战,数字技术作为世界科技革命和产业变革的先导力量,日益融入经济社会发展各领域全过程,深刻改变着生产方式、生活方式和社会治理方式。"元宇宙""数字孪生"等科技新词,都变成了可触摸、可互动、可体验的现实产品。随着数字经济成为推动经济增长的主要引擎之一,网络安全、数据安全变得尤为重要。习近平总书记指出:"没有网络安全就没有国家安全,就没有经济社会稳定运行,广大人民群众利益也难以得到保障。"

**本章要点**

- 计算机网络安全概述
- 计算机网络安全现状
- 计算机网络安全发展和体系架构
- 常用的计算机网络安全技术

## 5.1　计算机网络安全概述

### 5.1.1　网络安全的概念

1. 网络安全的定义

网络安全是指网络系统的硬/软件及其系统中的数据受到保护,不因偶然的或者恶意的原因而遭受到破坏、更改、泄露,系统连续、可靠、正常地运行,网络服务不中断。

网络安全从其本质上来讲就是网络上的信息安全。从广义来说,凡是涉及网络上信息的保密性、完整性、可用性、真实性和可控性的相关技术和理论都是网络安全的研究领域。网络安全是一门涉及计算机科学、网络技术、通信技术、密码技术、信息安全技术、应用数学、数论、信息论等多种学科的综合性学科。

2. 网络安全的主要特征

网络安全应具有以下五个方面的特征:

1)保密性。信息不泄露给非授权用户、实体或过程,或供其利用的特性。

2)完整性。数据未经授权不能进行改变的特性,即信息在存储或传输过程中保持不被修改、不被破坏和丢失的特性。

3)可用性。可被授权实体访问并按需求使用的特性,即当需要时能存取所需的信息。例如,网络环境下拒绝服务、破坏网络和有关系统的正常运行等都属于对可用性的攻击。

4)可控性。对信息的传播及内容具有控制能力。

5)可审查性。出现安全问题时提供依据与手段。

3. 网络安全标准

针对日益严峻的网络安全形势，许多国家和标准化组织纷纷出台了相关的安全标准，我国也制定了相应的安全标准，这些标准既有很多相同的部分，也有各自的特点。其中以美国国防部制定的《可信计算机安全标准》(TCSEC)应用最为广泛。

4. 网络安全级别的分类

可信计算机系统评估准则 TCSEC-NCSC 是 1983 年颁布的，1985 年颁布了可信网络说明(TNI)；美国 TCSEC 标准是美国国防部制定的。TCSEC 标准将安全分为 4 个方面：安全政策、可说明性、安全保障和文档。

可信计算机系统评估准则将计算机系统安全等级分为 4 类 7 个等级，即 D，C1，C2，B1，B2，B3 与 A1。

1) D 级。

2) C1 级。C 级有两个安全子级别：C1 和 C2。C1 级，又称选择性安全保护。

3) C2 级。除了 C1 级包含的特性外，C2 级别应具有访问控制环境(controlled-access environment)权力。

4) B1 级。B 级中有三个级别，B1 级即标志安全保护是支持多级安全的第一个级别。

5) B2 级。B2 级，又叫作结构保护，它要求计算机系统中所有的对象都要加上标签，是提供较高安全级别的对象与较低安全级别的对象相通信的第一个级别。

6) B3 级。B3 级或又称安全域级别，使用安装硬件的方式来加强域的安全。

7) A 级。A 级或又称验证设计是当前橙皮书的最高级别，它包括了一个严格的设计、控制和验证过程。

其中，D 级系统的安全要求最低，A1 级系统的安全要求最高。

### 5.1.2 网络安全的实现

计算机网络的逻辑安全主要通过用户身份认证、访问控制、加密、安全管理等方法来实现。

1. 用户身份认证

身份证明是所有安全系统不可或缺的一个组件。它是区别授权用户和入侵者的唯一方法。为了实现对信息资源的保护，并知道何人试图获取网络资源的访问权，任何网络资源拥有者都必须对用户进行身份认证。当使用某些更尖端的通信方式时，身份认证特别重要。

2. 访问控制

访问控制是制约用户连接特定网络、计算机与应用程序，获取特定类型数据流量的能力。访问控制系统一般针对网络资源进行安全控制区域划分，实施区域防御的策略。在区域的物理边界或逻辑边界使用一个许可或拒绝访问的集中控制点。

3. 加密

即使访问控制和身份验证系统完全有效，在数据信息通过网络传送时，企业仍可能面临被窃听的风险。事实上，低成本和连接的简便性已使 Internet 成为企业内和企业间通信的一个极为诱人的媒介。同时，无线网络的广泛使用也在进一步加大网络数据被窃听的风险。加密技术用于针对窃听提供保护，它通过使信息只能被具有解密数据所需密钥的人员读取来提供信息的安全保护。它与第三方是否通过 Internet 截取数据包无关，因为数据即使在网络上被第三方截取，他也无法获取信息的本义。这种方法可在整个企业网络中使用，包括在企业内部(内部网)、企业之间(外部网)或通过公共 Internet 在虚拟专用网络(VPN)中传送私人数据。加密技术主要包括对称式和非对称式两种。

4. 安全管理

安全系统应当允许由授权人进行监视和控制。使用验证的任何系统都需要某种集中授权来验证这些身份，而无论它是 UNIX 主机、Windows 10 域控制器还是 Novell Directory Services(NDS)服务占。由于能够查看历史记录，如突破防火墙的多次失败尝试，安全系统可以为那些负责保护信息资源的人员提供宝贵的信息。一些更新的安全规范，如 IPSec，需要包含策略规则数据库。要使系统正确运行，就必须管理所有这些要素。但是，管理控制台本身也是安全系统的另一个潜在故障点。因此，必须确保这些系统在物理上得到安全保护，并确保对管理控制台的任何登录进行验证。

## 5.2 计算机网络安全现状

随着计算机网络的迅速发展，信息的交换和传播变得非常容易。由于信息在存储、共享和传输中，会被非法窃听、截取、修改和破坏，从而导致不可估量的损失。特别是一些重要的部门，如银行系统、证券系统、商业系统、政府部门和军事系统，对在公共通信网络中进行信息的存储和传输中的安全问题就更为重视。

安全威胁有时可以被分为故意的和偶然的，故意的威胁如假置、自改等，偶然的威胁如信息被发往错误的地址、误操作等。故意的威胁又可以进一步分为主动攻击和被动攻击。被动攻击不会导致对系统中所含信息的任何改动，如搭线窃听、业务流分析等，而且系统的操作状态等也不会改变，因此被动攻击主要威胁信息的保密性；主动攻击则意在篡改系统中所含信息，或者改变系统的状态和操作，因此主动攻击主要威胁信息的完整性、可用性和真实性。计算机网络安全所面临的威胁主要分为外部威胁和内部威胁。

1. 信息通信过程中的威胁

信息系统的用户在进行通信的过程中，常常受到两个方面的攻击。一是主动攻击，攻击者通过网络线路将虚假信息或计算机病毒传入信息系统内部，破坏信息的真实性、完整性及系统服务的可用性，即通过中断、伪造、自改和重排信息内容造成信息破坏，使系统无法正常运行，严重的甚至使系统处于瘫痪；二是被动攻击，攻击者非法截获、窃取通信线路中的信息，使信息保密性遭到破坏，信息泄露而无法察觉，给用户带来巨大的损失。

通信过程中主要有四种攻击类型，分别是中断、截获、篡改和伪造。

1)中断(interruption)：是指威胁源使系统的资源受损或不能使用，从而暂停数据的流动或服务，属于主动攻击。

2)截获(cinterception)：是指某个威胁源未经允许而获得了对一个资源的访问，并从中盗窃了所提供的信息服务，属于被动攻击。

3)篡改(modification)：是指某个威胁源未经许可却成功地访问并改动了某项资源，因而篡改了所提供的信息服务，属于主动攻击。

4)伪造(fabrication)：是指某个威胁源未经许可而在系统中制造出了假消息源、虚假的信息或服务，属于主动攻击。

2. 信息存储过程中的威胁

存储于计算机系统中的信息，易受到与通信线路同样的威胁。非法用户在获取系统访问控制权后，可以浏览存储介质上的保密数据或专利软件，并且对有价值的信息进行统计分析，推算出所有的数据，这样就使信息的保密性、真实性、完整性遭到破坏。

3. 信息加工处理中的威胁

信息系统一般都具有对信息进行加工分析的处理功能，而信息在进行处理过程中，通常都是以源码的形式出现，加密保护对处理中的信息不起作用。因此，在此期间有意攻击和意外操作都极易使系统遭到破坏，造成损失。除此之外，信息系统还会因为计算机硬件的缺陷、软件的脆弱、电磁辐射和客观环境等原因造成损害，威胁计算机信息系统的安全。

下面给出一些常见的安全威胁。

1）信息泄露：信息被泄露或透露给某个非授权的实体。

2）破坏信息的完整性：数据被非授权地进行增删、修改或破坏而受到损失。

3）拒绝服务：对信息或其他资源的合法访问被无条件地阻止。

4）非法使用（非授权访问）：某一资源被某个非授权的人，或以非授权的方式使用。

5）窃听：用各种可能的合法或非法的手段窃取系统中的信息资源和敏感信息，例如，对通信线路中传输的信号进行搭线监听，或者利用通信设备在工作过程中产生的电磁泄漏截取有用信息等。

6）业务流分析：通过对系统进行长期监听，利用统计分析方法对诸如通信频度、通信的信息流向、通信和总量的变化等参数进行研究，从而发现有价值的信息和规律。

7）假冒：通过欺骗通信系统（或用户）达到使非法用户冒充成为合法用户，或者使特权小的用户冒充成为特权大的用户的目的。黑客大多是采用假冒攻击。

8）旁路控制：攻击者利用系统的安全缺陷或安全性上的脆弱之处获得非授权的权利或特权。例如，攻击者通过各种攻击手段发现原本应保密，但是却又暴露出来的一些系统"特性"，利用这些"特性"，攻击者可以绕过防线守卫者侵入系统的内部。

9）授权侵犯：被授权以某一目的使用某一系统或资源的某个人，却将此权限用于其他非授权的目的，也称为"内部攻击"。

10）特洛伊木马：软件中含有一个察觉不出的或者无害的程序段，当它被执行时，会破坏用户的安全。这种应用程序称为特洛伊木马（Trojan Horse）。

11）陷阱门：在某个系统或某个部件中设置的"机关"，使得在特定的数据输入时，允许违反安全策略。

12）抵赖：这是一种来自用户的攻击，比如，否认自己曾经发布过的某条消息、伪造一份对方的文件等。

13）重放：出于非法目的，将所截获的某次合法的通信数据进行复制，而重新发送。

14）计算机病毒：所谓计算机病毒，是一种在计算机系统运行过程中能够实现传染和侵害的功能程序。一种病毒通常含有两种功能：一种功能是对其他程序产生"感染"；另外一种功能或者是引发损坏功能，或者是一种植入攻击的能力。计算机病毒造成的危害主要表现在以下几个方面：

①格式化磁盘，致使信息丢失。

②破坏文件分配表，使得无法读取磁盘上的信息。

③修改或破坏文件中的数据。

④改变磁盘分配，造成数据写入错误。

⑤病毒本身迅速复制或磁盘出现假“坏”扇区，使磁盘可用空间减少。

⑥在系统中产生新的文件。

计算机病毒是对软件、计算机和网络系统的最大威胁。计算机病毒对计算机系统所产生的破坏效应，使人们清醒地认识到其所带来的危害性。现在，每年的新病毒数量都以指数级在增长，而且近几年传输媒质的改变和大面积普及，导致计算机病毒感染的对象开始由工作站（终端）向网络部件（服务器设置等）转变，病毒类型也由文件型向网络蠕虫型改变。蠕虫具有病毒和入侵者双重特点：像病毒那样，它可以进行自我复制，并可能被当成假指令去执行；像入侵者那样，它以穿透网络系统为目标。蠕虫利用网络系统中的缺陷或系统管理中的不当之处进行复制，将其自身通过网络复制传播到其他计算机上，造成网络的瘫痪。

由于木马程序像间谍一样潜入用户的电脑，并开启后门，为远程计算机的控制提供方便，与古罗马战争中的“木马”十分相似，因而得名特洛伊木马（简称木马）。通常木马并不被当成病毒，因为它们通常不包括感染程序，因而并不自我复制。现在，随着网络的普及，木马程序的危害变得十分严重，如今它常被用作在远程计算机之间建立连接，像间谍一样潜入用户的计算机，使远程计算机通过网络控制本地计算机。从 2000 年开始，计算机病毒与木马技术相结合成为病毒新时尚，使病毒的危害更大，防范的难度也更大。计算机病毒的潜在破坏力极大，已经成为信息战中的一种新式进攻武器。

15）人员不慎：一个授权的人为了金钱或利益，或由于粗心，将信息泄露给一个非授权的人。

16）媒体废弃：信息被从废弃的磁盘或打印过的存储介质中获得。

17）物理侵入：侵入者通过绕过物理控制而获得对系统的访问。

18）窃取：重要的安全物品（如令牌或身份卡）被盗。

19）业务欺骗：某一伪系统或系统部件欺骗合法的用户或系统自愿地放弃敏感信息等。

上面给出的是一些常见的安全威胁，各种威胁之间是相互联系的，如窃听、业务流分析、人员不慎、媒体废弃物等可造成信息泄露，而信息泄露、窃取、重放等可造成假冒，而假冒等又可造成信息泄露。

对于信息系统来说威胁可以是针对物理环境、通信和链路、网络系统、操作系统、应用系统以及管理系统等方面。

1）物理安全威胁。物理安全威胁是指对系统所用设备的威胁。物理安全是信息系统安全的最重要方面。物理安全的威胁主要有自然灾害（如地震、水灾、火灾等）造成整个系统毁灭，电源故障造成设备断电以致操作系统引导失败或数据库信息丢失，设备被盗、被毁造成数据丢失或信息泄露。通常，计算机里存储的数据价值远远超过计算机本身，必须采取很严格的防范措施以确保不会被入侵者偷去。媒体废弃物威胁，如废弃磁盘或一些打印错误的文件都不能随便丢弃，媒体废弃物必须经过安全处理，对于废弃磁盘仅删除是不够的，必须销毁。电磁辐射可能造成数据信息被窃取或偷阅等。

2）通信和链路安全威胁。网络入侵者可能在传输线路上安装窃听装置，窃取网上传输的信号，再通过一些技术手段读出数据信息，造成信息泄露；或对通信链路进行干扰，破坏数据的完整性。

3)网络系统安全威胁。计算机网络的使用对数据造成了新的安全威胁,由于在网络上存在着电子窃听,分布式计算机的特征使各分立的计算机通过一些媒介相互通信。局域网一般为广播式的,每个用户都可以收到发向任何用户的信息。当内部网络与国际互联网相接时,国际互联网的开放性、国际性与无安全管理性,对内部网络形成严重的安全威胁。如果系统内部局域网络与系统外部网络之间不采取一定的安全防护措施,内部网络容易受到来自外部网络入侵者的攻击。例如,攻击者可以通过网络监听等先进手段获得内部网络用户的用户名、口令等信息,进而假冒内部合法用户进行非法登录,窃取内部网重要信息。

4)操作系统安全威胁。操作系统是信息系统的工作平台,其功能和性能必须绝对可靠。由于系统的复杂性,不存在绝对安全的系统平台。对系统平台最大的威胁是在系统软件或硬件芯片中的植入威胁,如“木马”和“陷阱门”。操作系统的安全漏洞通常是由操作系统开发者有意设置的,这样他们就能在用户失去了对系统的所有访问权时仍能进入系统。例如,一些BIOS 有万能密码,维护人员用这个密码可以进入计算机。

5)应用系统安全威胁。应用系统安全威胁是指对于网络服务或用户业务系统安全的威胁。应用系统对应用安全的需求应有足够的保障能力。应用系统安全也受到“木马”和“陷阱门”的威胁。

6)管理系统安全威胁。不管是什么样的网络系统都离不开人的管理,必须从人员管理上杜绝安全漏洞。再先进的安全技术也不可能完全防范由于人员不慎造成的信息泄露,管理安全是信息安全有效的前提。

4. 网络攻击的问题

网络攻击就是对网络安全威胁的具体体现。Internet 目前已经成为全球信息基础设施的骨干网络,Internet 本身所具有的开放性和共享性对信息的安全问题提出了严峻的挑战。由于系统脆弱性的客观存在,操作系统、应用软件/硬件设备不可避免地存在一些安全漏洞,网络协议本身的设计也存在一些安全隐患,这些都为攻击者采用非正常手段入侵系统提供了可乘之机。

十几年前,网络攻击还仅限于破解口令和利用操作系统已知漏洞等有限的几种方法,然而目前网络攻击技术已经随着计算机和网络技术的发展逐步成为一门完整的科学,它包括攻击目标系统信息收集、弱点信息挖掘分析、目标使用权限获取、攻击行为隐蔽、攻击实施、开辟后门以及攻击痕迹清除等各项技术。常见的网络攻击工具有安全扫描工具、监听工具、口令破译工具等。

围绕计算机网络和系统安全问题进行的网络攻击与防范也受到了人们的广泛重视。但是近年来网络攻击技术和攻击工具发展很快,使得一般的计算机爱好者要想成为一名准黑客非常容易,网络攻击技术和攻击工具的迅速发展使得各个单位的网络信息安全面临越来越大的风险。

要保证网络信息安全就必须想办法在一定程度上克服以上的种种威胁,加深对网络攻击技术发展趋势的了解,尽早采取相应的防护措施。需要指出的是,无论采取何种防范措施都不能保证网络信息的绝对安全。安全是相对的,不安全才是绝对的。在具体使用过程中,经济因素和时间因素是判别安全性的重要指标。换句话说,过时的“成功”和“赔本”的攻击都被认为是无效的。

网络信息安全具有整体的、动态的、无边界和发展的特征，是一种非传统安全。信息安全涉及多个领域，是一个系统工程，需要全社会的共同努力和承担责任及义务；网络信息安全不是静态的，它是相对和动态的，经历了从最初纯粹的物理安全问题到今天随着信息技术的发展和普及，以及产业基础、用户认识、投入产出而出现的动态的全方位的安全问题；网络信息安全已经是全球性的而非某个国家或地区特有的问题，尤其是网络高度的互动性、渗透性使得网络信息安全问题变得越来越难以控制，不可避免地影响到我们生活的方方面面。网络信息安全是过程的安全，它不是恒定不变的，而是贯穿于整个信息技术的发展过程中，应在系统建设过程中同步考虑。

互联网的全球性、快捷性、共享性、全天候性决定了网络信息安全问题的新特征。信息基础设施本身的脆弱性和攻击手段的不断更新，使网络信息安全领域易攻难守。网上攻击无论距离还是速度都突破了传统安全的限制，具有多维、多点、多次实施隐蔽攻击的能力。由于网络覆盖全球，因此助长了犯罪分子的破坏能力，给世界带来了更多的不稳定因素。各国的民族文化和道德价值观面临前所未有的冲击和颠覆，为此付出的巨大经济成本和时间精力难以计算。网络信息安全问题日益严重，必将给人类发展、国家管理和社会稳定带来巨大的危害。

## 5.3　计算机网络安全发展和体系架构

### 5.3.1　计算机信息安全发展及体系架构

在信息交换中，“安全”是相对的，而“不安全”是绝对的。随着社会的发展和技术的进步，信息安全标准不断提升，因此信息安全问题永远是一个全新的问题。“发展”和“变化”是信息安全的最主要特征，只有紧紧抓住这个特征才能正确地处理和对待信息安全问题，以新的防御技术来阻止新的攻击方法。信息安全技术的发展呈现如下趋势。

1. 安全越来越重要

信息安全系统的保障能力是 21 世纪综合国力、经济竞争实力和民族生存能力的重要组成部分。因此，必须努力构建一个建立在自主研究开发基础之上的技术先进、管理高效、安全可靠的国家信息安全体系，以有效地保障国家的安全、社会的稳定和经济的发展。

2. 安全标准在不断变化

应根据技术的发展和实际社会发展的需要不断更新信息安全标准，科学、合理的安全标准是保障信息安全的第一步，需要无限追求如何在设计制作信息系统时就具备保护信息安全的体系结构，这是人们长期追求的目标。

3. 网络安全概念在不断扩展

安全手段需随时更新。人类对信息安全的追求过程是一个漫长的深化过程。随着社会信息化步伐的加快，信息安全至少需要“攻、防、测、控、管、评”等多方面的基础理论和实施技术的研究。

4. 网络信息安全是一个复杂的巨大系统

信息安全是现代信息系统发展应用带来的新问题，它的解决也需要现代高新技术的支撑，传统意义的方法是不能解决问题的，所以信息安全新技术总是在不断地涌现。信息安全领域将进一步发展密码技术、防火墙技术、虚拟专用网络技术、病毒与反病毒技术、数据库安全技术、操作系统安全技术、物理安全与保密技术。

### 5.3.2 信息安全的技术体系结构

信息网络是在互联网基础上发展而成的一个开放性系统互联的结果，也就是多个独立的系统通过网络进行连接，最终又可以成为一个新的独立系统来为其他系统或用户提供服务。这样的开放性系统类似于国际标准化组织(ISO)为了解决不同系统的互联而提出的 OSI 模型，即开放式系统互联模型。OSI 模型的安全体系结构认为一个安全的信息系统结构应该包括：

1)五种安全服务，即身份认证服务(Authentication service)、访问控制 (Accesscontrol)、数据完整性(Data integrity)、数据机密性(Data secrecy)和抗拒绝服务(DDoS)。

2)八类安全技术和支持上述安全服务的安全技术，即公证(Valida-tion)、路由控制(Route control)、业务流填充(Traffic flow padding)、数据交换(Data switch)、数据完整性(Data integrity)、访问控制(Access control)、数字签名(Digital signature)和数据加密(Data encryption)。

3)三种安全管理方法，即系统安全管理、安全服务管理和安全责任制管理。

网络系统信息安全标准 ISO7498-2 从体系结构的观点上概述了 ISO 基本参考模型之间的安全通信必须提供的安全服务及安全机制，并说明了安全服务及相应机制在安全体系结构中的关系，从而建立了开放互联系统的安全体系结构框架。将安全技术与 OSI 七层结构对应起来，使用 IATF 的分层方法可以得出网络信息安全技术体系结构，如图 5-1 所示。

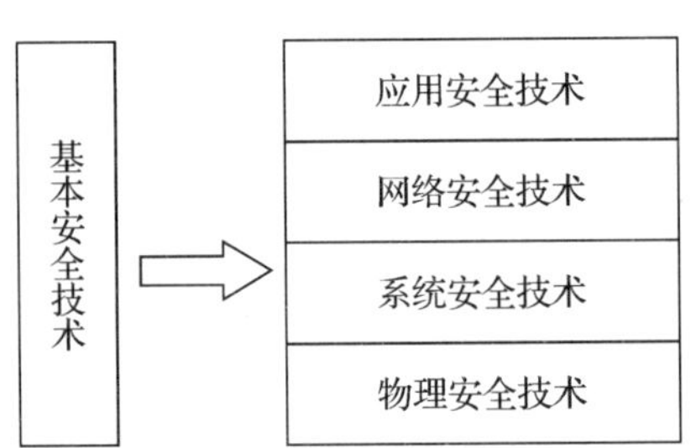


图 5-1　网络信息安全技术体系结构图

根据这个结构图，将信息系统安全技术要求划分为物理安全技术要求、应用系统技术要求、操作系统技术要求、网络技术要求和数据库管理技术要求五个方面。

物理安全是相对于物理破坏而言的，也就是信息系统所有应用硬件物理方面上的破损或毁坏。物理设备处于整个模型的最底层，它是整个模型得以顺利运行的物质基础，所以物理安全是整个信息网络安全运行的前提。物理安全一旦遭到破坏，系统将会变得不可用或不可信，在物理层上面的其他上层安全保护技术也将形同虚设 。

系统安全是相对于各种软件系统而言的。可以说，最基本、最重要的软件系统就是操作系统，它能够管理各种硬件资源，为用户提供读写信息、使用外部设备和连接网络的基本功能。系统是一个很广泛的概念，任何对象都可以称为系统。通常我们说的系统都是特指操作系统和数据库系统，目的是方便讨论和研究。

信息网络必然需要网络环境的支持。按照 OSI 七层模型对网络的划分要求，网络分为物理层、链路层、网络层、传输层、会话层、表示层和应用层。OSI 模型对网络安全的技术要求是：为数据处理系统建立和采用的技术以及管理的安全提供保护，保护计算机软/硬件和数据不会因为偶然或恶意的原因而遭到破坏、泄露和更改。

由此可以将网络安全技术定义为：保护信息网络依存的网络环境的安全保障技术，通过这些技术的部署和实施，确保网络中数据传输和交换不会受到外界因素的影响而出现增加、丢失或泄漏等现象。检测和响应上层协议和命令，为模型安全运行提供基础性支持，这是系统基础性辅助设施的基本要求。通常所说的检测、响应技术如加密、PKI 技术就是其中几种比较重要的支持技术。这些基础性安全技术并不是独立地归属于具体某一个层次，而是整个模型中各层次都会用到的、依赖的技术。

### 5.3.3　网络安全的信息安全保障技术框架

《信息保障技术框架》(IATF)是美国国家安全局制定的，是其信息保障的指导性文件。国家 973“信息与网络安全体系研究”课题组将 IATF3.0 版引进国内。之后，ITAF 开始对我国网络信息安全工作的发展和网络信息安全保障体系建设起到重要的指导作用。

1. ITAF 形成背景

建立 ITAF 主要是美国军方需求推动的，20 世纪四五十年代，计算机开始在军事中应用；20 世纪六七十年代网络化开始发展，这些发展都对信息安全保障提出了要求。从 1995 年开始，美国国防高级研究计划局和信息技术办公室就开始了对长期研发投资战略的探索，以开展信息系统生存力技术研究。

除了军事机构外，随着社会的发展，各种信息系统已经成为支持整个社会运行的关键基础设施，而且信息化涉及的资产也越来越多，由此产生的各种风险和漏洞也随之增多，而且现有的技术无法完全根除。面对这些威胁，人们越来越深刻地认识到信息安全保障的必要性。在此背景下，美国国家安全局历经数年完成了《信息保障技术框架》这部对信息保障系统的建设有重要指导意义的重要文献。

2. IATF 发展历程

IATF 的前身是《网络安全框架》(NSF)。NSEF 的最早版本 0.1 和 0.2 版对较新的网络安全挑战提供了初始的观察和指南。NSF1.0 版，在 NSF 的基础上添加了安全服务、安全强健性和安全互操作性方面的内容。之后推出了 NSF1.1 版。之后，NSA 出版了 IATF2.0，此时正式将 NSF 更名为《信息保障技术框架》。IATF2.0 版将安全解决方案框架划分为 4 个纵深防御焦点域：保护网络和基础设施、保护区域边界、保护计算环境以及支撑性基础设施。IATF2.0.1 版本的变更主要以格式和赂形的变化为主，在内容上并无很大的变动。IATF3.0 版通过将 IATF 的表现形式和内容通用化。最新的 IATF3.1 版本，扩展了“纵深防御”，强调了信息保障战略，并补充了语音网络安全方面的内容。随着社会对信息安全认识的日益加深，以及信息技术的不断进步，IATF 必定会不断发展，内容的深度和广度也将继续得到强化。

3. IATF 的焦点框架区域划分

IATF 将信息系统的信息保障技术层面划分成了 4 个技术框架焦点域：网络和基础设施、区域边界、计算环境和支撑性基础设施。在每个焦点领域范围内，IATF 都描述了其特有的安全需求和相应的可供选择的技术措施。IATF 提出这四个框架域，目的就是让人们理解网络安全的不同方面，以全面分析信息系统的安全需求，考虑恰当的安全防御机制。

4. IATF 的核心思想

IATF 提出的信息保障的核心思想是纵深防御战略(Defense in Depth)。所谓深层防御战略就是采用一个多层次的、纵深的安全措施来保障用户信息及信息系统的安全。在纵深防御战略中，人、技术、操作是三个主要核心要素，要保障信息及信息系统的安全，三者缺一不可。

我们知道，一个信息系统的安全不是仅靠一两种技术或者简单地设置几个防御设施就能实现的，IATF 为了我们提供了全方位多层次的信息保障体系的指导思想，即纵深防御战略思想。通过在各个层次、各个技术框架区域中实施保障机制，才能在最大限度内降低风险，防止攻击，保护信息系统的安全。

此外，根据 IATF 提出的三个主要核心要素——人、技术、操作，尽管 IATF 重点是讨论技术因素，但是它也提出了“人”这一要素的重要性，人即管理，管理在信息安全保障体系建设中同样起到了十分关键的作用，可以说技术是安全的基础，管理是安全的灵魂，所以应当在重视安全技术应用的同时，必须加强安全管理。

5. IATF 的其他信息安全原则

除了纵深防御这个核心思想之外，IATF 还提出了其他一些信息安全原则，这些原则对指导我们建立信息安全保障体系都具有非常重大的意义。

(1) 保护多个位置

保护多个位置包括保护网络和基础设施、区域边界、计算环境等，这一原则提醒我们，仅仅在信息系统的重要敏感设置一些保护装置是不够的，任意一个系统量漏洞都有可能导致严重的攻击和破坏后果，所以在信息系统的各个方位布置全面的防御机制，这样才能将风险降至最低。

(2) 分层防御

如果说上一个原则是横向防御，那么这一原则就是纵向防御，这也是纵深防御思想的一个具体体现。分层防御即在攻击者和目标之间部署多层防御机制，每一个这样的机制必须对攻击者形成一道屏障。另外，每一个这样的机制还应包括保护和检测措施，以使攻击者不得不面对被检测到的风险，迫使攻击者由于高昂的攻击代价而放弃攻击行为。

(3)安全强健性

不同的信息对于组织有不同的价值，该信息丢失或破坏所产生的后果对组织也有不同的影响。所以对信息系统内每一个信息安全组件设置的安全强健性(即强度和保障)，取决于被保护信息的价值以及所遭受的威胁程度。在设计信息安全保障体系时，必须要考虑到信息价值和安全管理成本的平衡。

### 5.3.4 网络安全中信息安全防御系统

1. 网络与基础设施防御

网络和支撑它的基础设施是各种信息系统和业务系统的中枢，为用户数据流和用户信息获取提供了一个传输机制，它的安全是整个信息系统安全的基础。网络和基础设施防御包括维护信息服务，防止拒绝服务攻击(DDoS)，保护在整个广域网上进行交换的公共的、私人的或保密的信息，避免这些信息在无意中泄漏给未授权访问者或发生更改、延时或发送失败，保护数据流分析等。

数据的安全交换和授权访问是最基本的要求，所以必须保证网络及其基础设施能在无故障、不受外界影响的情况下稳定可靠地和运行，不会由于安全设备的引入造成时延或数据流的堵塞，并保证所传输的数据不会被未授权的用户所访问。这就要求在建立网络时要事先考虑到可能的业务类型和访问量等，保证建立的网络具有足够的带宽和良好的性能来支持这些服务和业务，并能有效抵抗恶意攻击。除了对网络和基础设施进行优化配置管理以外，还应根据业务和信息的重要程度来进行网络隔离或建立虚拟专用网(VPN)，从物理或逻辑上将业务网和互联网实施隔离，使信息能在一个专用的网络通道中进行传递，这样能有效减少来自互联网的攻击 。

2. 区域边界防御

根据业务的重要性、管理等级和安全等级的不同，一个信息系统通常可以划分多个区域，每个区域是在单一统辖权控制下的物理环境，具有逻辑和物理安全措施。这些区域大多具有和其他区域或网络相连接的外部连接。区域边界防御关注的是如何对进出这些区域边界的数据流进行有效的控制与监视，对区域边界的基础设施实施保护。

在建立局域网时，应该考虑将业务管理和信息服务系统划分为不同的安全区域，根据区域的安全等级在每个区域边界设置硬件或软件防火墙，对访问者进行身份认证；部署和入侵检测机制，以提高对网络及设备自身安全漏洞和内外部攻击行为的检测、监控和实时处理能力，设置防毒网关，防止病毒通过网络边界入侵应用系统；设置 VPN 连接设备，以实现各个区域和网络之间的安全互联等。总而言之，要确保在被保护区域内的系统与网络保持可接受的可用性，并能够完全防范拒绝服务这一入侵攻击。

3. 计算环境防御

在计算环境中的安全防护对象包括用户应用环境中的服务器、客户机以及其上安装的操作系统和应用系统，这些应用能够提供包括信息访问、存储、传输、录入等在内的服务。计算环境防御就是要利用识别与认证、访问控制等技术确保进出内部系统数据的保密性、完整性和不可否认性。这是信息系统安全保护的最后一道防线。

保护计算环境可以考虑以下方式：保护应用系统程序安全，包括使用安全的操作系统和应用程序；在关键服务器上部署主机入侵检测系统和主机审计策略，以防止来自区域内部授权访问者或管理人员的攻击，防病毒系统，防止来自网络之外的病毒感染；主机脆弱性扫描，以减少主机漏洞，实现对主机的最优化配置；对关键的配置文件或可执行文件实施文件完整性保护；等等。

4. 支撑性基础设施

支撑基础设施是一套相关联的活动与能够提供安全服务的基础设施相结合的综合体。目前纵深防御策略定义了两种支撑基础设施：密钥管理基础设施、公钥基础设施。

就目前主流系统而言，需要建立一个用于管理整个网络的加密认证装置、VPN 设备等组件的密钥管理中心，对密钥的生成、备份、传递、分发、使用、更新、恢复和销毁进行统一的管理。同时要部署入侵检测系统、审计、配置系统，以提高系统的安全强度，保护数据的机密性、完整性和可用性。

四个技术焦点区域是一个逐层递进的关系，从而形成一种纵深防御系统。因此，以上 4 个方面的应用充分贯彻了纵深防御的思想，对整个信息系统的各个区域、各个层次，甚至在每一个层次内部都部署了信息安全设备和安全机制，保证访问者对每一个系统组件进行访问时都受到保障机制的监视和检测，以实现系统全方位的充分防御，将系统遭受攻击的风险降至最低，确保网络中信息的安全和可靠。

## 5.4　常用计算机网络安全技术

目前，随着计算机网络技术的高速发展，人们在享受网络化带来的福利的同时，还必须面对网络信息安全方面的各种挑战。常用的计算机网络安全技术主要包含以下几种。

### 5.4.1 密码和密码学技术

密码是通信双方按约定的法则对信息进行特定变换的一种重要保密手段。密码学是实现信息安全服务和安全机制的基础，是网络信息安全的核心技术之一，在网络信息安全领域具有不可替代的重要地位。

研究密码变化的客观规律，设计各种加密方案，编制密码以保护信息安全的技术，统称为密码编码学。在不知道任何加密细节的条件下，分析、破译经过加密的消息以获取信息的技术，称为密码分析学或密码破译学。密码编码学和密码分析学总称密码学。密码学为解决信息安全中的机密性、完整性，真实性、不可抵赖性等提供系统的理论和方法。

在密码学中，原始的消息称为明文。而加密后的消息称为密文。将明文变换成密文，以使非授权用户不能获取原始信息的过程称为加密；从密文恢复成明文的过程称为解密。明文到密文的变换法则，即加密方案，称为加密算法；而密文到明文的变换法则称为解密算法。加/解密过程中使用的明文、密文以外的其他参数，称为密钥。密码学模型如图 5－2 所示。

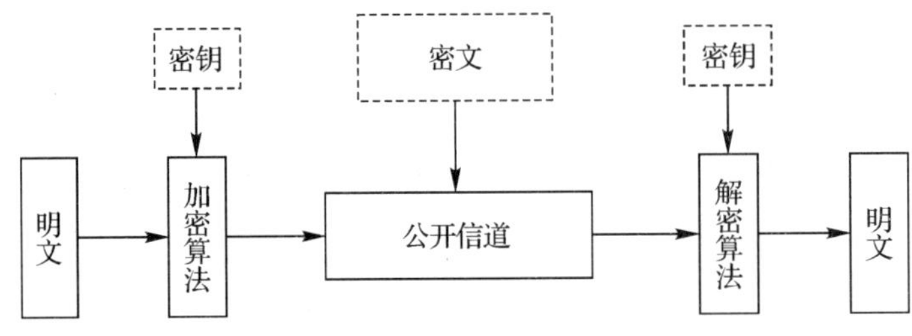


图 5－2　密码学模型

一个用于加/解密并能够解决网络安全中的机密性、完整性、可用性、可控性和真实性等问题中的一个或几个的系统，称为一个密码体制。密码体制可以定义为一个五元组(M,C,K,E,D)，其中：

1)M 称为明文空间，是所有可能的明文构成的集合。

2)C 称为密文空间，是所有可能的密文构成的集合。

3)K 称为密钥空间，是所有可能的密钥构成的集合。

4)E 和 D 分别表示加密算法和解密算法的集合。

根据加/解密是否使用相同的密钥，可将密码体制分为对称密码和非对称密码。加密和解密都是在密钥的作用下进行的。对称密码体制也叫单钥密码体制或秘密密钥密码体制，而非对称密码体制也称为公钥(公开密钥)密码体制。在对称密码体制中，加密和解密使用完全相同的密钥，或者加密密钥和解密密钥彼此之间非常容易推导。在公钥密码体制中，加密和解密使用不同的密钥，而且由其中一个推导另外一个是非常困难的。这两个不同的密钥，往往其中一个是公开的，而另外一个保持秘密性。

### 5.4.2 防火墙技术

1. 防火墙的定义

所谓防火墙，是指一种将内网和外网分开的方法，是在内部网和外部网之间实施安全防范的系统，它实际上是一种隔离技术，同时也是一种访问控制机制，能够限制用户进入一个被严格控制的点。防火墙是在两个网络通信时执行的一种访问控制标准，它能允许网络管理员"同意"的用户或数据进入网络，同时将"不同意"的用户或数据拒之门外，阻止来自外部网络的未授权访问，防止黑客对内部网络中的电子信息和网络实体的攻击和破坏。防火墙通常安装在被保护的内部网络与互联网的连接点上，从互联网或内部网上产生的内部活动都必须经过防火墙，如电子邮件、文件传输、远程登录以及其他网络服务等活动，但是防火墙不能防止内部发生的入侵事件。也就是说，防火墙的防护功能是对外不对内的。因此，要实现网络安全环境，除了安装防火墙外，还要有其他的辅助手段来配合防火墙的使用，如使用入侵检测技术防范网络入侵，用入侵防护技术来对付网络攻击等。

2. 防火墙的基本功能

防火墙的基本功能是对网络通信进行筛选屏蔽以防止未授权的访问进出计算机网络，简单概括就是对网络进行访问控制。防火墙通过逐一审查收到的数据包，判断它是否有相匹配的过滤规则，即按规则的先后顺序以及每条规则的条件逐项进行比较，直到满足某一条规则的条件，并做出规定的动作，从而保护网络的安全。防火墙主要提供以下四种服务：

1)服务控制：确定可以访问的网络服务类型 。

2)方向控制：特定服务的方向流控制。

3)用户控制：内部用户、外部用户所需的某种形式的认证机制。

4)行为控制：控制如何使用某种特定的服务。

绝大部分的防火墙都是放置在可信任网络(Internal)和不可信任网络(Internet)之间。

3. 防火墙的基本类型

从所采用的技术上看，防火墙可以分为包过滤型、代理服务器型、电路层网关、混合型、应用层网关以及自适应代理技术六种基本类型 。

### 5.4.3　入侵检测技术

1. 入侵检测的概念

入侵检测(Intrusion Detection)，顾名思义，就是对入侵行为的发觉，是一种通过观察行为、安全日志或审计数据来检测入侵的技术。它通过对计算机网络或计算机系统中的若干关键点收集信息并对其进行分析，从中发现网络或系统中是否有违反安全策略的行为和被攻击的迹象。这里说的"入侵"(Intrusion)是一个广义的概念，不仅包括发起攻击的人(如恶意的黑客、有意逃避监控的合法用户等)取得超出合法范围的系统控制权，也包括收集系统安全漏洞信息，造成拒绝访问(Denial of Service)等对计算机系统造成危害的一切行为。入侵检测技术是为保证计算机系统的安全而设计与配置的一种能够及时发现并报告系统中未授权或异常现象的技术，是一种用于检测计算机网络中违反安全策略行为的技术。

入侵检测的内容包括试图闯入、成功闯入、冒充其他用户、违反安全策略、合法用户的泄漏、独占资源以及恶意使用。和入侵检测系统通过从计算机网络或计算机系统的关键点收集信息并进行分析，从中发现网络或系统中是否有违反安全策略的行为和被攻击的迹象并且对其做出反应。有些反应是自动的，它包括通知网络安全管理员(通过控制台、电子邮件)，终止入侵者的入侵进程、关闭计算机系统、断开与互联网的连接，使该用户访问无效，或者执行一个准备好的阻止、防范或反击命令等。

2. 入侵检测的功能

入侵检测技术是动态安全技术的最核心技术之一。传统的操作系统加固技术和防火墙隔离技术等都是静态安全防御技术,对网络环境下日新月异的攻击手段缺乏主动的反应。入侵检测技术通过对入侵行为的过程与特征的研究,使安全系统对入侵事件和入侵过程能做出实时响应。

系统安装的网络防火墙能够在内、外网之间提供安全的网络保护,降低了网络安全的风险。但仅仅使用防火墙的网络安全是远远不够的,因为入侵者可以寻找防火墙的漏洞,绕到防火墙的背后从可能敞开的后门侵入。也可能入侵者根本就是网内用户,他的入侵行为是在防火墙内进行的。而受制于防火墙的性能限制,防火墙通常不能提供实时的入侵检测能力。因此,入侵检测作为一种新的动态安全防御体系技术,在不影响网络性能的情况下能对网络进行监测,从而提供对内部攻击、外部攻击以及误操作的实时保护,是防火墙的合理补充,增强了系统防范和对付网络攻击的能力,扩展了系统管理员的安全管理能力(包括安全审计、监视、进攻识别和响应),提高了信息安全体系结构的完整性。因此,入侵检测通常被认为是防火墙之后的第二道安全闸门可以为信息系统安全提供对内部攻击、外部攻击和误操作的实时保护。

3. 入侵检测技术的分类

对各种事件进行分析,从中发现违反安全策略的行为是入侵检测系统的核心功能。从技术上说,入侵检测分为两类:一种是基于标志(signature-based)的检测技术,另一种是基于异常情况(anomaly-based)的检测技术 。

### 5.4.4 漏洞检测技术

计算机网络系统安全漏洞是“不可避免”的,这是有网络系统的开放性和协议的复杂性所决定的。从网络协议到网络应用服务,从程序设计到应用软件,从系统安全配置,用户操作到安全管理等,都可能存在隐患。

1. 漏洞的定义

系统安全漏洞,也可以称为系统脆弱性,是指计算机系统在软/硬件、协议的设计、系统安全策略上存在的缺陷和不足。系统脆弱性是相对系统安全而言的,从广义的角度看,一切可能导致系统安全性受影响或破坏的因素都可以视为系统安全漏洞。安全漏洞的存在,使得非法用户可以利用这些漏洞获得某些系统权限,进而对系统执行非法操作,导致安全事件的发生,漏洞检测就是希望能防患于未然,在漏洞被利用之前能及时发现并修补之。

漏洞检测可以分为对已知漏洞的检测和对未知漏洞的检测。对已知漏洞的检测主要是通过安全扫描技术,检测系统是否存在已公布的安全漏洞;而对未知漏洞检测的主要目的在于发现软件系统中可能存在但尚未发现的漏洞。现有的未知漏洞检测技术有源代码扫描、反汇编扫描、环境错误注入等。源代码扫描和反汇编扫描都是静态的漏洞检测技术,不需要运行软件程序就可分析程序中可能存在的漏洞;而环境错误注入是一种动态的漏洞检测技术,利用可执行程序检测软件存在的漏洞,是一种比较成熟的软件漏洞检测技术。漏洞是系统的弱点,不管是软件还是硬件,每种平台都有漏洞。总之,没有绝对安全的系统。

2. 漏洞的分类

漏洞是在软/硬件、协议的具体实现或系统安全策略上存在的缺陷,它的存在,使攻击者能够在未授权的情况下访问或破坏系统。漏洞的产生有其必然性,这是因为软件的正确性通常是通过检测来保障的。“检测只能发现错误，证明错误的存在，不能证明错误的不存在。”这一断言被软件工程的实践证明无疑是正确的。软件尤其像操作系统这样的大型软件不可避免地存在着设计上的缺陷，这些缺陷反映在安全功能上便造成了系统的安全脆弱性。

漏洞的分类有很多种。不同的侧重点有不同分类方法。

1)按漏洞的成因分为设计漏洞、实现漏洞、配置漏洞。

2)按攻击方式分为黑客直接入侵攻击、黑客间接入侵攻击。

3)按攻击危险程度分为高级危险漏洞、中级危险漏洞、低级危险漏洞。

4)按攻击结果分为攻击入侵型、攻击死机型、信息泄露型。

以上这些常用的网络安全技术能在很大程度上保护目标主机的安全性和可靠性。

# 实　训

## 防病毒软件 Symantec AntiVirus 的安装与使用

实训图如图 5－3 所示。

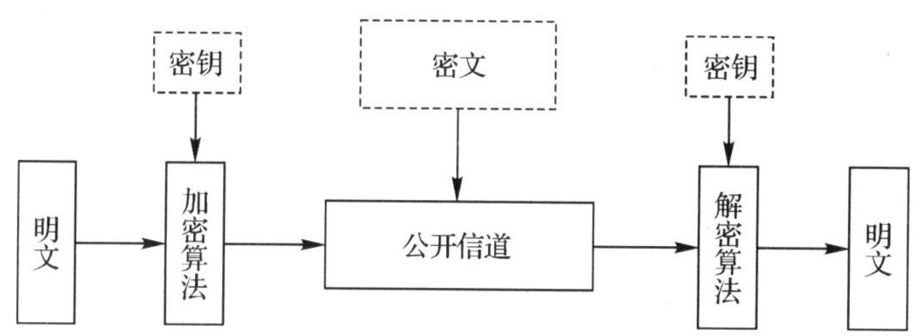


图 5－3　防病毒软件 Symantec AntiVirus 的实训图

### 1. 实训目的

学会防病毒软件 Symantec AntiVirus 的安装和使用方法。

### 2. 实训环境

主机、Symantec AntiVirus 防病毒软件。

### 3. 实训内容

(1)安装 Symantec AntiVirus 防病毒软件。

(2)利用 Symantec 系统控制台进行 Symantec AntiVirus 服务器的分装。

(3)Symantec AntiVirus 客户端的远程安装。

(4)防病毒策略的应用。

### 4. 实训步骤

(1)安装 Symantec AntiVirus 服务器。

(2)利用 Symantec 系统控制台进行服务器的分装。

(3)利用 Symantec 系统控制台进行客户端的远程安装。

(4)实施对服务器与客户端的防病毒策略。

## 习　　题

### 一、选择题

1. 对于计算机病毒的理解，人们有各种各样的说法，以下对“计算机病毒”理解正确的是(　　)。
   A. 计算机病毒是一段人为编写的具有一定的破坏性和传染性的小程序
   B. 计算机病毒就像感冒病毒一样，只是发作对象是计算机而不是人
   C. 计算机病毒是自然形成的信息，有发作的时间性
   D. 计算机病毒就是一段小程序，没有什么危害

2. 作为一名企业网的安全管理员，需要具备一些最基本的安全常识。根据你的认识，下面的说法中不正确的是(　　)。
   A. 只要安装了病毒防火墙软件就可以杀掉所有的计算机病毒了
   B. 因为木马也是一种计算机病毒，所以只要安装了防病毒软件就不必担心木马是否存活，因为防病毒软件会查杀它
   C. 注册表是主机安全防护的重点，很多病毒都是通过修改注册表来进行工作的，所以应该给注册表以严格的权限，只允许管理员修改它
   D. 虽然木马隐蔽性很好，但仍然可以通过一些木马专杀工具来查杀

3. 下列说法不正确的是(　　)。
   A. 硬件防火墙不需要软件的支持
   B. 防火墙把企业内网和外网隔离开，从而保护企业网络的安全
   C. 防火墙可以防范所有的网络攻击
   D. 防火墙可以过滤应用层数据

4. 基于主机的入侵检测系统的主要作用是(　　)。
   A. 运行在工作站上　　B. 用于主机的安全防护
   C. 运行于服务器上　　D. 用于网络的安全防护

5. 基于网络的入侵检测系统的主要作用是(　　)。
   A. 运行于独立设备　　B. 监控网络的流量和异常
   C. 监控主机的安全　　D. 进行主动防御

6. 入侵检测系统的工作流程大致包括(　　)。
   A. 信息收集　　B. 信息分析
   C. 查询攻击目标　　D. 记录、报警或有限反击

7. 入侵检测系统和防火墙的关系是(　　)。
   A. 互为补充的关系

B. 没有任何关系

C. 入侵检测系统是防火墙系统的有力补充，二者协同担当起网络安全的大任

D. 入侵检测系统为防火墙提供支撑，没有入侵检测系统就无法构建防火墙

8. VPN 与传统专线连接方式相比的优点在于(　　)。

A. 费用低　　B. 结构灵活

C. 更加简单的网络管理　　D. 拓扑结构简单

9. 属于对称加密算法的有(　　)。

A. DES　　B. AES

C. RSA　　D. IDEA

**二、简答题**

1. 为了保护局域网安全，可以采取哪些措施？

2. 包过滤防火墙和应用代理防火墙有何区别？

3. 入侵检测系统的工作原理是什么？

4. 病毒的防范有哪些措施？

# 第6章　综合布线工程

**本章导读**

综合布线系统是建筑物或建筑群内的信息传输系统，它使语音和数据通信设备、交换机设备、信息管理系统及设备控制系统、安全系统彼此相连，也使这些设备与外部通信网络相连接。随着建筑业的不断发展，楼宇的智能化要求也越来越高，综合布线的应用也越来越广泛，学习综合布线系统的基本理论和技术知识是很有必要的。

**本章要点**

- 综合布线系统设计方法
- 信息模块的制作方法
- 综合布线系统的布线方法
- 综合布线系统网络拓扑图、管线路由图等图的绘制

## 6.1　综合布线系统概述

### 6.1.1　综合布线工程概述

1. 综合布线系统的概念

综合布线系统(Premises Distribution System，PDS)是通信电缆、光缆、各种软电缆及有关连接硬件构成的通用布线系统，它能支持多种应用系统。

综合布线系统是建筑物或建筑群内的传输网络，它能使语音和数据通信设备、交换设备和其他信息管理系统彼此相连接，物理结构一般采用模块化设计和星形拓扑结构。

2. 综合布线系统的组成

综合布线系统包括六个子系统，系统结构如图6-1所示。

(1)工作区子系统

工作区子系统处在用户终端设备和水平子系统的信息插座之间，通常由连接线缆、网络跳线和适配器组成。

(2)水平子系统

水平子系统是由每个楼层配线架至工作区信息插座之间的线缆、信息插座、转接点及相应配套设施组成的系统。通常使用屏蔽双绞线(STP)和非屏蔽双绞线(UTP)，也可以根据需要选择光缆。

(3)垂直子系统

垂直子系统指每个建筑物内，由建筑物配线架至楼层配线架之间的线缆及配套设施组成

的系统，目前多使用光缆。

(4)管理子系统

管理子系统是垂直子系统和水平子系统的连接管理系统，由通信线路互连设施和设备组成，通常设置在专门为楼层服务的设备配线间内。

(5)设备间子系统

设备间子系统一般位于主机房内，由设备间的各种设备、连接电缆、连接器和相关支撑硬件组成。它是通过各种连接线把不同的设备互连起来的。

(6)建筑群子系统

建筑群子系统是指由建筑群配线架与其他建筑物配线架之间的缆线及配套设施组成的系统，它使几个建筑物内的综合布线系统形成一个统一的整体。它包括连接各建筑物之内的线缆、建筑群综合布线所需的各种硬件等。

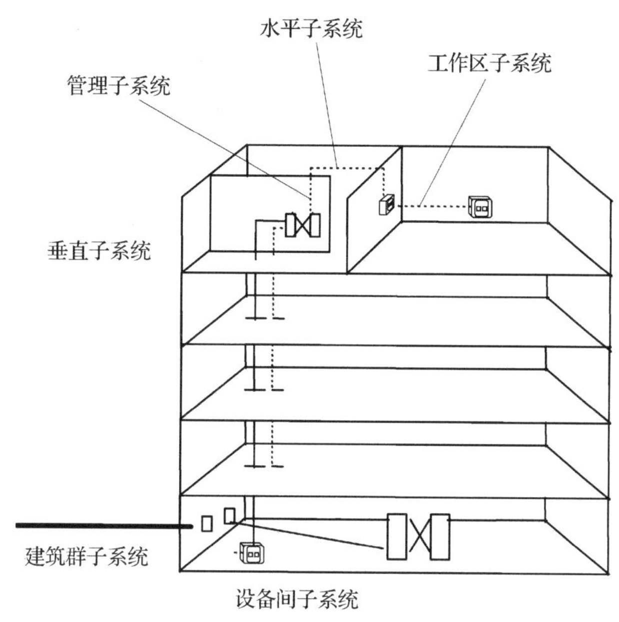


图 6－1　综合布线系统结构图

3. 综合布线的优点

(1)管理维护方便

综合布线系统采用标准化和模块化的设计，使其管理和维护工作变得更加易于实现。

(2)灵活性、适应性强

在综合布线系统中，不会因为设备的变化而改变布线系统的结构。一个信息点既可以接入电话，又可以接入计算机，可适应各种不同的局域网。

(3)利于扩充

综合布线系统采用模块化的设计和星型拓扑结构的布线方式，方便用户扩充。每个子系统都是一个独立的子系统，每个子系统的更改均不会影响其他的子系统。

(4)经济性好

一次投资建设，长期使用，维护方便，整体投资经济合理。

4. 综合布线的标准

综合布线系统标准是一个开放的系统标准，它能广泛应用。常用的综合布线系统标准主要有以下几种。

(1)国际标准

ISO/IEC 11801：国际标准于 1995 年 7 月首次发布，ISO/IEC 11801 第二版于 2002 年 8 月 13 日投票通过，于 2002 年 9 月成为正式标准。

(2) 国内标准

《建筑与建筑群综合布线系统工程设计规范》修订本(GB/T 50311—2000)。

《建筑与建筑群综合布线系统工程验收规范》修订本(GB/T 50312—2000)。

《工业企业通信设计规范》(GB J42—1981)。

《工业企业通信接地设计规范》(GB/79—1985)。

《中国电气设备安装工程施工及验收规范》(GBJ 232—1982)。

(3)美国标准

ANSI/TIA/EIA-568A：北美商业建筑通信布线标准。

ANSI/TIA/EIA-569B：由 ANSI/TIA/EIA-568A 演变而来。

(4)欧洲标准

EN50173：信息技术-通用布线系统，它与国际标准 ISO/IEC 11801 是一致的，但是比国际标准更加严格。

### 6.1.2 综合布线工具和材料

在综合布线施工过程中需要相应的工具和材料来安装施工。下面介绍一下在综合布线工程中常用的工具和材料。

1. 综合布线工具

(1)线盘

用于长距离的电源线盘接电，线盘长度有 20m，30m，50m 等型号。

(2)手电钻

手电钻适用在金属型材、木材、塑料上钻孔，是布线系统安装中经常用的工具。手电钻由电动机、电源开关、电缆、钻孔头等组成。

(3)线槽剪

线槽剪是 PVC 聚氯乙烯线槽专用剪。

(4)梯子

常用的梯子有直梯和人字梯两种。

(5)管子钳

管子钳又称管钳，是安装钢管布线的工具，用它来装卸电线管上的管箍、锁紧螺母、管子活接头、防爆活接头等。

(6)简易弯管器

综合布线工程中常自制自用这种简易弯管器，用于 25mm 以下的管子弯管。

(7)曲线锯

风线锯主要用于锯割直线和特殊的曲线切口，能锯割木材、PVC 和金属等材料。

(8)压线工具和 110 打线工具

压线工具常用来压接 RJ-45 头和 RJ11 头,它同时具有切和剥的功能,如图 6-2 所示。

110 打线工具常用于将双绞线压接到信息模块和配线架上,信息模块和配线架是采用绝缘置换连接器(IDC)和双绞线连接的。

(9)数字万用表

数字万用表主要用于综合布线系统中设备间、楼层配线间和工作区电源系统的测量,有时也用于测量双绞线的连通性。

(10)专业电缆测试工具

2. 综合布线材料

(1)钢管

钢管分为无缝钢管和焊接钢管两大类。暗敷管路系统中常用的钢管为焊接钢管。

(2)塑材管

塑材管是由树脂、稳定剂、润滑剂及添加剂配制挤塑成型。

(3)线槽

塑料线槽是综合布线工程明敷管槽时广泛使用的一种材料,它是一种带盖板封闭式的管槽材料,盖板和槽体通过卡槽合紧,品种、规格多。

(4)桥架

在综合布线工程中,桥架具有结构简单、造价低、施工方便、配线灵活等特点,因此广泛用于建筑群主干管线和建筑物内主管线的安装施工。

桥架一般为金属制作,屏蔽效果好。按照桥架的结构可以分为三种类型:梯级式桥架、托盘式桥架和槽式桥架。

(5)机柜

机柜主要安放网络设备,具有电磁屏蔽性能好,降低设备工作噪声,减小设备占地面积,以及设备安放整齐美观和便于管理维护的优点,一般将内宽为 19 in 的机柜称为标准机柜。

根据机柜外形分为立式机柜、壁挂式机柜和开放式机架三种。

(6)信息插座面板

信息插座面板用于在信息出口位置安装固定信息模块。

(7)配线架

配线架是电缆或光缆进行端接和连接的装置,在配线架上可进行互连或交接操作。它通常安装在机柜上。

## 6.2　综合布线系统设计

### 6.2.1　综合布线工程设计概述

综合布线系统设计前必须做好以下准备工作:

1)与用户配合协调,进行详细的需求分析。

2)考察布线工程现场和查看建筑图纸,掌握建筑物的整体情况。

3)掌握设计的原则、标准、方法和步骤。

4)绘制网络拓扑结构图以了解布线工程的系统结构。

5)综合考虑选择适合工程要求的、性价比高的产品。

1. 用户需求分析

综合布线系统是智能建筑的关键部分和基础设施。为了使综合布线系统更好地满足用户需求,在综合布线工程设计前,一定要对智能化建筑的用户信息需求进行详细的分析。

(1)用户需求调研

用户需求调研的目的是从用户的网络需求出发,通过对建设方现场实地调研,了解用户的要求、现场的地理环境、网络应用及工程投资等情况,使布线工程设计方获得对整个工程的总体认识,为系统总体规划设计打下基础。把用户方的需求归纳为以下几个方面。

1)网络延迟与可预测响应时间。

2)可靠性/可用性。

3)伸缩性。网络系统能否适应用户不断增长的需求。

4)安全性。保护用户信息和物理资源的完整性,包括数据备份、灾难恢复等。

(2)综合布线工程调查

综合布线工程调查主要是了解建设方建筑楼群的地理环境、建筑楼内的布线环境,由此来确定网络的物理拓扑结构、综合布线系统材料预算等。主要包括以下几项内容:

1)用户方信息点的数量及其位置。

2)建筑楼内局域网布线规划。

(3)前期培训工作

需求分析离不开用户的参与。一般企业、政府、学校都有负责信息化建设的部门或信息技术专门人员,如果没有,设计方就要用较短的时间对建设方指定的工程人员进行网络工程相关知识的培训。有了建设方信息技术人员的参与,双方才能建立交流的基础。

(4)综合布线系统需求

通过对建设方实施综合布线系统的相关建筑物进行实地考察,由建设方提供建筑工程图,从而了解相关建筑结构,分析施工,难易程度,并估算大致费用。需了解的其他数据包括中心机房的位置、信息点数、信息点与中心机房的最远距离、电力系统状况、建筑楼情况等。综合布线系统需求分析主要包括以下三个方面:

1)根据造价、建筑物距离和带宽要求确定光缆的芯数和种类。

2)根据用户方建筑楼群间距离、马路隔离情况、电线杆、地沟和道路状况,建筑楼群间光缆的敷设方式可分为架空、直埋或是地下管道敷设等。

3)对各建筑楼的信息点数进行统计,用以确定室内布线方式和配线间的位置。建筑物楼层较低、规模较小、点数不多时,只要所有的信息点距设备间的距离均在 90m 以内,信息点布线可直通配线间。建筑物楼层较高、规模较大、点数较多时,即有些信息点距主配线间的距离超过 90m 时,可采用信息点到中间配线间、中间配线间到主配线间的分布式综合布线系统。

2. 综合布线系统的三个设计等级

为了使智能建筑与智能建筑园区的工程设计具体化,根据实际需要,将综合布线系统分为以下三个设计等级。

(1) 基本型

基本型适用于综合布线系统中配置标准较低的场合,用铜芯电缆组网。

基本型系统配置如下：

1)每个工作区有一个信息插座。

2)每个工作区的配线电缆为一条 4 对双绞线，引至楼层配线架。

3)完全采用夹接式交接硬件。

4)每个工作区的干线电缆(楼层配线架至设备间总配线架电线)至少有 2 对双绞线。

(2) 增强型

增强型适用于综合布线系统中中等配置标准的场合，用铜芯电缆组网。

增强型系统配置：

1)每个工作区有两个以上信息插座。

2)每个工作区的配线电缆均为一条独立的 4 对双绞线，引至楼层配线架。

3)采用夹接式(110A 系列)或接插式(110P 系列)交接硬件。

4)每个工作区的干线电缆(即楼层配线架至设备间总配线架)至少有 3 对双绞线。

(3) 综合型

综合型适用于综合布线系统中配置标准较高的场合，用光缆和铜芯电缆混合组网。

综合型系统配置：

1)在基本型和增强型综合布线系统的基础上增设光缆系统。

2)在每个基本型工作区的干线电缆中至少配有 2 对双绞线。

3)在每个增强型工作区的干线电缆中至少有 3 对双绞线。

综合布线系统应能满足所支持的数据系统的传输速率要求，并应选用相应等级的传输缆线和设备。所有基本型、增强型、综合型综合布线系统都能支持语音、数据、图像等系统，能随工程的需要转向更高功能的布线系统。它们之间的主要区别在于支持语音和数据服务所采用的方式以及在移动和重新布局时实施线路管理的灵活性。

3. 总体设计

综合布线系统的设计要从整体上来考虑，事先了解项目需求和具体情况，包括布线工程设计的信息点数目、楼层分布、终端设备、数据通信、拓扑结构、介质选择等情况，从而确定最终的布线工程方案、选用的产品类型和布线工程的实施细节。

设计合理的系统一般有 7 个步骤：

1)分析用户需求。

2)获取建筑物平面图。

3)系统结构设计。

4)布线路由设计。

5)技术方案论证。

6)绘制综合布线施工图。

7)编制综合布线用料清单。

4. 详细设计

(1)工作区子系统的设计

工作区子系统是一个从信息插座延伸至终端设备的区域。工作区布线要求相对简单，以便移动、添加和变更设备。它包括信息插座、信息模块、网卡和连接所需的跳线，如图 6 - 2 所示。

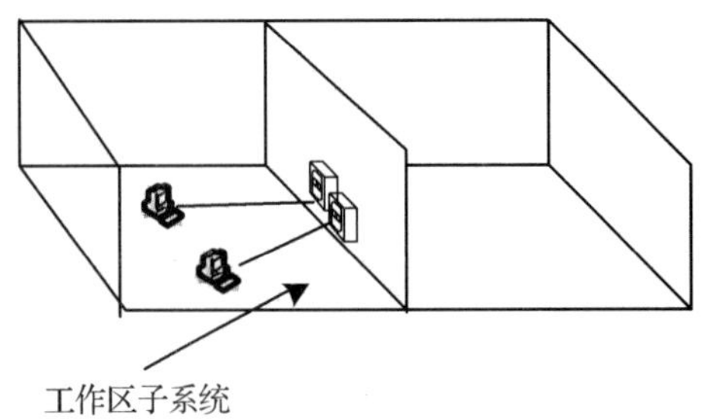


图 6-2　工作区子系统

1)工作区子系统设计要点：

①线槽铺设合理、美观。

②信息插座与电源插座应保持 30～150 cm 的距离。

③信息插座要设计在距离地面 30 cm 以上(与电源插座保持水平)。

④信息插座与计算机设备的距离保持在 5 m 范围内。

⑤计算所有工作区所需的信息模块、底盒、面板的数量。

2)计算 RJ-45 接头的数量计算公式为

$$m = n\times4+n\times4\times15\%$$

式中：$m$——RJ-45 接头的总需求量；

$n$——信息点的总量；

$n\times4\times15\%$——留有的富余量。

3)计算信息模块的用量：

$$m=n+n\times3\%$$

式中：$m$——信息模块的总需求量；

$n$——信息点的总量；

$n\times3\%$——富余量。

(2)水平子系统的设计

水平干线子系统是由楼层配线架到信息插座的线缆和工作区用的信息插座等组成。它的布线涉及水平子系统的传输介质和部件集成，如图 6-3 所示。

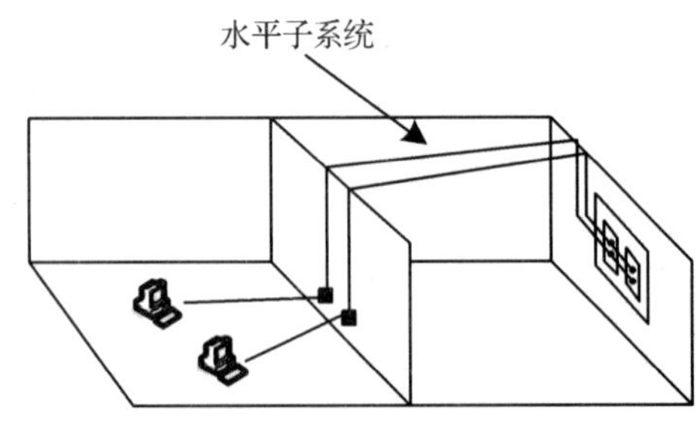


图 6-3　水平子系统

1)主要设计内容：

①确定线路走向。

②确定线缆、槽、管的数量和类型。

③确定电缆的类型和长度。

④订购电缆和线槽。

2)确定电缆的用量:

整幢楼的用线量＝每层楼用线量的总和

即

$$W = \sum MC$$

式中:$M$——楼层数;

$C$——每层楼用线量

$$C=[0.55\times(L+S)+6]\times n$$

式中:$L$——楼层离管理间最远的信息点距离;

$S$——楼层离管理间最近的信息点距离;

$n$——楼层的信息插座总数;

0.55——备用系数;

6——端接容差。

此公式计算出来的单位是 m ,我们购买时是以箱计算的,一箱是 305 m。

电缆订购数＝$W$/305(箱),不够一箱按一箱计算。

(3)管理和设备间子系统的设计

管理子系统由交连/互连的配线架、信息插座式配线架以及相关跳线和管理标志组成。管理点为连接其他子系统提供连接手段。交连和互连允许将通信线路定位或重新定位到建筑物的不同部分,以便能更容易地管理通信线路,如图 6－4 所示。

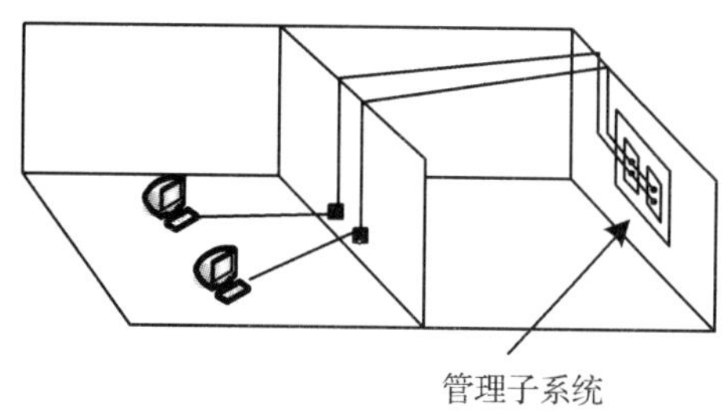


图 6－4　管理子系统

管理子系统的工作区域分布在楼层配线间、管理间或工作区,一般有机柜、楼层交换机、配线架和电源等设备。

机柜中安装配线架,水平子系统的双绞线全部都接在配线架模块的后面,利用双绞线跳线将各个信息点的计算机与设备连接。

设备间子系统是由电缆、连接器和相关支撑硬件组成。设备间的主要设备包括数字程控交换机、计算机和 UPS(不间断电源)等。

通常情况下,每层楼都应设立一个管理间用来管理该层的信息点,而整个建筑物内设立一个设备间用于放置和管理网络核心设备。如果是用户数量不多、规模不大的布线工程,也可以将管理间和设备间合二为一。

设备间的位置选取最好靠近电信公用网的位置,并且离电梯要近,方便设备的搬运。

(4)垂直干线子系统的设计

垂直干线子系统是通过建筑物内部的传输电缆,把各个接线间的信号传送到设备间,直到传送到最终接口,再通往外部网络。它必须满足当前的需要,又要适应今后的发展。

垂直干线子系统包括:

1)供各条干线接线间之间的电缆走线用的竖向或横向通道。

2)主设备间与计算机中心间的电缆。

设计时要考虑以下几点:

1)确定每层楼的干线要求。

2)确定整座楼的干线要求。

3)确定从楼层到设备间的干线电缆路由。

4)确定干线接线间的接合方法。

5)选定干线电缆的长度。

6)确定敷设附加横向电缆时的支撑结构。

确定从管理间到设备间的干线路由,应选择干线段最短、最安全经济的路由。

(5)建筑群干线子系统的设计

建筑群干线子系统是指由连接各个建筑物之间的传输介质和各种支持设备组成的综合布线系统。建筑群干线子系统是智能化建筑群的主干传输线路,它的设计好坏、技术性能的优劣和工程质量的高低都直接影响到综合布线系统的服务效果的好坏,在设计中要高度重视。

### 6.2.2 防护系统设计

综合布线系统是智能建筑的重要组成部分,与传统布线相比,其主要优势表现为兼容性、开放性、灵活性、可靠性、先进性和经济性等方面,它既能使语音、数据、图像设备和交换设备与其他信息管理系统相互连接,也能使这些设备与外部通信网络相连接。而综合布线电气保护的目的是减少电气故障对综合布线的电缆和相关连接的硬件的损坏,也同时避免终端设备或器件的损坏,保障系统的正常运行。

综合布线系统要求电源安全、可靠,容量能满足系统满负荷运行的要求。综合布线系统供电宜采用直接供电与UPS结合方式,以确保网络的可靠运行,不能仅仅使用移动电源或临时电源。电源设计和布线要与网络设计和布线同时考虑,在设计和施工时要考虑到电磁屏蔽,避免强电源对网络的干扰。网络设备要有充分的安全接地保护和防雷设计。

*1. 布线系统的电源设计*

综合布线系统工程除网络系统本身设计外,尚有其他部分设计,它们都是工程设计的组成部分。其中包括电源设计,根据综合布线系统设计的要求,要对配电模式、不间断电源、接地和信号线防干扰等问题进行设计,从而优化布置和配线,保障了供电可靠、用电安全和各种信号线传输质量,消除了失电、漏电、干扰及火灾隐患。

电源是综合布线系统设备间和各个机房的主要动力。电源的供电质量和安全可靠程度直接影响智能化建筑中各种设备的正常运行。综合布线电力系统包括计算机配电系统、网络设备配电系统、辅助设备系统及市电辅助系统。

在智能化建筑中,综合布线系统与程控用户电话交换机和计算机主机等机房的供电方式应统一进行设计，以便节省设备和投资，有利于维护管理。

2. UPS 系统的设计

建筑智能化系统的有效工作依赖于正常供电，要保证机房不停电的解决办法通常有两种：一种是在前端交流电源引入两路市电，有条件时可加设发电机，成为多路供电，提高供电可靠性；另外一种是在机房里设不间断电源（UPS），附设一定的直流电池组作为后备电源。

UPS 即不间断电源，它是一种含有储能装置、以逆变器为主要组成部分的恒压、恒频的电源设备，是一种集电力技术、控制技术和信号检测及通信技术于一身的高科技电源设备，是通信设备、计算机系统、计算机网络系统或其他电力电子设备等不得断电的系统不可缺少的外围设备，它的作用是在外界中断供电的情况下，及时给计算机等设备供电，以免影响通信的中断、重要数据的丢失和硬件的损坏。

机房计算机设备包括计算机主机、服务器、网络设备、通信设备等，由于这些设备进行数据的实时处理与实时传递，关系重大，所以对电源的质量与可靠性的要求最高。设计中采用电源由市电供电加备用供电这种运行方式，以保障电源可靠性的要求；系统中同时考虑采用 UPS，最大限度满足机房计算机设备对供电电源质量的要求。

3. 防护系统的设计

综合布线系统采用防护措施的目的主要是防止外来电磁干扰和向外产生的电磁辐射。外来电磁干扰直接影响综合布线系统的正常运行，向外产生的电磁辐射则是综合布线系统传递信息时产生泄漏的主要原因。为此我们在综合布线系统工程设计和施工时必须根据智能化建筑所在环境的具体情况和建设单位的要求，认真调查研究，选用合适的防护措施。防护设计是综合布线系统工程设计的组成部分，主要包括各种缆线及布线部件的选用和接地系统设计两部分。

（1）电磁屏蔽保护

对于通过空间直接辐射的电磁干扰，其主要防护手段是在电磁场传递的途径中安设电磁屏蔽装置，把有害的电磁场强度降低至允许范围以内。

当综合布线环境极为恶劣，电磁干扰强，信息传输率又高时，可直接采用光缆，以满足电磁兼容性的需求。

综合布线系统采用屏蔽系统时，应有良好的接地系统，且每一层的配线柜都应采用适当截面的导线单独布线至接地体，也可采用竖井内集中用铜排或粗铜线引到接地体。

（2）电气保护

综合布线的电气保护主要分为过压保护和过流保护两种，这些保护装置通常安装在建筑物入口的专用房间或墙面上室外电缆进入建筑物时，通常在入口处经过一次转接进入室内，在转接处应加装电气保护设备，这样可以避免因电缆受到雷击产生感应电势或与电力线路接触而给用户设备带来损坏。

综合布线系统的电气保护对于系统安全可靠运行起着重要作用。只有精心设计，精心施工，才能使电气保护系统满足规范要求和设备要求，保证综合布线系统的正常工作。

（3）防火保护

智能化建筑中的防火问题是极为重要的，在综合布线系统工程设计中，应注意的是通道的防火措施，其中主要有缆线的选用和有关环境的保护。

4. 接地系统的设计

综合布线电缆和相关连接硬件接地是提高应用系统可靠性、抑制噪声、保障安全的重要手段。因此设计人员、施工人员在进行布线设计施工前，都必须对所有设备，特别是应用系统设备的接地要求进行认真研究，弄清接地要求以及各类地线之间的关系。如果接地系统处理不当，将会影响系统设备的稳定性，引起故障，甚至会烧毁系统设备，危害操作人员生命安全。

根据国际《电子计算机房设计规范》(GB 50174—1993)，交流工作地、直流工作地、保护地、防雷地宜共用一组接地装置，其接地电阻按其中最小值要求确定。如果计算机系统直流地与其他地线分开接地，则两地极间应间隔 25 m。

### 6.2.3 综合布线系统设计方案

综合布线系统设计方案是综合布线系统的指导性技术文件，设计方案首先确定系统的拓扑结构，然后说明设计依据的标准和技术规范，确定信息类型和数量，选择布线产品，设计各子系统的内容，预算材料和工程费用。

综合布线设计要充分满足用户功能上的需求，本着结构合理、高效低成本、用户至上的原则，结构和性能上都留有余量和升级空间，而且要遵循业界先进的标准。

一般地，综合布线系统设计方案包括以下基本内容。

1. 前言

客户的单位名称、工程名称、设计单位名称、设计意义、设计内容概要等。

2. 定义与惯用语

对设计中用到的综合布线系统通用术语、自定义的惯用语做出解释。

3. 综合布线系统概念

综合布线系统的六个子系统的具体内容。

4. 综合布线系统设计

1)工作区子系统设计：描述工作区的器件选配和用量统计。

2)水平子系统设计：水平子系统设计应包含信息点需求、信息插座设计和水平电缆设计三部分。

3)垂直干线子系统设计：描述垂直主干的器件选配和用量统计以及主干编号规则。

4)管理子系统设计：描述该布线系统中每个配线架的位置、用途、器件选配、数量统计和各配线架的电缆卡接位置图。

5)设备子系统设计：包括设备间机柜、电源、跳线、接地系统等内容。

6)建筑群系统设计。

5. 综合布线系统施工方案

阐述总的槽道铺设方案，而不是指导施工，因此不包括管槽的规格，另有专门的给施工方的文档用于指导施工。

6. 系统使用的维护管理。

布线系统竣工交付使用后，移交给甲方的技术资料。

7. 验收测试/售后服务

对测试链路模型、所选用的测试标准和电缆类型、测试指标和测试仪器做出界定，对用户的培训计划，售后服务方式及质量保证期。

8. 材料预算和工程费用清单。

综合布线工程材料总清单及费用。

9. 工程设计/施工图纸

图纸目录、图纸说明、系统图和各层平面图；施工组织管理图。

## 6.3　综合布线工程的施工

### 6.3.1　工程施工的基本要求

综合布线工程安装施工应把握以下基本要求：

1) 新建或扩建的建筑物的综合布线工程的安装施工，必须严格按照《建筑与建筑群综合布线系统工程验收规范》(GB/T 50312—2000)中的有关规定进行。

2) 不同规模的综合布线工程，既有建筑物内的布线系统，又有建筑群间的布线系统。

综合布线工程中所用的缆线、布线部件应符合国家通信行业标准《大楼通信综合布线系统第1～3部分》[YD/T 926.1～3(2001)]等规范或设计文件的规定。

综合布线是一项系统工程，必须针对工程特点，制定规范的组织机构，保障施工顺利进行。

必须加强施工质量管理。施工单位必须按照《建筑与建筑群综合布线系统工程验收规范》，进行工程的自检、互检和随工检查。

施工过程要按照统一的管理标识。

### 6.3.2　施工准备

1. 熟悉工程设计和施工图纸

施工单位应详细阅读工程设计文件和施工图纸，了解设计内容及设计意图，明确工程所采用的设备和材料，明确图纸所提出的施工要求。

2. 编制施工方案

施工方案编制原则：坚持统一计划的原则，认真做好综合平衡，切合实际，留有余地，坚持施工工序，注意施工的连续性和均衡性。

施工方案编制依据：工程合同要求，施工图、工程概预算和施工组织计划，人力资源等条件。

施工组织机构编制方法：计划安排主要采用分工序施工作业法，根据施工情况分阶段进行，合理安排交叉作业，提高工效。

3. 施工场地的准备

管槽加工制作地、物品材料仓库和施工现场办公室的准备。

4. 施工工具准备

室外沟槽施工工具、线槽、线管和桥架施工工具、线缆敷设工具和线缆测试工具准备。

5. 施工环境检查

设备间、配线间检查，管路系统检查。

6. 器材检验

型材、管材与铁件的检验,电缆、光缆的检验。

### 6.3.3 信息模块和配线架端接

信息模块的引针与电缆连接有两种方式,即按照 T568B 标准接线和按照 T568A 标准接线。在同一个布线工程中,一般只能使用一种连接方式。

1. 信息模块端接

每一个信息点都需要使用一个信息模块,用于连接用户计算机。

信息插座与模块嵌套在一起的,埋在墙中的网线是通过信息模块与外部网线进行连接。墙内铺设的网线与信息模块的连接是通过把网线的八条芯线按规定卡入信息模块的对应线槽中而实现的。网线的卡入需要一种专用的打线工具,称为打线钳,如图 6-5 所示。

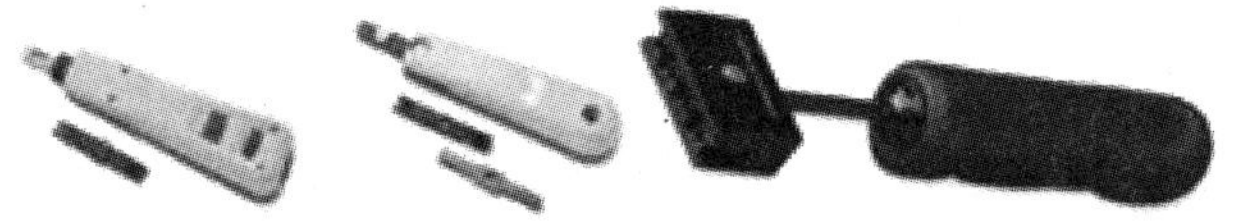

图 6-5 各类打线钳

综合布线信息模块品种比较多,信息插座应在内部做固定线连接。信息插座的核心是模块化插座与插头的紧密配合。双绞线在与信息插座和插头连接时,必须按色标和线对顺序进行卡接。

信息插座在正常情况下具有较小的衰减和近端串扰以及插入电阻。如果连接不好,可能要增加链路衰减及近端串扰。因此,安装和维护的综合布线工程人员必须进行严格培训,才能掌握安装技术。

(1)安装要求

1)信息插座应牢靠地安装在平坦的地方,外面有盖板。安装在活动地板或地面上的信息插座,应固定在接线盒内。插座面板有直立和水平等形式,接线盒有开启口,可防尘。

2)安装在墙体上的插座,应高出地面 30 cm,若地面采用活动地板时,应加上活动地板内净高尺寸。固定螺钉需拧紧,不应有松动现象。

3)信息插座应有标签,以颜色、图形、文字表示所接终端设备的类型。

(2)信息模块端接方法

信息插座分为单孔和双孔,每孔都有一个 8 位/8 路插针。这种插座的高性能、小尺寸及模块化特点,为设计综合布线提供了灵活性。它采用了标明多种不同颜色电缆所连接的终端,保证了快速、准确的安装,如图 6-6 所示。

1)从信息插座底盒孔中将双绞电缆拉出 20～30 cm。

2)用环切器或斜口钳从双绞电缆剥除 10 cm 的外护套。

3)取出信息模块,根据模块的色标分别把双绞线的 4 对线缆压到合适的插槽中。

4)使用打线工具把线缆压入插槽中,并切断伸出的余缆。

5)将制作好的信息模块扣入信息面板上,注意模块的上下方向。

6)将装有信息模块的面板放到墙上,用螺钉固定在底盒上。

7)为信息插座标上标签,标明所接终端类型和序号。

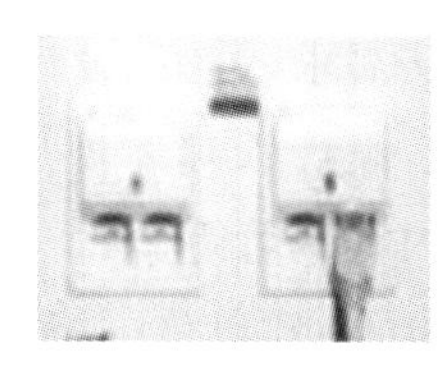
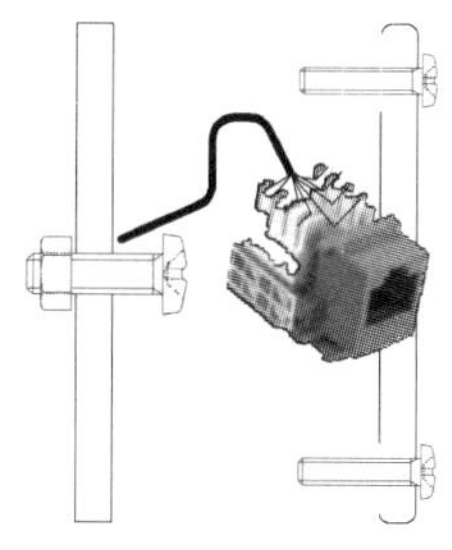

图 6-6　信息模块及端接

2. 配线架端接

下面以超五类模块化配线架为例讲述端接的具体过程，如图 6-7 所示。

1）先把配线架按顺序依次固定在标准机柜的垂直滑轨上，用螺钉上紧，每个配线架需配有 1 个 19U 的配线管理架。在端接线对之前，首先要整理线缆。用带子将线缆缠绕在配线板的导入边缘上，最好是将线缆缠绕固定在垂直通道的挂架上，这可保证在电缆移动期间避免线对的变形。

2）从右到左穿过线缆，并按背面数字的顺序端接线缆。

3）对每条线缆，切去所需长度的外皮，以便进行线对的端接。

4）对于每一组连接块，设置线缆通过末端的保持器（或用扎带扎紧），这使得线对在电缆移动时不变形。

5）当弯曲线对时，要保持合适的张力，以防毁坏单个的线对。

6）线对要正确地安置到连接块的分开点上。这对于保证线缆的传输性能是很重要的。

7）开始把线对按顺序依次放到配线板背面的索引条中。

8）使用打线工具将线对压入配线模块并将伸出的导线头切断。

9）将标签插到配线模块中，以标记此区域。

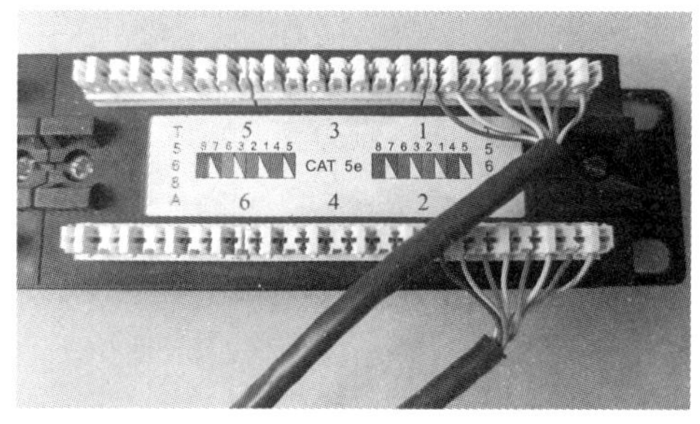


图 6-7　配线架端接

# 6.4　综合布线工程项目管理

## 6.4.1　综合布线工程的组织管理

1. 工程管理

综合布线的工程管理需要完成从技术与施工设计、设备供货、安装调试验收到交付的全程服务，并能在进程和投资上进行有效的管理。

设计管理强调对整体综合布线技术从需求、方案、设计到具体实施中所出现的问题进行解决，大量涉及合同中产品数量、型号，因此，设计管理体现出对产品质量、费用控制、信息管理、合同管理、技术培训、技术交流和维护等内容的管理。

现场施工管理是综合布线系统与机电、土建单位联络的主要方式，重点做好安全工作。

为了更好地控制工程质量，要严格按照 ISO 9001 质量标准实施工程管理，在工程设计、进货及送货管理、施工控制、安装调度等方面有一个全面、严格的质量管理方法和手段，来确保工程质量。

2. 工程管理机构

根据综合布线工程特点和要求，设立相应的职能部门及管理机构。主要管理机构如下：

(1)工程总负责人

工程总负责人负责工程的全面质量，监控整个工程的过程，并对重大问题做出决策。

(2)项目管理部

项目管理部为项目管理的最高职能机构，由项目承包项目管理部负责，办公室协助。

(3)项目经理部

项目经理部负责项目的所有设计、施工、测试和维护等工作。

### 6.4.2 综合布线工程的施工管理

1. 现场管理措施

工程质量要求高、工期紧，为确保该项工程优质安全地按计划完工，应该在领导力量配置、施工队伍选择、设备和材料采购及施工计划安排等方面做出相应规定。

1)加强组织领导。

2)加强施工计划安排。

3)加强材料管理。

4)加强安全管理。

5)加强用电和高空作业管理。

2. 现场施工要求

综合布线工程施工包括以下几个方面：

(1)图纸会审

认真做好图纸会审工作，对于减少施工图中的差错，保证和提高工程质量有非常重要的作用。

(2)施工管理

布线工程施工中坚持质量第一，确保安全施工，按计划和基建施工配合。编制现场施工管理文件和绘制综合布线施工图，根据具体项目布线系统的施工规模和工期调配好施工步骤，注意与承包方、装修方等的配合，以保证整个工程的顺利进行。

3. 质量保证措施

一个好的布线系统除需要有好的系统设计外，安装和管理都很重要，布线时每个工序都要注意，需要有专业技术人员来做，才可以保证整个布线系统的质量。做到以下几点：

1)重视质量检查。

2)严格按图纸施工。

3)全面质量管理体制。

4)建立技术岗位责任制。

5)做好施工记录。

6)严格材料管理。

7)做好技术资料和文档工作。

4. 安全保证措施

1)安全制度:项目经理是安全工作的第一责任者,现场设专职安全管理员来加强现场安全生产的监督检查。

2)安全计划:现场施工安全管理员应训练和指导施工人员进行安全保护。

3)安全责任制。

5. 成本控制措施

(1)施工前计划

1)制定实际合理且可行的施工方案,拟定技术员组织措施。

2)组织签订合理的工程合同与材料合同。

3)做好项目成本计划。

(2) 施工过程中的控制

1)降低材料成本。

2)节约现场管理费。

(3)工程实施完成的总结分析

工程实施完成后的总结分析是在坚持综合分析的基础上,及时检查、分析、修正和补充,以达到控制成本和提高效益的目标。

## 6.5　综合布线工程测试与验收

### 6.5.1　综合布线工程测试技术

综合布线工程完成以后,下一步工作就是对整个布线系统进行测试和验收。

综合布线工程的测试和验收工作对于保证网络的应用需求十分重要。下面来介绍工程测试和验收的内容。

1. 测试类型

布线测试可分为验证测试和认证测试。

(1)验证测试

电缆的验证测试是测试电缆的基本安装情况。它是边施工边测试,以便及时发现并纠正问题。局域网的安装是从电缆开始的,绝大多数的网络故障和电缆有关,因此要特别重视电缆的安装。

验证测试是要测试接线图和线缆长度等,因此不需要复杂的测试仪。

(2)认证测试

认证测试是测试工作中最重要的环节,是在工程验收时对布线系统的安装、电气特性、传输性能等的全面检验,是评价综合布线工程质量的科学手段。

认证测试指电缆除了正确的连接外,还要满足有关的标准,即安装好的电缆的电气参数是否达到有关规定所要求的指标。这类测试仪有 FLUKE 公司的电缆测试仪,如图 6-8 和图 6-9所示。

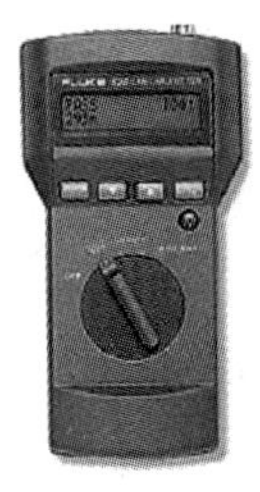

图 6-8 FLUKE 电缆认证测试仪

图 6-9 FLUKE 局域网电缆测

2. 测试标准

国际标准化委员会 ISO/IEC 推出的布线测试标准有 ISO/IEC 11801—1995,ISO/IEC 11801—2000,ISO/IEC 11801—2002,其中 ISO/IEC 11801—2002 和 ANSI/TIA/EIA 568-B 已非常接近。

目前,常用的测试标准为美国国家标准协会 EIA/TIA 制定的 TSB-67,EIA/TIA-567A 等。

TSB-67 包含了验证 EIA/TIA-567 标准定义的 UTP 布线中的电缆与连接硬件的规范。

随着超 5 类、6 类系统标准制定和推广,EIA567 和 TSB-67 标准中已提供了超 5 类、6 类系统的测试标准。

我国于 2000 年推出《建筑与建筑群综合布线系统工程验收规范》(GB/T 50312—2000),该标准只制定到了 5 类综合布线工程施工及验收,6 类数据电缆产品标准(YD/7 1019—2001)于 2001 年 10 月才公布实施。

3. 测试内容

综合布线工程测试内容主要包括三个方面:工作区到设备间的连通状况测试、主干线连通状况测试、跳线测试。每项测试内容主要测试以下参数:信息传输速率、衰减、距离、接线图、近端串扰等。

### 6.5.2 综合布线系统工程的验收

综合布线系统工程的验收规范已经颁布,验收依据主要参照中华人民共和国国家标准《建筑与建筑群综合布线系统工程施工及验收规范》(GB/T 50312—2000)中描述的项目和测试过程进行,但具体综合布线系统工程的验收还应严格按下列原则和验收项目内容办理:

1)综合布线系统工程应按《大楼通信综合布线系统》(YD/T 926.1—1997)中规定的链路性能要求进行验收。

2)工程竣工验收项目的内容和方法应按《建筑与建筑群综合布线系统工程验收规范》(GB/T 50312—2000)的规定执行。

3)综合布线系统缆线链路的电气性能验收测试应按《综合布线系统电气特性通用测试方法》(YD/T 1013—1999)中的规定办理。

4)综合布线系统工程的验收除应符合上述规范外,还应符合我国现行的《本地网通信线路工程验收规范》(YD 5051—1997)和《通信管道工程施工及验收技术规范　修订本》(YD J39—1997)中相关的规定。

5)在综合布线系统的施工和验收中,如遇到上述各种规范未包括的技术标准和技术要求,为了保证验收,可按有关设计规范和设计文件的要求办理。

对综合布线系统的验收是设计方向建设方移交的正式手续。工程测试和验收是指根据工程的具体情况制定验收的内容,并且按照标准的要求对每一布线链路进行性能测试。

## 6.6　综合布线系统绘图软件

### 6.6.1　Visio 2010 简介

Visio 是 Microsoft Office 家族成员,是一套易学易用的图形处理软件,Visio 能够使专业人员和管理人员快捷、灵活地制作各种建筑平面图、管理机构图、网络布线图、机械设计图、工程流程图、审计图及电路图等。同时,Visio 还提供了对 Web 页面的支持,用户可轻松地将所制作的绘图发布到 Web 页面上。此外,用户可在 Visio 用户界面中直接对其他应用程序文件进行编辑和修改。Visio 2010 界面如图 6 - 10 所示。

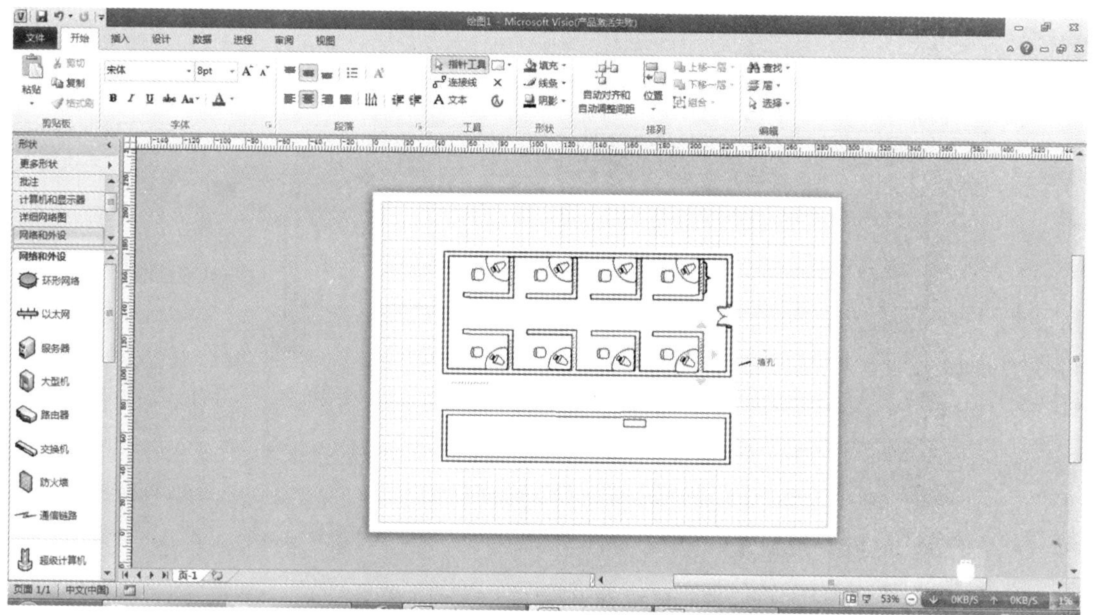


图 6 - 10　Visio 2010 界面

在任务窗格视图中，用鼠标单击某个类型的某个模板，即会自动产生一个新的绘图文档，文档的左边“形状”栏显示出极可能用到的各种图表元素——符号。

### 6.6.2 Visio 2010 绘图

综合布线工程设计中，常用 Visio 绘制机架图、布线设计图、建筑物平面图等。图 6-11 所示为机房机架图，图 6-12 所示为建筑物平面图，图 6-13 所示为布线设计图。

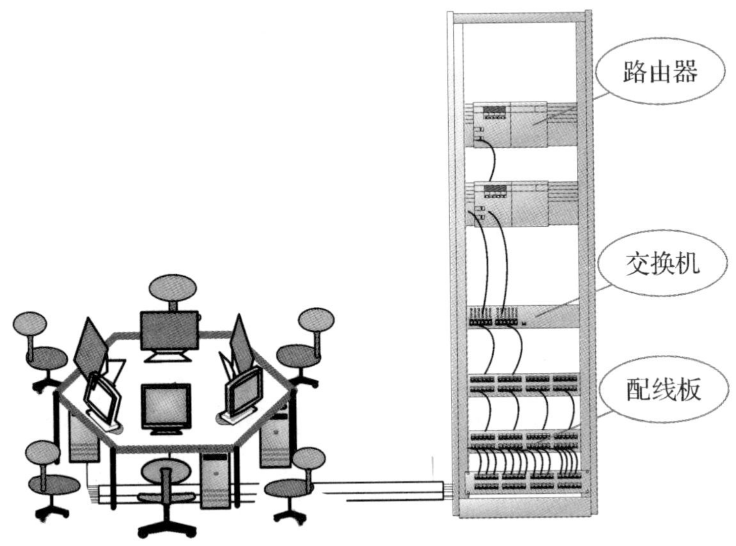


图 6-11 机架图

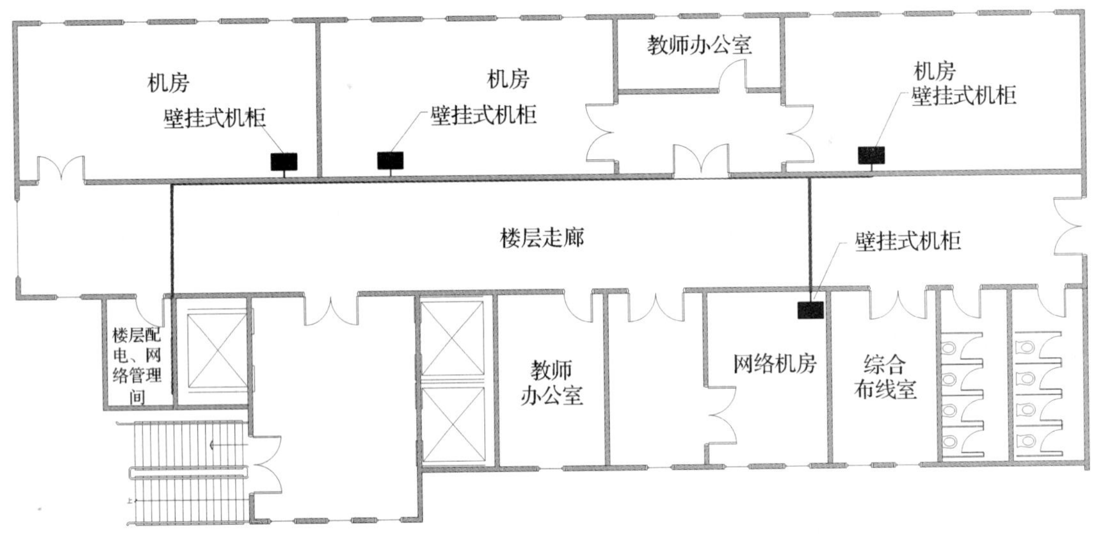


图 6-12 建筑物平面图

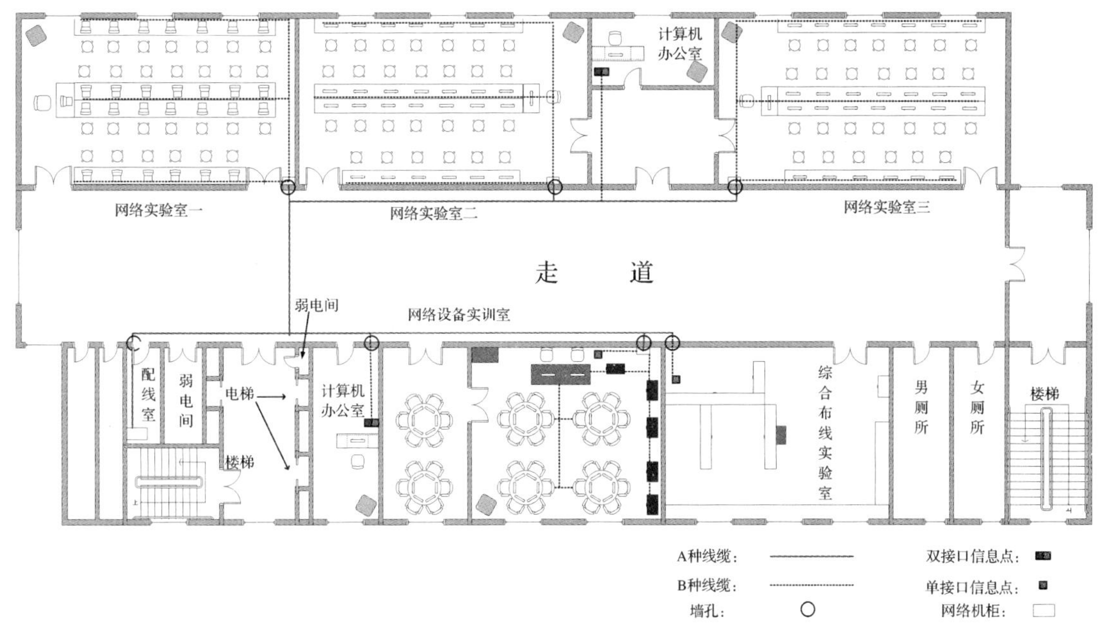


图 6-13　布线设计图

# 实　　训

## 实训一　认识布线器材与布线工具

### 1. 实训目的

通过实训认识综合布线工程中常用布线材料的品种与规格，并在工程中正确选购使用。

### 2. 实训内容

(1)通过上网、上书店或图书馆查询资料等方式，了解布线器材与布线工具。
(2)如有条件，可以进行实物演示和实地参观。

### 3. 实训环境

布线实验室、网络综合布线工地。

### 4. 实训步骤

(1)让学生上“千家综合布线网”了解综合布线行业的情况。
(2)查询“布线器材”和“布线工具”，对它们的功能和性能有所了解。
(3)在网络实训室演示以下材料：
1)STP 和 UTP 双绞线：在综合布线工程中最常用的有线通信传输介质，它由两根具有绝缘保护层的铜导线组成。

2)单模和多模光纤,室内与室外光纤,单芯与多芯光纤。

光纤电缆是由一捆光导纤维组成,光导纤维是一种传输光束的细而柔韧的媒质(光纤)。光纤是数据传输中最高效的一种传输介质。

3)信息模块和免打信息模块、24 口配线架。

4)ST 头、SC 头、光纤耦合器、光纤终端盒、光纤收发器等。

5)镀锌线槽及配件(水平三通、弯通、上垂直三通等)、PVC 线槽及配件(阴角、阳角等)、管、梯形桥架。

6)立式机柜、壁挂式机柜。

7)防蜡管、膨胀栓、标记笔、捆扎带、木螺钉、膨胀胶等。

(4)到网络综合布线工地参观,认识以上材料在工程中的使用。

## 实训二 Visio 2010 绘制建筑平面图和布线设计图

### 1. 实训目的

使用 Visio 软件学会系统路由结构图的绘制。

### 2. 实训内容

(1)熟悉 Visio 2010 绘图软件。

(2)绘制建筑平面图和布线设计图。

### 3. 实训环境

装有 Visio 2010 软件的计算机实验室。

### 4. 实训步骤

(1)打开 Visio 2010,在 Visio 界面中选择“建筑设计图”→“平面布置图”。

(2)先布置后绘制。

(3)先将楼层分配好,然后绘制图形单元。

(4)可以直接使用图形元素,运用翻转的方法将其分配到相应的楼层中。

(5)用绘图中的线条工具将各个图形单元连接起来。

(6)使用文本工具将文字写到相应的图形位置中。

## 习　　题

### 一、选择题

1. 智能建筑是多学科跨行业的系统技术与工程,它是现代高新技术的结晶,是建筑艺术与(　　)相结合的产物。

   A. 计算机技术　　　　B. 科学技术

C. 信息技术　　D. 通信技术

2. 综合布线采用模块化的结构，按各模块的作用，可把综合布线划分为(　　)。

A. 3 个部分　　B. 4 个部分

C. 5 个部分　　D. 6 个部分

3. 以太网 100BASE-TX 标准规定的传输介质是(　　)。

A. 3 类 UTP　　B. 5 类 UTP

C. 单模光纤　　D. 多模光纤

4. 综合布线一般采用什么类型的拓扑结构？(　　)

A. 总线型　　B. 扩展树型

C. 环型　　D. 分层星型

5. 机柜外形可分为立式、挂墙式和(　　)。

A. 落地式　　B. 便携式

C. 开放式　　D. 简易式

6. 下列哪项不是综合布线系统工程中，用户需求分析必须遵循的基本要求？(　　)

A. 确定工作区数量和性质

B. 主要考虑近期需求，兼顾长远发展需要

C. 制定详细的设计方案

D. 多方征求意见

7. 以下标准中，哪项不属于综合布线系统工程常用的标准？(　　)

A. 日本标准　　B. 国际标准

C. 北美标准　　D. 中国国家标准

8. 4 对双绞线中第 1 对的色标是(　　)。

A. 白-蓝/蓝　　B. 白-橙/橙

C. 白-棕/棕　　D. 白-绿/绿

9. 综合布线工程施工一般来说都是分阶段进行，下列有关施工过程阶段的描述错误的是(　　)。

A. 施工准备阶段　　B. 施工阶段

C. 设备安装　　D. 工程验收

10. 综合布线工程验收的 4 个阶段中，对隐蔽工程进行验收的是(　　)。

A. 开工检查阶段　　B. 随工验收阶段

C. 初步验收阶段　　D. 竣工验收阶段

**二、简答题**

1. 综合布线系统采用模块化结构，按照每个模块的作用，可以把综合布线系统划分为哪六个子系统？

2. 简述双绞线的特点及主要应用环境。

3. 简述综合布线系统的设计步骤。

4. 简述综合布线工程施工应该遵循的基本要求。

5. 综合布线的验收包括哪些工作？

# 第 7 章　网络应用运维项目实践

**本章导读**

本章主要介绍现代企业网络项目的开发过程，为了复习前面章节的知识点，使用具体的案例使学生熟悉网络项目的需求分析、系统设计、系统实施和项目测试的开发过程。

**本章要点**

- 项目需求分析
- 系统设计
- 项目实施
- 项目测试

## 7.1　项目需求分析

### 7.1.1　项目概况

在本案例中，以企业网络项目为例，介绍从项目设计到实施的过程中所涉及的投招标阶段内容、需求分析、系统设计、项目实施、测试与验收、试运行、售后服务及培训等过程。

项目建设的目标是使用主流的计算机、网络设备和软件，构建一个高效、适用的公司网络，来满足未来发展需求。项目建设需要遵循的原则如下：

1)开放性：采用开放的标准、技术和结构。

2)实用性：网络系统的设计以实用为主，不追求最高和最新。

3)先进性：计算机网络技术和软硬件技术的发展迅速，网络的设计要立足于较高的起点，保证系统有较长的生命力。

4)安全、可靠性：同时考虑应用系统的设计、网络系统设计、硬件设备的选型配置几个方面，以确保数据的安全。

5)兼容与可扩充性：尽量采用成熟的技术，保证软/硬件的兼容性，同时需要考虑设备的更新与升级的能力。

6)经济性：在满足功能与性能的基础上实现性价比最优。

7)可管理性：网络规模和复杂程度不断增加，网络系统的管理和故障排除将成为较难的事情，针对各种设备都要提供一定的网络管理功能。

### 7.1.2　系统需求

1. 招标书内容

项目的投招标阶段是项目建设的第一阶段。

招标书内容包括以下内容：

(1)技术方面

技术方面包括项目建设的概述、目标、原则、内容和技术要求。

(2)商务方面

1)投标人须知。招标的项目名称、委托人、招标编号、招标人、招标地址、标书售价、投标保证金额、招标单位账号、投标有效期、投标截止时间、投标文件递交地点、接收人、投标文件正/副本数量要求、投标文件电子文档要求及光盘、开标时间、地点、合同签订地点、招标文件说明、招标文件编写要求、开标和评标的说明等。

2)合同条款说明。它包括一般条款说明及特殊条款说明。

3)附件格式。开标函、开标一览表、授权委托书、投标方营业执照、投标方法人代表人资格证明书、投标方概况表、投标方近三年财务状况表、投标方资产目前处于抵押和担保的状况、投标人资质及有关证明文件、投标方完成与正在承担的招标内容相同和相近的项目一览表、投标方参与本项目的专业技术人员一览表、投标报价表、投标方需要补充的其他材料等。

2. 需求分析

需求分析需要实施方在投标前进行，需求分析的具体方法是：仔细阅读、理解招标书和相关文件；现场调研、勘测，就招标书问题提问；了解现有的人力、物力情况；与用户反复沟通，进一步明确需求；依据政府和行业有关规定和标准；经济、技术、工期、管理可行性；确定系统运行环境和生命周期；必要时评审可行性研究；等等。

具体要做到以下几点：

(1)公司背景

××公司是一家以商业服务的模式经营软件开发、智能监控、综合布线、系统集成和企业IT服务的公司，随着业务的不断发展，公司由最初的十几人增加到20多人，内部设有财务部、技术部和业务部三个机构。现有的网络已经不能适应未来发展的需要，因此要求对网络进行改造，为了保证网络建设项目的质量、工期和成本，该公司非常重视此次网络建设，以招标的方式选择有实力的公司实施项目。

(2)网络项目整体规划

公司目前拥有计算机46台，均配有10 Mb/s/100 Mb/s/1 000 Mb/s自适应网卡，设备运行良好。

1)网络规模。建设适合公司的网络需要路由器2台，三层交换机1台，PC4台，网络规划要求网络使用单区域OSPF协议，实现的功能如下：

①分别在2台路由器和三层交换机上启用OSPF协议，并且都属于Area 0骨干区域。

②在三层交换机上配置三层路由，实现VLAN2，VLAN3和VLAN4的互通。

③在三层交换机上配置VLANIF接口与路由器实现三层互联，然后配置OSPF协议，实现交换机与路由器之间的互通。

④Server和3台PC互通。

2)网络拓扑结构。网络项目采用星型拓扑结构。

3)网络设备。网络设备的选择主要有以下几个方面：

①充分考虑用户需求并符合经济性和适用性的原则。

②选择国内外知名厂商的产品。

③兼容原有设备。

(3)系统需求

系统管理的内容包括用户安全及账户管理、用户权限管理、网络访问控制等。该网络系统涉及分公司经理、分公司各部门主管和分公司各部门普通员工三类用户。

系统选择当前的主流操作系统 Windows Server 2019 和 CentOS 7,要加载文件服务、WEB/FTP 服务、Linux 和 Windows 客户端访问 Internet、防病毒服务、代理服务、系统的安全措施与策略。

### 7.1.3 网络项目建设

1. 硬件要求

硬件设备在性能和质量上能提供可靠保证,厂商的配件设备应符合国家有关规定和标准,符合国家相关产品质量标准和安全规范。

2. 网络项目总体设计

网络项目的设计要充分考虑公司现有设备的情况和以后应用的需求,新系统应该兼容原有设备,保证网络建设能完全满足应用的需求。能适应不断增长的需求,具有扩充性和升级性。目前公司规模小、办公集中,网络拓扑结构采用星型拓扑结构。

(1)布线工程建设

公司办公区位于某大楼四层,计划在办公区分割出独立办公区域。信息点总数为 46 个,信息点具体分布:机房 4 个,会议室 4 个,经理室 2 个,财务部 2 个,技术部 17 个,业务部 17 个。具体布置如图 7-1 所示。

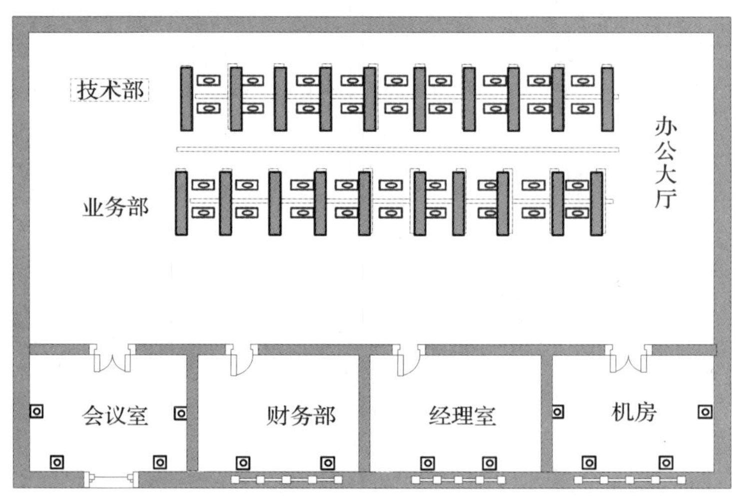


图 7-1 平面布置图

布线系统应按 TIA/EIA 568-B 标准实施,结合公司实际的需求使用超 5 类 UTP 布线。机房有防静电地板,所有线槽进入机房均设置在地板下,然后进入机柜。

(2)系统建设

系统通过路由器连接到大楼的网络,然后接入 Internet 中,使公司网络能够连接到 Internet,实现与外部网络的通信。

IP 地址规划要综合考虑未来分公司网络的发展情况，IP 地址规划和申请统一进行，充分利用地址空间，兼顾今后网络的发展，便于业务管理。

公司网络采用成熟的以太网技术，网络设备应该选择拥有实力的主流产品。目前知名的网络设备厂商主要有华为、Cisco、华三、锐捷、神州数码等，本网络系统选用华为设备，配置见表 7－1。

**表 7－1　设备配置**

| 序号 | 设备型号 | 描　述 | 数量 |
| --- | --- | --- | --- |
| 1 | S5700-48TP-SI-AC | 千兆以太网交换机，三层，48 个 10 Base-T/100 Base-T/1 000 Base-T 端口，背板带宽为 256 Gb/s，包转发率为 72 Mp/s | 1 |
| 2 | AR2220-S | 企业级路由器，传输速率(Mb/s)：10，100，1 000；包转发率为 1 Mb/s | 2 |

系统实现的业务功能：

1)文件服务、Web/FTP 服务、防病毒服务、代理服务和打印服务。

2)通过 Linux 和 Windows 客户端访问 Internet 和总公司。

3)Windows 活动目录服务。

服务器与客户端系统建设如下：

1)操作系统的选择。服务器根据需要采用主流网络操作系统，利用核心服务器对公司所有员工的账户及内部的其他计算机实现集中和统一管理。建立完善的系统结构，使公司的网络系统管理尽可能集中和简单，并具备一定的扩展能力。根据不同部门的需求实现不同的安全级别。

2)硬件平台的选择。公司所有服务器和客户机的软/硬件配置采用主流的配置，满足系统管理的需求，同时保障良好的性价比。公司所有计算机采用统一的便于识别和记忆的命名标识，计算机和设备都具有固定的网络地址。

3)安全管理的策略。公司采用统一的安全规则，在核心服务器上设置和控制对所有用户和计算机的安全规则。员工需要设置安全的密码，并只能够登录本部门的计算机。公司内部实现网络打印功能，采用主流厂商的产品，所有打印机直接接入网络并统一管理。

记录和审核员工登录和访问公司文档的操作行为，按部门实现局域网隔离。利用适当的防范策略防止非法用户对密码和账户的攻击。

(3)系统实施

系统集成是将本项目全部硬件、软件以及网络系统连接并协同工作，提供系统集成方案，包括网络拓扑图、网络设备连接图、布线连接图和 IP 地址对照表等。在设计方案中对功能模块的功能进行具体的描述，并在项目实施过程中具体实现。

(4)系统测试与验收

系统的安装、调试和施工完成后，要对系统功能性、连通性等做整体测试，施工单位提出工程验收申请，经建设单位审核同意后，进行验收工作，建设方与施工方代表在场依据测试文档和测试报告再综合测试审核工程建设情况，记录结果然后进行工程验收总结。

(5)系统试运行与检验

施工单位和建设方参照电信工程试运行的相关规定，协商确定项目试运行的期限。施工单位要注意系统在试运行阶段的所有情况，对运行过程中的一切问题都要进行及时处理，并记录下来，最后编写详细完整的项目运行报告。

(6)项目售后服务与培训

施工单位根据招标方对工程项目结束后的售后服务的要求，做具体售后服务工作，一般应包括质保期限、免费更换期限、维护方式、质保期外需提供的服务、响应时间维护、支持机构等。售后服务期结束后还要对用户技术人员进行相应的技术专业培训。

## 7.2 系统设计

### 7.2.1 网络系统设计

1. 网络拓扑结构设计

系统网络拓扑结构如图 7－2 所示。

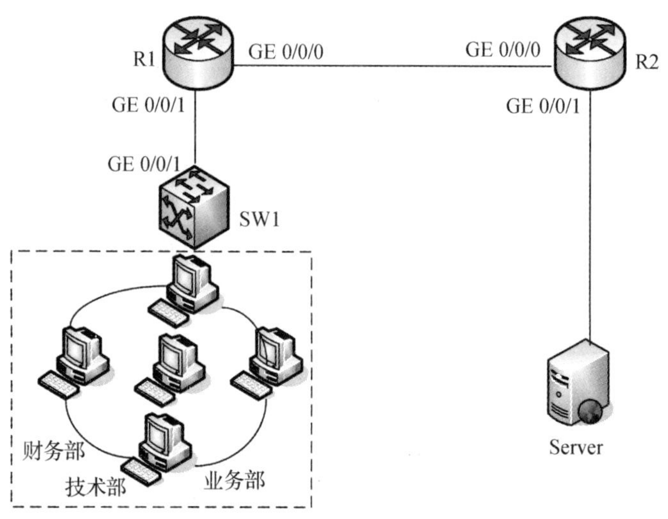


图 7－2 网络拓扑图

2. 布线系统设计

(1)布线系统概述

根据美国国家标准委员会电信工业协会(TIA)和电子工业协会(EIA)制定的商用建筑布线标准 EIA/TIA 568-B 以及其他相关标准，综合布线系统主要针对计算机网络、电话、图像、电视会议、卫星通信等的应用。

综合布线采用模块化设计，主要包括工作区子系统、水平子系统、管理子系统、垂直干线子系统、设备间子系统、建筑群干线子系统等六个子系统。

(2)布线系统设计

项目案例中包括工作区子系统、水平子系统和管理子系统的设计。

1)工作区子系统的设计是根据系统需求和项目实施的具体情况来设计信息点位置,全部使用墙面插座,距离地面高度为30cm,根据实际情况考虑采用单口或双口信息面板。

2)水平子系统的设计要满足TIA/EIA商用建筑物电信布线标准,根据原有的主干线槽和信息点的分布情况来设计管线图,所有线缆集中到机房的机柜中,安装到配线架上。

3)管理子系统的设计主要是确定配线架的类别及配线架的容量,项目案例中有46个信息点,使用2个配线架,可以采用24口配线架,模块和配线架采用568B标准接线。

机房中使用跳线在配线架和交换机端口之间跳接,将相应设备连接到交换机的端口中,能够进行灵活的管理,跳线的RJ45水晶头的线序也采用568B标准。

3. 网络设备设计

网络系统是项目系统的基础,应该采用主流的网络产品,以确保网络系统的稳定。本项目的网络设备选择华为公司的网络设备,华为是全球领先的信息与通信技术(ICT)解决方案供应商,能够提供完美的售后服务。

综合考虑用户需求并符合先进性、经济性和适用性原则,网络设备型号的选择要求产品性能指标符合系统需求,同时也要考虑可扩充性,便于今后系统的扩展和升级。

网络设备的配置见表7-2。

**表7-2　设备配置表**

| 设备类型 | 型号 | 配置名称 |
|---|---|---|
| 路由器 | AR2220 | R1 |
| 路由器 | AR2220 | R2 |
| 交换机 | S5700 | SW1 |
| 服务器 | RH2288 | Server |

4. VLAN规划

VLAN规划见表7-3。

**表7-3　VLAN规划**

| VLAN ID | VLAN命名 | 网段 | 说明 |
|---|---|---|---|
| VLAN 2 | CWB | 192.168.2.0/24 | 财务部 |
| VLAN 3 | JSB | 192.168.3.0/24 | 技术部 |
| VLAN 4 | YWB | 192.168.4.0/24 | 业务部 |
| VLAN 10 | SW1—R1 | 10.1.1.0/24 | 交换机SW1与路由器R1互连 |

5. IP地址规划

IP地址规划见表7-4。

**表7-4　IP地址规划**

| 设备名称 | 端口 | IP地址 | 对端设备 | 对端端口 | 说明 |
|---|---|---|---|---|---|
| R1 | GE0/0/0 | 20.1.1.1/30 | R2 | GE0/0/0 | |
| R1 | GE0/0/1 | 10.1.1.1/24 | SW1 | GE0/0/1 | |
| R1 | Loopback 0 | 1.1.1.1/24 | | | 环回接口 |

续 表

| 设备名称 | 端口 | IP 地址 | 对端设备 | 对端端口 | 说明 |
| --- | --- | --- | --- | --- | --- |
| R2 | GE0/0/0 | 20.1.1.2/30 | R1 | GE0/0/0 | |
| R2 | GE0/0/1 | 192.168.5.254/24 | Server | | |
| R2 | Loopback 0 | 2.2.2.2/24 | | | 环回接口 |
| SW1 | GE0/0/1 | 10.1.1.254/24 (VLAN 10) | R1 | GE0/0/1 | |
| SW1 | GE0/0/2 | 192.168.2.254/24 (VLAN 2) | PC2 | | 财务部网关 |
| SW1 | GE0/0/3 | 192.168.3.254/24 (VLAN 3) | PC3 | | 技术部网关 |
| SW1 | GE0/0/4 | 192.168.4.254/24 (VLAN 4) | PC4 | | 业务部网关 |
| SW1 | Loopback 0 | 3.3.3.3/24 | | | 环回接口 |

6. 路由实现

本项目为小型网络，网络的路由实现是由路由器连接三层交换机形成的一个简单的局域网，使用 OSPF 路由协议实现互连互通。

### 7.2.2 应用服务设计

1. 服务器系统设计

网络服务器操作系统选择 Windows Server 2019，客户机操作系统基本采用 Windows 10，还有个别客户机因工作需要采用 Linux。利用 Windows 系统构建单域结构，实现网络资源的集中管理。域控制器是整个网络的核心服务器，主要完成整个公司的账号管理、安全策略的实施、文件夹和打印机的共享等。

本项目网络在充分考虑服务器的性能价格比的情况下，采用一台 Server 作为系统的域控制器、文件服务器、邮件服务器、Web/FTP 服务器和打印服务器，主要配置如下：

1)网络操作系统为 Windows Server 2019。

2)文件系统为 NTFS。

3)域名为 dc.hxhy.com。

4)IP 地址为 192.168.5.1/24。

5)网关地址为 192.168.5.254，连接在交换机路由器的 G0/0/1 端口上。

本项目网络系统使用单域结构，在域内按照部门名称分别建立组织单元(OU)，用于存储和管理各部门的用户、共享文件夹和打印机。各部门的 OU 命名按照部门名称的汉语拼音全拼设置。建立用户组和用户账号，把用户账号加入用户组。域结构规划图如 7－3 所示。

按照公司员工的组织结构，为员工建立唯一的域用户账户，并将员工账户建立在员工所在部门的 OU 中，全体员工账户采用统一的命名规范。登录名为部门名的汉语拼音全称＋员工姓名汉语拼音的第一个字母，例如，财务部门员工李洋的登录名为 cw+ww，用户名为员工的汉语拼音全称。用户账户描述为该员工的职务。全部员工账户密码设置采用统一的密码 hxhy，设置策略要求用户在第一次登录时更改密码。

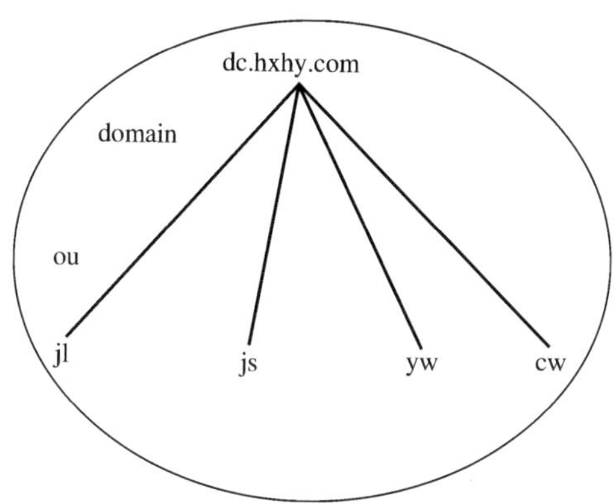


图 7-3　域结构规划图

整个网络系统采用用户组完成权限的分配，每个部门设置一个全局组并建立在该部门的 OU 中，该组中包括该部门所有员工的用户账户，除分公司经理和部门主管外，权限的分配均以各部门的全局组为对象，分公司经理和部门主管的权限单独分配，所有用户组采用统一的命名规范，组名为部门名的汉语拼音全拼。例如，技术部组名为 js，组的成员为技术部主管、技术一、技术二等。

文件服务器用来完成公司文档的集中管理，在文件服务器上为部门及用户建立专用的文件夹，分别存储公共文档和员工个人工作文档，服务器采用大容量磁盘和 NTFS 文件系统。员工可以访问服务器上的文档资料。在 D 盘上创建一个共享文件夹 share，共享名为 share，在 d:\share 下建立部门文件夹，并且在每个部门的文件夹下创建每个员工的文件夹。总经理对所有文件夹有完全访问权限，每个部门经理对本部门的文件夹有完全访问权限，每个员工对自己的文件夹有完全访问权限。

邮件服务器是企业中常用的网络服务，许多企业都使用电子邮件来处理业务，同时，邮件服务也是企业内部交流的平台，常用来发布企业内部信息。用户在内网中通过内部 DNS 访问邮件服务器，为了保证用户邮件的安全，发送邮件时对邮件加密和签名，本项目中可以根据需要设置邮件服务器。

Web/FTP 服务器是利用 Windows Server 2019 系统中提供的 Web 服务功能，在服务器上安装 IIS，然后安装 FTP 服务，实现员工访问 Internet 和文件上传下载的功能。该服务器由 ISP 提供。

打印服务器是利用 Windows 系统提供的打印共享功能，公司实现网络打印功能。打印机可选用知名厂商的产品，全部打印机接入网络，配置打印服务器支持公司员工的打印需求，同时利用权限设置来保证打印机的合理利用。

打印服务配置如下：

1)打印机服务器上安装 6 台打印机的驱动程序，并将 6 台打印机共享，共享名为 Printer-位置。

2)所有员工的计算机作为客户机通过安装网络打印机添加相应的打印机完成打印。

3)所有客户机的打印机上设置打印优先级。

4)每台打印机具有统一的命名和网络地址。

2. 客户端设计

本项目系统中,可以通过 Windows 和 Linux 两种网络操作系统实现局域网以及 Internet 的访问。

客户机分别放置在经理室、财务部、技术部和业务部,主要配置如下:

1)网络操作系统:Windows Server 2019 或 CentOS 7。

2)计算机加入域 dc. hxhy. com 中。

3)计算机命名规则为部门汉语拼音全称加机号。

(1)安全设计

公司采用统一的安全策略,使用域安全策略来完成整个网络的安全策略设置。密码策略是密码长度最小值为 6,密码最长存留期为 20 天;账户锁定策略是账户锁定阈值为 6 次无效登录;审核策略是启用审核登录事件,启用审核对象访问。

(2)防病毒设计

选择文件服务器作为防病毒服务器,在文件服务器安装保护,突现快速的安全响应和更有效的管理。为企业范围内的工作站和网络服务器提供可伸缩的跨平台的病毒防护,通过系统中心管理控制台为工作站和网络服务器集中部署病毒定义和产品更新。

## 7.3 项目实施

### 7.3.1 项目实施概述

1. 项目实施

项目实施过程如下:

1)合同签订,进入项目实施阶段。

2)施工前准备工作:

① 配合客户勘察施工现场。

② 制订项目实施计划,编写项目施工方案。

③ 召开客户沟通会议。

④ 确定项目人员组织机构。

⑤ 项目所需软硬件及其工具准备就绪。

⑥ 项目费用申请。

3)清点设备,客户签收。

4)现场施工,并准备验收测试报告。

5)客户沟通会议。

6)项目测试和阶段评审。

7)为满足客户需求,进行项目初验。

8)系统试运行。

9)项目验收,签署完工报告。

10)施工结束后进入售后服务和培训阶段。

2. 项目实施计划

实施计划开始时间以合同签订之日为准,以项目实施过程中的主要阶段为主进行规划,计算工期时考虑用户需求的变动等因素,在实施中根据进度控制项目进度。

本项目安排以工作日为单位,总计 32 天。具体安排为:协调会 1 天,布线工程 6 天,网络系统安装、调试和配置 10 天,综合测试 2 天,试运行 11 天,验收 2 天。

3. 人员组织

项目实施人员的安排要符合用户的需求,根据项目的实际情况进行调整,人员的安排如下:

(1)项目经理

项目经理由 1 人担任,需要对项目资源的配置进行管理,并协调项目实施的各个阶段。

(2)布线工程师

布线工程师由 2 人担任,负责布线系统的铺设安装和测试等。

(3)网络工程师

网络工程师由 2 人担任,负责网络设备的安装调试、培训和售后服务工作。

(4)系统工程师

系统工程师由 1 人担任,负责网络系统及各种服务的安装调试、培训和售后服务工作。

### 7.3.2　网络系统实施

1. 布线系统实施

(1)线缆施工

1)线缆布放前应该核对规格、位置等是否符合设计规定。

2) 布放应平直,不得产生扭绞、打圈等现象,不应受到外力的挤压和损伤。

3)线缆在布放前两端应贴有标签,以表明开始和终结位置,标签书写应清楚明确。

4)电源线、信号电缆、对绞电缆、光缆及建筑物内其他弱电系统的线缆应分开布放,各线缆间的最少距离应符合设计要求。

5)线缆布放时应有冗余,在交接间、设备间对绞电缆预留长度一般应为 3～6 m ,工作区为 0.3～0.6 m ,光缆在设备端预留长度一般应为 5～10 m 。

6)线缆在终端前,必须检查标签颜色和数字含义,并按顺序终端。

7)线缆中间不得产生接头现象,终端处要卡接固定和接触良好。

8)线缆终端应符合设计和厂家安装手册要求。

9)双绞线和插接连接应认准线号、线位色标,不能颠倒和错接。

(2)布线设备安装

项目系统中机柜、配线架、接线模块、信息插座、电缆桥架及槽管的安装应该符合我国的国家标准《建筑与建筑群结构化布线系统工程施工及验收规范》(GB/T 50312—2000)。

2. 网络构建

项目实施过程中,需要对用户需求做整体规划并实施,使用 eNSP 华为网络模拟器绘制网络拓扑图,如图 7-4 所示。

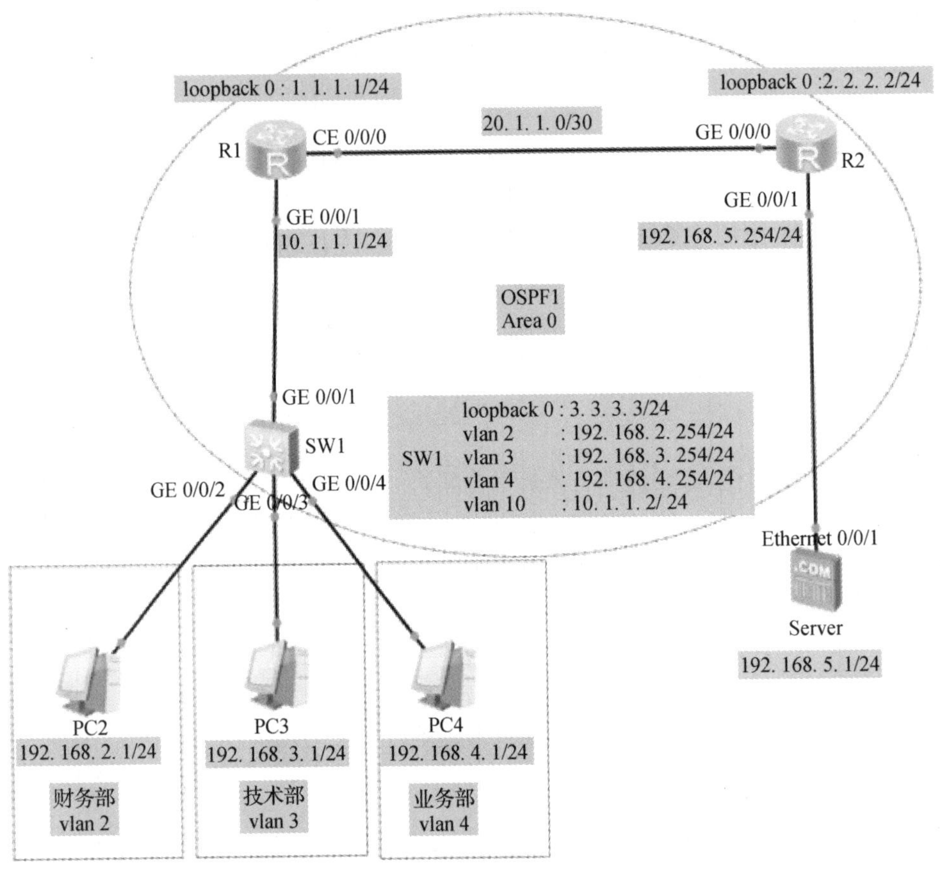


图 7－4　项目网络拓扑图

项目系统的配置中主要涉及路由器和交换机的配置，在此只介绍它们的配置方法。

(1)路由器的安装与配置

将路由器安装到机柜中的合适位置，然后加电自检，检查无误后进行相关配置，配置路由器的主机名、端口 IP 地址、OSPF 协议等，配置完成后要用 display current-configurationr 命令显示当前配置结果，无误后保存配置。

(2)交换机的安装与配置

将交换机安装到机柜中的合适位置，然后加电自检，检查无误后进行相关配置，配置交换机的主机名、密码、启用 Trunk 协议、VLAN 设置及管理 VLAN 1 的 IP 地址等，配置完成后要用 show run 命令显示配置结果，无误后保存配置。

1)交换机 SW1 的 VLAN 配置。

①VLAN 创建见表 7－1。

**表 7－1　VLAN 创建**

| | |
|---|---|
| <Huawei>system-view | //进入系统视图 |
| [Huawei]sysname SW1 | //改名为 SW1 |
| [SW1]vlan 2 | //创建 VLAN 2 |

续 表

| <Huawei>system-view | //进入系统视图 |
|---|---|
| [SW1-vlan2]description CWB | //为 VLAN 2 添加描述 CWB |
| [SW1-vlan2]quit | //返回系统视图 |
| [SW1]vlan 3 | //创建 VLAN 2 |
| [SW1-vlan3]description JSB | //为 VLAN 2 添加描述 JSB |
| [SW1-vlan3]quit | //返回系统视图 |
| [SW1]vlan 4 | //创建 VLAN 4 |
| [SW1-vlan4]description YWB | //为 VLAN 2 添加描述 YWB |
| [SW1-vlan4]quit | //返回系统视图 |
| [SW1]vlan 10 | //创建 VLAN 10 |
| [SW1-vlan10]description SW1-R1 | //为 VLAN 2 添加描述 SW1-R1 |
| [SW1-vlan10]quit | //返回系统视图 |

②VLAN 端口的划分见表 7－2。

**表 7－2　VLAN 端口的划分**

| [SW1] interface GigabitEthernet0/0/1 | //返回系统视图 |
|---|---|
| [SW1- GigabitEthernet0/0/1]port link-type Access | //配置模式为 Access |
| [SW1- GigabitEthernet0/0/2]port default vlan 10 | //配置端口默认为 VLAN 10 |
| [SW1-vlan4]quit | //返回系统视图 |
| [SW1] interface GigabitEthernet0/0/2 | //进入 GE0/0/2 端口 |
| [SW1- GigabitEthernet0/0/2]port link-type access | //配置模式为 Access |
| [SW1- GigabitEthernet0/0/2]port default vlan 2 | //配置端口默认为 VLAN 2 |
| [SW1-vlan2]quit | //返回系统视图 |
| [SW1] interface GigabitEthernet0/0/3 | //进入 GE0/0/3 端口 |
| [SW1- GigabitEthernet0/0/3]port link-type access | //配置模式为 Access |
| [SW1- GigabitEthernet0/0/3]port default vlan 3 | //配置端口默认为 VLAN 3 |
| [SW1-vlan3]quit | //返回系统视图 |
| [SW1] interface GigabitEthernet0/0/4 | //进入 GE0/0/4 端口 |
| [SW1- GigabitEthernet0/0/4]port link-type access | //配置模式为 Access |
| [SW1- GigabitEthernet0/0/4]port default vlan 4 | //配置端口默认为 VLAN 4 |
| [SW1-vlan4]quit | //返回系统视图 |

③查看 VLAN 配置。

<SW1>display vlan

```
The total number of vlans is : 5
--------------------------------------------------------------------------------
U: Up;          D: Down;          TG: Tagged;          UT: Untagged;
MP: Vlan-mapping;                 ST: Vlan-stacking;
#: ProtocolTransparent-vlan;      *: Management-vlan;
--------------------------------------------------------------------------------

VID  Type    Ports
--------------------------------------------------------------------------------
1    common  UT:GE0/0/5(D)      GE0/0/6(D)      GE0/0/7(D)      GE0/0/8(D)
                GE0/0/9(D)      GE0/0/10(D)     GE0/0/11(D)     GE0/0/12(D)
                GE0/0/13(D)     GE0/0/14(D)     GE0/0/15(D)     GE0/0/16(D)
                GE0/0/17(D)     GE0/0/18(D)     GE0/0/19(D)     GE0/0/20(D)
                GE0/0/21(D)     GE0/0/22(D)     GE0/0/23(D)     GE0/0/24(D)

2    common  UT:GE0/0/2(U)

3    common  UT:GE0/0/3(U)

4    common  UT:GE0/0/4(U)

10   common  UT:GE0/0/1(U)

VID  Status  Property      MAC-LRN Statistics Description
--------------------------------------------------------------------------------

1    enable  default       enable  disable    VLAN 0001
2    enable  default       enable  disable    VLAN 0002
3    enable  default       enable  disable    VLAN 0003
4    enable  default       enable  disable    VLAN 0004
10   enable  default       enable  disable    VLAN 0010
```

④查看 VLAN 端口分配情况。

```
<SW1>display port vlan
Port                    Link Type    PVID  Trunk VLAN List
--------------------------------------------------------------------------------
GigabitEthernet0/0/1    access       10    -
GigabitEthernet0/0/2    access       2     -
GigabitEthernet0/0/3    access       3     -
GigabitEthernet0/0/4    access       4     -
GigabitEthernet0/0/5    hybrid       1     -
GigabitEthernet0/0/6    hybrid       1     -
GigabitEthernet0/0/7    hybrid       1     -
```

2)IP 地址配置。

①在 SW1 上配置 loopback 环回地址；配置 VLANIF 端口的 IP 地址，作为财务部、技术部和业务部的网关；配置 SW1 和 R1 互连的 IP 地址。IP 地址配置见表 7－3。

**表 7－3　IP 地址配置**

| | |
|---|---|
| [SW1]int LoopBack 0 | //进入 LoopBack0 端口视图 |
| [SW1-LoopBack0]ip address 3.3.3.3 255.255.255.0 | //配置 IP 地址 192.168.2.254 |
| [SW1-LoopBack0] quit | //返回系统视图 |
| [SW1]int vlan 2 | //进入 VLAN 2 端口视图 |
| [SW1-Vlanif2]ip address 192.168.2.254 255.255.255.0 | //配置 IP 地址 192.168.2.254 |
| [SW1-vlan2]quit | //返回系统视图 |
| [SW1]int vlan3 | //进入 VLAN 3 端口视图 |

续 表

| [SW1]int LoopBack 0 | //进入 LoopBack0 端口视图 |
|---|---|
| [SW1-Vlanif3]ip address 192.168.3.254 255.255.255.0 | //配置 IP 地址 192.168.3.254 |
| [SW1-vlan3]quit | //返回系统视图 |
| [SW1]int vlan4 | //进入 VLAN 4 端口视图 |
| [SW1-Vlanif4]ip address 192.168.4.254 255.255.255.0 | //配置 IP 地址 192.168.4.254 |
| [SW1-vlan4]quit | //返回系统视图 |
| [SW1]int vlan10 | //进入 VLAN 10 端口视图 |
| [SW1-vlan10]ip address 10.1.1.2 255.255.255.0 | //配置 IP 地址 10.1.1.2 |
| [SW1-vlan10]quit | //返回系统视图 |

②在 R1 上配置端口 IP 地址见表 7-4。

**表 7-4 在 R1 上配置端口 IP 地址**

| <Huawei>system-view | //进入系统视图 |
|---|---|
| [Huawei]sysnameR1 | //改名为 R1 |
| [R1] interface GigabitEthernet0/0/0 | //进入 GE0/0/0 端口 |
| [R1- GigabitEthernet0/0/0] ip address 20.1.1.1 255.255.255.252 | //配置端口 IP 地址 |
| [R1- GigabitEthernet0/0/0]quit | //返回系统视图 |
| [R1] interface GigabitEthernet0/0/1 | //进入 GE0/0/1 端口 |
| [R1- GigabitEthernet0/0/1] ip address 10.1.1.1 255.255.255.0 | //配置端口 IP 地址 |
| [R1- GigabitEthernet0/0/0]quit | //返回系统视图 |
| [R1] interface LoopBack0 | //进入 LoopBack0 端口 |
| [R1-LoopBack0] ip address 1.1.1.1 255.255.255.0 | //配置端口 IP 地址 |

③在 R2 上配置端口 IP 地址见表 7-5。

**表 7-5 在 R2 上配置端口 IP 地址**

| <Huawei>system-view | //进入系统视图 |
|---|---|
| [Huawei]sysnameR2 | //改名为 R2 |
| [R2] interface GigabitEthernet0/0/0 | //进入 GE0/0/0 端口 |
| [R2- GigabitEthernet0/0/0] ip address 20.1.1.2 255.255.255.252 | //配置端口 IP 地址 |
| [R2- GigabitEthernet0/0/0]quit | //返回系统视图 |
| [R2] interface GigabitEthernet0/0/1 | //进入 GE0/0/1 端口 |
| [R2- GigabitEthernet0/0/1] ip address 192.168.5.254 255.255.255.0 | //配置端口 IP 地址 |
| [R2- GigabitEthernet0/0/0]quit | //返回系统视图 |
| [R2] interface LoopBack0 | //进入 LoopBack0 |
| [R2-LoopBack0] ip address 2.2.2.2 255.255.255.0 | //配置端口 IP 地址 |

④在 SW1 上查看 IP 地址配置。

<SW1>display ip interface brief

```
*down: administratively down
^down: standby
(l): loopback
(s): spoofing
The number of interface that is UP in Physical is 6
The number of interface that is DOWN in Physical is 2
The number of interface that is UP in Protocol is 6
The number of interface that is DOWN in Protocol is 2

Interface                         IP Address/Mask      Physical   Protocol
LoopBack0                         3.3.3.3/24           up         up(s)
MEth0/0/1                         unassigned           down       down
NULL0                             unassigned           up         up(s)
Vlanif1                           unassigned           down       down
Vlanif2                           192.168.2.254/24     up         up
Vlanif3                           192.168.3.254/24     up         up
Vlanif4                           192.168.4.254/24     up         up
Vlanif10                          10.1.1.2/24          up         up
```

⑤在 R1 上查看 IP 地址配置。

<R1>display ip interface brief

```
*down: administratively down
^down: standby
(l): loopback
(s): spoofing
The number of interface that is UP in Physical is 2
The number of interface that is DOWN in Physical is 3
The number of interface that is UP in Protocol is 2
The number of interface that is DOWN in Protocol is 3

Interface                         IP Address/Mask      Physical   Protocol
GigabitEthernet0/0/0              20.1.1.1/30          down       down
GigabitEthernet0/0/1              10.1.1.1/24          down       down
GigabitEthernet0/0/2              unassigned           down       down
LoopBack0                         1.1.1.1/24           up         up(s)
NULL0                             unassigned           up         up(s)
```

⑥在 R2 上查看 IP 地址配置。

<R2>display ip interface brief

```
*down: administratively down
^down: standby
(l): loopback
(s): spoofing
The number of interface that is UP in Physical is 2
The number of interface that is DOWN in Physical is 3
The number of interface that is UP in Protocol is 2
The number of interface that is DOWN in Protocol is 3

Interface                         IP Address/Mask      Physical   Protocol
GigabitEthernet0/0/0              20.1.1.2/30          down       down
GigabitEthernet0/0/1              192.168.5.254/24     down       down
GigabitEthernet0/0/2              unassigned           down       down
LoopBack0                         2.2.2.2/24           up         up(s)
NULL0                             unassigned           up         up(s)
```

3)OSPF 协议的配置。

①在 SW1 上启用 OSPF 协议见表 7－6。

**表 7－6　在 SW1 上启用 OSPF 协议**

| | |
|---|---|
| [SW1]ospf 1 router-id 3.3.3.3 | //创建 OSPF 进程 1,指定 router-id 值 |
| [SW1-ospf-1]area 0 | //进入 Area 0 骨干区域 |
| [SW1-ospf-1-area-0.0.0.0] network 3.3.3.0 0.0.0.255 | //发布网段 3.3.3.0/24 |
| [SW1-ospf-1-area-0.0.0.0] network 10.1.1.0 0.0.0.255 | //发布网段 10.1.1.0/24 |
| [SW1-ospf-1-area-0.0.0.0] network 192.168.2.0 0.0.0.255 | //发布网段 192.168.3.0/24 |
| [SW1-ospf-1-area-0.0.0.0] network 192.168.3.0 0.0.0.255 | //发布网段 192.168.3.0/24 |
| [SW1-ospf-1-area-0.0.0.0] network 192.168.4.0 0.0.0.255 | //发布网段 192.168.3.0/24 |
| [SW1-ospf-1-area-0.0.0.0]return | //返回用户视图 |

②在 R1 上启用 OSPF 协议见表 7－7。

**表 7－7　在 R1 上启用 OSPF 协议**

| | |
|---|---|
| [R1]ospf 1 router-id 1.1.1.1 | //创建 OSPF 进程 1,指定 router-id 值 |
| [R1-ospf-1]area 0 | //进入 area 0 骨干区域 |
| [R1-ospf-1-area-0.0.0.0] network 1.1.1.0 0.0.0.255 | //发布网段 1.1.1.0/24 |
| [R1-ospf-1-area-0.0.0.0] network 10.1.1.0 0.0.0.255 | //发布网段 10.1.1.0/24 |
| [R1-ospf-1-area-0.0.0.0] network 20.1.1.0 0.0.0.3 | //发布网段 20.1.1.0/30 |
| [R1-ospf-1-area-0.0.0.0]return | //返回用户视图 |

③在 R2 上启用 OSPF 协议见表 7－8。

**表 7－8　在 R2 上启用 OSPF 协议**

| | |
|---|---|
| [R2]ospf 1 router-id 2.2.2.2 | //创建 OSPF 进程 1,指定 router-id 值 |
| [R2-ospf-1]area 0 | //进入 Area 0 骨干区域 |
| [R2-ospf-1-area-0.0.0.0] network 2.2.2.0 0.0.0.255 | //发布网段 2.2.2.0/24 |
| [R2-ospf-1-area-0.0.0.0] network 20.1.1.0 0.0.0.3 | //发布网段 20.1.1.0/30 |
| [R2-ospf-1-area-0.0.0.0] network 192.168.5.0 0.0.0.255 | //发布网段 192.168.5.0 |
| [R2-ospf-1-area-0.0.0.0]return | //返回用户视图 |

④在 SW1 上查看路由表信息配置,可发现相应路由。

<SW1>display ip routing-table

```
Route Flags: R - relay, D - download to fib
------------------------------------------------------------------------------
Routing Tables: Public
         Destinations : 16        Routes : 16

Destination/Mask    Proto   Pre  Cost      Flags NextHop         Interface

        1.1.1.1/32  OSPF    10   1           D   10.1.1.1        Vlanif10
        2.2.2.2/32  OSPF    10   2           D   10.1.1.1        Vlanif10
        3.3.3.0/24  Direct  0    0           D   3.3.3.3         LoopBack0
        3.3.3.3/32  Direct  0    0           D   127.0.0.1       LoopBack0
       10.1.1.0/24  Direct  0    0           D   10.1.1.2        Vlanif10
       10.1.1.2/32  Direct  0    0           D   127.0.0.1       Vlanif10
       20.1.1.0/30  OSPF    10   2           D   10.1.1.1        Vlanif10
      127.0.0.0/8   Direct  0    0           D   127.0.0.1       InLoopBack0
      127.0.0.1/32  Direct  0    0           D   127.0.0.1       InLoopBack0
    192.168.2.0/24  Direct  0    0           D   192.168.2.254   Vlanif2
  192.168.2.254/32  Direct  0    0           D   127.0.0.1       Vlanif2
    192.168.3.0/24  Direct  0    0           D   192.168.3.254   Vlanif3
  192.168.3.254/32  Direct  0    0           D   127.0.0.1       Vlanif3
    192.168.4.0/24  Direct  0    0           D   192.168.4.254   Vlanif4
  192.168.4.254/32  Direct  0    0           D   127.0.0.1       Vlanif4
    192.168.5.0/24  OSPF    10   3           D   10.1.1.1        Vlanif10
```

⑤在 R1 上查看路由表信息配置，可发现相应路由。

```
Route Flags: R - relay, D - download to fib
------------------------------------------------------------------------------
Routing Tables: Public
         Destinations : 19        Routes : 19

Destination/Mask    Proto   Pre  Cost      Flags NextHop         Interface

        1.1.1.0/24  Direct  0    0           D   1.1.1.1         LoopBack0
        1.1.1.1/32  Direct  0    0           D   127.0.0.1       LoopBack0
      1.1.1.255/32  Direct  0    0           D   127.0.0.1       LoopBack0
        2.2.2.2/32  OSPF    10   1           D   20.1.1.2        GigabitEthernet
0/0/0
        3.3.3.3/32  OSPF    10   1           D   10.1.1.2        GigabitEthernet
0/0/1
       10.1.1.0/24  Direct  0    0           D   10.1.1.1        GigabitEthernet
0/0/1
       10.1.1.1/32  Direct  0    0           D   127.0.0.1       GigabitEthernet
0/0/1
     10.1.1.255/32  Direct  0    0           D   127.0.0.1       GigabitEthernet
0/0/1
       20.1.1.0/30  Direct  0    0           D   20.1.1.1        GigabitEthernet
0/0/0
       20.1.1.1/32  Direct  0    0           D   127.0.0.1       GigabitEthernet
0/0/0
       20.1.1.3/32  Direct  0    0           D   127.0.0.1       GigabitEthernet
0/0/0
      127.0.0.0/8   Direct  0    0           D   127.0.0.1       InLoopBack0
      127.0.0.1/32  Direct  0    0           D   127.0.0.1       InLoopBack0
127.255.255.255/32  Direct  0    0           D   127.0.0.1       InLoopBack0
    192.168.2.0/24  OSPF    10   2           D   10.1.1.2        GigabitEthernet
0/0/1
    192.168.3.0/24  OSPF    10   2           D   10.1.1.2        GigabitEthernet
0/0/1
    192.168.4.0/24  OSPF    10   2           D   10.1.1.2        GigabitEthernet
0/0/1
    192.168.5.0/24  OSPF    10   2           D   20.1.1.2        GigabitEthernet
0/0/0
255.255.255.255/32  Direct  0    0           D   127.0.0.1       InLoopBack0
```

⑥在 R2 上查看路由表信息配置，可发现相应路由。

```
Route Flags: R - relay, D - download to fib
------------------------------------------------------------------------------
Routing Tables: Public
         Destinations : 19        Routes : 19

Destination/Mask    Proto   Pre  Cost      Flags NextHop         Interface

        1.1.1.1/32  OSPF    10   1           D   20.1.1.1        GigabitEthernet
0/0/0
        2.2.2.0/24  Direct  0    0           D   2.2.2.2         LoopBack0
        2.2.2.2/32  Direct  0    0           D   127.0.0.1       LoopBack0
      2.2.2.255/32  Direct  0    0           D   127.0.0.1       LoopBack0
        3.3.3.3/32  OSPF    10   2           D   20.1.1.1        GigabitEthernet
0/0/0
       10.1.1.0/24  OSPF    10   2           D   20.1.1.1        GigabitEthernet
0/0/0
       20.1.1.0/30  Direct  0    0           D   20.1.1.2        GigabitEthernet
0/0/0
       20.1.1.2/32  Direct  0    0           D   127.0.0.1       GigabitEthernet
0/0/0
       20.1.1.3/32  Direct  0    0           D   127.0.0.1       GigabitEthernet
0/0/0
      127.0.0.0/8   Direct  0    0           D   127.0.0.1       InLoopBack0
      127.0.0.1/32  Direct  0    0           D   127.0.0.1       InLoopBack0
127.255.255.255/32  Direct  0    0           D   127.0.0.1       InLoopBack0
   192.168.2.0/24   OSPF    10   3           D   20.1.1.1        GigabitEthernet
0/0/0
   192.168.3.0/24   OSPF    10   3           D   20.1.1.1        GigabitEthernet
0/0/0
   192.168.4.0/24   OSPF    10   3           D   20.1.1.1        GigabitEthernet
0/0/0
   192.168.5.0/24   Direct  0    0           D   192.168.5.254   GigabitEthernet
0/0/1
  192.168.5.254/32  Direct  0    0           D   127.0.0.1       GigabitEthernet
0/0/1
  192.168.5.255/32  Direct  0    0           D   127.0.0.1       GigabitEthernet
0/0/1
255.255.255.255/32  Direct  0    0           D   127.0.0.1       InLoopBack0
```

4)Server 和 PC 的配置。

①在 Server 配置 IP 地址为 192.168.5.1，子网掩码为 255.255.255.0，网关地址为 192.168.5.254，如图 7-5 所示。

图 7-5 在 Server 配置 IP 地址

②在 PC2 配置 IP 地址为 192.168.2.1，子网掩码为 255.255.255.0，网关地址为 192.168.2.254，如图 7-6 所示。

图 7-6　在 PC2 配置 IP 地址

③在 PC3 配置 IP 地址为 192.168.3.1，子网掩码为 255.255.255.0，网关地址为 192.168.3.254，如图 7-7 所示。

图 7-7　在 PC3 配置 IP 地址

④在 PC4 配置 IP 地址为 192.168.4.1，子网掩码为 255.255.255.0，网关地址为 192.168.4.254，如图 7-8 所示。

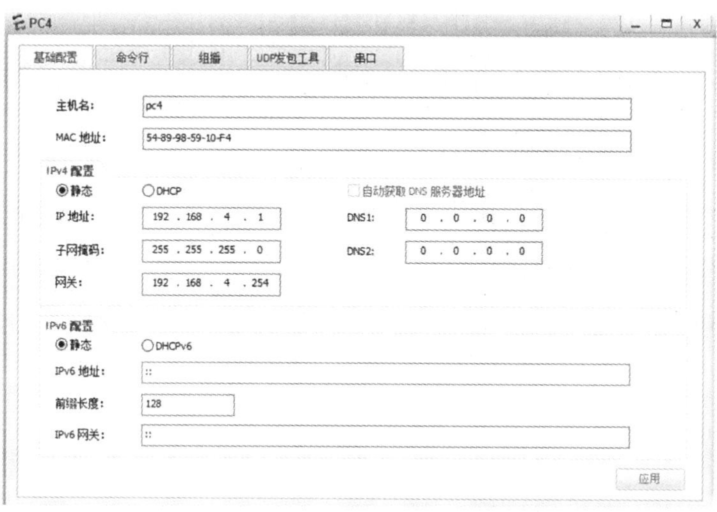


图 7-8　在 PC4 配置 IP 地址

5）网络连通性测试。

①在 Server 上测试，Server 与财务部、技术部和业务部均能连通，如图 7-9 所示。

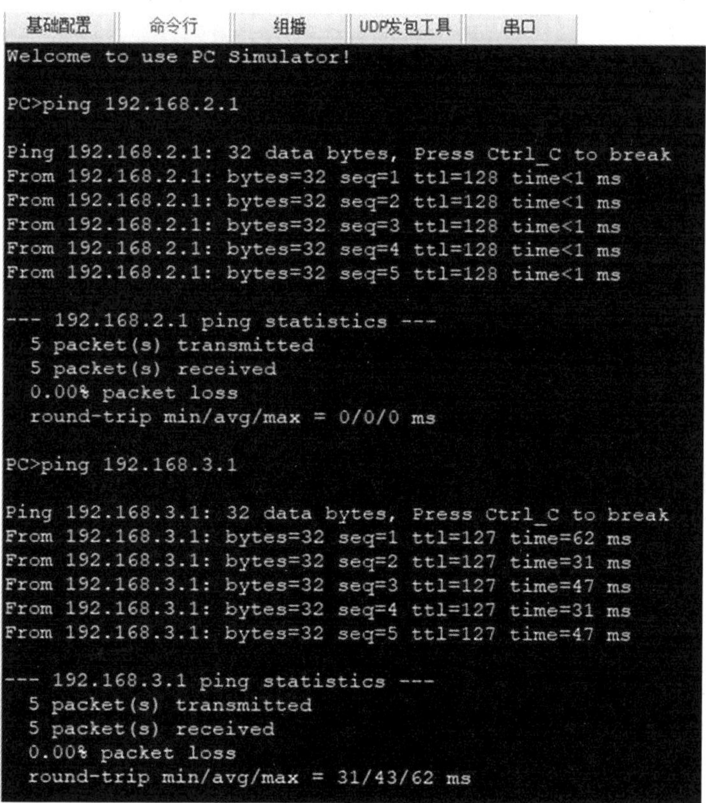

基础配置　命令行　组播　UDP发包工具　串口

```
Welcome to use PC Simulator!

PC>ping 192.168.2.1

Ping 192.168.2.1: 32 data bytes, Press Ctrl_C to break
From 192.168.2.1: bytes=32 seq=1 ttl=128 time<1 ms
From 192.168.2.1: bytes=32 seq=2 ttl=128 time<1 ms
From 192.168.2.1: bytes=32 seq=3 ttl=128 time<1 ms
From 192.168.2.1: bytes=32 seq=4 ttl=128 time<1 ms
From 192.168.2.1: bytes=32 seq=5 ttl=128 time<1 ms

--- 192.168.2.1 ping statistics ---
  5 packet(s) transmitted
  5 packet(s) received
  0.00% packet loss
  round-trip min/avg/max = 0/0/0 ms

PC>ping 192.168.3.1

Ping 192.168.3.1: 32 data bytes, Press Ctrl_C to break
From 192.168.3.1: bytes=32 seq=1 ttl=127 time=62 ms
From 192.168.3.1: bytes=32 seq=2 ttl=127 time=31 ms
From 192.168.3.1: bytes=32 seq=3 ttl=127 time=47 ms
From 192.168.3.1: bytes=32 seq=4 ttl=127 time=31 ms
From 192.168.3.1: bytes=32 seq=5 ttl=127 time=47 ms

--- 192.168.3.1 ping statistics ---
  5 packet(s) transmitted
  5 packet(s) received
  0.00% packet loss
  round-trip min/avg/max = 31/43/62 ms
```

图 7-9　在 Server 上测试

```
PC>ping 192.168.4.1

Ping 192.168.4.1: 32 data bytes, Press Ctrl_C to break
From 192.168.4.1: bytes=32 seq=1 ttl=127 time=63 ms
From 192.168.4.1: bytes=32 seq=2 ttl=127 time=31 ms
From 192.168.4.1: bytes=32 seq=3 ttl=127 time=31 ms
From 192.168.4.1: bytes=32 seq=4 ttl=127 time=31 ms
From 192.168.4.1: bytes=32 seq=5 ttl=127 time=47 ms

--- 192.168.4.1 ping statistics ---
  5 packet(s) transmitted
  5 packet(s) received
  0.00% packet loss
  round-trip min/avg/max = 31/40/63 ms
```

续图 7-9　在 Server 上测试

②在 PC2 上测试，PC2 与 Server 互相连通，如图 7-10 所示。

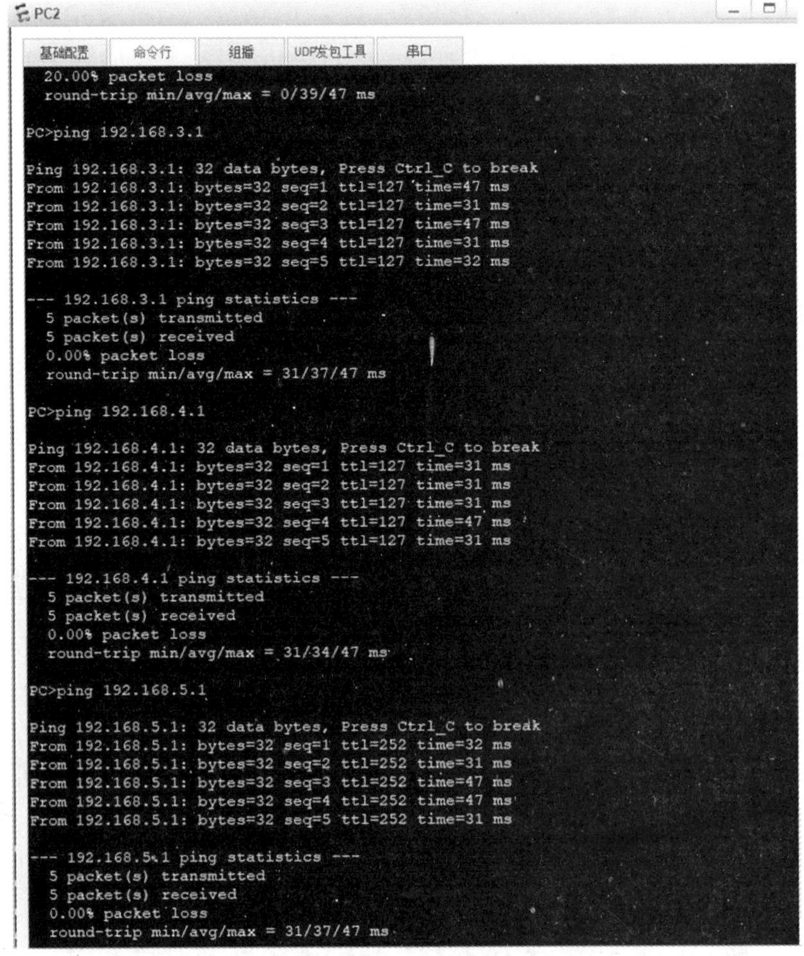


图 7-10　在 PC2 上测试

③在 PC3 上测试，PC3 与 Server 互相连通，如图 7－11 所示。

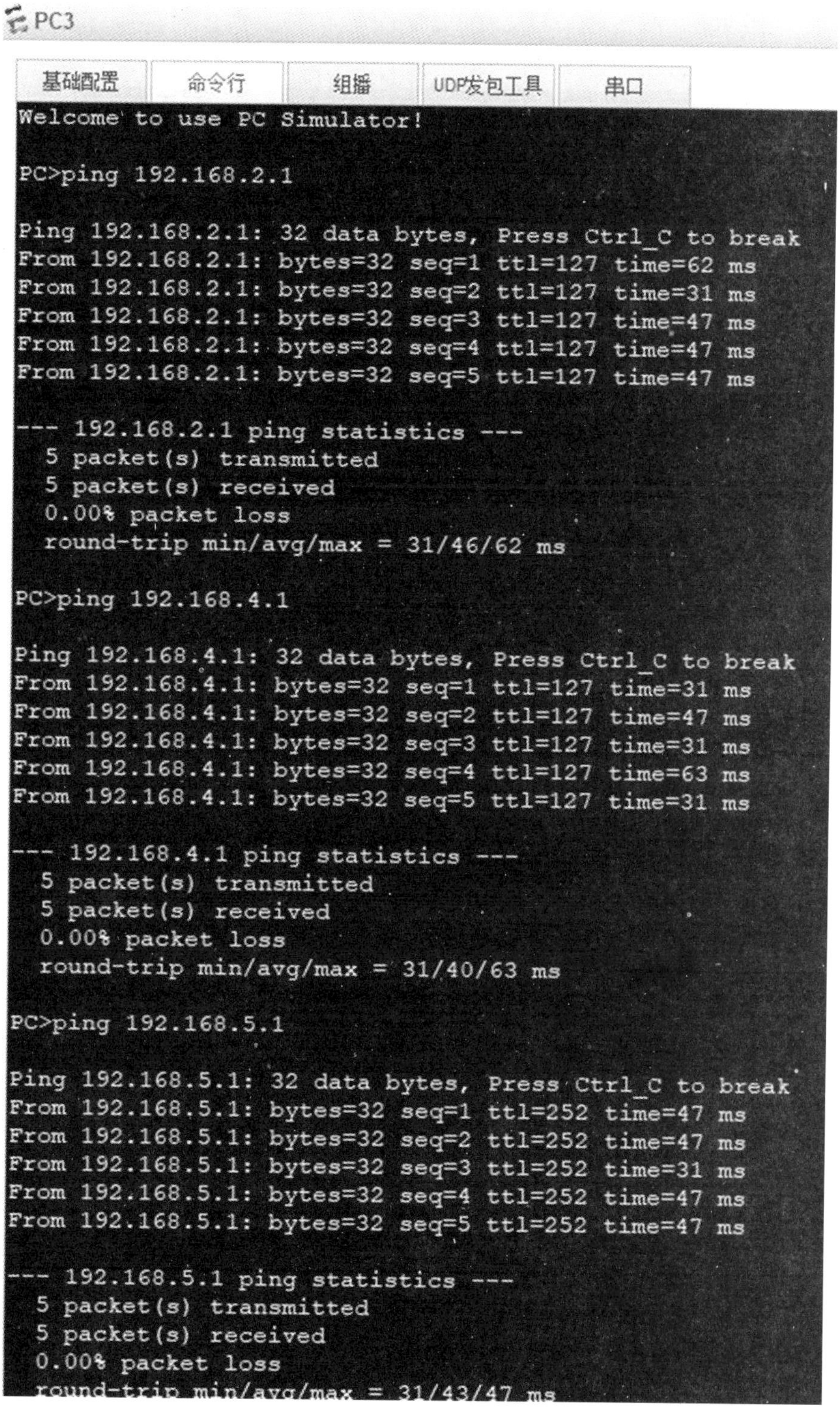

PC3

基础配置　命令行　组播　UDP发包工具　串口

```
Welcome to use PC Simulator!

PC>ping 192.168.2.1

Ping 192.168.2.1: 32 data bytes, Press Ctrl_C to break
From 192.168.2.1: bytes=32 seq=1 ttl=127 time=62 ms
From 192.168.2.1: bytes=32 seq=2 ttl=127 time=31 ms
From 192.168.2.1: bytes=32 seq=3 ttl=127 time=47 ms
From 192.168.2.1: bytes=32 seq=4 ttl=127 time=47 ms
From 192.168.2.1: bytes=32 seq=5 ttl=127 time=47 ms

--- 192.168.2.1 ping statistics ---
  5 packet(s) transmitted
  5 packet(s) received
  0.00% packet loss
  round-trip min/avg/max = 31/46/62 ms

PC>ping 192.168.4.1

Ping 192.168.4.1: 32 data bytes, Press Ctrl_C to break
From 192.168.4.1: bytes=32 seq=1 ttl=127 time=31 ms
From 192.168.4.1: bytes=32 seq=2 ttl=127 time=47 ms
From 192.168.4.1: bytes=32 seq=3 ttl=127 time=31 ms
From 192.168.4.1: bytes=32 seq=4 ttl=127 time=63 ms
From 192.168.4.1: bytes=32 seq=5 ttl=127 time=31 ms

--- 192.168.4.1 ping statistics ---
  5 packet(s) transmitted
  5 packet(s) received
  0.00% packet loss
  round-trip min/avg/max = 31/40/63 ms

PC>ping 192.168.5.1

Ping 192.168.5.1: 32 data bytes, Press Ctrl_C to break
From 192.168.5.1: bytes=32 seq=1 ttl=252 time=47 ms
From 192.168.5.1: bytes=32 seq=2 ttl=252 time=47 ms
From 192.168.5.1: bytes=32 seq=3 ttl=252 time=31 ms
From 192.168.5.1: bytes=32 seq=4 ttl=252 time=47 ms
From 192.168.5.1: bytes=32 seq=5 ttl=252 time=47 ms

--- 192.168.5.1 ping statistics ---
  5 packet(s) transmitted
  5 packet(s) received
  0.00% packet loss
  round-trip min/avg/max = 31/43/47 ms
```

图 7－11　在 PC3 上测试

④在 PC4 上测试,PC4 与 Server 互相连通,如图 7-12 所示。

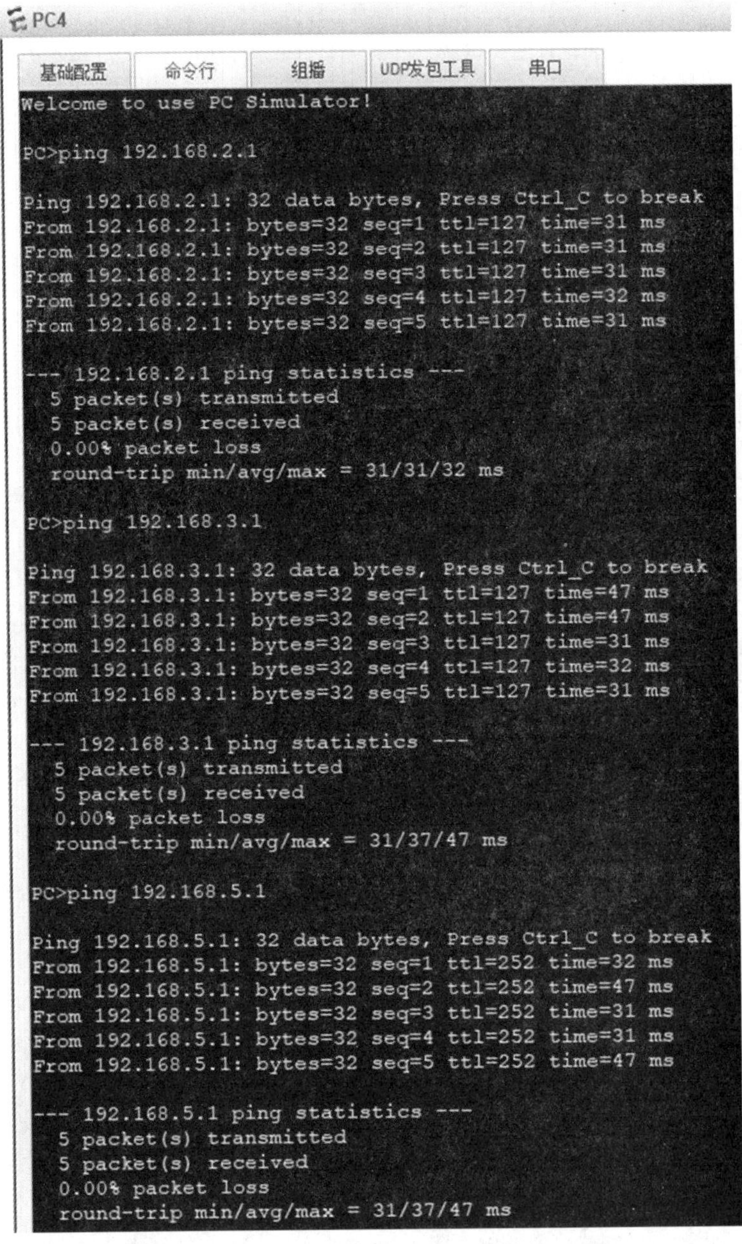


图 7-12　在 PC4 上测试

3. 服务器的安装与配置

(1)域控制器

1)利用 Windows 系统构建单域结构,实现网络资源的集中管理,并保障管理上的简单性和低成本投入。域控制器作为整个网络的核心服务器,完成对公司员工的账户管理和安全策略的实施,同时在域控制器上实现对共享文件夹、共享打印机的集中管理。

2)根据网络规模,按照集中管理和结构简单的原则,整个网络系统规划为单域结构,在域内按照部门名称分别建立组织单位(OU),用于存储和管理各部门的用户、共享文件夹及打印机。

3)建立用户组和用户账号,把用户账号加入用户组。

4)将域控制服务器安装在机柜的合适位置,然后加电自检,检查无误后安装 Windows Server 2019 操作系统。

5)在域控制服务器上配置安装 Active Directory 和 DNS 服务器。

6)创建经理、财务部、工程部、销售部 4 个组织单位 OU。

7)建立经理组、财务部员工组、工程部员工组、销售部员工组 4 个用户组。

8)分姓名和职务对应建立如分公司经理、财务主管、财务员工、工程主管、工程员工、销售主管、销售员工用户账户。

9)把用户组添加到组织单元(OU)中,再把用户账户添加到用户组中。

(2)文件服务器

1)将文件服务器安装在机柜的合适位置,然后加电自检,检查无误后安装 Windows Server 2019 操作系统。

2)将文件服务器硬盘划分为两个分区,分别为 C 盘和 D 盘,C 盘为主分区,安装操作系统,D 盘为扩展分区,用于存储共享文档,两个分区都采用 NTFS 文件系统。

3)在 D 盘上建立文件夹 share 并共享,共享名为 share。在 share 文件夹下根据部门分别建立经理文件夹、财务部文件夹、工程部文件夹、销售部文件夹。在每个部门文件夹中根据员工姓名分别为每个员工建立文件夹。

4)文件服务器采用 Windows 系统提供的磁盘配额功能控制员工文档的在存储量,在 D 盘上激活磁盘配额功能,限制员工总的存储量、警告级别和超过配额拒绝写入等,总经理不限制。

5)文件服务器利用共享权限和 NTFS 权限的组合实现文件级安全,分公司经理对公司所有文档拥有全部权限,部门主管对本部门拥有全部权限,员工只对自己的工作文档拥有全部权限。

(3)打印服务器

1)在机柜的合适位置安装打印服务器,然后加电自检,检查无误后安装 Windows Server 2019 操作系统。

2)配置打印服务器,然后将其添加到域,添加相应的打印机。

3)配置管理各打印机,按用户分配不同的权限。

4. 客户端的安装与配置

1)将客户端计算机按部门分别放在不同的工作区,同时安装 Windows 10,为需要安装 Linux 操作系统的用户安装 CentOS 7 。

2)用跳线连接工作区信息点模块到客户端计算机上,设置 IP 地址、网关和 DNS。

3)把客户端加入域,添加打印机,按分配的域用户账户来登录域。

4)客户机配置 Internet 选项,指定代理服务器的地址和端口设置。

5. 防病毒系统的安装与配置

1)安装防病毒软件企业版到服务器上,用软件分发安装功能再安装到各个客户机上。

2)管理网络防病毒系统,应用策略到服务器和客户端,设置病毒定义更新,配置实时扫描。

6. 系统设备和软件检验

系统设备和软件检验过程必须在客户单位的参与下进行。

1)设备的外包装检查:检查品牌、大小、数量和标识等是否相符。

2)设备的开箱检验:检查数量、包装、手册、耗材等是否相符。

3)设备的加电自检:系统启动是否正常,系统启动自检显示是否正确,系统软件是否符合要求等。

4)软件配置的包装检验:检查品牌、数量、授权、相关模块是否相符。

7. 安全策略实施

(1)密码策略

1)启动"管理工具"/"域安全策略"/"安全设置"/"密码策略"。

2)启用的密码必须符合复杂性要求。

3)密码长度最小值为6。

4)密码最长存留期限为20天。

(2)账户锁定策略

1)启动"管理工具"/"域安全策略"/"安全设置"/"账户锁定策略"。

2)账户锁定阈值为5次无效登录。

(3)审核策略

1)启动"管理工具"/"域安全策略"/"安全设置"/"审核策略"。

2)启用审核登录事件。

3)启用审核对象访问。

### 7.3.3 项目实施报告

一个完整的项目系统的具体方案包括以下6个方面:

1)用户需求分析概述。项目建设的目标与原则、项目背景、系统需求、项目建设要求。

2)需求分析与方案设计。网络系统的分析与设计、系统及应用服务的分析与设计。

3)项目实施。项目实施概述、网络系统实施、网络系统测试、应用服务系统测试、项目验收。

4)项目的测试与验收。布线系统测试、网络系统测试、应用服务系统测试、项目验收。

5)售后服务与培训。售后服务承诺及技术培训。

6)项目试运行及终验。项目试运行报告、项目终验。

项目实施报告是对整个项目系统的安装实施过程所做的工作和出现的问题进行描述,需要分步、分阶段地去概括总结,主要围绕项目质量、成本、进度、协调和合同管理等方面。

## 7.4 项目测试

### 7.4.1 布线系统测试

1)测试工具。本项目使用Fluke DSP线缆测试仪。

2)测试内容。线缆测试主要测试信息点的物理连通性、长度、衰减、损耗和线对图。

3)测试方法。TSB-67 和 ISO/IEC 11801 中定义了两种测试方法:通道测试和基本链路测试。本项目选用基本链路测试,基本连接的测试范围是从工作区插座到管理区配线架水平线终接处,然后两端各加 2m 的跳线。

### 7.4.2　网络及服务系统测试

1)测试工具。测试工具主要有计算机、专用线缆和终端仿真软件等。

2)测试内容。测试内容主要包括物理连通性和功能性测试。

①交换机测试。查看 VLAN 的配置,测试同 VLAN 及不同 VLAN 的连通性,交换机能否和路由器连通,交换机模块的状态,端口状态,查看交换机的硬件配置是否与产品说明符合等。

②路由器测试。测试路由表是否正确生成,查看接口和 OSPF 协议的配置,模块状态测试,路由器硬件配置是否与产品说明符合等测试。

③服务器和客户机测试。测试服务器和客户机的互连互通是否满足需求。

3)测试方法。网络设备测试常用方法有两种:一种方法是使用网络测试设备单独对产品进行测试;另外一种方法是将设备放在具体的网络环境中,通过分析该产品在网络中的情况对其进行测试。本项目采用第二种方法,根据测试内容用测试命令对网络及服务系统进行综合测试。

①检查网络设备和服务器、客户端是否被正确连接,相关线缆是否被正确标识。根据拓扑图的划分,连接网络拓扑并结合 VLAN,IP 及路由规划等,使用测试机通过 Console 口连接到相应的网络设备上,根据拓扑图的划分,连接网络拓扑并结合网络系统服务功能的要求使用 PC 作为客户端连接到网络任意工作间的信息点上。

②交换机测试通过查看命令检测网络设备的 IP,VLAN,OSPF 配置是否正确,检查同种 VLAN 和不同 VLAN 的连通性。检查端口情况、OSPF 协议是否和设计相符合。

4)测试结果。经过测试,系统功能达到设计要求,所有网络设备运行正常稳定并且连接通畅。

5)测试报告。对测试进行现场记录,写出测试告。

6)项目测试。测试是由施工单位提出项目检验申请,由建设方和第三方审核。审核通过后,三方召开现场协调会来确定检验的时间、地点、出席人员、验收流程,按照验收流程组织验收。三方到现场技术人员依据测试文档和测试报告再进行综合测试,核对测试结果。

项目验收报告是项目试运行和检验前对项目系统实施情况所做的综合性评价,包括每一阶段的实施工作和综合测试的结果。

### 7.4.3　项目试运行与检验

1. 项目试运行报告

项目系统测试验收完成后,项目进入试运行阶段,施工单位和建议方参照电信工程试运行的有关规定,协商确定项目试运行的期限。在此期间施工单位技术人员要特别关注系统在试运行期间的所有情况,对运行过程中出现的一切问题进行及时处理,并将结果记录下来,依据此记录编写项目运行报告。

2. 项目检验

项目试运行结束后,项目试运行期间出现的问题也已解决,并且项目运行正常的情况下,项目试运行报告经建设方审核后，施工单位可申请进行工程的终验，经建设方同意后，进行项目终验。

### 7.4.4 项目售后服务与培训

1. 项目售后服务

承建方根据招标方对工程项目检验结束后的售后服务要求，做具体的售后服务承诺明细，一般应包括维护响应时间、支持机构、免费更换时间、质保期限、免费更换期限、维护方式、质保期限以外提供的服务等。

2. 技术培训

承建方根据项目系统的特点和建设方技术培训的要求，制订具体的技术培训计划，对建议方技术人员进行相关技术培训，一般应包括培训时间、地点、人数、内容、费用等。

# 参考文献


[1] 宫纪明.局域网技术与组网工程[M]. 合肥:中国科学技术大学出版社,2014.

[2] 邢彦辰. 数据通信与计算机网络[M].3 版. 北京:人民邮电出版社,2022.

[3] 汪双顶,陈外平,蔡踬. 计算机网络基础[M]. 北京:人民邮电出版社,2016.

[4] 黄宇宪,黄超强. 网络操作系统:Windows Sever 2019[M]. 北京:科学出版社,2021.

[5] 杨云,徐培镟. Windows Server 网络操作系统项目教程:微课版[M]. 北京:人民邮电出版社,2021.

[6] 谢希仁. 计算机网络[M].8 版. 北京:电子工业出版社,2021.

[7] 杨云,林哲. Linux 网络操作系统项目教程:RHEL7.4/CentOS7.4:微课版[M].3 版. 北京:人民邮电出版社,2019.

[8] 崔升广,赵红岩. Linux 网络操作系统实用教程 CentOS7.6:微课版[M]. 北京:人民邮电出版社,2021.

[9] 华为技术有限公司. 网络系统建设与运维:初级[M]. 北京:人民邮电出版社,2021.

[10] 华为技术有限公司. 网络系统建设与运维:中级[M]. 北京:人民邮电出版社,2021.

[11] 禹禄君,张治元. 综合布线技术项目教程[M].3 版. 北京:人民邮电出版社,2022.

[12] 杜思深. 综合布线[M].2 版. 北京:清华大学出版社,2010.

[13] 王海晖. 计算机网络安全[M]. 上海:上海交通大学出版社, 2020.

[14] 袁津生,吴砚农. 计算机网络安全基础[M].5 版. 北京:人民邮电出版社,2022.

[15] 孙秀英. 路由交换技术及应用[M].3 版. 北京:人民邮电出版社,2022.

[16] 杨云,唐柱斌. 网络服务器搭建、配置与管理:Linux 版[M]. 3 版. 北京:人民邮电出版社,2021.

[17] 汪双顶,武春岭,王津. 网络互联技术:理论篇[M]. 北京: 人民邮电出版社,2020.

[18] 李畅,刘志成,张平安. 网络互联技术:实践篇[M]. 北京: 人民邮电出版社,2022.

[19] 汪双顶,余明辉. 网络组建与维护技术[M]. 北京:人民邮电出版社,2022.

[20] 王达. Cisco 交换机、路由器配置与管理完全手册[M]. 北京:中国水利水电出版社,2013.

[21] 王相林. 组网技术与配置[M]. 2 版. 北京:清华大学出版社,2012.

[22] 孙兴华,张晓. 网络工程实践教程:基于 Cisco 路由器与交换机[M]. 北京:北京大学出版社,2010.